HOW
SPACE
WORKS

“万物的运转”百科丛书
精品书目

DK企业运营百科
企业运营百科
HOW BUSINESS WORKS

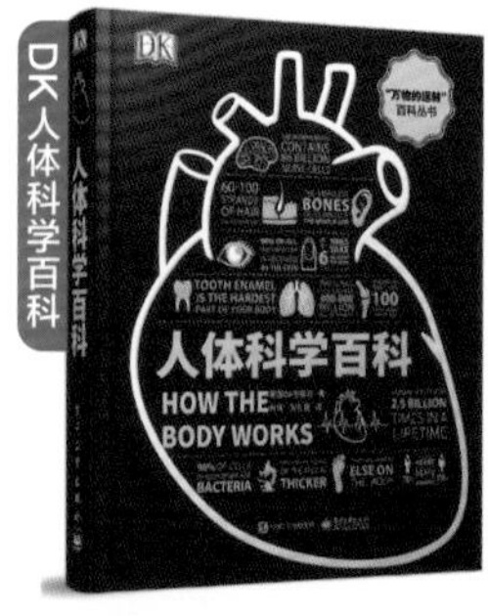
DK人体科学百科
人体科学百科
HOW THE BODY WORKS

DK人类食物百科
人类食物百科
HOW FOOD WORKS

DK科学知识百科
科学知识百科
HOW SCIENCE WORKS

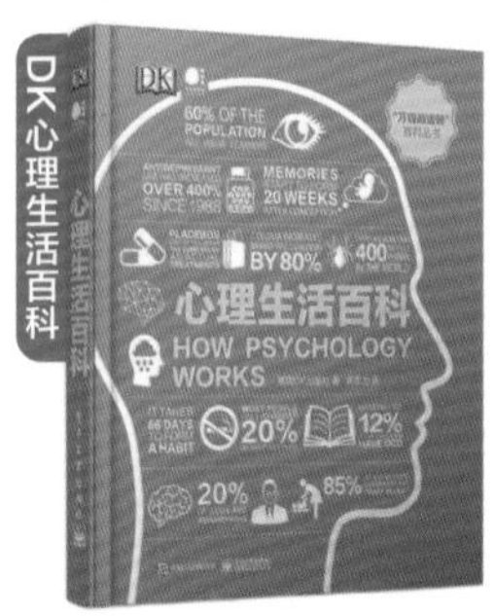
DK心理生活百科
心理生活百科
HOW PSYCHOLOGY WORKS

DK货币金融百科
货币金融百科
HOW MONEY WORKS

DK哲学思想百科
哲学思想百科
HOW PHILOSOPHY WORKS

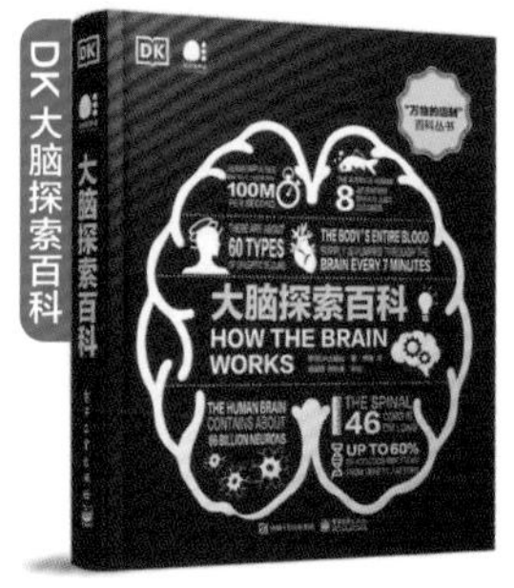
DK大脑探索百科
大脑探索百科
HOW THE BRAIN WORKS

DK科学技术百科
DK科学技术百科
HOW TECHNOLOGY WORKS

DK企业管理百科
HOW MANAGEMENT WORKS
DK企业管理百科

DK创业经营百科
DK创业经营百科
HOW TO START YOUR OWN BUSINESS

DK宇宙发现百科
DK宇宙发现百科
HOW SPACE WORKS

更多精品图书陆续出版，
敬请期待！

“万物的运转”百科丛书

DK宇宙发现百科

HOW SPACE WORKS

英国DK出版社 著
杨 冰 译

電子工業出版社
Publishing House of Electronics Industry
北京 • BEIJING

Original Title: How Space Works
Copyright © 2021 Dorling Kindersley Limited
A Penguin Random House Company
本书中文简体版专有出版权由Dorling Kindersley Limited授予电子工业出版社。未经许可，不得以任何方式复制或抄袭本书的任何部分。

版权贸易合同登记号　图字：01-2022-4895

图书在版编目（CIP）数据

DK宇宙发现百科 / 英国DK出版社著；杨冰译. —北京：电子工业出版社，2022.11
（“万物的运转”百科丛书）
书名原文：How Space Works
ISBN 978-7-121-44287-2

Ⅰ. ①D…　Ⅱ. ①英…　②杨…　Ⅲ. ①宇宙—普及读物　Ⅳ. ①P159-49

中国版本图书馆CIP数据核字（2022）第167012号

审图号：GS京（2022）0955号
本书插图系原文地图。

责任编辑：郭景瑶
文字编辑：刘　晓
印　　刷：鸿博昊天科技有限公司
装　　订：鸿博昊天科技有限公司
出版发行：电子工业出版社
　　　　　北京市海淀区万寿路173信箱　邮编：100036
开　　本：850×1168　1/16　印张：14　字数：448千字
版　　次：2022年11月第1版
印　　次：2022年11月第1次印刷
定　　价：128.00元

凡所购买电子工业出版社图书有缺损问题，请向购买书店调换。若书店售缺，请与本社发行部联系，联系及邮购电话：（010）88254888，88258888。

质量投诉请发邮件至zlts@phei.com.cn，盗版侵权举报请发邮件至dbqq@phei.com.cn。

本书咨询联系方式：（010）88254210，influence@phei.com.cn，微信号：yingxianglibook。

FOR THE CURIOUS
www.dk.com

混合产品
纸张 | 支持负责任林业
FSC® C018179

1 从地球上观察太空

2 太阳系

3 恒星

4 星系和宇宙

5 空间探测

译者简介

杨冰，北京师范大学天文系天体物理专业硕士研究生，现为助理研究员，供职于北京天文馆，从事天文科普活动策划与实施等工作，具有丰富的天文科普经验，已推出“宇宙少年团”“天文小讲堂”“宇宙的回响”“时空的奥秘”等多个品牌活动，其中“宇宙的回响”系列活动以推广普及天文科普阅读为主要内容。参与编著《行业博物馆科普课程集锦》（人民交通出版社），译有《原子与宇宙》（电子工业出版社）。

1 从地球上观察太空

地球
月球

金星
太阳
土星
柯伊伯带

奥尔特云
距离太阳系最近的恒星（比邻星）

到地球的距离 100万千米 1亿千米 100亿千米 1万亿千米

地球的直径为12 760千米；月球到地球的距离为384 400千米

岩质带内行星位于小行星主带之内，主带到太阳的距离是日地距离的2.5倍

太阳系内的所有行星都围绕着我们的局域恒星——太阳——运行

行星之外的区域是柯伊伯带，它距离地球150亿千米

从地球到宇宙网

宇宙中的一切，从行星到星系团，都是一个结构体中的一部分。如果我们可以将宇宙缩小显示，那么我们会看到一个由星系和气体构成的相互联结的网，叫作“宇宙网”。

太阳系是银河系的一部分，银河系包含大约1000亿～4000亿颗恒星

地球和月球

内太阳系

太阳系

银河系的盘面直径是10万～12万光年

银河系

宇宙中的结构

宇宙中由物质构成的一切——包括最致密的恒星、行星和卫星，也包括弥散的气体和尘埃——都可以按照等级式结构排列，各天体系统被引力束缚在一起。一个天体系统中的天体围绕着质心运行，质心通常是这个天体系统的中心。例如，太阳系中的所有行星都围绕着中心的太阳运行，而银河系中的一切都围绕着银心运行，银心包含一个大约400万倍太阳质量的超大质量黑洞。

我们在宇宙中的位置

宇宙是所有存在着的、已经存在过的或者将会存在的一切。它由全部的物质和全部的空间构成，宇宙中到处都是光和其他类型的辐射。它也包含所有时间，既包括过去，也包括未来。

宇宙是什么形状的

因为宇宙没有一个可以辨认的边缘，所以我们不能说出宇宙是什么形状的。一些宇宙学研究认为宇宙是平坦的，而其他数据则表明宇宙可能是圆的，就像一个球体。

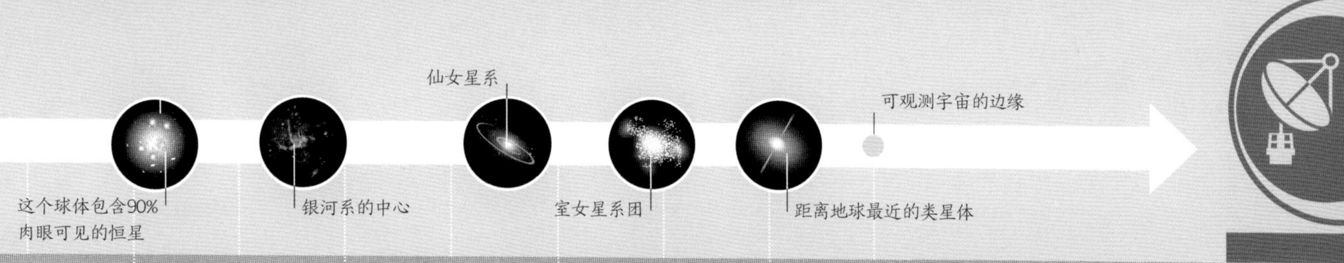
仙女星系
可观测宇宙的边缘
这个球体包含90%
肉眼可见的恒星
银河系的中心
室女星系团
距离地球最近的类星体
10^{16}千米
10^{18}千米
10^{20}千米
10^{22}千米

宇宙距离

宇宙中的距离不能用一个简单的线性标尺来表示。在上面这个图中，各分级代表的距离尺度都是上一个分级的10倍（上图中部分数值未标注）。

宇宙的年龄是**138**亿岁。

尺度和距离

在太阳系之外，距离变得太广阔，因此需要用到新的距离单位来测量。其中一个距离单位是光年，表示光子（光或其他电磁辐射的粒子）一年中所走过的距离。1光年约为9.5万亿千米。我们能看到的宇宙范围被称为“可观测宇宙”，可观测宇宙的范围受限于地球能接收到的光从大爆炸开始到现在所行进的最远距离。我们看不到这个范围以外的任何东西，这个范围被称为“宇宙视界”。整个宇宙的尺度是未知的。有一种可能性是，宇宙是无限的，也就是说宇宙是没有边界的。

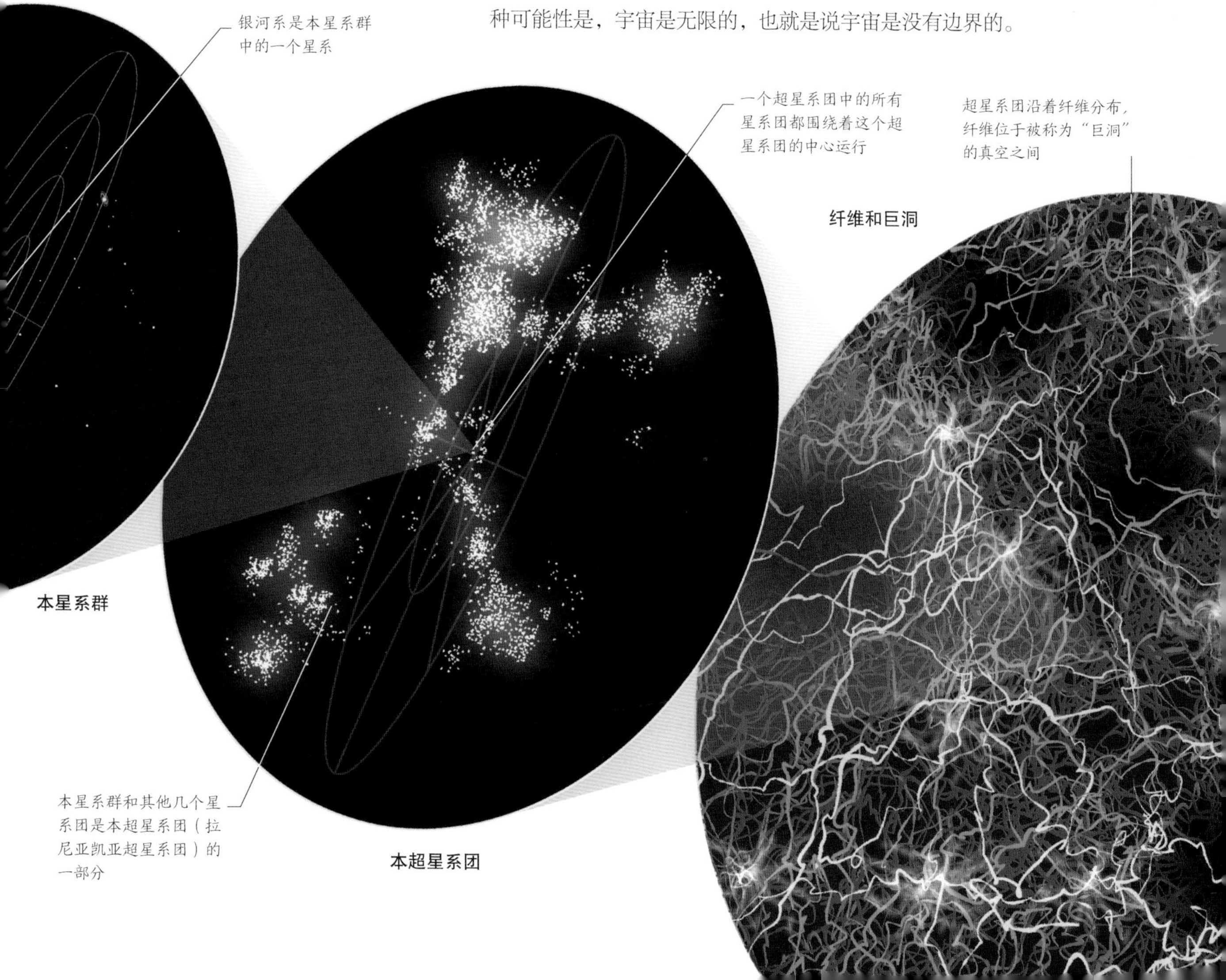

银河系是本星系群中的一个星系

本星系群

一个超星系团中的所有星系团都围绕着这个超星系团的中心运行

本星系群和其他几个星系团是本超星系团（拉尼亚凯亚超星系团）的一部分

本超星系团

超星系团沿着纤维分布，纤维位于被称为“巨洞”的真空之间

纤维和巨洞

观察太空

在人类历史的大部分时间里，太阳被认为是围绕地球运行的。现在我们知道，地球在围绕太阳公转，而且还绕着自转轴自转。地球的这些运动共同产生了我们周围夜空的视运动现象。

天球

在夜空中，肉眼可见的行星比恒星距离我们要近得多。然而，为了确定每一个天体的位置，天文学家将所有的天体，包括恒星、行星和卫星等，都想象成位于一个以地球为中心且半径任意的假想球体上的点。这个假想的球体被称为“天球”。

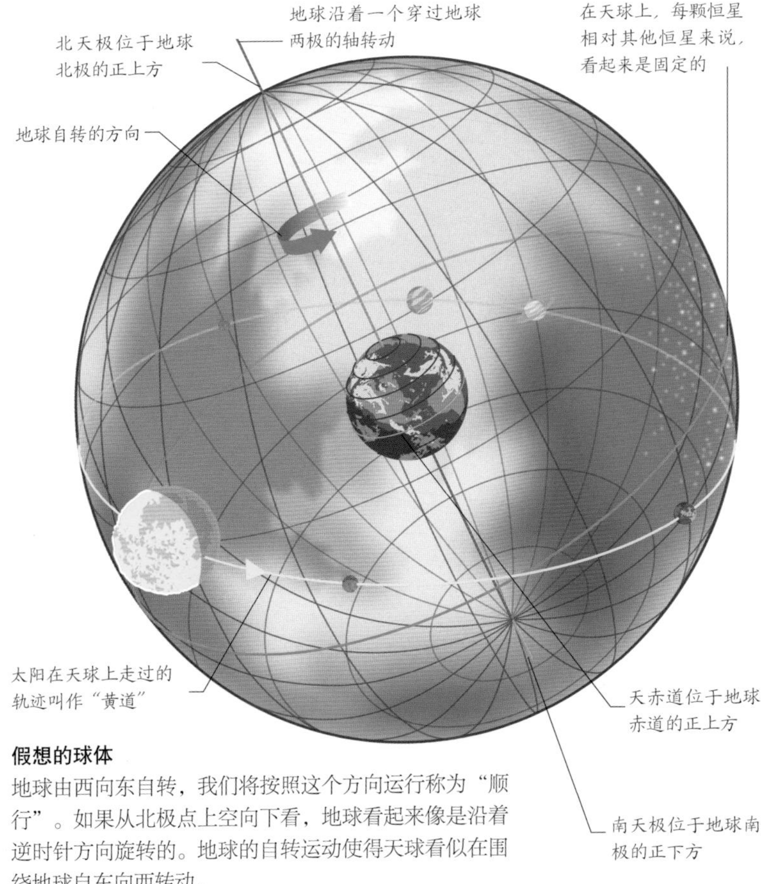

北天极位于地球北极的正上方
地球沿着一个穿过地球两极的轴转动
在天球上，每颗恒星相对其他恒星来说，看起来是固定的
地球自转的方向
太阳在天球上走过的轨迹叫作“黄道”
天赤道位于地球赤道的正上方
南天极位于地球南极的正下方

假想的球体

地球由西向东自转，我们将按照这个方向运行称为“顺行”。如果从北极点上空向下看，地球看起来像是沿着逆时针方向旋转的。地球的自转运动使得天球看似在围绕地球自东向西转动。

太阳距离地球有多远

地球沿着一个椭圆轨道运行，这意味着它与太阳之间的距离会发生变化，不过日地平均距离是1.51亿千米。

天空是如何变化的

在一天内，天球似乎围绕地球转动了一圈。这意味着，在天球上相对位置固定的恒星在天空中沿着一个圆形轨道运动了一圈。除了靠近极点的恒星，大多数恒星看起来每天会升起又落下。随着地球围绕太阳转动，地球的位置会发生变化，而在一年中，夜空中可以看到的恒星也会随之变化。这意味着，每天晚上，夜空中的景象会逐渐变换位置。如果你连续两天在同一时间观察夜空，那么你会发现，恒星在天空中的位置大约移动了1°。

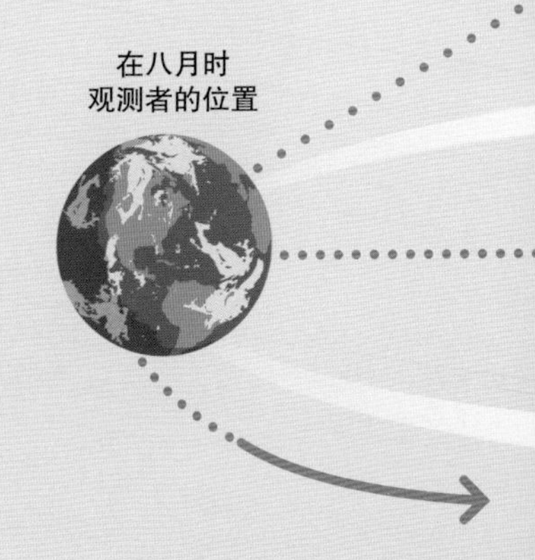

在八月时
观测者的位置

黄道

在一年内，随着地球围绕太阳转动，太阳似乎在天球上也沿着一条轨迹运动。这条轨迹，也就是地球公转轨道平面在天球上的投影，被称为“黄道”。其他行星的公转轨道平面与地球的公转轨道平面几乎在同一个平面上，因此其他行星也经常在黄道附近出现。月球绕地球运行的轨道平面相对于黄道有一个较小的倾角，只有当月球穿过黄道时才会发生日食或月食现象。

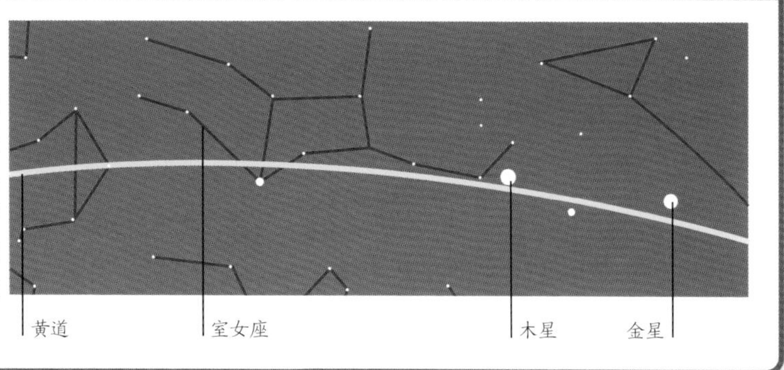
黄道
室女座
木星
金星

视差

如果你先用一只眼睛观察某个东西，然后再用另一只眼睛观察这个东西，那么这个东西的位置看起来会有细微变化。同样的，当地球在其公转轨道上的不同位置时，我们所观察到的天空中的天体也会出现在不同的位置上，这被称为“视差”。天体离地球越近，它看起来移动的距离就会越大，它的视差角也就越大。这意味着，视差可以被用来计算恒星的距离。

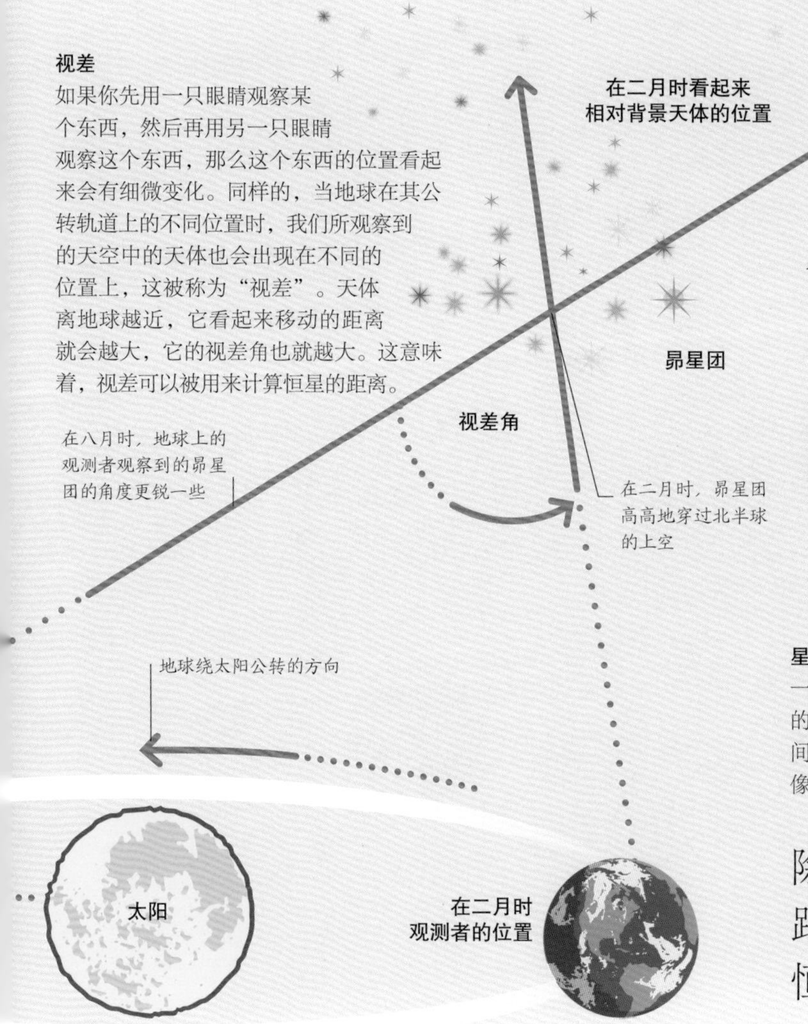

在二月时看起来相对背景天体的位置

在八月时看起来相对背景天体的位置

昴星团

视差角

在八月时，地球上的观测者观察到的昴星团的角度更锐一些

在二月时，昴星团高高地穿过北半球的上空

地球绕太阳公转的方向

太阳

在二月时观测者的位置

每一条星像迹线都是一颗围绕北天极转动的拱极星的运动轨迹

北天极的位置

星像迹线

一些恒星全年可见。这些恒星围绕着以极点为圆心的圆形轨道转动，而不会升起和落下。在一张长时间曝光的照片中，它们的运动会生成独特的圆形星像迹线。

除了太阳，比邻星是距离地球最近的一颗恒星，距离地球大约4.22光年。

天体的周期性运动

对于地球上的我们来说，由于地球、太阳和月球的运动，天体事件会周期性发生。这些周期性事件产生了时间单位，如天、年和季节。日、地、月三者相关联的周期性运动导致了壮观的月食和日食现象。

为什么地球上会有季节变化

地球在围绕着穿过其南北两极的自转轴自转的同时，也在围绕着太阳公转。然而，地球的自转轴与其公转轨道平面并不是垂直的，而是倾斜的。地球赤道与公转轨道平面之间存在一个约23.5° 的倾角。这个倾角意味着地球在公转轨道中运动到某些特定位置时，地球北极会朝向太阳，而在其他位置时，地球北极会背离太阳。同时，这个倾角也意味着地球北半球和南半球接收到的光照量会在一年内发生变化。每个半球接收到的光照量的变化导致了地球上四季的变化。

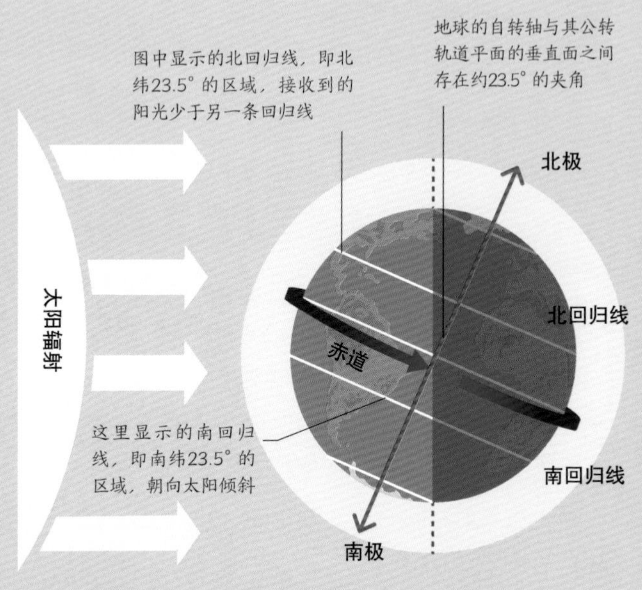

图中显示的北回归线，即北纬23.5° 的区域，接收到的阳光少于另一条回归线
地球的自转轴与其公转轨道平面的垂直面之间存在约23.5° 的夹角
北极
太阳辐射
北回归线
赤道
这里显示的南回归线，即南纬23.5° 的区域，朝向太阳倾斜
南回归线
南极

地球的倾斜

在背离太阳的半球，太阳辐射需要展开在一片面积更大的区域上。这使得该半球表面升温不那么强烈，也就使得其比另一个半球更冷。

天和年

有两种方式来测量天和年。一个太阳年或回归年是指地球连续两次运动到相对于太阳同样的角度处所需要花费的时间。一个恒星年是用地球相对于恒星的位置来测量的。回归年和恒星年之间相差约20分钟。同样的，一个恒星日是用地球相对于恒星的自转来测量的，而一个太阳日则是太阳连续两次到达天空中的同一个位置所需的时间。由于在此期间，地球已经在其公转轨道上移动了一段距离，因此恒星日和太阳日之间相差了4分钟。

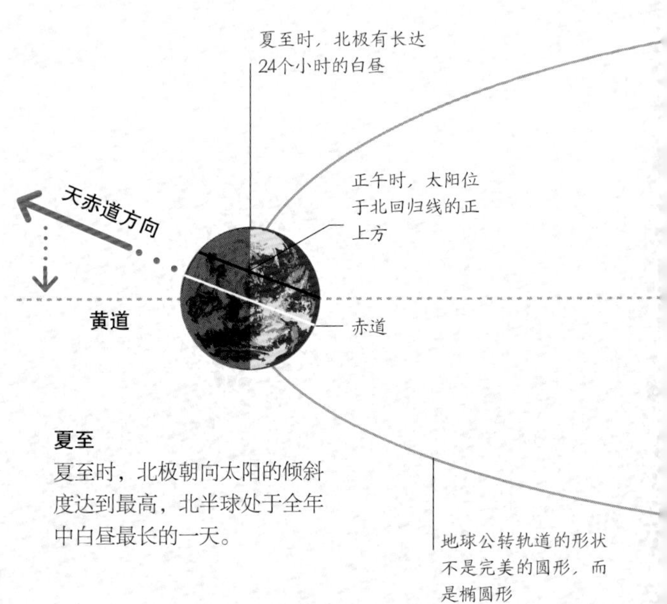

夏至时，北极有长达24个小时的白昼
正午时，太阳位于北回归线的正上方
天赤道方向
黄道
赤道
地球公转轨道的形状不是完美的圆形，而是椭圆形

夏至

夏至时，北极朝向太阳的倾斜度达到最高，北半球处于全年中白昼最长的一天。

二至点和二分点

在二至点，一个半球正处于全年中白昼最长的一天，6个月后，另一个半球也将经历最长的白昼。在二分点，地球上每个地方的白昼和黑夜都是等长的，各12个小时。

为什么地球会倾斜

在40亿年前，太阳系内的行星正在形成时，地球遭受了一系列行星大小的天体的撞击。人们认为，在最后的撞击中，一颗火星大小的行星撞击了地球，使地球的自转发生了倾斜。

在一月，北半球处于冬季，此时地球距离太阳最近。

岁差

由于引力作用，地球的自转轴一直在来回绕转中，就像一个陀螺，处于一种锥形的运动中，这被称为“岁差”。完成一个岁差周期需要25 772年。这意味着北极星，也就是勾陈一，将不会像现在一样几乎一直固定在北天极的正上方。在未来，织女星将会取代勾陈一，成为北极星。

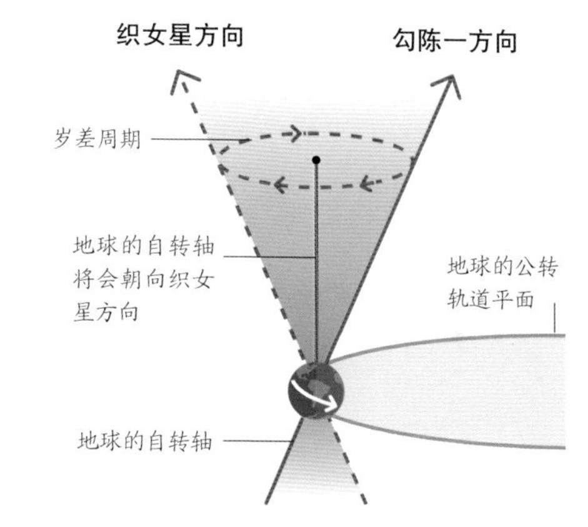
织女星方向
勾陈一方向
岁差周期
地球的自转轴将会朝向织女星方向
地球的公转轨道平面
地球的自转轴

正午时，太阳位于赤道地区的正上方

春分

春分时，地球的倾斜方向既不朝向太阳也不背离太阳。在这一天的正午，太阳恰好位于赤道地区的正上方。

冬至

在冬至时，北极背离太阳的倾斜度达到最大，意味着这一天北半球接收到光照的时长是一年中最短的。

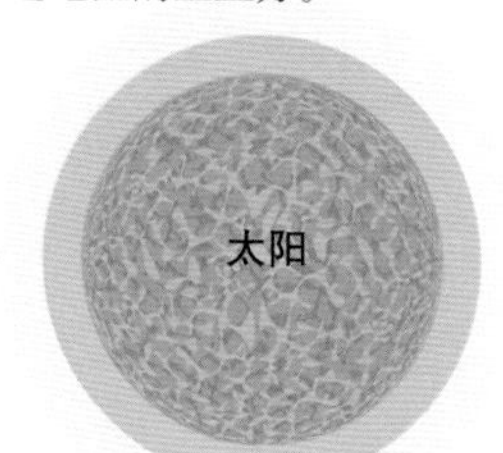
太阳

北天极方向
地球的自转轴倾角约为23.5°
正午时，太阳位于南回归线的正上方
黄道——地球公转轨道平面，太阳在天球上走过的轨迹
地球由西向东自转
冬至时，南极有长达24个小时的白昼
南天极方向

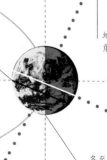

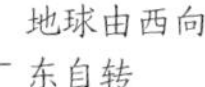
地球的公转运动

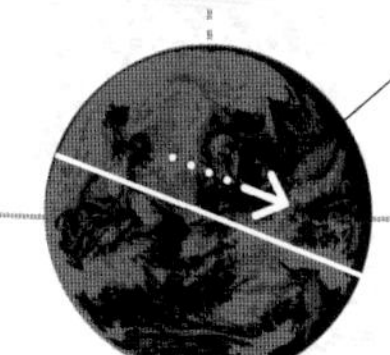

秋分

秋分时，地球的倾斜方向既不朝向太阳也不背离太阳，正午时，太阳位于赤道地区的正上方。

人造卫星和宇宙飞船以光点的形式在天空中移动，其中最亮的是国际空间站
人造卫星
地球唯一的天然卫星——月球——在进行着月相变化，周期为29.5天
月球
银河带
行星
当它们可见时，土星、木星、火星和金星等行星将是夜空中最亮的天体
恒星
星座
在夜空中，绝大多数可见天体是恒星。所有这些恒星，如心宿二，都属于我们所在的星系——银河系
横跨天空的朦胧光带是银河系核球
天球被划分为88个区域，每个区域都以星座命名，例如天秤座。每个星座都包含一个图形，这些图形是由星座中的亮星以假想的线段连接而拼成的

我们可以用肉眼看到什么

夜空是一个无止境的神奇之源，而且只需要一双眼睛我们就可以看到各种不同的天体。在任何一个夜晚，仅仅观察夜空一个小时，你就会看到许多星星，至少一颗流星、一颗人造卫星，甚至可能还有一两颗行星。远离那些使得夜空的特征很难辨认的光污染，银河系核球处恒星和尘埃发出的光就像一条横跨天空的模糊光带一样在闪烁。

肉眼可见的恒星有多少颗

在具备完美的条件和拥有极好的视力的情况下，超过9 000颗恒星可以被用肉眼看到。不过，在任何给定的位置处，一次只能看到其中的一半。

天空中的天体

在白天，来自太阳的光主导着天空，以至于除月亮以外的其他任何天体都是不可见的。但是在夜晚，当我们处于背离太阳一侧时，夜空中会出现各种各样的天体，一些是肉眼可见的，还有一些需要用仪器才可以看到。

流星

小块的岩石和尘埃以很快的速度进入地球大气层并发生燃烧，形成了流星现象。这些岩石和尘埃是由彗星和小行星碎裂而成的

肉眼可见的天体

这里显示的夜空背景中的所有天体都是在晴朗的夜晚可以用肉眼看到的。目前最亮的天体是满月。

星星为什么会闪烁

星星会闪烁是因为地球大气中存在湍流。大气密度和温度的变化会使光在传播方向上发生轻微变化。因为恒星发出的光看起来像来自一个单独的点，也就是点源，所以恒星比行星的闪烁效果更明显。由于那些靠近地平线的、更低的恒星发出的光需要穿过更多的大气，因此这些恒星的闪烁效果也更显著。

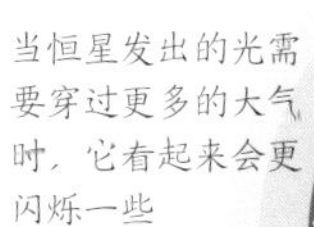

有着更短穿行路径的光使恒星看起来不那么闪烁

当恒星发出的光需要穿过更多的大气时，它看起来会更闪烁一些

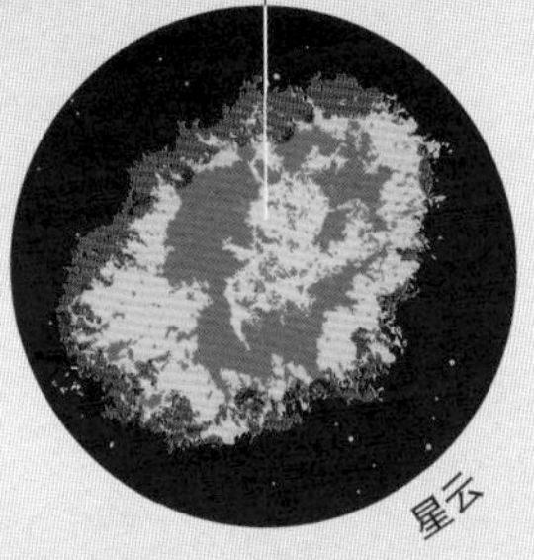

星云

蟹状星云是一颗恒星爆炸后产生的遗迹，观察它需要用到双目望远镜

行星环

使用高倍率的双目望远镜或者一架小型天文望远镜才可以看到土星周围的环

星系

距离我们250万光年的仙女星系是我们可以用肉眼看到的最远的天体，不过，用望远镜观测可以看到更多的细节

使用双目望远镜和天文望远镜可以看到的天体

双目望远镜便于携带且使用方便，用它来观察夜空中更多的天体和细节是一种很好的方式。望远镜所提供的更高的放大率使观测者可以观测到夜空中更多的天体。

若使用具有放大功能的仪器，我们可以看到什么

有大量天体是可以用肉眼看到的，但是，可以放大这些遥远天体的仪器为我们展现了新的细节。通过使用双目望远镜，我们可以看到行星的颜色、星云的细节、月球表面的环形山和星团。使用最小的望远镜时，一些天体的细节，例如土星环和邻近星系的形状，就会显现出来，而使用更大的望远镜时，我们可以观测到银河系之外的天体。

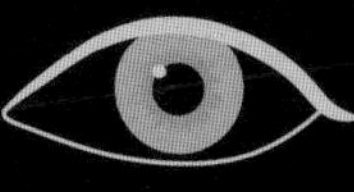

几乎每一颗你可以用肉眼看到的恒星都比太阳更大、更亮。

星座

在天文上，夜空被划分成若干区域，并以星座命名。在过去，这些星座是由恒星连线拼成的假想图形，但是在20世纪纪初，它们被重新定义为天区。虽然在一个星座中的恒星可能看起来像一个集群，但是它们在宇宙空间中不一定是彼此靠近的。

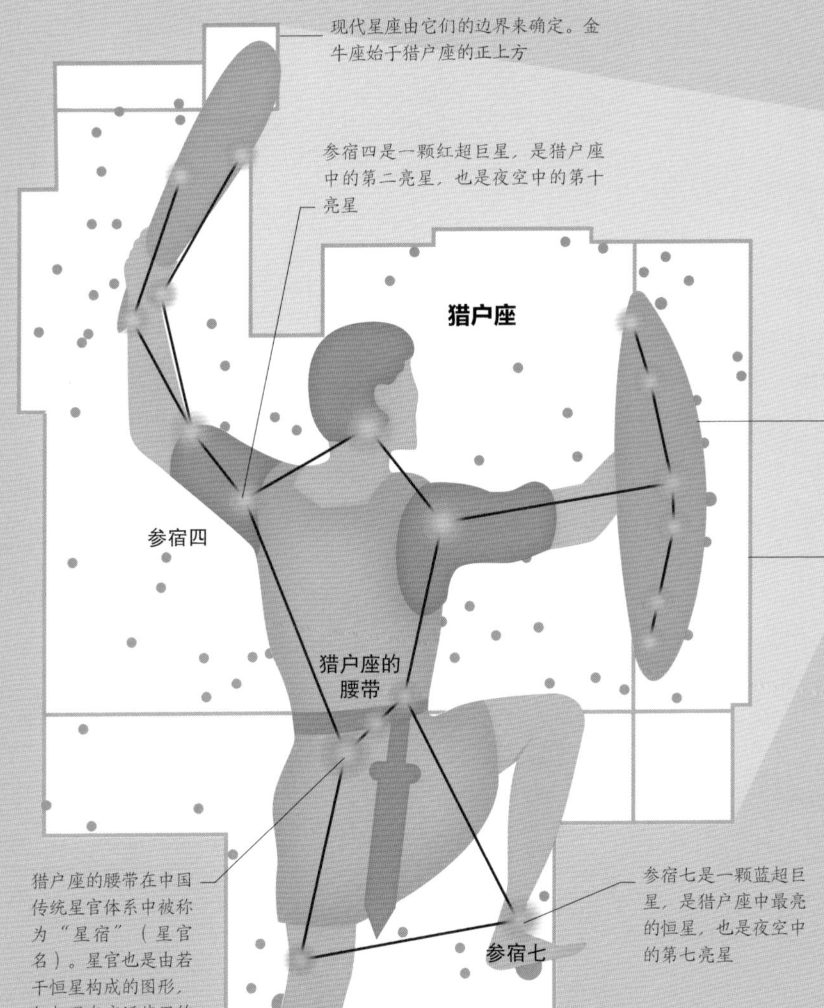
88个互相嵌连的星座覆盖了整个天球
现代星座由它们的边界来确定。金牛座始于猎户座的正上方
参宿四是一颗红超巨星，是猎户座中的第二亮星，也是夜空中的第十亮星
猎户座
天球
猎户座的图形由恒星之间假想的线连接而成，酷似希腊神话人物俄里翁的经典形象
参宿四
现代星座的边界是垂直的或水平的直线
猎户座的腰带
猎户座的腰带在中国传统星官体系中被称为“星宿”（星官名）。星官也是由若干恒星构成的图形，但与现在广泛使用的星座系统有所不同
参宿七是一颗蓝超巨星，是猎户座中最亮的恒星，也是夜空中的第七亮星
参宿七

经典定义
最初，星座被定义为恒星构成的图形。它们因酷似动物或者众神而被辨认出来。

现代定义
现在的88个星座不是由恒星构成的图形定义的，而是由它们的边界确定的。它们于1928年被绘制出来，一起覆盖了整个天球。

天空中的图形

星座是一种将恒星划分成群的方式。国际天文学联合会共确认了88个正式星座。这些星座经常被人们用恒星之间的连线描绘成图形。然而实际上，星座是由它们的边界来确定的，而不是由恒星在天空中拼成的图形确定的。88个星座一起覆盖了整个天球（见12页）。落进星座边界内的每一颗恒星都是那个星座中的一部分，即使它不是构成星座图形的那些主要恒星中的一颗。

黄道带

黄道带是夜空中的一片区域，黄道、太阳系内的行星和月亮都出现在那里。它是黄道两侧各8°左右的延展区域。

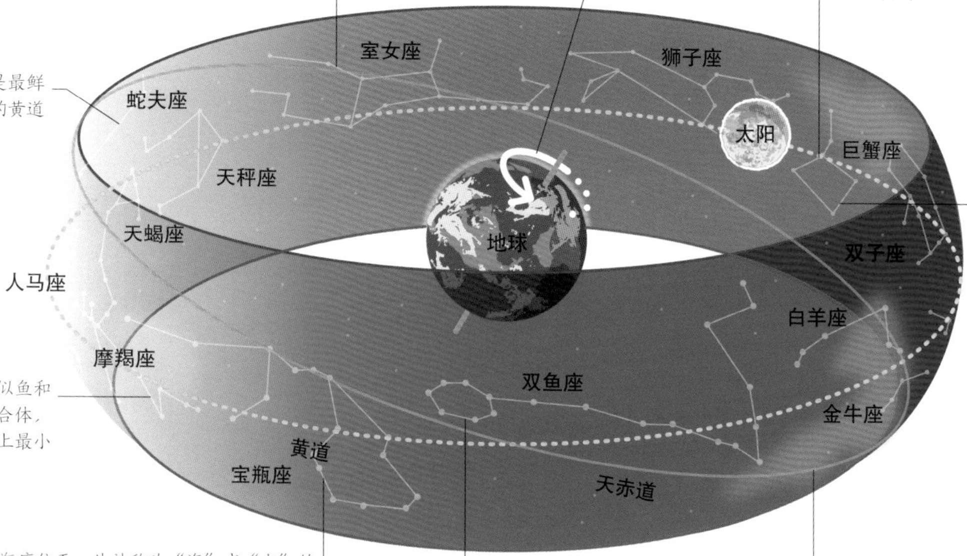

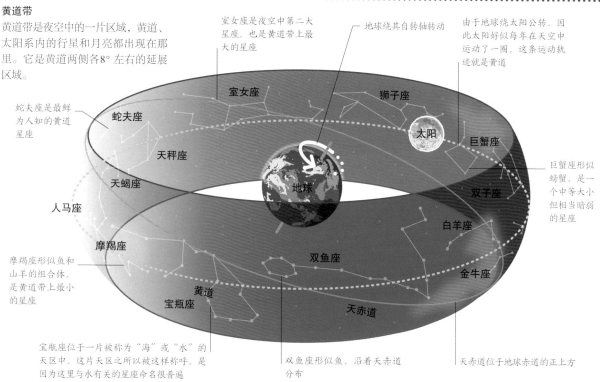

室女座是夜空中第二大星座，也是黄道带上最大的星座

地球绕其自转轴转动

由于地球绕太阳公转，因此太阳好似每年在天空中运动了一圈，这条运动轨迹就是黄道

蛇夫座是最鲜为人知的黄道星座

巨蟹座形似螃蟹，是一个中等大小但相当暗弱的星座

摩羯座形似鱼和山羊的组合体，是黄道带上最小的星座

室女座 狮子座 蛇夫座 太阳 巨蟹座 天秤座 地球 天蝎座 双子座 人马座 白羊座 摩羯座 双鱼座 金牛座 黄道 宝瓶座 天赤道

宝瓶座位于一片被称为“海”或“水”的天区中，这片天区之所以被这样称呼，是因为这里与水有关的星座命名很普遍

双鱼座形似鱼，沿着天赤道分布

天赤道位于地球赤道的正上方

黄道带

太阳每年在天空中的运动路径所穿过的13个星座被叫作“黄道星座”。它们包含与我们生日对应的12个星座和第13个星座，即位于人马座和天蝎座之间的蛇夫座。黄道带大约占据了天球表面积的六分之一。

长蛇座非常大，覆盖了整个夜空的百分之三。

拜尔命名法

1603年，德国天文学家约翰·拜尔（Johann Bayer）发明了一种给恒星命名的系统方法。这一方法至今依然在沿用。属于某个星座的恒星由该星座名配以一个希腊字母来命名。这些字母是按照拜尔在17世纪用当时可用的仪器观测到的恒星的亮度来排序的。

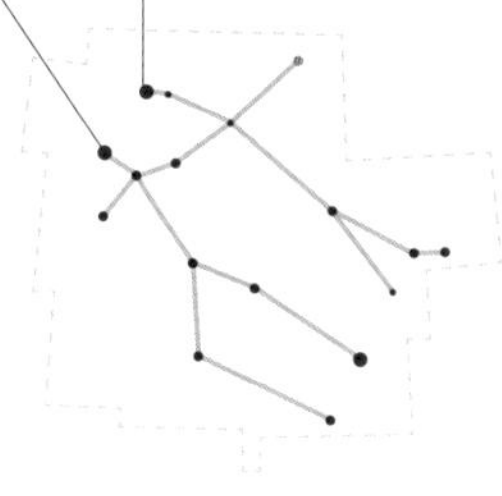

按照拜尔命名法，北河三叫作“双子座β”，但是现在我们已经知道，北河三是双子座中最亮的恒星

现在我们已经知道，北河二（双子座α）比北河三要暗一些

双子座

星座会随着时间而变化吗

再过5万年左右，一些星座将变得与它们现在构成的图形毫无相似之处。一颗恒星距离地球越远，它的位置变化越小。

绘制天空

星图是指将天球（见12页）的一部分以平面图的形式呈现出来的图。一个标准星图会显示出恒星的名称和位置，还有星座和其他天体，如星团和星云等。恒星通常用点来表示，更大的点代表更亮的恒星，更小的点则代表更暗弱的恒星。

如何进行天空导航

由于你观察天空的视角取决于你所处的半球和纬度，因此，找到一个对应你所处位置的星图是很重要的。当观察夜空时，用来认星的最好方式通常是找到一些亮星和星座，然后将它们作为其他恒星的指向标。活动星图是一个对认星有帮助的工具，它包含一个圆形的星图，其上方开有一个偏椭圆形的窗口，通过转动星图，我们就可以看到给定的日期和时间下的天空是什么样子的。

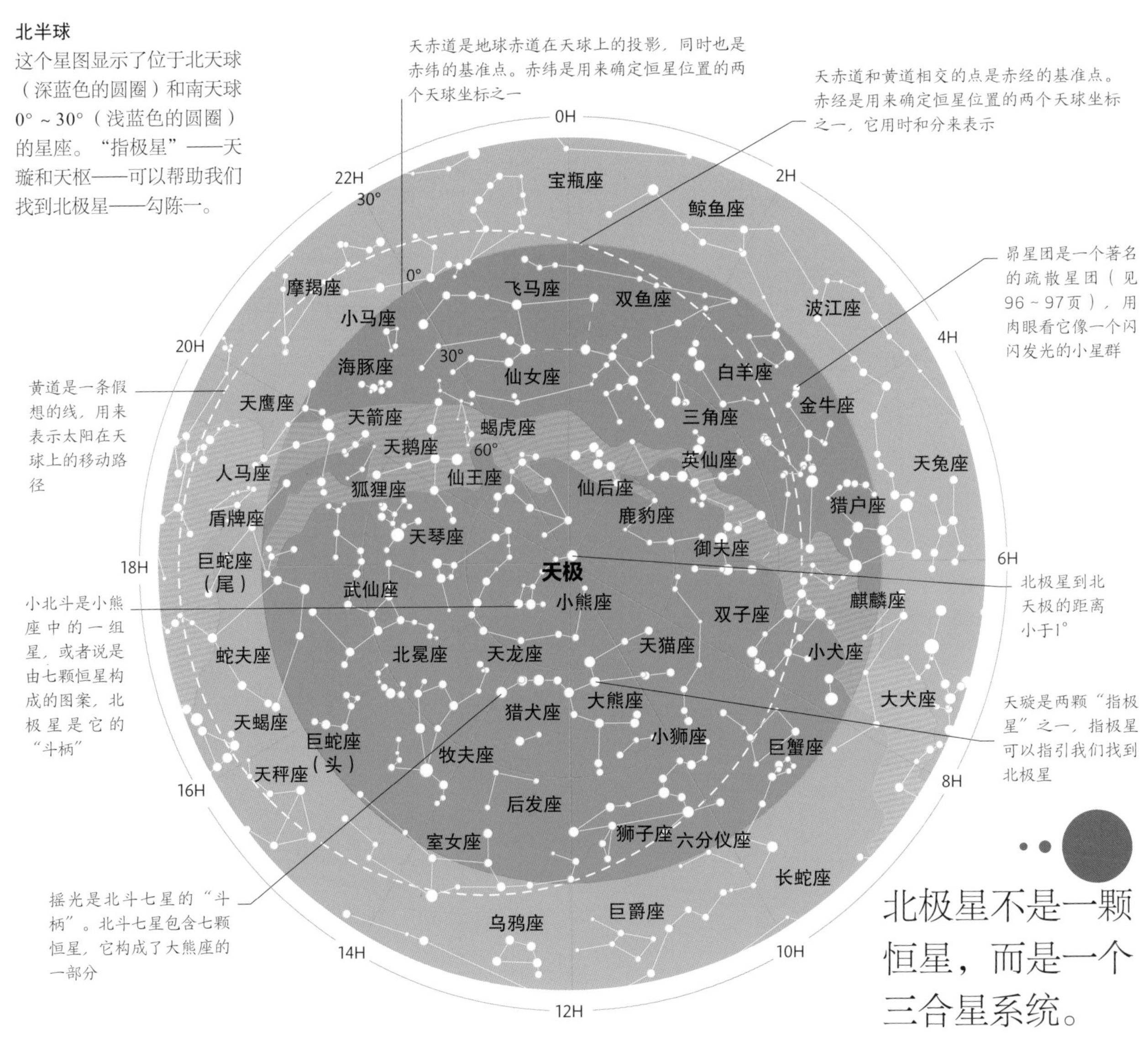

0H
2H
4H
6H
8H
10H
12H
14H
16H
18H
20H
22H
30°
0°
30°
60°
天极
宝瓶座
鲸鱼座
摩羯座
飞马座
双鱼座
波江座
小马座
海豚座
仙女座
白羊座
天鹰座
天箭座
蝎虎座
三角座
金牛座
天鹅座
英仙座
天兔座
人马座
狐狸座
仙王座
仙后座
猎户座
盾牌座
鹿豹座
天琴座
御夫座
巨蛇座（尾）
武仙座
小熊座
双子座
麒麟座
蛇夫座
北冕座
天龙座
天猫座
小犬座
猎犬座
大熊座
大犬座
天蝎座
巨蛇座（头）
小狮座
巨蟹座
天秤座
牧夫座
后发座
狮子座
六分仪座
室女座
长蛇座
乌鸦座
巨爵座

北半球

这个星图显示了位于北天球（深蓝色的圆圈）和南天球0°～30°（浅蓝色的圆圈）的星座。“指极星”——天璇和天枢——可以帮助我们找到北极星——勾陈一。

天赤道是地球赤道在天球上的投影，同时也是赤纬的基准点。赤纬是用来确定恒星位置的两个天球坐标之一

天赤道和黄道相交的点是赤经的基准点。赤经是用来确定恒星位置的两个天球坐标之一，它用时和分来表示

昴星团是一个著名的疏散星团（见96～97页），用肉眼看它像一个闪闪发光的小星群

黄道是一条假想的线，用来表示太阳在天球上的移动路径

北极星到北天极的距离小于1°

小北斗是小熊座中的一组星，或者说是由七颗恒星构成的图案，北极星是它的“斗柄”

天璇是两颗“指极星”之一，指极星可以指引我们找到北极星

摇光是北斗七星的“斗柄”。北斗七星包含七颗恒星，它构成了大熊座的一部分

北极星不是一颗恒星，而是一个三合星系统。

距离太阳系最近的恒星有多近

比邻星是距离太阳系最近的恒星，离地球大约4.22光年远。距离我们最近的恒星系统是南门二（半人马α），位于4.37光年远处。

波特尔（Bortle）暗空分类法

来自人造光源的光，特别是在城市的环境下，会使夜空的景象变得模糊不清，这意味着只有那些最亮的天体才可以被观察到。光污染越严重，可以看到的恒星就越少。2001年创建的波特尔暗空分类法是用来为给定地点处的天空亮度分级的方法，分为1~9级，1级代表最晴朗的天空。

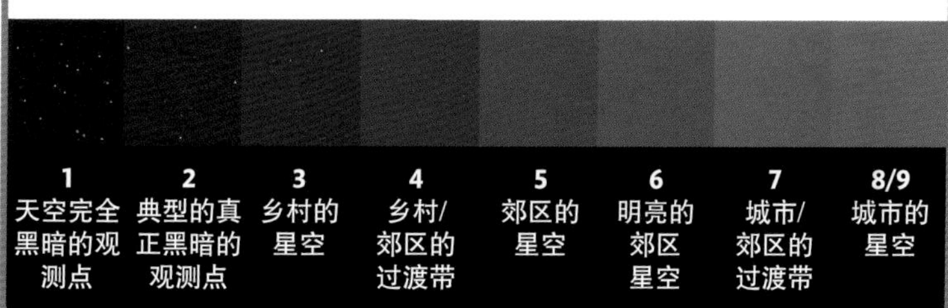
1 天空完全黑暗的观测点
2 典型的真正黑暗的观测点
3 乡村的星空
4 乡村/郊区的过渡带
5 郊区的星空
6 明亮的郊区星空
7 城市/郊区的过渡带
8/9 城市的星空

南半球

与北半球的情况不同，在南半球，南天极没有亮星，但是可以通过“南十字座”推断出南天的方位。

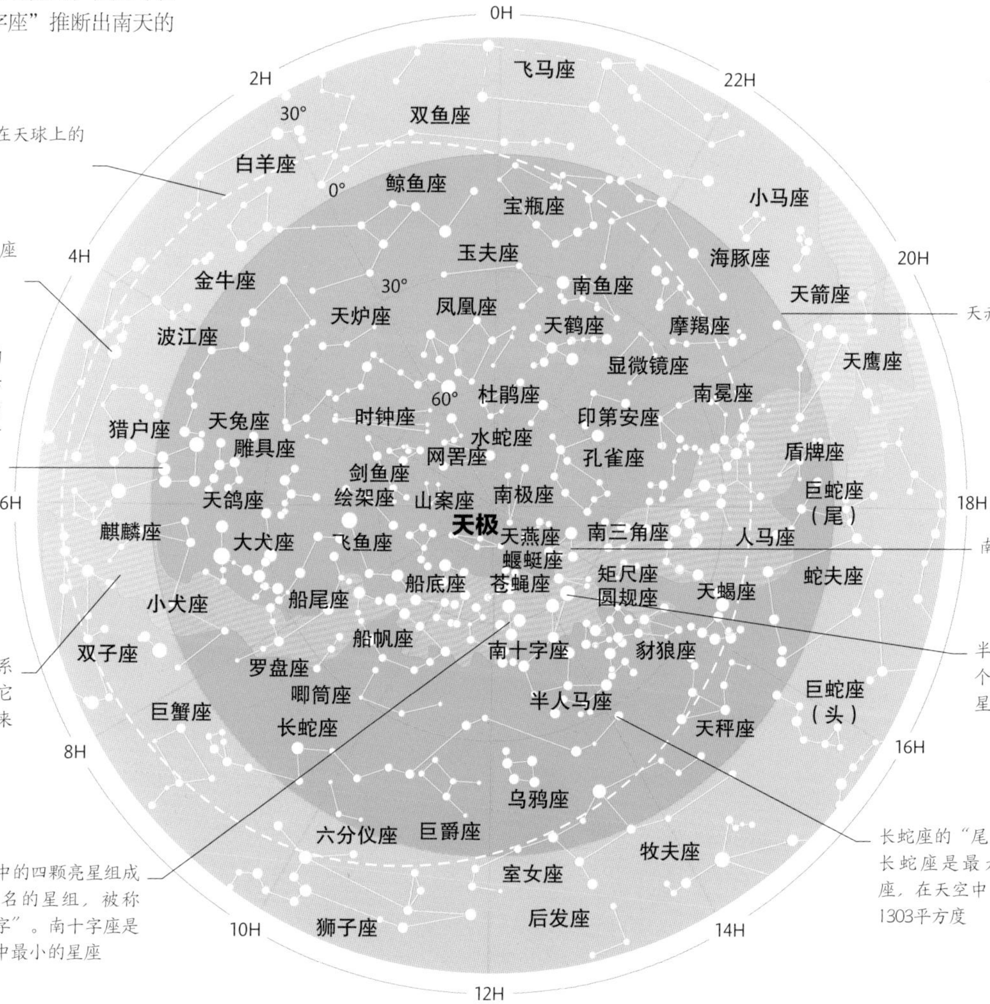

0H 2H 22H 4H 20H 6H 18H 8H 16H 10H 14H 12H
30° 0° 30° 60°

飞马座 双鱼座 白羊座 鲸鱼座 宝瓶座 小马座 玉夫座 海豚座 金牛座 南鱼座 天箭座 天炉座 凤凰座 天鹤座 摩羯座 波江座 显微镜座 天鹰座 杜鹃座 南冕座 时钟座 印第安座 猎户座 天兔座 水蛇座 雕具座 网罟座 孔雀座 盾牌座 剑鱼座 绘架座 山案座 南极座 巨蛇座（尾） 天鸽座 天极 天燕座 南三角座 人马座 麒麟座 大犬座 飞鱼座 蝘蜓座 矩尺座 蛇夫座 船底座 苍蝇座 天蝎座 小犬座 船尾座 圆规座 船帆座 南十字座 豺狼座 双子座 罗盘座 唧筒座 半人马座 巨蛇座（头） 巨蟹座 长蛇座 天秤座 乌鸦座 六分仪座 巨爵座 牧夫座 室女座 狮子座 后发座

黄道是太阳在天球上的移动路径

毕宿五是金牛座中最亮的恒星

因为猎户座的位置靠近天赤道，所以在两个半球上都可以看到它

银河带是银河系中心的核球，它在南半球看起来更明显

南十字座中的四颗亮星组成了一个著名的星组，被称为“南十字”。南十字座是88个星座中最小的星座

天赤道

南三角座

半人马α是一个明亮的三合星系统

长蛇座的“尾巴”，长蛇座是最大的星座，在天空中占据了1303平方度

望远镜

用肉眼可以观察夜空中的很多天体。然而，想要研究它们的更多细节、观测到更暗弱的天体，还需要有能力收集和聚焦光线来生成放大图像的仪器。望远镜通过使用反射镜或者透镜来实现这些功能。

反射望远镜是由艾萨克·牛顿（Isaac Newton）在1668年发明的。

反射望远镜

望远镜通过汇集尽可能多的光线，然后将它们聚焦在一个点上来进行工作。这会拍摄到明亮且清晰的遥远天体的图像。反射望远镜使用平面反射镜或者曲面反射镜来聚焦来自一个天体的光线。相对于折射望远镜来说，反射望远镜的一个优点是反射镜不需要太重也可以建造得很大，这点与透镜不同。

一架反射望远镜是如何工作的

一架望远镜的放大率取决于焦距，也就是从反射镜或者透镜到光线汇集点（焦点）的距离。物镜的焦距越长，放大率越高。

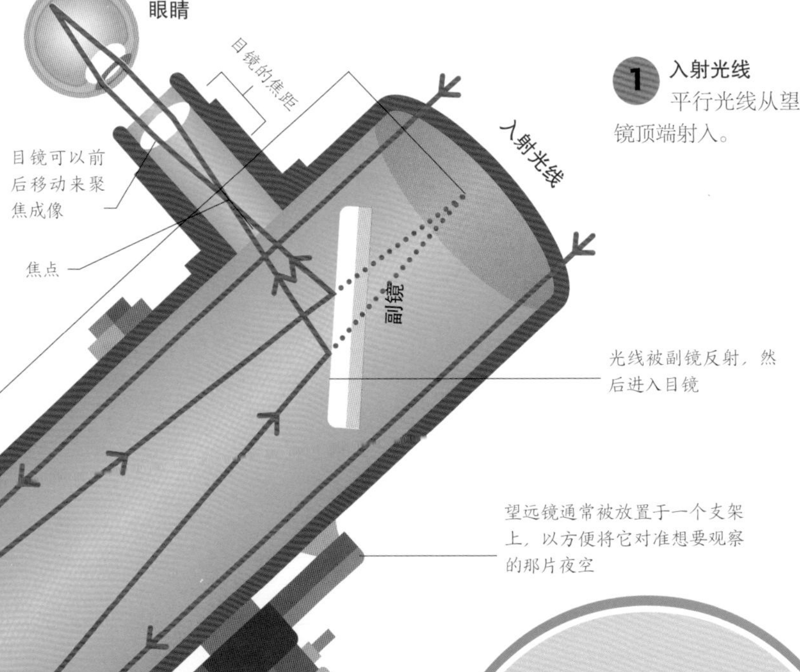

4 目镜
目镜使图像放大。目镜的焦距越短，图像看起来就会越大。
3 副镜
经主镜反射后的光束直接传播到这个较小的副镜处。光束在副镜的不同位置处发生反射，然后聚焦于一个焦点处。
眼睛
目镜的焦距
1 入射光线
平行光线从望远镜顶端射入。
入射光线
目镜可以前后移动来聚焦成像
焦点
副镜
光线被副镜反射，然后进入目镜
主镜的焦距
望远镜通常被放置于一个支架上，以方便将它对准想要观察的那片夜空
主镜
2 主镜
通过一个叫作“主镜”或者“面镜”的大型反射镜，光线被聚焦。这里显示的是一架牛顿望远镜，以艾萨克·牛顿的名字命名，它使用的是平面反射镜。
光线首先在主镜上发生反射

伽利略（Galileo）使用他的望远镜后失明了吗

没有，这是一个被广泛相信的谣言。真实情况是，伽利略在72岁时因白内障和青光眼的复合疾病而失明。

折射望远镜

折射望远镜使用透镜来生成一个放大的图像。尽管折射望远镜比反射望远镜更耐用且需要的维护更少，但是如果想要看到遥远天体，透镜就需要建造得非常大，这使得它们变得很重。这也意味着透镜上任何微小的瑕疵都会对最终的图像造成很大的影响。它们还有存在色差这样的缺点，也就是说，不同颜色的光因其波长不同，在经过透镜时发生偏折的程度也会不同。

一架折射望远镜是如何工作的
一架简易折射望远镜可以由两个凸透镜组合而成。更大的那个透镜是物镜，用来聚焦来自遥远天体的光。

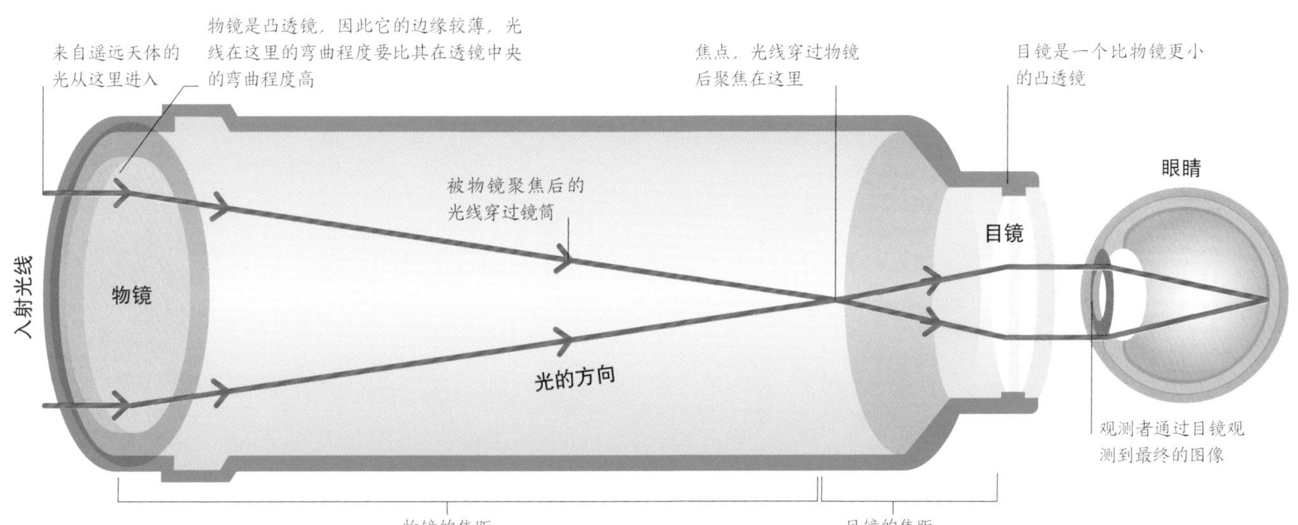
来自遥远天体的光从这里进入
物镜是凸透镜，因此它的边缘较薄，光线在这里的弯曲程度要比其在透镜中央的弯曲程度高
焦点，光线穿过物镜后聚焦在这里
目镜是一个比物镜更小的凸透镜
眼睛
被物镜聚焦后的光线穿过镜筒
目镜
入射光线
物镜
光的方向
观测者通过目镜观测到最终的图像
物镜的焦距
目镜的焦距

1 物镜
光线进入望远镜，到达物镜处。物镜是一个凸透镜，这意味着它会将光线聚焦在一个点上。物镜越大，望远镜可以放大天体的能力就越强。

2 焦点
这是光线在穿过物镜后被聚焦的地方。在这里所成的图像是最清晰的。经过这一点后，光线会再次分散开来。

3 目镜
目镜是一个用来使穿过物镜后的光线发生偏折的小型透镜。光线在穿过这个透镜后会变为平行光线，在目镜中生成一个虚像。

望远镜支架

望远镜通常被放置在一个支架上以保持平衡，帮助观测者寻找天空中的天体。望远镜支架主要有两种类型：地平式和赤道式。地平装置使用两个转动轴，在追踪一个天体时，这两个转轴都需要移动。赤道装置也用到两个轴，不过其中一个轴需要被校准指向天极（见12～13页）。

望远镜上下倾斜
望远镜从一侧移动到另一侧
地平装置

望远镜上下倾斜
这个轴已经朝向天极倾斜，因此观测者只需要上下移动望远镜即可
赤道装置

大型望远镜

坐落于天文台的很多大型望远镜是光学仪器，它们收集可观测宇宙（见160～161页）边缘附近的光。其他望远镜则用来研究电磁光谱的不同部分。

大型光学望远镜

在地球上，大多数大型望远镜建造在像阿塔卡马沙漠这样的干燥地区的最高海拔处。这是因为光在到达望远镜之前需要穿过大气湍流，而高海拔和低湿度会降低大气湍流的影响。最远距离观测可以利用空间望远镜（见186～187页），在空间中，大气的影响就不是一个问题了。在地球上，自适应光学技术可以帮助纠正由大气引起的畸变。

来自遥远天体的光
中间层
大气层中的钠原子被激光束激发形成“引导星”
引导星
大气湍流
入射光
激光束
副镜
主镜由36块六边形小镜片拼合而成
光到达钢制平台上的内氏焦点处，望远镜的目镜也被安装在钢制平台上
第三反射镜
主镜

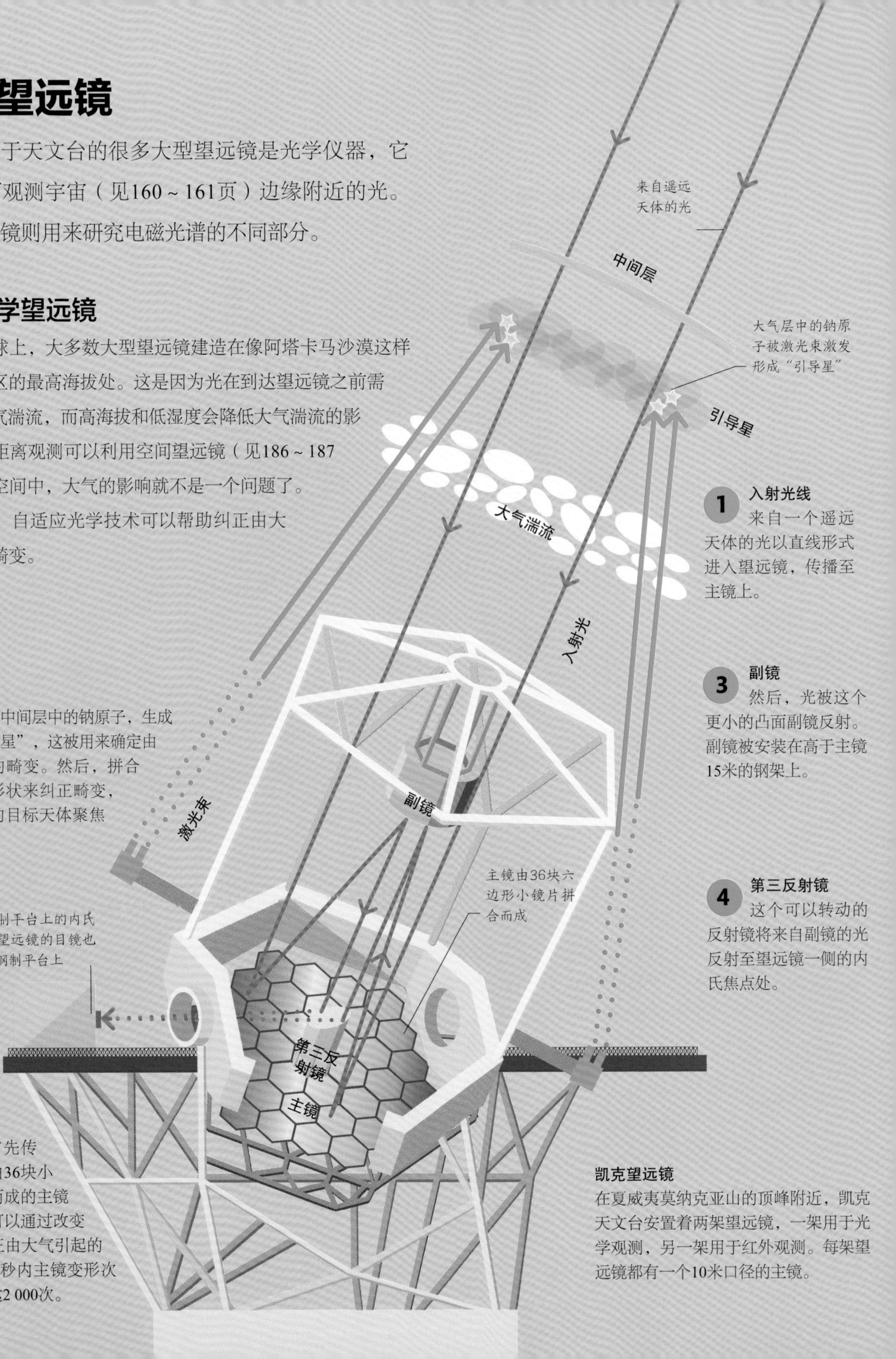

1 入射光线
来自一个遥远天体的光以直线形式进入望远镜，传播至主镜上。

2 主镜
光首先传播至这个由36块小镜片拼接而成的主镜上。主镜可以通过改变形状来纠正由大气引起的畸变，在1秒内主镜变形次数可以高达2 000次。

3 副镜
然后，光被这个更小的凸面副镜反射。副镜被安装在高于主镜15米的钢架上。

4 第三反射镜
这个可以转动的反射镜将来自副镜的光反射至望远镜一侧的内氏焦点处。

自适应光学
激光束激发中间层中的钠原子，生成人造“引导星”，这被用来确定由大气引起的畸变。然后，拼合主镜改变形状来纠正畸变，将望远镜的目标天体聚焦到焦点处。

凯克望远镜
在夏威夷莫纳克亚山的顶峰附近，凯克天文台安置着两架望远镜，一架用于光学观测，另一架用于红外观测。每架望远镜都有一个10米口径的主镜。

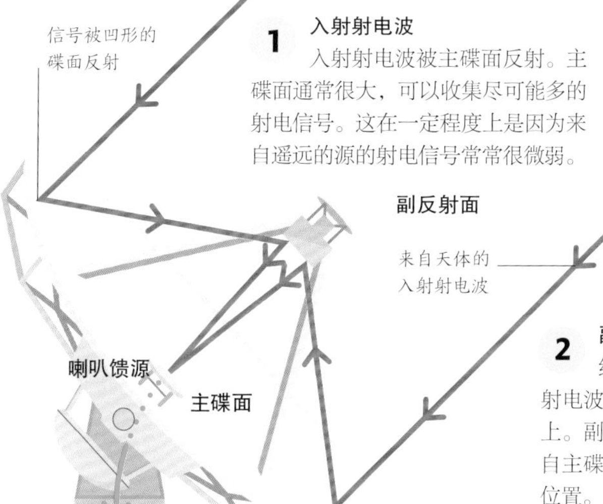

信号被凹形的碟面反射
副反射面
来自天体的入射射电波
喇叭馈源
主碟面

1 入射射电波

入射射电波被主碟面反射。主碟面通常很大，可以收集尽可能多的射电信号。这在一定程度上是因为来自遥远的源的射电信号常常很微弱。

其他类型的望远镜

除了光学望远镜，望远镜还有四种主要的类型：射电望远镜、亚毫米波望远镜、红外望远镜和紫外望远镜。每一种望远镜都是根据它所探测的辐射的波长来命名的。比起只在一个波段下观测，在多个波段下观测同一个天体可以了解该天体更多的信息。

2 副反射面

经主碟面反射后的射电波被聚焦在副反射面上。副反射面刚好位于来自主碟面的射电波相交的位置。

一架射电望远镜是如何工作的

射电望远镜是专门为接收来自空间的长波射电波而设计的。它的典型特征是具有一个巨大的碟面，这个碟面将射电波反射到一个副反射面上，然后再传输到一个接收器上。

信号通过纤维光缆传播

接收器将信号传输至电脑

接收器

电脑和记录设备处理信号

3 喇叭馈源

在被副反射面反射后，信号穿过位于碟面中央的喇叭馈源，然后传播到接收器上。

4 接收器

接收器类似于一个放大器，可以提高信号的强度。然后，信号会被传输至一台电脑上。

5 电脑

信号被储存于一台电脑中，在电脑中被处理，或者被传送出去用复杂的软件进行分析研究。

世界上最高的天文台是哪个

东京大学的阿塔卡马天文台位于智利查南托高原的顶峰，海拔5 640米。

2008年，凯克望远镜捕捉到了第一张系外行星系的图像。

天文学上的干涉测量

一台天文干涉仪结合了来自两架以上望远镜的光或射电信号。这使得天文学家可以更细致地测量一个天体，仿佛使用口径几百米的反射望远镜来观测。安装望远镜阵列，并操控这些望远镜同时观测一个目标天体，便可以达到这样的效果。数字相关器会处理信号，并考虑望远镜之间的时滞。

来自天体的入射信号

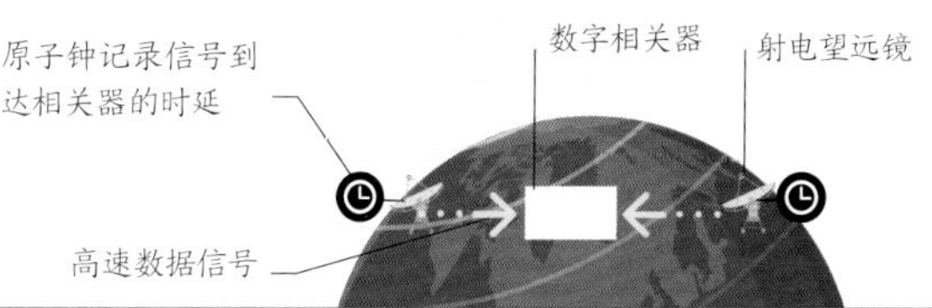

原子钟记录信号到达相关器的时延
数字相关器
射电望远镜
高速数据信号

光谱学

通过研究一颗恒星或者其他天体发出或吸收的光，天文学家可以确定这个天体上存在的元素或者分子。这通过使用叫作“光谱学”的学科的相关技术来进行。

恒星是由什么构成的

可见光是电磁辐射（见152～153页）光谱中的一部分。元素会发射出不同波长的光，这取决于其固有的能级。因为我们知道波长所对应的特定元素，所以我们可以用仪器分解光来搞清楚恒星和其他天体，包括星云（见94～95页）和黑洞，都是由什么构成的。分光镜就是这样一种仪器，它将一束光聚焦在一个棱镜上，使光被分解成不同的波长。

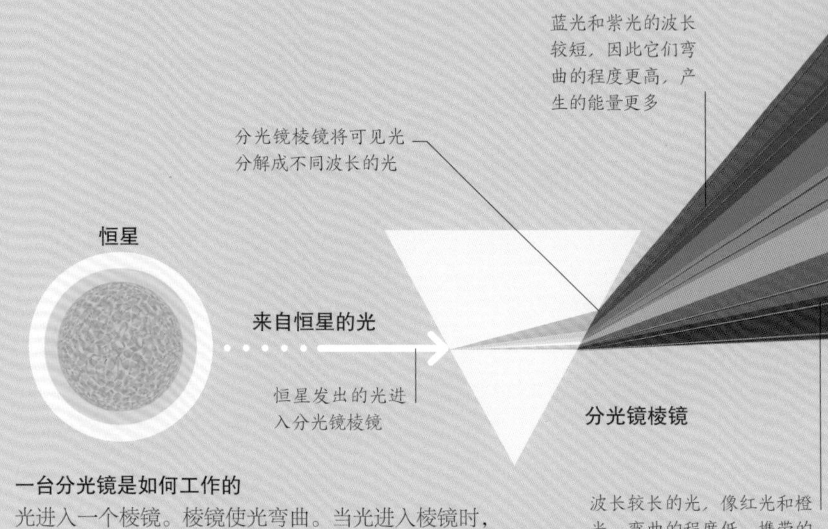
蓝光和紫光的波长较短，因此它们弯曲的程度更高，产生的能量更多
分光镜棱镜将可见光分解成不同波长的光
恒星
来自恒星的光
恒星发出的光进入分光镜棱镜
分光镜棱镜
波长较长的光，像红光和橙光，弯曲的程度低，携带的能量也少

一台分光镜是如何工作的
光进入一个棱镜。棱镜使光弯曲。当光进入棱镜时，光的传播速度变慢，但是，不同波长的光（也就是不同颜色的光）速度变慢的程度是不同的。不同波长的光会从棱镜的不同点处离开，形成彩虹色带。

摄谱仪

相较于分光镜，摄谱仪是一种更加复杂的仪器。它使用狭缝、透镜和衍射光栅——一个刻有很多透光平行线的不透明屏幕——在一个更精细的水平上分解光。在投射出的光谱中，光被分解成独立的谱线，而不是彩虹色带。越来越多的天文学家使用一种叫作“多天体分光”的技术来同时研究在观测视场内的多个天体的光谱。

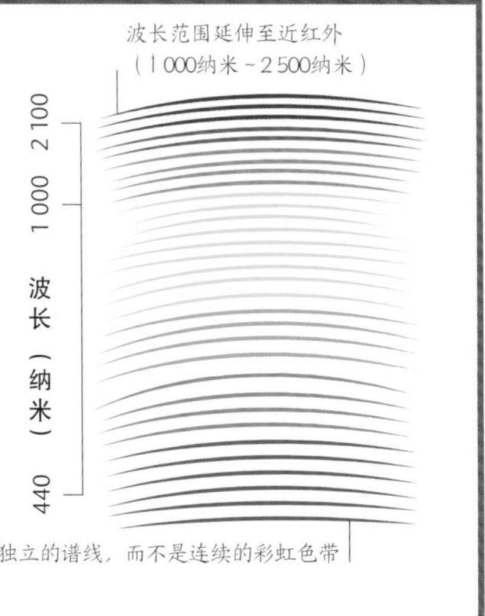
波长范围延伸至近红外
（1 000纳米～2 500纳米）
2 100
1 000
波长（纳米）
440
独立的谱线，而不是连续的彩虹色带

摄谱仪可以揭示快速移动的恒星是如何运动的。

谁最先分析了光

1814年，物理学家约瑟夫·冯·夫琅和费（Joseph von Fraunhofer）发明了摄谱仪。他使用摄谱仪研究了太阳的光谱。为了纪念夫琅和费，人们用他的名字命名了他发现的吸收线。

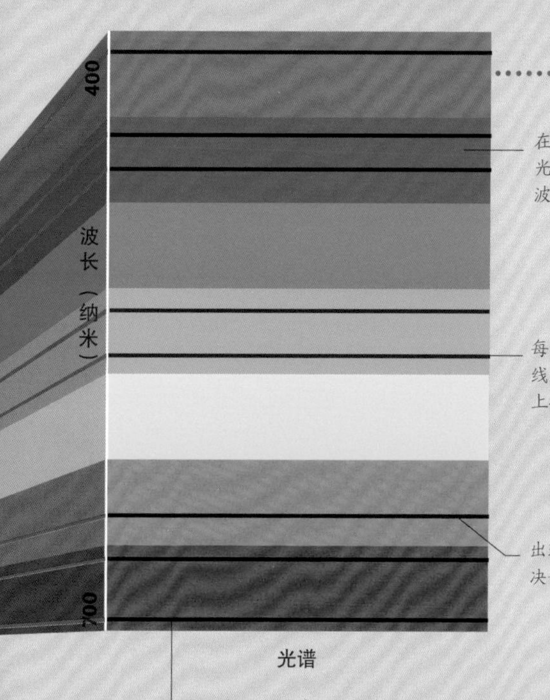
400
波长（纳米）
700
在电磁光谱上，可见光的范围是从红光到紫光。我们的眼睛可以感知到的波长范围大概是400纳米到700纳米
每种元素会产生自己独特的黑色吸收线图案，使天文学家能够在一颗恒星上探测到它的存在
出现在一个光谱上的吸收线的宽度取决于使用的仪器和物质的温度
光谱
在这个吸收谱（见下方）上，黑色的谱线代表在那里特定波长的光被吸收了

来自后方船底η的星光
哑铃星云

有着独特光谱的恒星
从我们的视线方向上观察，船底η超巨星双星系统被一个170年前由恒星抛射出的物质形成的星云遮挡住了。通过分析船底η的光谱，我们发现这个星云富含镍和铁。

独特的“化学指纹”
每一颗恒星都有它自己的光谱，每条光谱明确地显示了这颗恒星和它的大气中存在哪些物质。光谱可以帮助天文学家分辨恒星，显示出恒星上普遍有什么。

1868年，天文学家在研究太阳的光谱时发现了氦。

光谱的类型

根据所观测的目标，分光镜可以产生三种不同类型的光谱。连续谱是由一种固体或者热的致密气体产生的，它看上去像彩虹，展示出可见光的所有波长。吸收谱可以由像恒星这样热的天体发出的辐射穿过较冷气体后产生。这种类型的光谱是因为气体云中的原子吸收了恒星的特定波长的能量，然后再将它们随机发射出来而生成的。发射光谱是由一种密度低的热气体产生的，这种气体只会发射特定波长的光。它看起来是一系列明亮的谱线，每一条谱线对应着一个波长，在那个波长处有辐射发出。

独特的特征
这三种光谱具有可辨认的特征。吸收谱看起来像一条减去了发射线的连续谱。来自太阳的光非常接近连续谱，但是太阳大气吸收了特定波长的光，因此生成了一条吸收谱。

光谱看起来像一条完整的彩虹条带
连续谱

由发射光产生的明亮的谱线
发射光谱

因光被吸收而产生的黑色谱线
吸收谱

来自太空的岩石

很多岩质、冰质和含金属的天体在围绕太阳运行。其中一些天体，如彗星和小行星，体积比较大。流星体要小得多，它们在进入地球大气层时，会形成流星现象。少数未完全燃尽且撞击到地球表面上的流星体被称为“陨星”或“陨石”。

彗星
由冰和尘埃构成的小彗核被明亮的气体尘埃云包裹着，外层的云被称为“彗发”
小行星
包含岩石和金属的固态天体，由未成功形成行星而残留下来的物质形成
进入大气层
在快速穿过真空状态的空间后，天体进入地球大气层时突然迅速减速。地球大气中多个分层的摩擦力使固体物质发生燃烧，通常会使该物质完全蒸发。
热层（>85千米）
中间层（50~85千米）
平流层（20~50千米）
对流层（0~20千米）
流星体
小块的岩石、尘埃、金属或者冰，尺寸小于1米，其中一些是因小行星之间碰撞而形成的碎片
流星现象
进入地球大气层的流星体、彗星或小行星因燃烧而导致的快速闪光现象
火流星
异常明亮的流星，大约像月亮那样亮，通常会在平流层中发生爆炸
陨星
如果一颗流星体在大气中没有完全被摧毁，那么降落到地球上的碎块就被叫作“陨星”或“陨石”

岩石的类型

很多岩石碎块在太阳系周围运行，它们来自行星和卫星形成时剩下的物质。由岩石构成的、尺寸小于1米的天体被称为“流星体”。比流星体大，但是太小而不能成为像行星那样的球体的岩质天体，通常是小行星或者彗星。小行星的尺寸可以达到1 000千米，而彗星要小一些，尺寸大约为40千米。大多数小行星（见60～61页）位于火星和木星之间的主带内。彗星起源于距离地球更远的地方，这使得它们足够冷以至于包含了冰。它们中的部分天体进入地球大气层中发生燃烧时，便会形成流星现象。

每天都有数以百万计的流星体在地球大气层中燃烧。

据记载，最大的一颗的陨星是哪颗

最大的完整陨星是霍巴陨星，它被发现于纳米比亚。人们认为，它在8万年前就降落在地球上了，它重达60吨。

陨星

陨星主要有三种类型：铁陨星、石陨星和石铁陨星。陨星通常有一层烧焦的光滑外壳，这是因陨星穿过地球大气层时其外层表面融化而形成的。一些陨星是由最初形成岩质行星的物质构成的，因此为我们提供了一睹太阳系形成之初的情况的机会。

陨星的类型

陨星类型	成分	起源	所占百分比
铁陨星	主要由铁、镍和少量其他矿物质组成	被认为是那些在生命早期就溶解了的小行星的核心	5.4%
石陨星	硅酸盐矿物质，它们被分为两组：无球粒陨星和球粒陨星。球粒陨星包含曾经融化过的被称为“粒状体”的颗粒	无球粒陨星由小行星母体融化形成。球粒陨星由原始太阳系中的尘埃、冰块和沙砾形成	93.3%
石铁陨星	由大概等量的金属和硅酸盐晶体组成；它们被分为两组：橄榄陨铁和中陨铁	橄榄陨铁形成于金属核心和外层硅酸盐地幔之间。中陨铁形成于小行星之间的撞击	1.3%

流星雨

彗星经常会损失少量物质，从而在其轨道上遗留下一条尾迹。当地球绕太阳的公转运动带着我们穿过那条尾迹时，我们便会看到一场流星雨。在这期间，仅仅一个小时我们就可能看到数十颗到数百颗流星从一个点辐射出来。流星雨通常以流星发源地附近的恒星或星座命名。

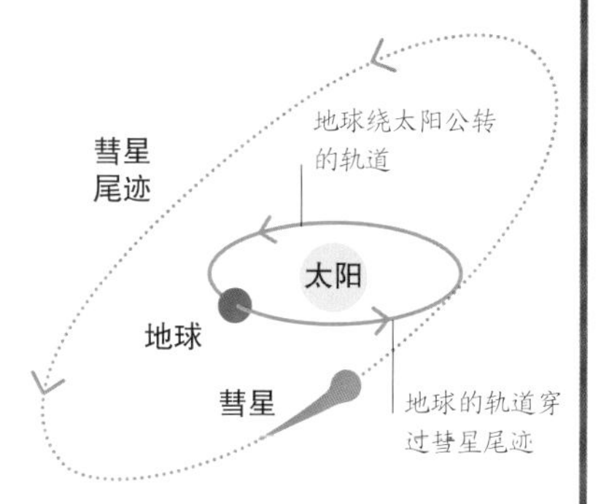
彗星
尾迹
地球绕太阳公转
的轨道
太阳
地球
彗星
地球的轨道穿
过彗星尾迹

来自太空的粒子

太空并不是完全真空的。有很多不同类型的粒子在太空中穿行，包括太阳发射出来的带电粒子流。靠近地球的大多数粒子被地球的磁场改变了方向。不过，一些粒子可以穿过，并且与地球大气中的原子发生碰撞。

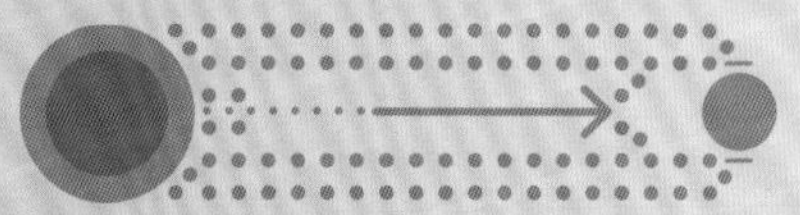

带电粒子以大约每秒400千米的速度穿行，这引起了极光现象。

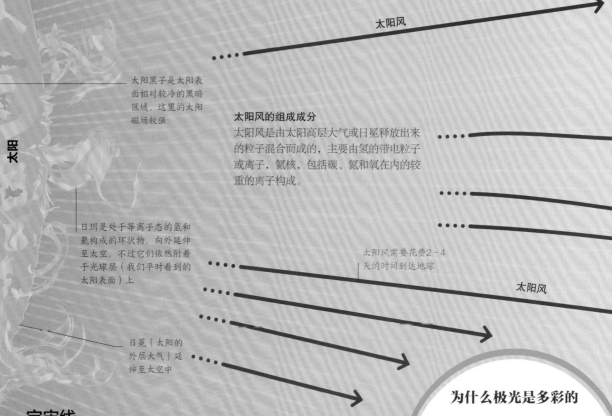

太阳风

太阳黑子是太阳表面相对较冷的黑暗区域，这里的太阳磁场较强

太阳

太阳风的组成成分

太阳风是由太阳高层大气或日冕释放出来的粒子混合而成的，主要由氢的带电粒子或离子，氦核，包括碳、氮和氧在内的较重的离子构成。

日珥是处于等离子态的氢和氦构成的环状物，向外延伸至太空，不过它们依然附着于光球层（我们平时看到的太阳表面）上

太阳风需要花费2～4天的时间到达地球

太阳风

日冕（太阳的外层大气）延伸至太空中

宇宙线

尽管叫作“宇宙线”，但这些并不是真正的射线。它们是来自太阳系或者太阳系之外的高能亚原子粒子。它们中的大多数（约89%）是带正电荷的粒子，叫作“质子”或者“氢核”（氢原子核中有一个质子）。另外10%是氦核，由两个质子和两个中子组成，其余的是更重的元素的原子核。这些粒子以接近光速的速度在太空中穿行。它们是如何达到足够高的能量以至于可以移动得如此迅速的，还是一个未解决的难题。

为什么极光是多彩的

极光的颜色归因于地球大气中的原子类型，以及太阳风粒子与地球大气中的原子发生碰撞时所处的高度。绿光是由距离地面100千米的高空处的氧原子造成的。

太阳风

来自太阳的带电粒子，即太阳风，构成了到达地球的最低能量的宇宙线。这些粒子进入地球大气，并与地球大气中的原子发生碰撞，形成了极光。碰撞过程为气体粒子提供了额外的能量，使它们内部的电子被激发到一个更高能态。这个能态是不稳定的，因此电子将会回到它们的原始能态，并以光子的形式释放能量。

正在坍缩的恒星产生的力引起了大量激波

超新星遗迹

被压缩的气体壳

宇宙线

伽马射线

偏离的带电粒子穿过磁场强度较弱区域处的磁层。在那里，它们进入地球的磁极

超新星源

当大质量星爆炸时，它们会生成激波。人们认为，激波会促使带电粒子和伽马射线（见152～153页）达到非常高的能量。虽然带电粒子会被地球的磁场改变方向，但是电中性的伽马射线却不会。

外层球形辐射带俘获了进入的太阳风

在地球磁极地区的上空，极光显现出巨大的环，被叫作“卵形极光”

保护地球

地球熔融铁核中的电流产生了磁场。磁场在地球这颗行星周围形成了一个保护罩，使地球周围的大多数带电粒子改变方向，保护我们免受带电粒子的伤害。

南极周围的极光叫作“南极光”

内部辐射带主要由高能质子组成

大多数粒子因磁场而偏离地球

磁层顶，地球磁场的边缘

粒子大气簇射

质子

大气分子

介子

介子

介子

μ 介子

中子

反中微子

μ 介子

光子

光子

电子

正电子

电子

正电子

空间天气

太阳表面上的磁场活动造成了一种天气类型，叫作“空间天气”。例如，来自太阳日冕的物质抛射可以造成地磁风暴。在最极端的情况下，这些磁场活动会影响绕轨道运行的人造卫星，甚至会影响地球上的电网。

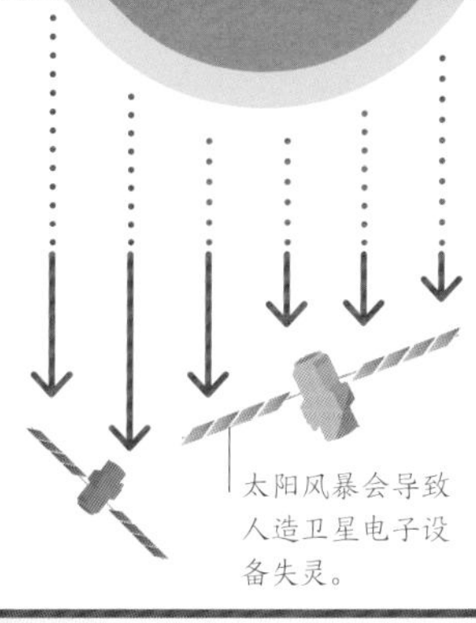

太阳风暴会导致人造卫星电子设备失灵。

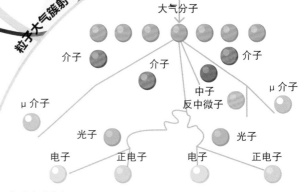

穿过地球大气

宇宙线与地球大气中的分子相互作用，生成亚原子粒子，被称为“介子”。这些介子可能会衰变或者与空气中的其他粒子发生碰撞，进一步生成一系列粒子。

寻找外星人

地球之外是否存在生命，这一问题几个世纪以来一直激发着人们的想象力。为识别地外生命所做的努力主要包括发射探测器到太空中，以及搜寻可能由外星人发送出的射电信号。

快速射电暴是什么

快速射电暴是神秘的强射电脉冲，只持续几毫秒，而且通常来自遥远的星系。它们的起源还是未知的。

尝试进行联系

1974年，人们首次发射射电信号以尝试与地外生命进行联系。地外文明探索研究所（SETI）于1985年启动，以这些努力作为基础。后续的发展还包括2019年投入使用的500米口径球面射电望远镜（FAST），它的任务之一就是聆听外星射电信号。

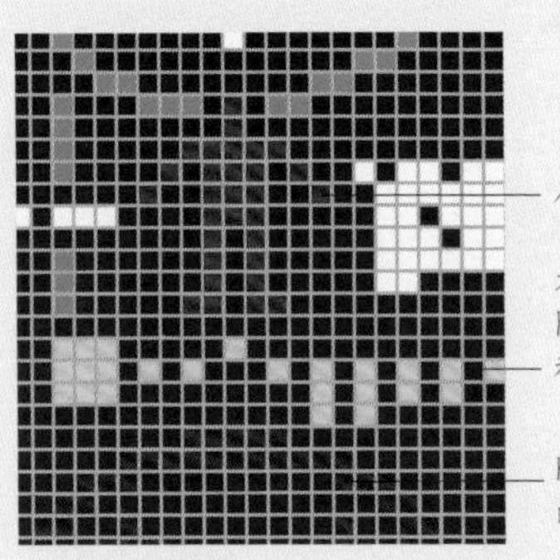

人类的大小和形状
太阳系中的太阳（最左侧）和行星
阿雷西博碟面的形状

阿雷西博信息

1974年，一个射电信号从阿雷西博天文台向着星团M13发送出去，里面包括了关于人类和地球的数据。

FAST收集信号的区域相当于750个网球场的大小。

可调面板

反射面太大以至于不能移动，但是构成反射面的4 500块三角形面板是可以调节的，这样就形成了一种灵活的镜子，可以通过变形来拓宽搜寻范围。

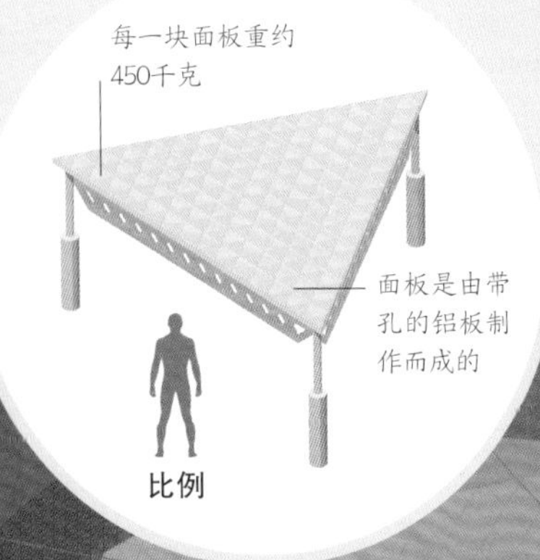

每一块面板重约450千克
面板是由带孔的铝板制作而成的
比例

入射射电波

钢索构成的网络支撑着馈源舱

馈源舱，包括多波束和频带射电接收器

FAST

FAST是世界上最大的射电望远镜。它坐落于一个天然的洼地中，位于中国一个群山环绕的地区，这样的地理位置使其免受射电信号的干扰。它可以被用来搜寻来自遥远的系外行星的射电信号，而系外行星上有可能存在地外生命。

主反射面

宇宙的宁静区

“水洞”是指电磁波谱中频率在1.42 ~ 1.64千兆赫兹的波段，在这个波段内，干扰是最少的。这个频率范围与来自氢原子和羟基的辐射有关，氢原子和羟基组合在一起形成了水分子。射电望远镜普遍在这个频率范围内工作。

噪声温度（开尔文）
1 000
100
10
1
0.1 1 10 100 1 000
频率（千兆赫兹）
水洞
来自地球大气的高频噪声引起射电干扰的增长
1.42千兆赫兹的频率，相当于21厘米的波长，是由冷的中性氢原子辐射出来的

极光可能会发射出足够强的射电波而被地球上的射电望远镜探测到
红矮星生成的强磁场
红矮星
极光
系外行星
红矮星和其邻近的岩质行星之间的相互作用产生了极光现象

聆听外星人

一种尝试寻找外星人的方法是聆听智能生命为了与其他智能生命形式取得联系而发送出来的信号。这通过搜寻射电频段的电磁辐射，并且排除在那个波段下其他任何可能的信号源来完成。地外文明探索项目是一个独特的项目，在这一领域是最前沿的。该项目收集到的数据目前依然在分析中。

地外文明探索项目是怎样开展的

这个全民都可以参与的科学实验从1999年一直开展到2020年。任何人都可以通过一台电脑和互联网连接来帮助搜寻地外生命。用户需要安装一个免费的程序，然后下载并分析以107秒为一个单元的、由射电望远镜收集到的数据。

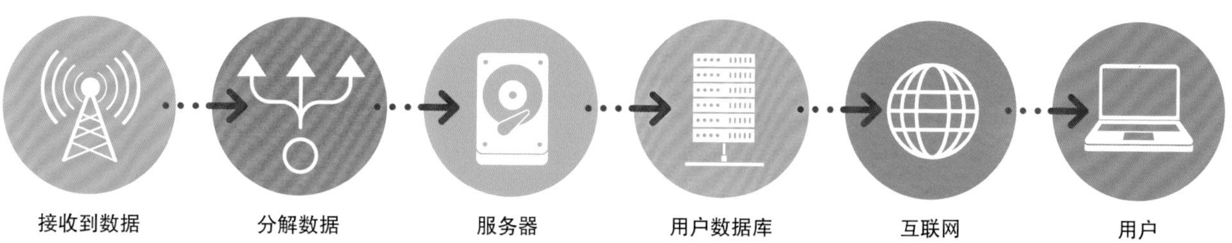
接收到数据
分解数据
服务器
用户数据库
互联网
用户

德雷克公式

这个公式不仅被用来估算在我们的行星之外存在生命的可能性，还被用来估算人类可能在宇宙中找到智能生命的概率。1961年，射电天文学家弗兰克·德雷克（Frank Drake）首次提出了这个公式。通过几个变量相乘，这个公式可以计算出可能有能力与我们进行联系的文明的数量。

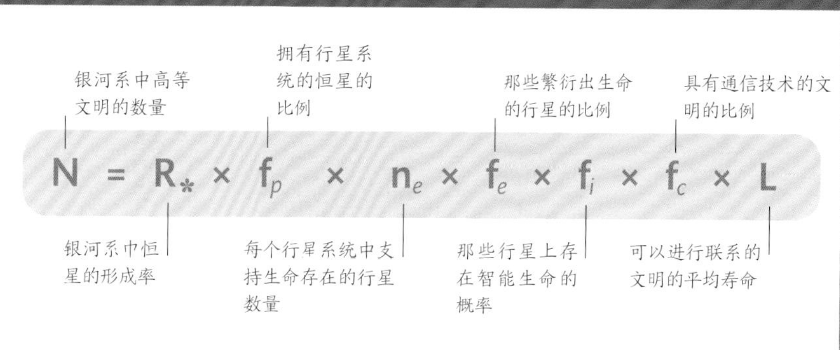
$N = R_* \times f_p \times n_e \times f_e \times f_i \times f_c \times L$
银河系中高等文明的数量
拥有行星系统的恒星的比例
那些繁衍出生命的行星的比例
具有通信技术的文明的比例
银河系中恒星的形成率
每个行星系统中支持生命存在的行星数量
那些行星上存在智能生命的概率
可以进行联系的文明的平均寿命

2 太阳系

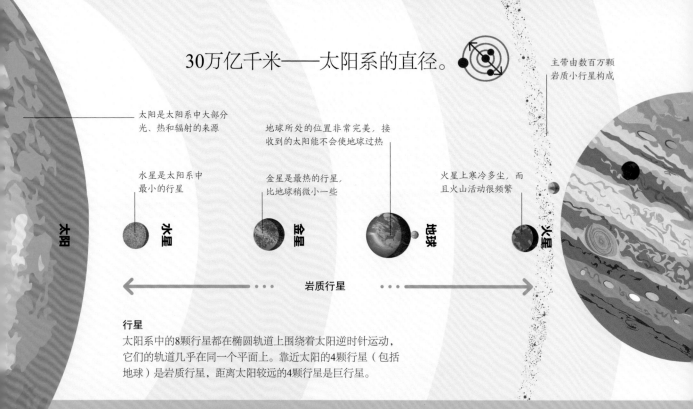

30万亿千米——太阳系的直径。

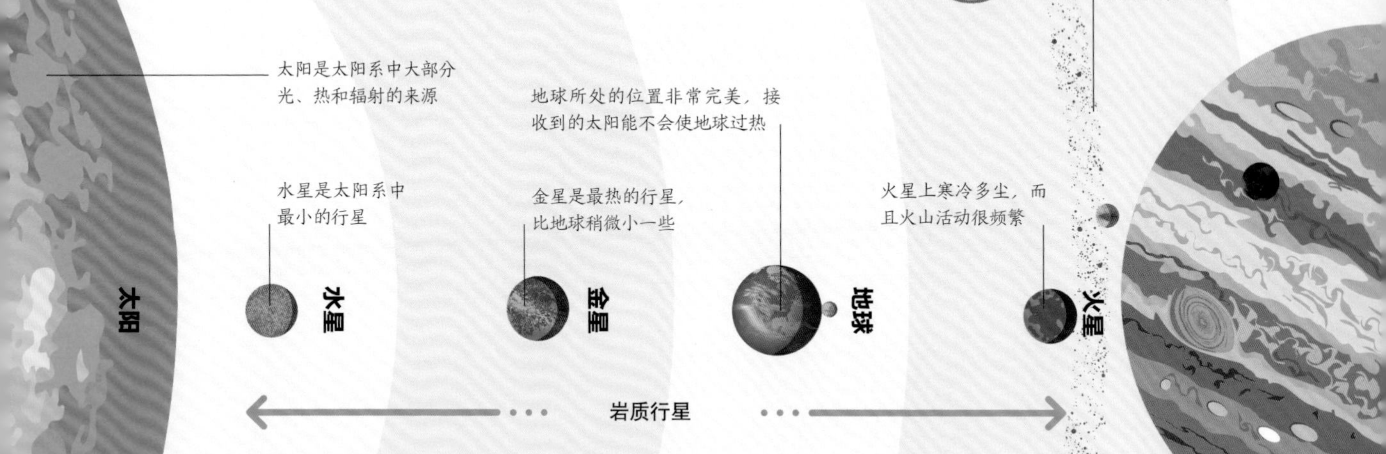

主带由数百万颗岩质小行星构成

太阳是太阳系中大部分光、热和辐射的来源

地球所处的位置非常完美，接收到的太阳能不会使地球过热

水星是太阳系中最小的行星

金星是最热的行星，比地球稍微小一些

火星上寒冷多尘，而且火山活动很频繁

太阳

水星

金星

地球

火星

岩质行星

行星

太阳系中的8颗行星都在椭圆轨道上围绕着太阳逆时针运动，它们的轨道几乎在同一个平面上。靠近太阳的4颗行星（包括地球）是岩质行星，距离太阳较远的4颗行星是巨行星。

太阳系的结构

太阳系是以太阳为核心构建的，小的岩质行星距离太阳较近，气态巨行星和冰质巨行星距离太阳较远，它们之间有着清晰的区别。

太阳系中的天体

太阳系中的所有天体都被太阳强大的引力束缚在一起。这些天体中最大的是8颗已知的行星，它们拥有200多颗卫星。岩质小行星和冰质彗星在行星和5颗已确认的矮行星之间的空间内快速穿行。太阳系一直延伸到奥尔特云（见84～85页）的边缘——大约日地距离的10万倍。太阳系只是嵌在银河系这个“恒星大都市”中的无数个相似结构中的一个。

冰线

这条冰线标记了在一个正在形成的行星系统中温度下降到低于水、氨和甲烷的冰点的位置。在这条线以外，冰质物质聚集在一起形成了巨行星。在距离恒星更近的位置处，只有岩石和金属可以经受住恒星释放出来的热量。

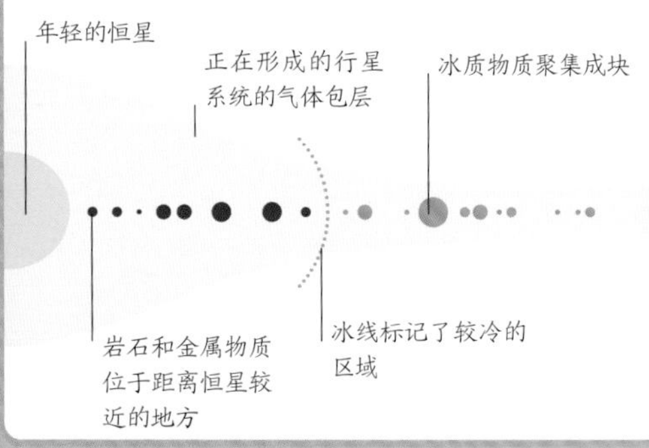
年轻的恒星
正在形成的行星系统的气体包层
冰质物质聚集成块
岩石和金属物质位于距离恒星较近的地方
冰线标记了较冷的区域

巨行星

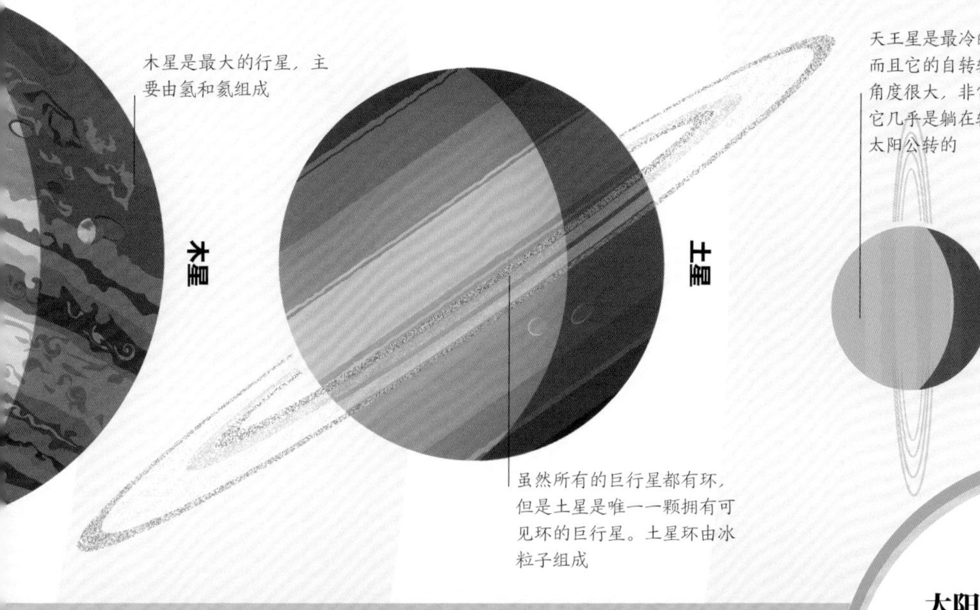
木星是最大的行星，主要由氢和氦组成
木星
土星
虽然所有的巨行星都有环，但是土星是唯一一颗拥有可见环的巨行星。土星环由冰粒子组成

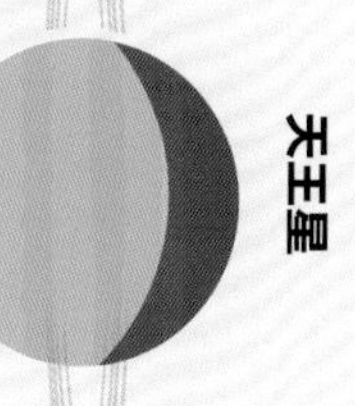
天王星是最冷的行星，而且它的自转轴倾斜的角度很大，非常独特，它几乎是躺在轨道上绕太阳公转的
天王星

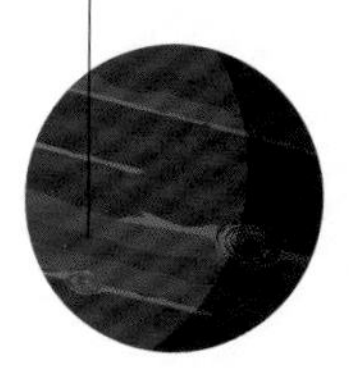
海王星是距离太阳最远的一颗行星，海王星上有速度达到超声速的飓风
海王星

太阳系内有多少个天体

还不知道精确的数字，不过太阳系中有超过50万个天体已经拥有了正式名称，而且至少还有30万个天体没有被命名。

关于行星运动的开普勒定律

德国天文学家约翰尼斯·开普勒（Johannes Kepler）使用详细的行星运动观测数据制定了三条定律。随后，艾萨克·牛顿展示了开普勒定律是如何从他的万有引力定律中自然地推导出来的。这三条定律描述了轨道的形状和行星的运动速度与其到太阳的距离之间的关系。

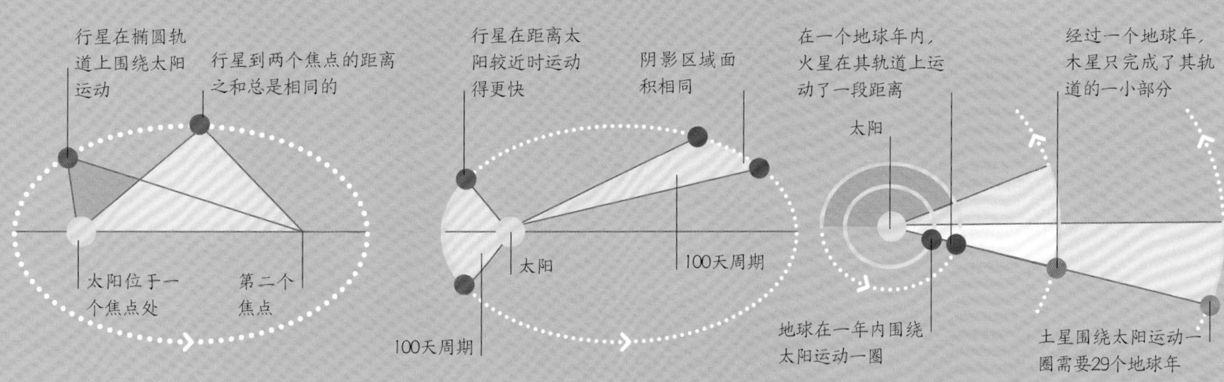
行星在椭圆轨道上围绕太阳运动
行星到两个焦点的距离之和总是相同的
太阳位于一个焦点处
第二个焦点
行星在距离太阳较近时运动得更快
阴影区域面积相同
太阳
100天周期
100天周期
在一个地球年内，火星在其轨道上运动了一段距离
经过一个地球年，木星只完成了其轨道的一小部分
太阳
地球在一年内围绕太阳运动一圈
土星围绕太阳运动一圈需要29个地球年

第一定律

开普勒第一定律阐述了行星的轨道是椭圆形的，有两个焦点，太阳位于其中一个焦点处。

第二定律

开普勒注意到，一颗行星在靠近太阳时运动变快，在远离太阳时运动变慢。他发现，太阳和行星的连线在相同的时间内扫过的面积相等。

第三定律

行星距离太阳越远，它围绕太阳运动一圈所需要的时间就越长。开普勒发现了一个简单的方程，将行星的轨道周期和轨道大小联系在了一起。

太阳系的诞生

太阳系形成于大约45亿年前。通过研究银河系内年轻的恒星系统，以及进行计算机模拟，天文学家已经开始理解太阳系可能是如何形成的了。

哪颗行星是最先形成的

天文学家认为，木星这颗气态巨行星是太阳系中最先形成的行星，然后它影响了其他行星形成的方式。岩质行星可能是最后形成的。

太阳星云

关于太阳系形成最被广泛接受的一种观点始于太阳的诞生，当时，一团巨型分子云内的一个气体尘埃球（被称为“核”）在引力作用下坍缩，这个过程可能是由邻近的一颗恒星爆炸所触发的（见92～93页）。随着这个核的坍缩，更多的物质被拉过来，使得核的中心密度增加，自转速度加快。一个平坦的原行星盘便形成了，这个原行星盘由气体和尘埃组成，被叫作“太阳星云”，它围绕着中心处新形成的太阳生长。在几百万年的时间里，引力持续将盘中的物质拖拽在一起，生成了现在围绕太阳运行的小行星、卫星和行星等天体构成的系统。

这个星云中0.01%的物质最终形成了行星。

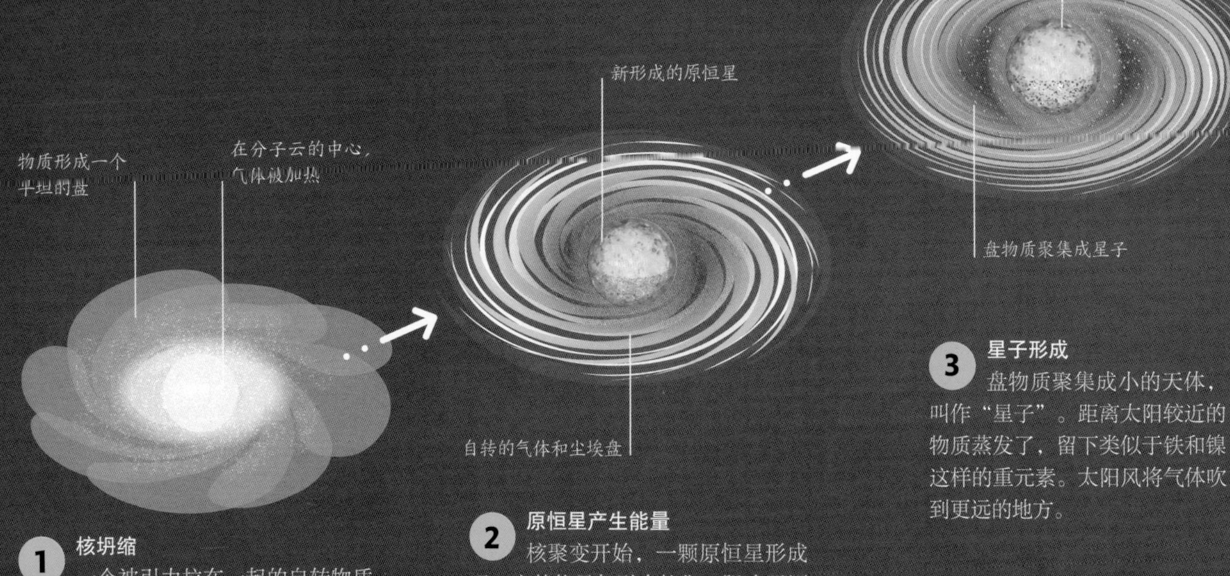
年轻的太阳发出明亮的光
新形成的原恒星
物质形成一个平坦的盘
在分子云的中心，气体被加热
盘物质聚集成星子
自转的气体和尘埃盘

1 核坍缩

一个被引力拉在一起的自转物质团块在一个星际云内部坍缩。它的中心开始变热、变致密，而且围绕着它形成了一个盘。

2 原恒星产生能量

核聚变开始，一颗原恒星形成了。它的能量与引力抗衡，阻止了原恒星的进一步坍缩。尘埃粒子形成了自转的盘。

3 星子形成

盘物质聚集成小的天体，叫作“星子”。距离太阳较近的物质蒸发了，留下类似于铁和镍这样的重元素。太阳风将气体吹到更远的地方。

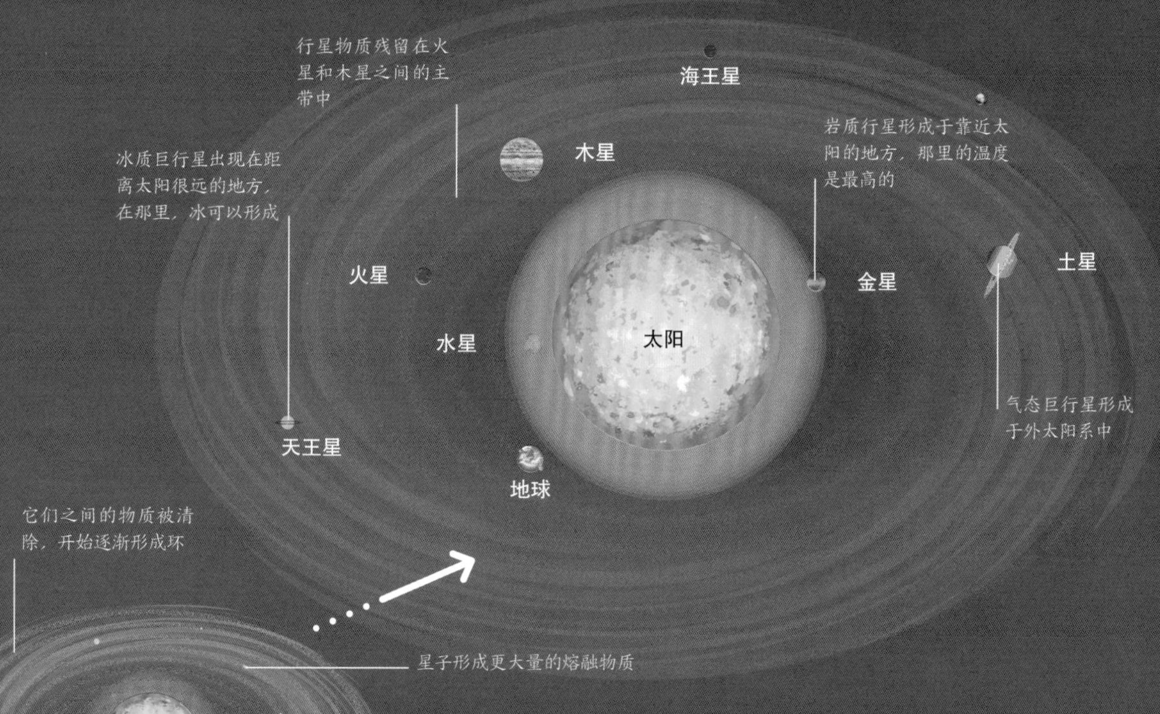

行星物质残留在火星和木星之间的主带中
海王星
岩质行星形成于靠近太阳的地方，那里的温度是最高的
冰质巨行星出现在距离太阳很远的地方，在那里，冰可以形成
木星
火星
金星
土星
水星
太阳
气态巨行星形成于外太阳系中
天王星
地球
它们之间的物质被清除，开始逐渐形成环
星子形成更大量的熔融物质

4 残骸形成了环

由岩石、金属或冰构成的，宽度达千米的星子，以很高的速度在四处飞行，相互碰撞。碰撞产生的能量使岩石和金属融化，直到更大量的熔融物质形成。

5 行星形成

较大天体的尺寸持续增大，而且引力使它们变成圆球状，形成了行星。随着太阳系稳定下来，剩下的物质形成了小行星和小天体。

行星的迁移

太阳系形成现在这样的结构经历了数百万年的时间。新形成的行星在与其他行星和形成后留下的碎片相互影响的同时发生着迁移。这个过程也清空了主带和海王星之外的柯伊伯带（见82～83页），将碎片抛撒在遥远和广泛的空间中。

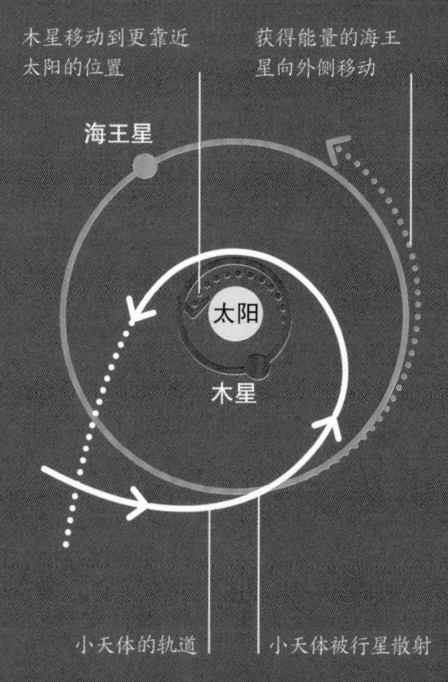

木星移动到更靠近太阳的位置
获得能量的海王星向外侧移动
海王星
太阳
木星
小天体的轨道
小天体被行星散射

被改变的轨道

行星迁移的模型表明，木星曾朝向太阳移动，土星、天王星和海王星则通过散射较小的天体获得能量，向着更远的地方移动。海王星和天王星甚至调换了位置。

原行星盘

新的太阳系形成于平坦的尘埃盘，这个盘叫作“原行星盘”，盘绕在新形成的恒星周围。在尘埃团块出现的地方，行星正在形成。

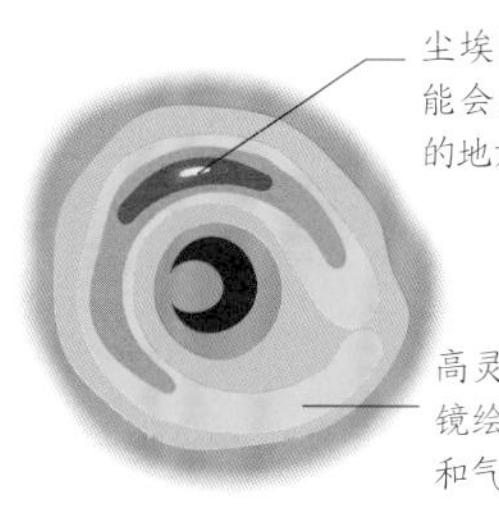

尘埃团块，可能会形成行星的地方
高灵敏度的望远镜绘制出的尘埃和气体分布图

原行星盘

太阳

太阳是一个位于太阳系中心的巨大的核动力源。它提供了引力，将太阳系束缚在一起，它的能量使行星沐浴在光和热中。

太阳内部

太阳的能量从太阳的核心深处开始了它的漫长之旅。强大的引力使得太阳核心区域的温度高达将近1 600万摄氏度，压强达到地球上大气压强的1 000亿倍。极端的条件允许核聚变发生，每秒钟有6.2亿吨氢转化为氦和能量（见90页）。这些能量穿过辐射层和对流层后到达可见表面。

太阳的元素

天文学家使用光谱学（见26～27页）——对光谱进行细致研究的学科——辨认太阳上的化学元素。这些元素的原子可以被辨认出来是因为它们会吸收或发射出特定颜色的光。太阳非常热，以至于这些原子中的一部分变成了带电等离子体，这使得太阳处于等离子态。

氦24%

氢75%

在剩余的部分中，氧、碳、氮、硅、镁、氖、铁和硫是较多的

元素组成
太阳全部的物质由67种元素组成。其中，大多数是氢和氦，它们是宇宙中最轻的两种元素。

辐射从太阳的核心到达太阳表面需要长达100万年的时间。

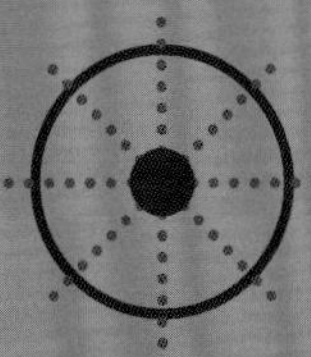

辐射在辐射层内缓慢地向外传播

辐射层非常致密，以至于辐射在遇到一个障碍物之前只传播了1毫米的距离

内部结构
能量从热且致密的核心经过辐射层和对流层到达太阳表面需要长达100万年的时间。从地球上可以看到光球层，不过它被日冕和色球层两层大气覆盖着。

核心

核心区大约占据了太阳内部区域的1/4，这里的密度大约是金的密度的8倍

日珥

热物质随着一个磁环形成了一个日珥

在日食期间，我们可以看到太阳的最外层大气——日冕

光穿过对流层只需要几个星期的时间

辐射层

对流层

光球层

色球层

日冕

热气体膨胀，上升到表面，冷却后又下沉

光一旦逃逸出光球层，传播到地球上就只需要8分钟多一点

色球层的温度大约是20 000摄氏度

太阳有多大

太阳的直径为140万千米，可以装得下超过一百万个地球。大多数恒星比太阳要小。

外部结构

光球层是太阳的可见表面，也是太阳大气的第一层。日珥和耀斑自色球层喷射出来，一直到日冕的上方。日珥是似火焰状的爆发，耀斑是快速的能量爆发。日冕的温度超过100万摄氏度，远远高于在它之下的光球层和色球层的温度。这种温度差异是最令人困惑的太阳谜题之一。耀斑活动不足以解释这一现象，天文学家仍在寻找向日冕注入能量的机制。

日食

日全食期间是观测暗弱的太阳日冕的最佳时机。大约每18个月会发生一次日全食现象，当这种壮观的天象发生时，月球挡住了太阳的光芒。当月球完全遮住太阳主要的盘面时，便发生了日全食现象。此时，月球的影子（或本影）“吞没”了地球上的部分区域。

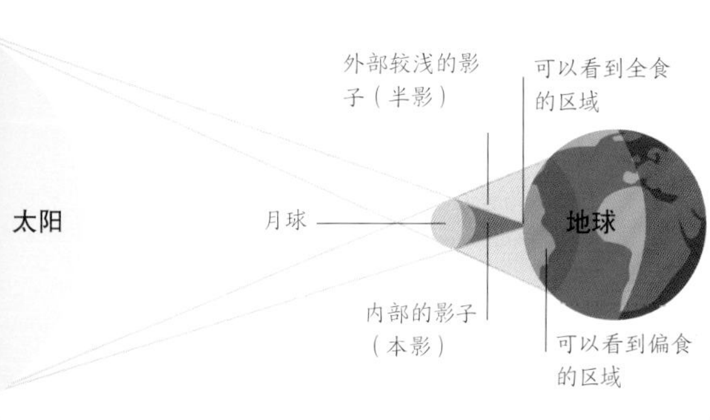
外部较浅的影子（半影）
可以看到全食的区域
太阳
月球
地球
内部的影子（本影）
可以看到偏食的区域

太阳活动周

历代天文学家已经观察到太阳活动以一种重复的模式涨落，并将其称为“太阳活动周”。20世纪90年代，太阳望远镜首次被发射到太空中，此后，人们对于太阳活动的观测达到了前所未有的精度，太阳活动已经被仔细研究过了。

太阳传送带

巨大的等离子体传送带在太阳的对流层内搅动。它们将磁场向着太阳表面拖拽，而且以约每小时50千米的速度将物质从赤道向着两极转移。这导致在太阳活动周期间，太阳黑子看起来距离赤道更近一些。

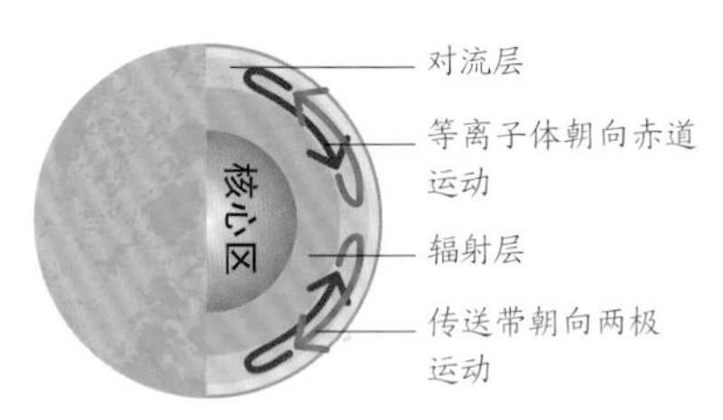

核心区
对流层
等离子体朝向赤道运动
辐射层
传送带朝向两极运动

太阳黑子

太阳活动周最显著的特征就是太阳黑子的周期性变化。太阳黑子看起来像太阳表面上严重的瘀伤，但实际上，它们是光球层上较冷的区域，温度约为3 500摄氏度。随着太阳自转，磁场在其内部伸展，使得磁流管穿过光球层并形成杯状的凹陷。太阳黑子只持续几个星期，在整个太阳活动周中会出现在不同的区域。

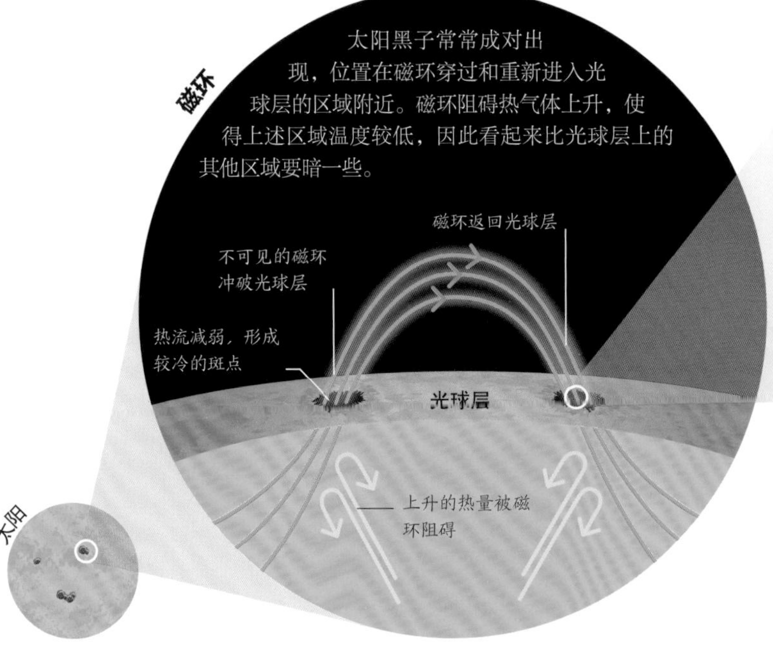

磁环
太阳黑子常常成对出现，位置在磁环穿过和重新进入光球层的区域附近。磁环阻碍热气体上升，使得上述区域温度较低，因此看起来比光球层上的其他区域要暗一些。
磁环返回光球层
不可见的磁环冲破光球层
热流减弱，形成较冷的斑点
光球层
上升的热量被磁环阻碍
太阳

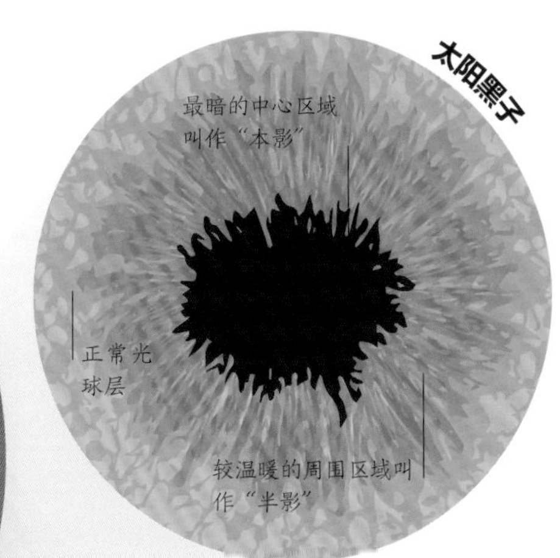

太阳黑子
最暗的中心区域叫作“本影”
正常光球层
较温暖的周围区域叫作“半影”

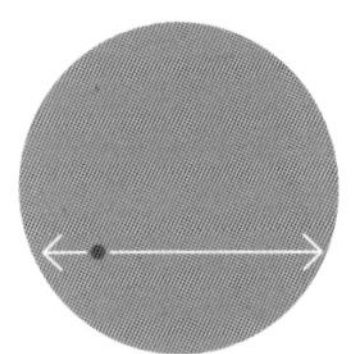

曾被记载的最大的黑子比地球宽**30**倍。

谁发现了太阳活动周

太阳活动周，也叫作“施瓦贝循环”，是1843年被德国天文爱好者塞缪尔·海因里希·施瓦贝（Samuel Heinrich Schwabe）发现的。他曾持续17年每天对太阳进行观测。

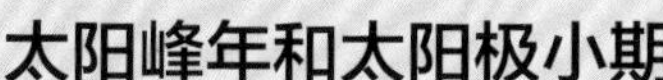

太阳峰年和太阳极小期

太阳活动不止太阳黑子这一种形式。被称为“日冕物质抛射”的巨大爆发发生于日冕中，储存磁能的快速释放引发了太阳耀斑。这些活动现象在太阳峰年更为频繁，在太阳极小期则有所衰退，这对地球有着重要的影响。增强的太阳活动在地球的两极附近形成了壮观的极光（见31页），但是它也会造成停电、卫星故障和无线电信号中断等危害。

蝴蝶图

一幅著名的图因与飞行昆虫的相似性而被叫作“蝴蝶图”，它绘制出了黑子带在一个太阳活动周期期间的运动。在接近太阳峰年的时期，黑子通常看起来更靠近赤道。比较一个图中的多个活动周，会发现在周期之间太阳活动的变化。

11年活动周

尽管太阳活动周的平均持续时间为11年，但是经过最近的400年，它的周期已经发生了变化。近期的活动周特别宁静，黑子少的天数异常高。

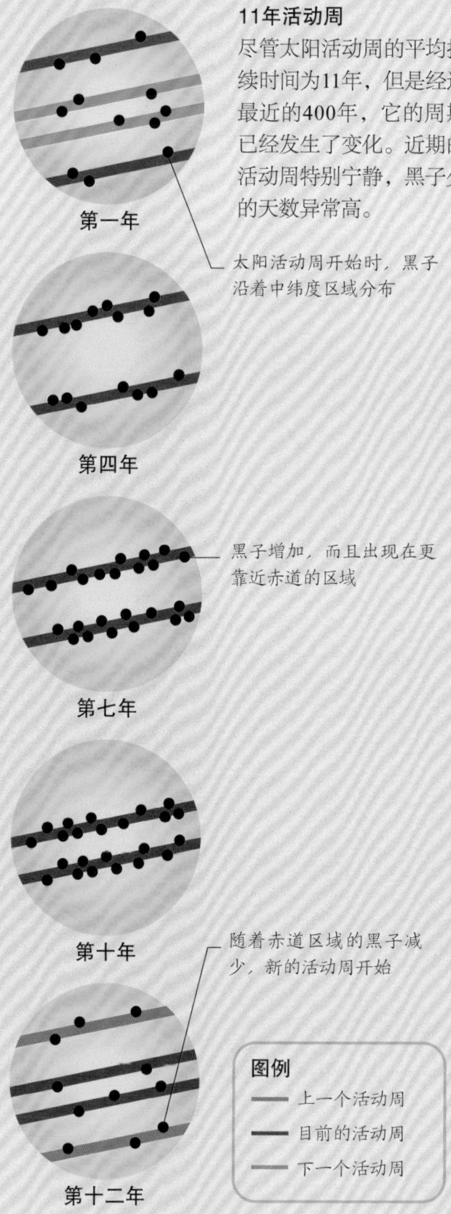

第一年

太阳活动周开始时，黑子沿着中纬度区域分布

第四年

黑子增加，而且出现在更靠近赤道的区域

第七年

第十年

随着赤道区域的黑子减少，新的活动周开始

第十二年

图例
上一个活动周
目前的活动周
下一个活动周

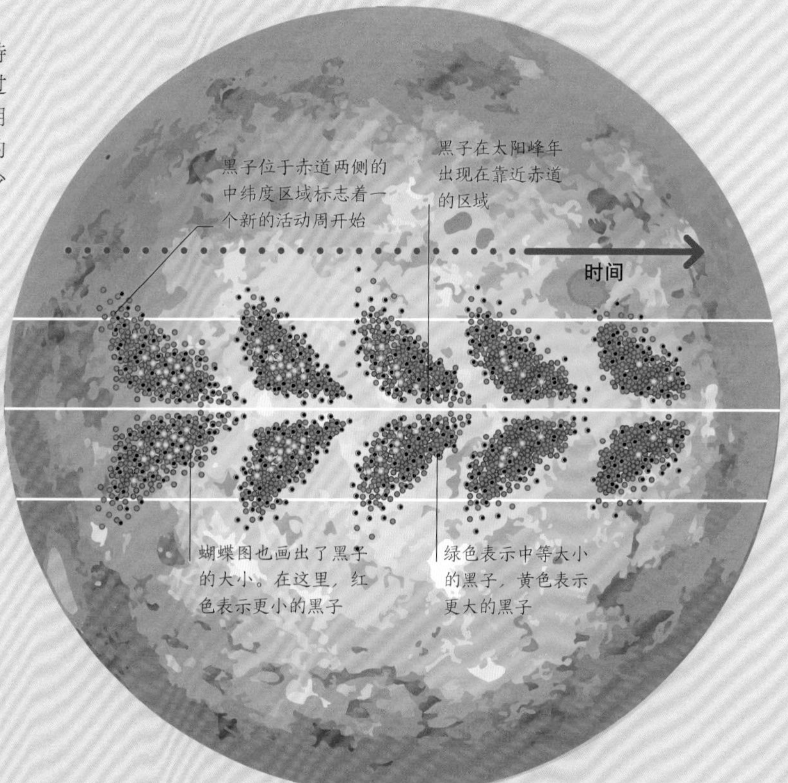

黑子位于赤道两侧的中纬度区域标志着一个新的活动周开始

黑子在太阳峰年出现在靠近赤道的区域

时间

蝴蝶图也画出了黑子的大小。在这里，红色表示更小的黑子

绿色表示中等大小的黑子，黄色表示更大的黑子

蝴蝶图

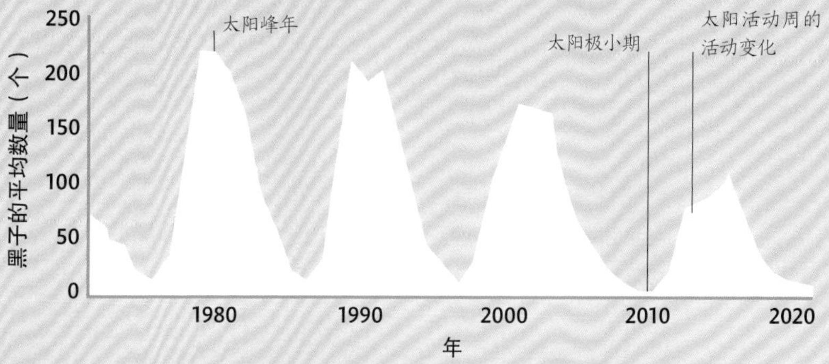

太阳峰年
太阳极小期
太阳活动周的活动变化
黑子的平均数量（个）
250
200
150
100
50
0
1980
1990
2000
2010
2020
年

地球

地球是一颗蓝色行星，这是由于地球表面的71%被广阔的海洋覆盖着，它是宇宙中生命的避风港，是目前已知的宇宙中唯一一颗存在生命的星球。

适合生命生存

为了使生命在地球上生存，需要阻止来自太空的危害。在这些危害中，居于首位的是来自太阳的辐射，这些辐射可以破坏活细胞。然而，地球被一个由地球的旋转铁核产生的磁场包围着，它提供了一个保护罩，使得来自太阳和更广阔银河系中爆炸恒星的高能粒子发生偏折。

内部圈层

地球形成以来，地球的核心一直保持高温状态，并且持续被铀这样的放射性元素的衰变过程加热。地球中心的温度大约为6 000摄氏度，像太阳的表面那样热。核心较外侧的熔融物质移动，驱动了磁场。在地球表面上看到的活动，如火山爆发和地震，是由地幔中的热物质穿过大部分为固态的上地幔上升并冲破地壳而产生的。

地球地壳相对于整个地球的厚度相当于一个苹果上果皮的相对厚度。

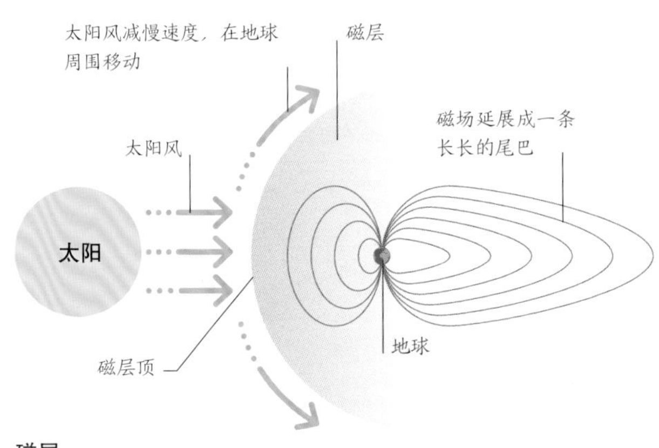
太阳风减慢速度，在地球周围移动
磁层
磁场延展成一条长长的尾巴
太阳风
太阳
地球
磁层顶

磁层

磁层是一片区域，在这里，磁场包围着地球。太阳风中的带电粒子在磁层的表面（磁层顶）减慢速度。磁场发生偏折，延展成一条大约500个地球尺度的长长的尾巴。

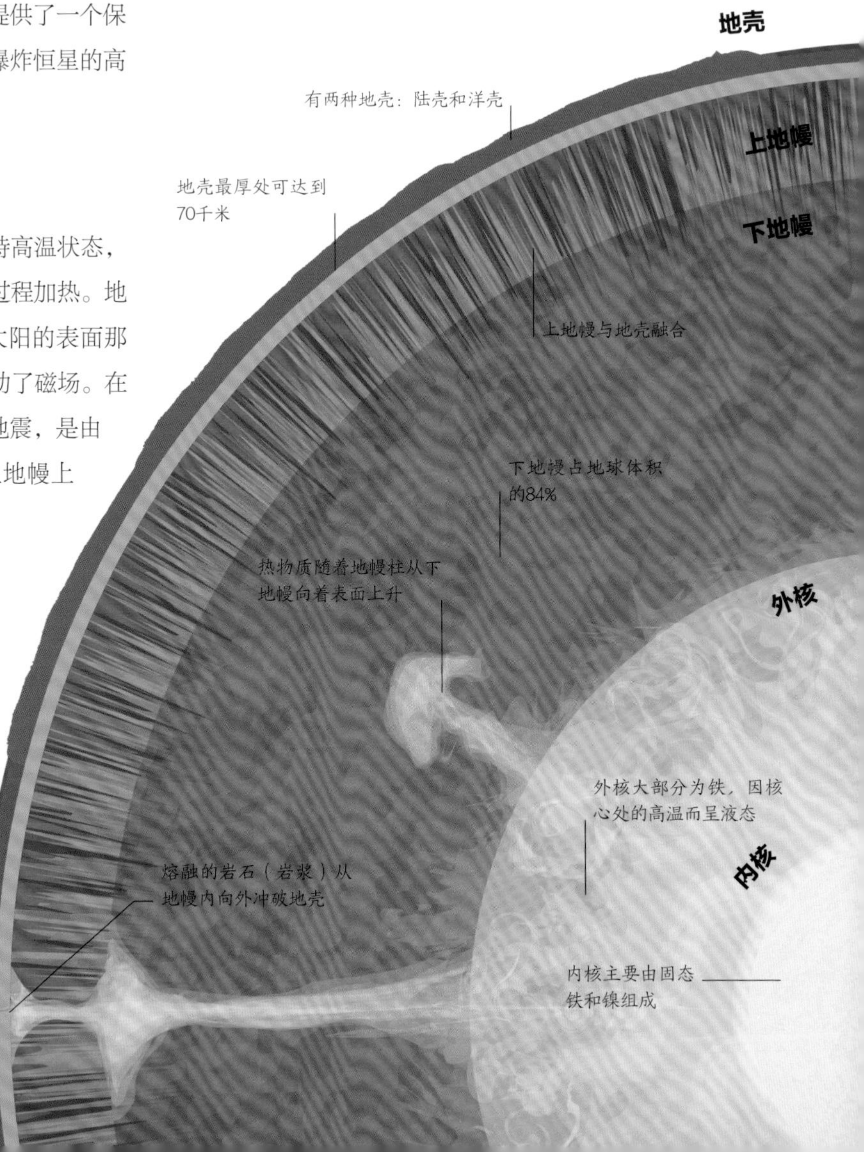

地壳

有两种地壳：陆壳和洋壳

上地幔

地壳最厚处可达到70千米

下地幔

上地幔与地壳融合

下地幔占地球体积的84%

热物质随着地幔柱从下地幔向着表面上升

外核

外核大部分为铁，因核心处的高温而呈液态

内核

熔融的岩石（岩浆）从地幔内向外冲破地壳

内核主要由固态铁和镍组成

加热这颗行星

大多数上升至地球表面的热量是通过对流方式传输的，与太阳对流层内进行的物理过程是一样的（见40～41页）。

地球表面和大气层

地球的地壳非常薄，处于不断改变中。它与上地幔融合，而且被分裂成不同的构造板块，它们在下方地幔更深的部分上来回移动。随着板块的靠拢或分离，山脉和裂缝形成了。在所有这些之上，一个具有防护作用的大气层延伸超过了600千米，它主要由氮气（78%）和氧气（21%）构成。

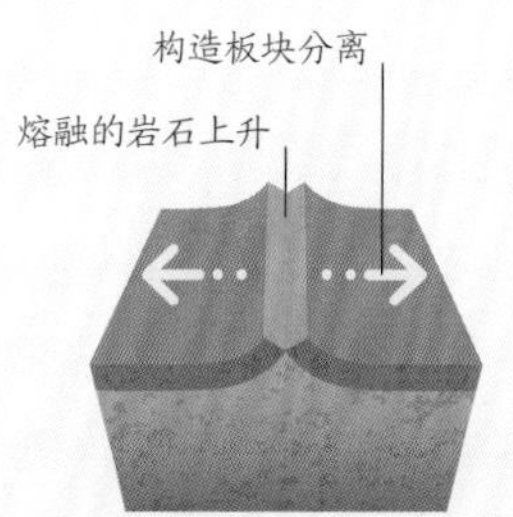
构造板块分离
熔融的岩石上升

离散边界

两个构造板块分开，熔融的岩石从地幔冒出，填满了裂口。冷却后的岩石形成了一块新的地壳。

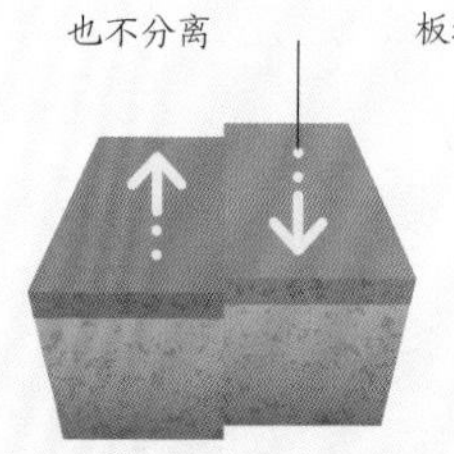
板块不碰撞，也不分离

转换边界

构造板块滑过另一板块，形成叫作“断层”的裂缝。大多数断层被发现于海洋底部。

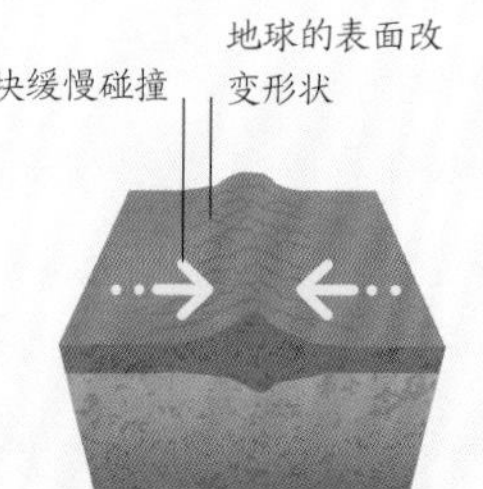
板块缓慢碰撞
地球的表面改变形状

汇聚边界

板块之间发生碰撞导致地震、火山活动和地壳变形。喜马拉雅山脉就是以这种方式形成的。

大陆下方的地壳比海洋下方的地壳更厚

大气层中的气体阻止热量逸出，帮助维持生命

大气层

地球上的水来自哪里

天文学家认为水来自地球形成早期撞击地球的彗星和小行星。这些撞击将包含水分子的物质留在了地球深处，水从那里上升后覆盖了地球表面。

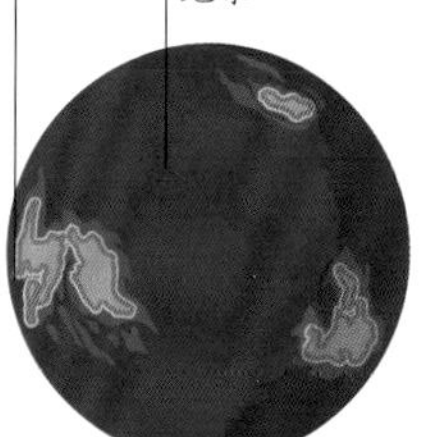
轻的岩石物质上升形成了大陆
液态水覆盖了冷却的地球

形成海洋

地球上什么时候开始出现生命

地球上的生命被认为起源于大约43亿年前，那时候，这颗行星只有5亿岁。在这之前，这颗行星太热了，而且缺乏液态水。

大陆和海洋仍然在随着构造板块的运动而改变形状

具有保护作用的大气层

臭氧是大气层中的一种氧气形式，它可以保护地球上的生命免受紫外辐射的影响。大气层同时也使较小的小行星和彗星在撞击地球之前发生碎裂（见28～29页）。

月球

月球是地球的天然卫星，是距离地球最近的天体，也是夜空中我们最熟悉的天体。我们通过双目望远镜或者其他望远镜观察月球时，会看到壮观的景象。

月球是如何形成的

解释月球形成的主流理论叫作“大碰撞假说”。这个假说认为，在地球形成的最初1亿年内，地球被另一颗火星大小的行星——忒伊亚撞击。在撞击发生后，这两颗行星的大多数重元素，如铁和镍，留在地球上形成了它重重的核心。与此同时，较轻的岩质物质被溅射到轨道内。引力逐渐将部分残骸聚集在一起形成了月球。

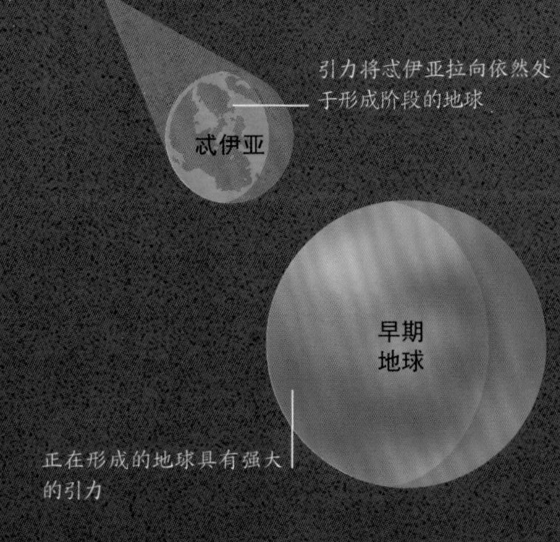
引力将忒伊亚拉向依然处于形成阶段的地球
忒伊亚
早期地球
正在形成的地球具有强大的引力

1 碰撞过程
另一颗行星——忒伊亚——以每小时1.4万千米的速度从外太阳系接近早期地球。

表面特征

独特的月面主要由明亮的高地区域和叫作“月海”的阴暗部分构成。月海是由月球早期火山活动形成的平滑、古老的熔岩平原，现在因小行星和彗星的撞击而散布着陨击坑。多山的高地区域是在大约45亿年前由一片熔融物质的海洋冷却、凝固形成的。月球被部分照亮，阴影使得月面显示出锐利的浮雕式画面时，便是观察这些特征的最佳时刻。

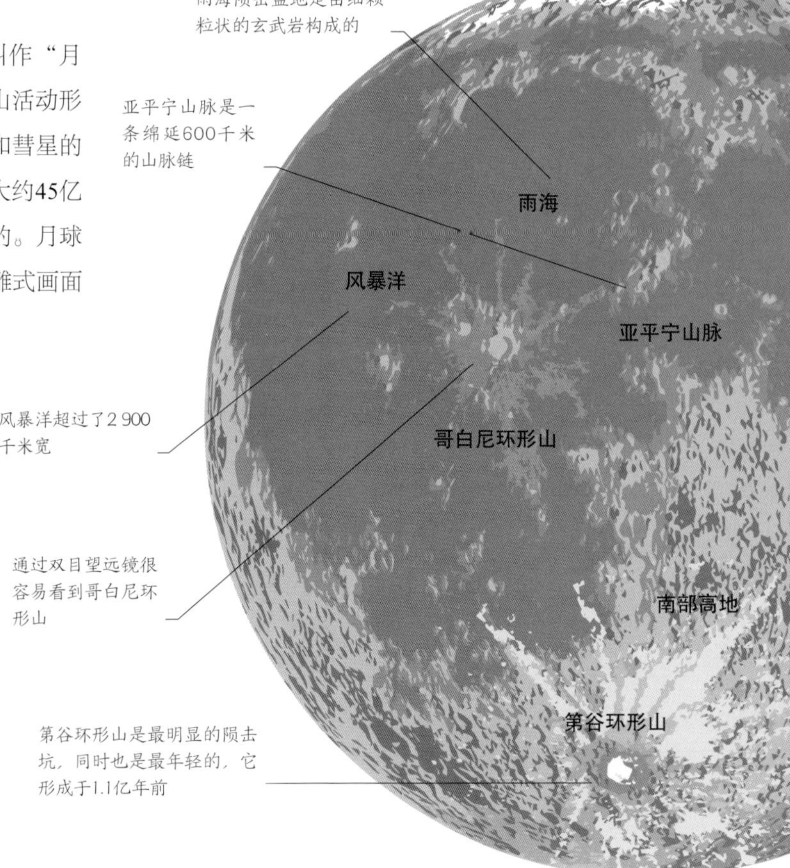
雨海陨击盆地是由细颗粒状的玄武岩构成的
亚平宁山脉是一条绵延600千米的山脉链
雨海
风暴洋
亚平宁山脉
风暴洋超过了2 900千米宽
哥白尼环形山
通过双目望远镜很容易看到哥白尼环形山
南部高地
第谷环形山
第谷环形山是最明显的陨击坑，同时也是最年轻的，它形成于1.1亿年前

已经有多少名宇航员在月球上行走过了

目前，总共有12名宇航员在月球上行走过。所有这些宇航员都是跟随美国航空航天局（NASA）的探测任务在1969年到1972年之间登陆月球的。

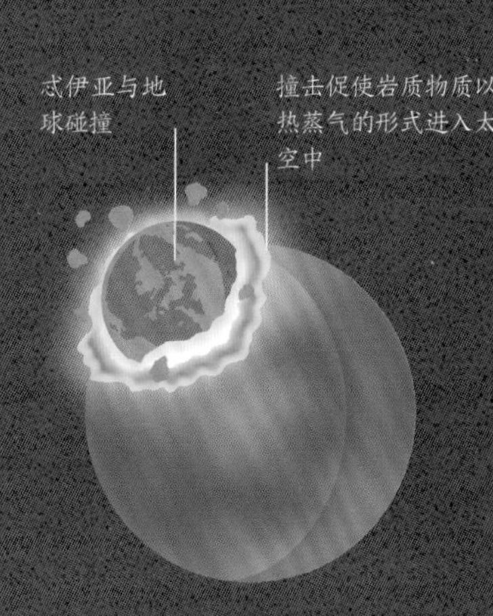
忒伊亚与地球碰撞
撞击促使岩质物质以热蒸气的形式进入太空中

2 撞击时刻
忒伊亚以45度角与地球发生碰撞，使得岩石和金属融化，两颗行星的物质混合在一起。

残骸形成的环围绕着地球

3 形成一个环
较轻的物质溅射到太空中，但是它们中的大多数不能逃脱地球的引力，它们在地球周围形成了一个残骸环。

月球沿着残骸环的轨道运行

月球

残骸形成了月球

4 在轨道中运行的月球
引力将环中的物质聚集在一起形成了最初炽热的月球，月球冷却最终形成了如今这颗卫星。

月球每年远离地球3.8厘米。

静海是1969年尼尔·阿姆斯特朗（Neil Armstrong）在月球上留下第一个人类脚印的地点

静海

南部高地遍布着被破坏了的陨击坑，这意味着这里是一片古老的月面

由于在形成期间受到早期地球的热量影响较少，因此背离地球的一面上因火山喷发形成的平原较少

月球的暗面?
与普遍的观点相反，月球上没有永恒的暗面。尽管月球的背面对地球是不可见的，但是它经常会被照亮。

月食

当月球进入地球的阴影中时，会发生月食现象。在月球升起时，在地球上的任何地方都可以看到月食，通常每年至少可以看到两次月食现象。在月全食时，太阳光在经过地球大气层时发生偏折，其中的红光间接照射到月球上，使得月球呈现出怪异的红色。当月球经过地球外侧更浅的影区时，会发生月偏食现象。

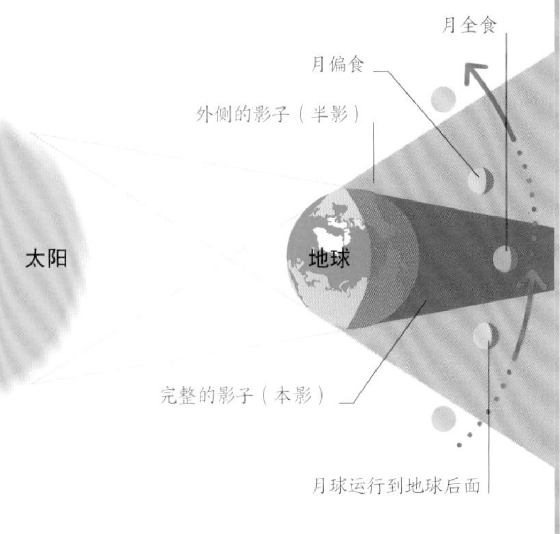
月全食
月偏食
外侧的影子（半影）
太阳
地球
完整的影子（本影）
月球运行到地球后面

地球和月球

在从地球上看到的夜空中，月球是最大的天体。月球的引力已经使地球的自转速度变慢了，而且影响到了地球的海洋，影响着潮汐现象。地球上的生命已经进化得适应了月光、潮汐和以月为周期的太阴周，而且月球是除地球之外唯一一颗人类登陆过的星球。

月相

月球的外观变化是夜空中最显著的特征之一，已经被记录了几千年。尽管它看起来会发光，但是月球本身并不会发光，而是因月面反射太阳光而发亮。就像地球在任何时间都有一面处于白天另一面处于黑夜一样，月球也常常是一半被照亮的，但是从地球上看到的月面部分会随着月球的绕转而变化。太阴周会持续29.5天，比月球围绕地球运行一周所需要的时间——27.3天——稍微长一些。这是因为在此期间地球也在移动，而月球再次与太阳对齐还需要花费两天多的时间。

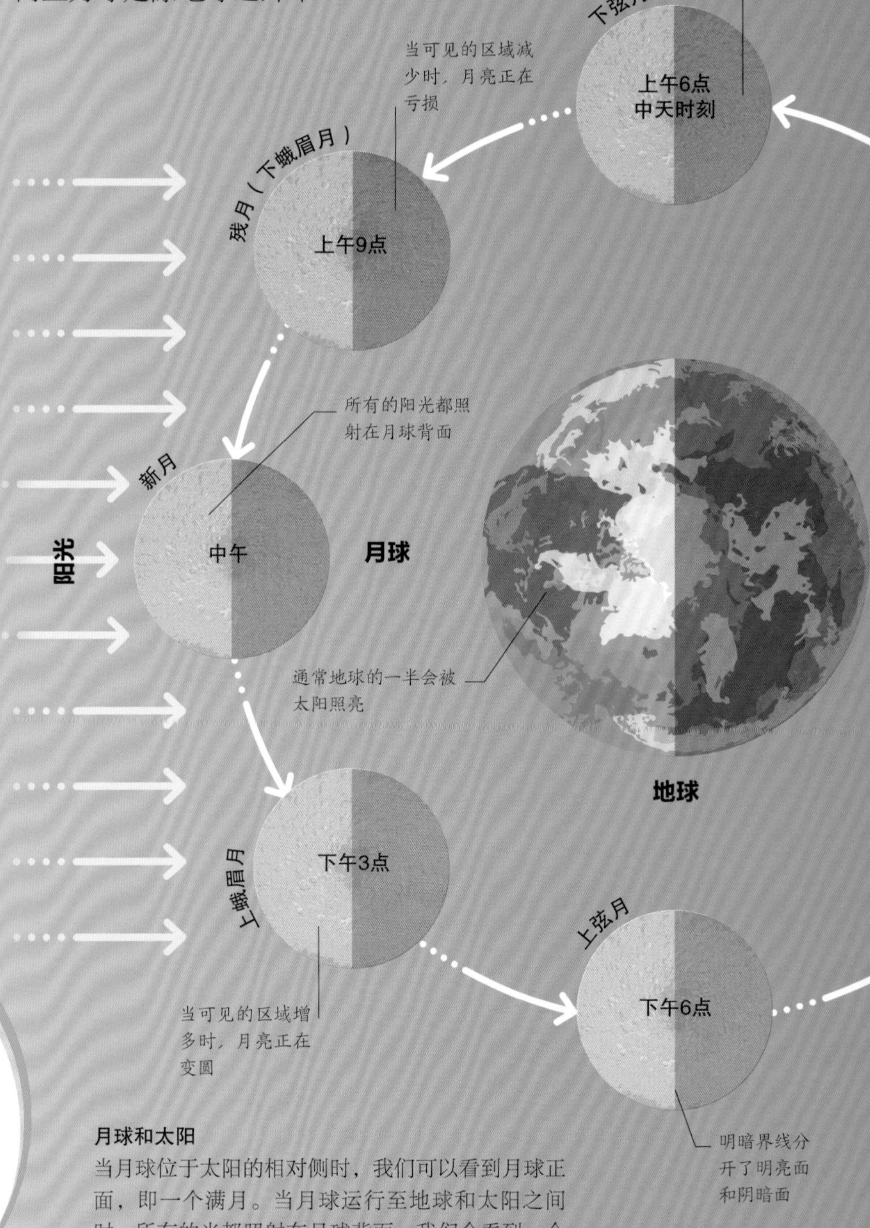

太阳
阳光
随着月相变化周期接近新月，月亮在白天便可以被看到
下弦月
上午6点
中天时刻
当可见的区域减少时，月亮正在亏损
残月（下蛾眉月）
上午9点
所有的阳光都照射在月球背面
新月
中午
月球
通常地球的一半会被太阳照亮
地球
上蛾眉月
下午3点
当可见的区域增多时，月亮正在变圆
上弦月
下午6点
明暗界线分开了明亮面和阴暗面

月球和太阳

当月球位于太阳的相对侧时，我们可以看到月球正面，即一个满月。当月球运行至地球和太阳之间时，所有的光都照射在月球背面，我们会看到一个新月。在整个月相变化周期中，月球在天空中到达最高点（中天）的时刻会逐渐变化。

月球会自转吗

月球会沿逆时针方向自转，而且自转一周所花费的时间与其绕地球运行一周需要的时间相同。这就是月球始终一面朝向地球的原因。

从地球上观察

随着接近满月，月球被照亮的一面逐渐被看见（渐圆）；随着循环结束，月面逐渐缩小（亏损）。每个周期有两次蛾眉月、弦月和凸月。有时候，由于地球反射阳光，月面没有被照亮的区域也可以被看到。

新月
上蛾眉月

亏凸月
亏凸月在上午3点到达最高点
上弦月
满月
午夜

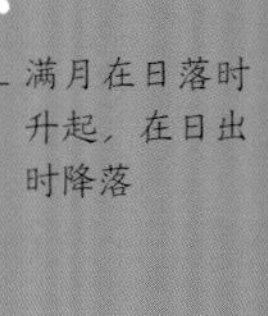
满月在日落时升起，在日出时降落
盈凸月
满月

盈凸月
亏凸月
盈凸月在下午9点到达最高点

下弦月
下蛾眉月

潮汐

潮汐是海水在月球和太阳引潮力等外力作用下产生的周期性运动。每天，随着地球自转经过四个特别的位置，地球上的大部分地区会经历两次涨潮和两次落潮。

引潮力

当朝向月球时，由于月球的引力作用到海洋中的水上，海平面会上升。地球其他区域海洋中的水也会被拉走，发生落潮现象。地球上背离月球一侧的第二个涨潮区域由于向外的离心力超过了向内的引力而产生了涨潮现象。

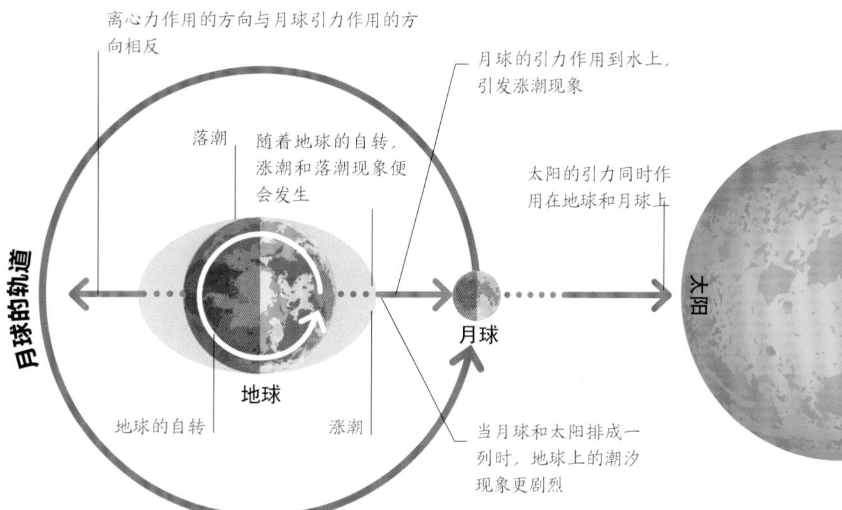
离心力作用的方向与月球引力作用的方向相反
月球的引力作用到水上，引发涨潮现象
落潮
随着地球的自转，涨潮和落潮现象便会发生
太阳的引力同时作用在地球和月球上
月球的轨道
月球
太阳
地球
地球的自转
涨潮
当月球和太阳排成一列时，地球上的潮汐现象更剧烈

月球的引力使得地球的一天每1亿年被拉长半个小时。

奔月之旅

在1969年到1972年之间，先后有6架宇宙飞船经历了3天的旅程到达月球。在距离月球70 000千米的位置处，宇宙飞船到达了引力平衡点，在这里，月球的引力将宇宙飞船拉进了绕月运行轨道。

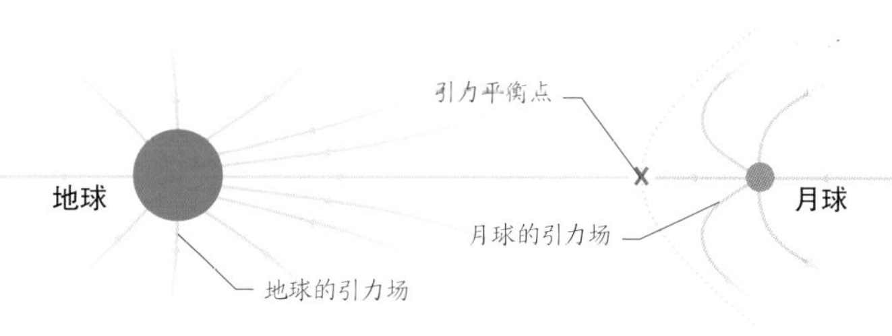
引力平衡点
地球
月球
月球的引力场
地球的引力场

水星

水星是距离太阳最近的行星，围绕太阳运行一周只需要88天，在所有行星的轨道中，它的轨道偏心率最大。水星也是太阳系中最小的行星，它的半径约为2 400千米，只超过了地球半径的三分之一。

水星有卫星吗

没有，水星的引力很小，而且它靠近太阳，这意味着任何可能的卫星都会被太阳吸引过去。

环形山内部的凹陷是被太阳风塑造成的
当早期平原被熔岩淹没时，平坦的火山平原就形成了
盆地被高耸的山脉包围着
现在的水星有一个干燥的岩质表面
强烈的撞击形成的物质条痕包围着陨击坑
火山活动形成的平原占据了水星表面的40%
蒙克陨击坑形成于39亿年前，在卡路里盆地形成很久之后形成
卡路里盆地
陨击坑包含着来自原始盆地基底的物质

表面特征

水星的表面遍布环形山。大多数环形山是因流星体的撞击形成的，时间可追溯到40多亿年前。由于水星太小以至于几乎没有大气，因此这些环形山一直保存了下来，几乎没有变化。所以，水星的表面与月球的表面非常相似。在某些区域，平坦的平原上交错分布着一系列褶皱，这是由于整颗行星随着时间流逝而逐渐收缩导致的。

卡路里盆地

水星有着太阳系中最大的陨击盆地之一——卡路里盆地，它跨越了1 500多千米，是法国国土宽幅的1.5倍左右，而且被2千米高的环状山脉包围着。

水星的陨击坑是以艺术家的名字命名的，包括迪士尼、贝多芬和梵高。

大气和温度

水星不能储存接收到的来自太阳的大量热量。在白天，水星上的温度超过400℃。但是，由于没有厚厚的大气层储存热量，因此处于夜晚的一侧的温度会降至-180℃。这使得水星有着太阳系内所有行星中最大的昼夜温差变化。

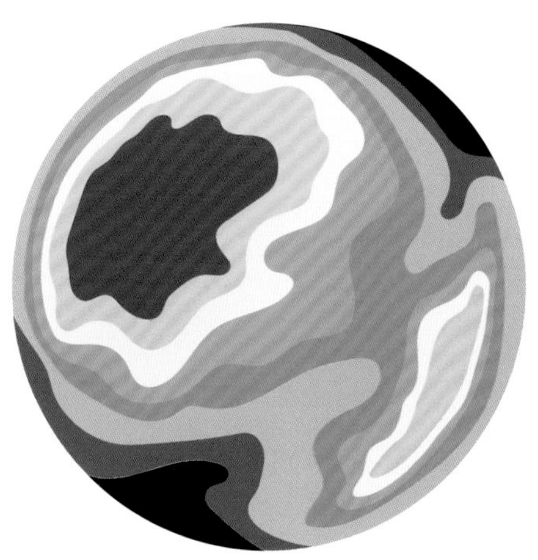

温度分布图
水星表面之下的温度变化图显示，水星最热的区域（红色）位于太阳的正下方。这幅图使用了位于美国新墨西哥州的甚大阵（VLA）望远镜的观测数据。

图例
400°C
-180°C

信使号

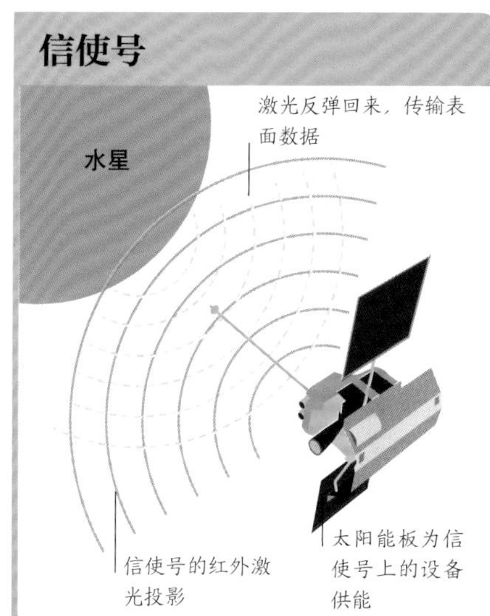
激光反弹回来，传输表面数据
水星
信使号的红外激光投影
太阳能板为信使号上的设备供能

由于水星没有卫星，因此NASA的信使号宇宙飞船可能是历史上唯一一个围绕这颗行星运行的人造天体。2011年，信使号进入水星轨道，绘制了99%的水星表面。它使用红外激光信号来收集地质数据，2015年，它以受控撞击水星的方式结束了使命。

水星内部

水星是一颗致密的行星，由将近70%的金属和30%的岩石构成，在太阳的8颗行星中，只有地球的密度比水星高。一个铁核（可能部分是熔融状的）占据了这颗行星超过一半的体积，而且被一个宽600千米的地幔包围着。水星的岩质地壳与地球地壳的厚度相似，厚约30千米。

空间任务数据
空间任务收集的数据，包括水手10号和信使号收集的数据，告诉了天文学家关于水星内部圈层的信息。信使号还在水星两极发现了水冰的证据。

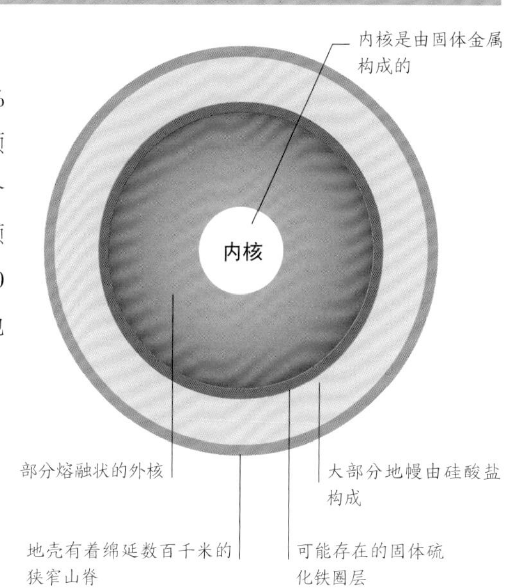
内核是由固体金属构成的
内核
部分熔融状的外核
大部分地幔由硅酸盐构成
地壳有着绵延数百千米的狭窄山脊
可能存在的固体硫化铁圈层

金星

金星是距离太阳第二近的行星，因为它只比地球小一点，而且拥有一些与地球相似的特征，包括山脉和火山，所以它常常被看作地球的孪生兄弟。不过，金星还有一些独特的结构。

表面特征

叫作“玛阿特山”的巨大火山高出金星表面8千米。太阳系中没有任何一颗行星像金星一样拥有这么多火山，这意味着，金星的表面遍布着古老的熔岩流和剧烈的火山活动的证据。独具特色的薄饼状火山穹丘成群地分布在这颗行星上，金星表面还有因巨大的流星体撞击而形成的陨击坑，以及数百千米宽、呈圆形或椭圆形的凸起结构。这些凸起结构叫作“冕状物”，它们是因热岩浆灌注进地壳而形成的。

为什么金星看起来如此明亮

当我们从地球上观察金星时，它看起来非常明亮，这是因为它的大气中含有浓密的硫酸云。阳光被这些硫酸云反射，使得它看起来很亮。

金星上的一天，即两次日出之间的间隔，约为117个地球日。

熔岩流形成了河道

玛阿特山

熔岩流从玛阿特山的基底延伸数百千米

来自古老熔岩流的岩石流在火星表面形成疤痕

最大的冕状物可跨越1 100千米，高达2千米

古老的熔岩流

冕状物的内部是拱顶形的或者盆地状的

巨大的陨击坑散布在火星表面，最大的可跨越275千米

冕状物

陨击坑

近期火山活动

据估计，金星表面的年龄不到5亿岁，这意味着这颗行星上一定在相对较近的时期发生过活跃的火山活动。金星有着厚厚的大气层，大气压很大，这压制了火山喷发的爆发力，而且火星上没有风或雨，因此火山的特征可以保持很长一段时间。

金星凌日

在一次小概率事件中，金星恰好从地球和太阳之间经过，这叫作“凌日现象”。金星凌日以两次凌日为一组，两次发生的时间间隔为8年，但是下一组金星凌日现象则要等待一个多世纪。下一组金星凌日将在2117年和2125年发生。金星凌日过程所花费的时间最初被用来计算日地距离，现在，对于天文学家来说，凌日现象仍然非常重要。在凌日现象发生期间，照射到地球上的阳光会变暗，天文学家通过寻找相似的现象来确认围绕附近恒星运行的地球大小的行星。

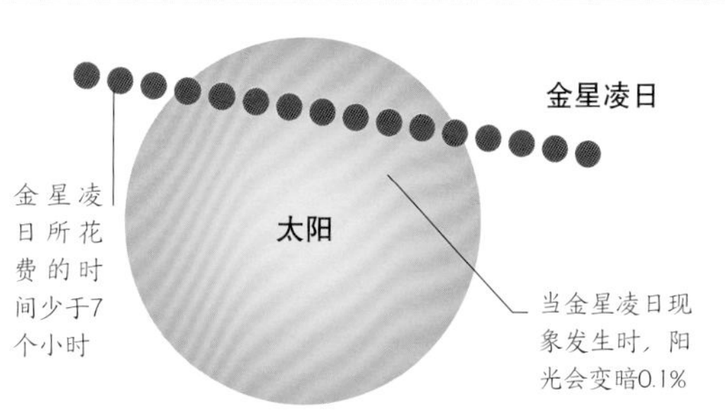
金星凌日
太阳
金星凌日所花费的时间少于7个小时
当金星凌日现象发生时，阳光会变暗0.1%

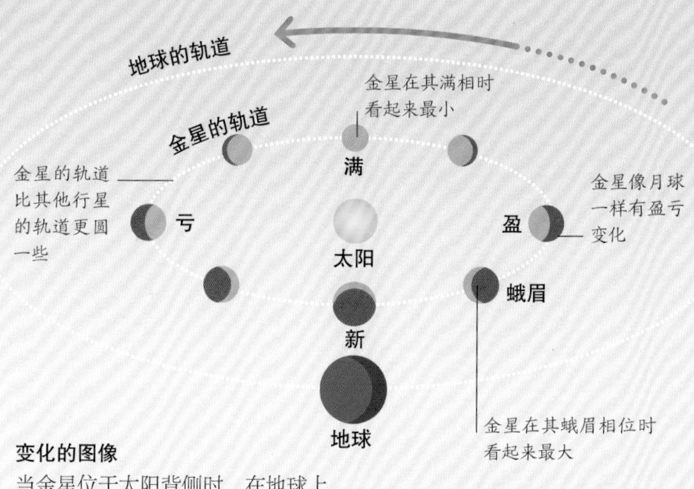
地球的轨道
金星在其满相时看起来最小
金星的轨道
满
金星的轨道比其他行星的轨道更圆一些
亏
太阳
盈
金星像月球一样有盈亏变化
蛾眉
新
地球
金星在其蛾眉相位时看起来最大

变化的图像

当金星位于太阳背侧时，在地球上观察，金星会被全部照亮。当它距离地球最近时，大多数阳光照射在金星远离地球的一侧，因此只有一小片区域显示出来。

金星的相位

1610年，意大利天文学家伽利略发现，金星像月球一样有着相位变化，从而证明了包括地球在内的所有行星都围绕太阳运行。随着金星绕太阳运行，从地球上观察到的金星亮度会发生变化。当金星靠近地球时，细条状的金星看起来更大、更亮，当金星在太阳之后经过时，我们会看到一个完整的半球。一个完整的金星相位变化周期超过2.5个金星年，大概为584个地球日。

薄饼状穹丘的形成

叫作“薄饼状穹丘”的平坦火山结构是金星上独有的。缓慢流动的浓密熔岩从中心的火山口上升，然后在金星表面蔓延，范围可达到地球上相似结构蔓延范围的100倍。

独自缓慢喷发的黏稠熔岩中富含硅酸盐

熔岩在表面缓慢蔓延，形成了浅浅的穹丘

金星的地壳厚达70千米

高度黏稠的熔岩缓慢上升

薄饼状穹丘

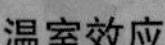

温室效应

某些气体，如二氧化碳、水蒸气和甲烷，就像温室的玻璃罩一样，它们允许太阳的能量穿过，但阻止其逃逸出来，这使得金星上的温度很高。

被太阳加热了的表面发出辐射

表面

来自太阳的入射辐射

低层薄雾

来自太阳射线的热量提升了表面温度

温热的气体在各个方向上辐射热量

云层

一些太阳射线穿透高层薄雾和云层

高层薄雾

大多数太阳辐射被云层反射回太空中

二氧化碳大气

分子团块俘获了辐射

在硫酸云中发现了二氧化碳分子

二氧化碳是一种由三个原子——一个碳原子和两个氧原子——组合而成的分子。金星上二氧化碳的浓度比地球上的约高75倍，为30 000ppm（百万分比浓度）。

失控的温室效应

就像我们从地球上的温度变化中知道的那样，二氧化碳具有升温作用。水蒸气也是一种强效的温室气体。火山活动释放出来的二氧化碳和水蒸气形成了金星的大气，使得金星上变得越来越热。随着水分子分解或逃逸，更多的二氧化碳形成，使得这颗行星的温室效应愈加严重。这个过程一旦开始，就不能停止，最终会成为一种失控的效应。

温室行星

我们最近的行星邻居——金星——是太阳系中最热的行星，具有极端的气候，是一个闷热的类似于温室的世界。

超级自转

金星上的一个怪异现象是它自转一周所需要的时间比其公转周期225个地球日更长。它的自转方向也不同于其他行星。金星完成一次完整的自转需要243个地球日，但是，金星上的一个太阳日却更短，为117个地球日。尽管金星自转缓慢，但其赤道地区上方的高层大气周围的风速很快，只需要4天就可以旋转一圈。这种超级自转现象在一定程度上是由于来自太阳的热量使得大气压产生了变化，不过成因还没有被完全理解。

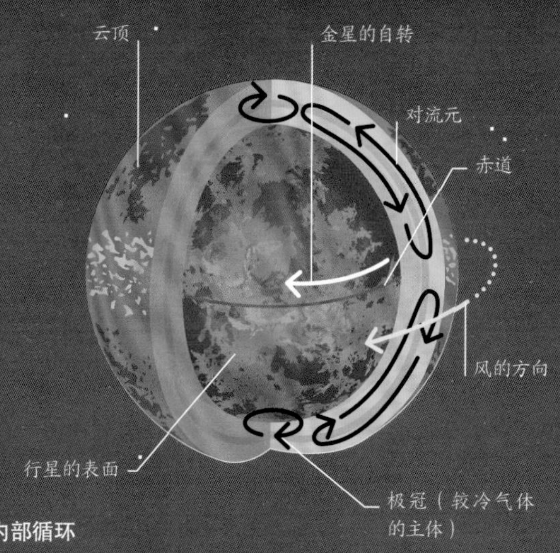
云顶
金星的自转
对流元
赤道
风的方向
行星的表面
极冠（较冷气体的主体）

内部循环

在赤道区域，热气体上升，然后朝着两极流动，在两极处冷却、沉降又重新被加热。金星上的这些气体循环传送带被叫作“对流元”。

站在金星上你会感觉有15头大象压在你的肩膀上。

金星上有生命吗

金星上可能有生命，但是并没有确切的证据。一些科学家提出，金星上的生命可能存在于高层大气中的较冷区域。

金星上曾经有水吗

金星可能拥有过适合生命生存的环境。数十亿年前，在温室效应开始之前，这颗行星可能更像地球。红外测绘地图显示，金星低洼区域可能曾经拥有浅浅的海洋。

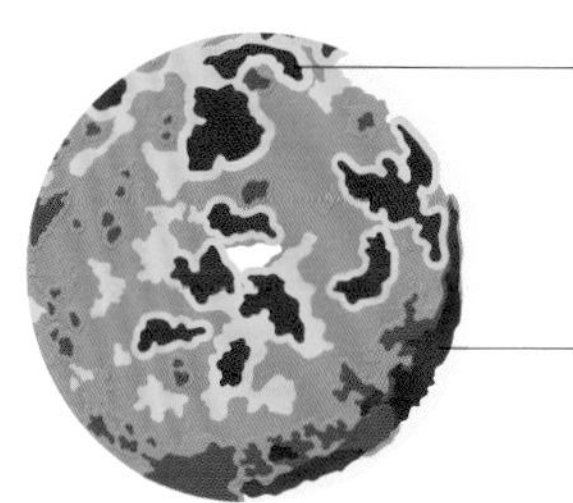
更热的区域显示，低海拔区域可能曾是海洋
稍冷一些的高海拔地区可能曾是古老的大陆

南半球

结构和组成

除了没有海洋，火星表面与地球表面有着很多相似之处。我们可以在火星上看到屹立的山脉、冰盖、高耸的火山和长且深的峡谷系统。表面之下的深处是火星的核心，半径约2 100千米，主要由铁和镍组成，还有少量的硫。地壳上的磁化区域证明，火星上曾经有磁场，但是由于没有一个熔融状的核心，所以磁场逐渐消失了。

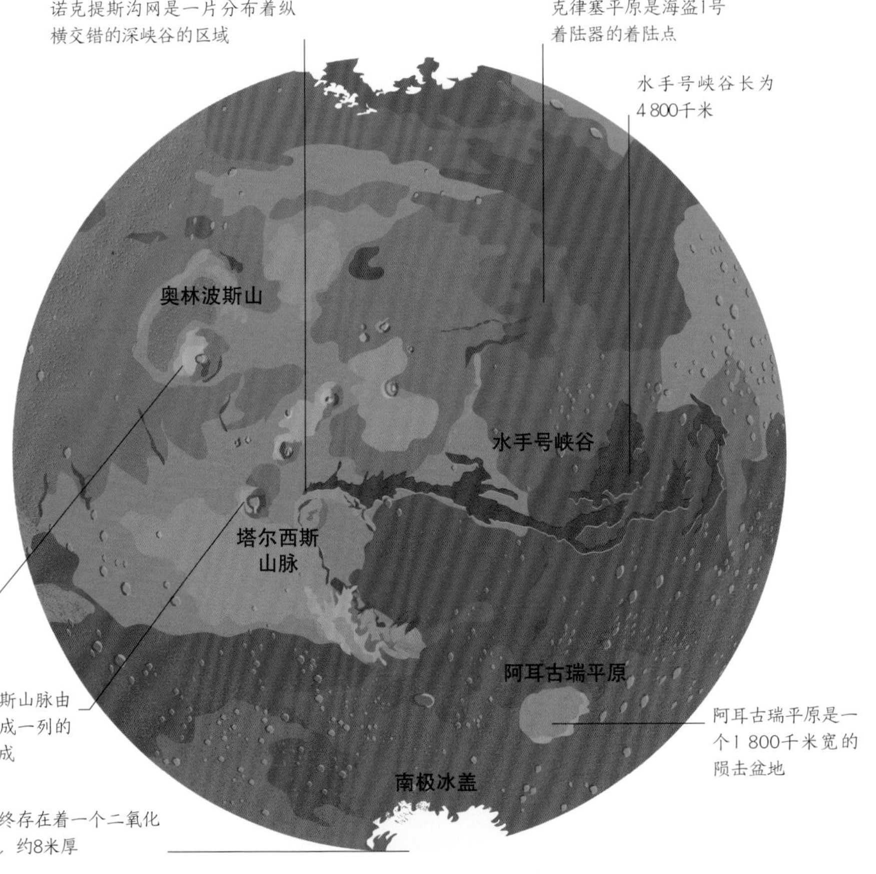
诺克提斯沟网是一片分布着纵横交错的深峡谷的区域
克律塞平原是海盗1号着陆器的着陆点
水手号峡谷长为4 800千米
奥林波斯山
水手号峡谷
塔尔西斯山脉
阿耳古瑞平原
南极冰盖
奥林波斯山是火星上最大的火山
塔尔西斯山脉由三座排成一列的火山组成
阿耳古瑞平原是一个1 800千米宽的陨击盆地
南极始终存在着一个二氧化碳冰盖，约8米厚

火星的表面
火星的表面有着显著的多样性，赤道以北的表面主要是非火山型的低洼区域，而南半球则遍布高地和死火山。

火星

火星是距离太阳第四远的行星，没有任何一颗行星像它一样如此引人遐想。这颗红色的行星持续吸引着勇敢的“探测车”来探索它沙漠般的表面。

内部结构
包围着火星致密核心的是一层厚的岩质地幔、一层地壳和一层由二氧化碳、氮气和氩气组成的稀薄的大气。火星上地震活跃，每年会发生数百次火星地震。

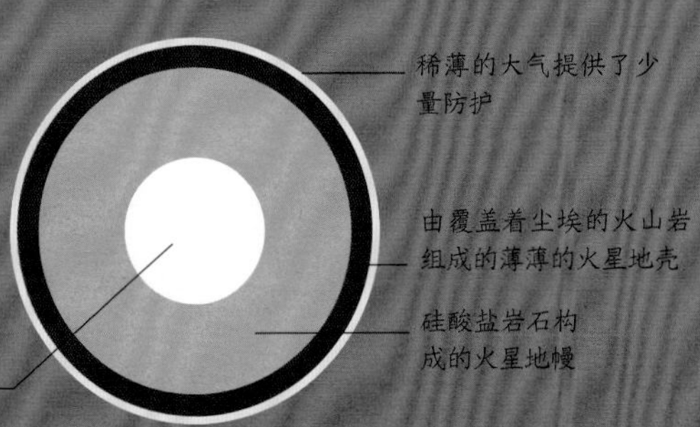
稀薄的大气提供了少量防护
由覆盖着尘埃的火山岩组成的薄薄的火星地壳
硅酸盐岩石构成的火星地幔
致密的核心可能部分处于液态

火星的卫星

火星有两颗卫星，它们比其他行星的主要卫星都要小得多。这两颗卫星可能由因撞击而被抛射进火星轨道的物质组成，或者可能曾经是邻近主带中的小行星。

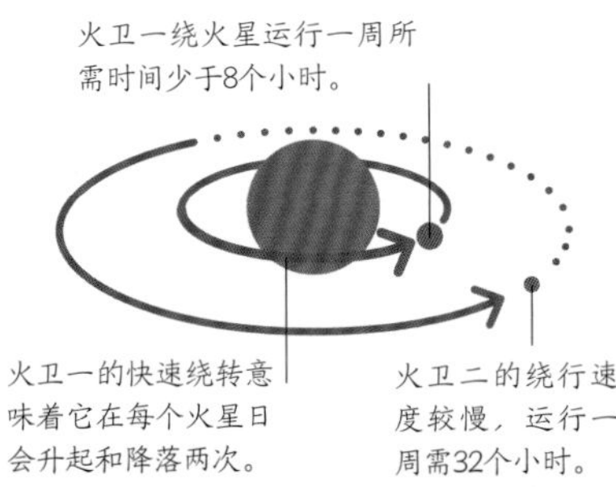
火卫一绕火星运行一周所需时间少于8个小时。
火卫一的快速绕转意味着它在每个火星日会升起和降落两次。
火卫二的绕行速度较慢，运行一周需32个小时。

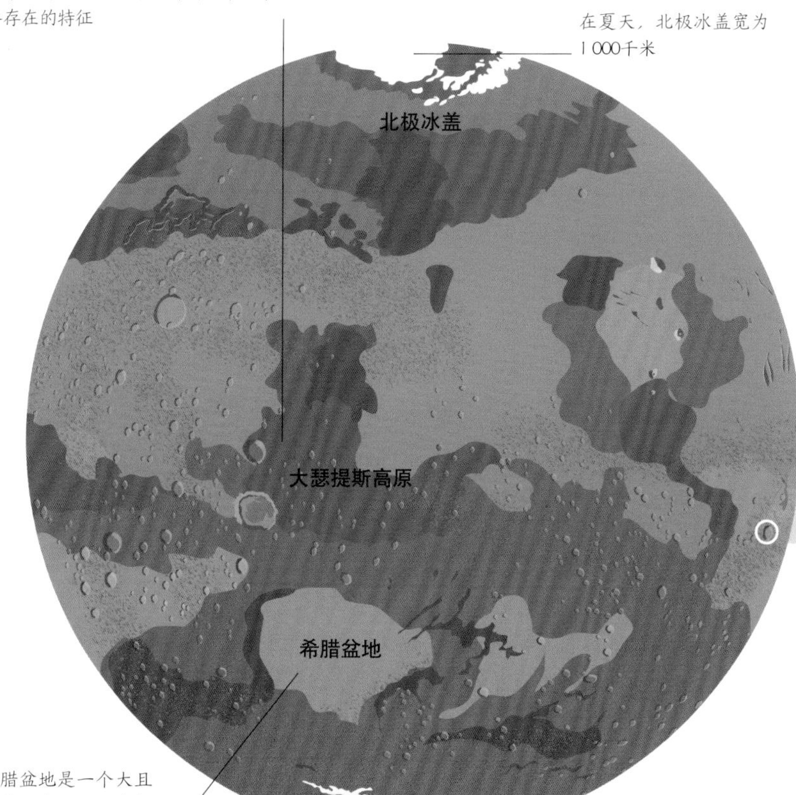
北极冰盖
大瑟提斯高原
希腊盆地

大瑟提斯高原是一座低缓的盾状火山，它非常显著，是从地球上看到的第一个始终存在的特征

在夏天，北极冰盖宽为1 000千米

希腊盆地是一个大且圆的陨击坑，深度超过了7千米

火星的红色源自氧化铁（铁锈）。

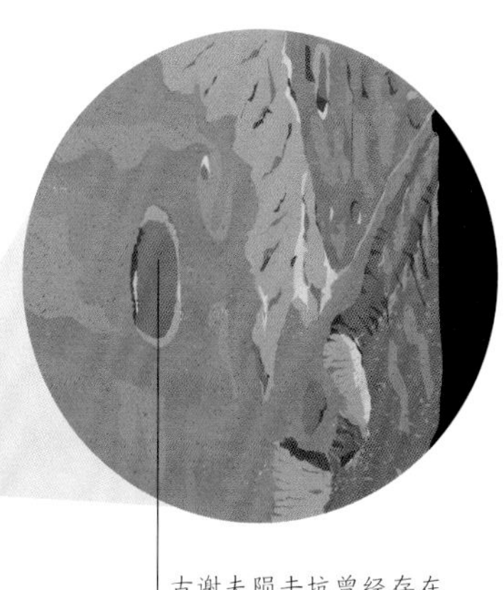

古谢夫陨击坑曾经存在过来自附近河道的水或水冰

勇气号着陆点

2004年，NASA的勇气号探测车降落在一个叫作“古谢夫陨击坑”的古老湖床上。勇气号在陷入这个陨击坑柔软的沙子中之前，花费了1944天的时间来探索这片区域。

搜寻生命

在太阳系内的所有行星中，火星是最有可能拥有过生命的。人们认为，这颗红色行星有着一段更加潮湿的过去，它的表面曾经遍布海洋和湖泊。由于地球上的每种生物都需要液态水来维持生命，因此火星上曾拥有水意味着气候更加适宜时生命也可能有立足之地。科学家正在寻找生物活动的迹象，甚至怀疑在未来，生命是否可以在火星上生存。

火星生命探测计划正在通过研究火星上的甲烷来搜寻生命

1971年火星2号
1971年火星3号
1971年水手9号
1975年海盗1号
1975年海盗2号
1996年火星环球勘测者
2001年火星奥德赛
2003年火星快车
2005年火星勘测轨道飞行器
2013年火星轨道飞行器任务
2013年专家号
2016年火星生命探测计划示踪气体轨道飞行器

火星奥德赛保持着在火星轨道中最长工作时间的纪录

成功的轨道飞行器

与任何其他行星相比，火星周围有着更多的航天器。它们的任务包括详细绘制火星地图，以及与火星表面上的探测车及其他探测器进行通信。

火星的冰和火山

火星表面的两个最显著特征是它的冰盖和火山。它们保存着很多关于火星过去的秘密，而且已经被科学家仔细研究过了。

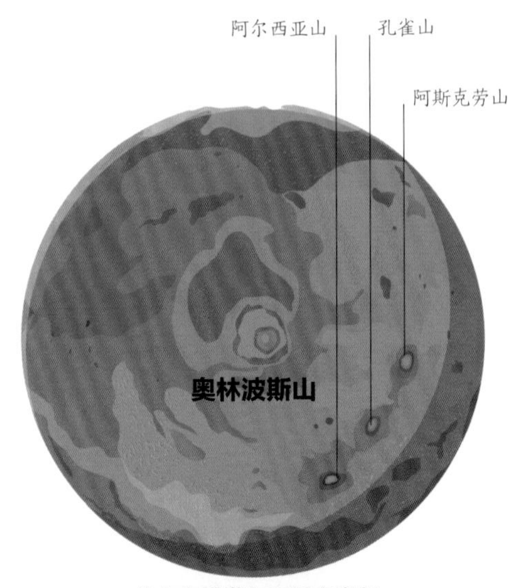
阿尔西亚山
孔雀山
阿斯克劳山
奥林波斯山

从上方看塔尔西斯突出部

火山

火星上的一片区域——塔尔西斯突出部，是火山的代名词。塔尔西斯突出部横跨火星赤道，位于水手号峡谷以西，是一个由超过10^{18}吨来自火山内部的物质上涌而形成的火山平原。它如此巨大，可能影响了火星自转轴的倾斜。在这个突出部上或附近坐落着4座大型火山，包括巨大的奥林波斯山，它们都比地球上的珠穆朗玛峰要高。

奥林波斯山

火星上的最高点也是太阳系中最高的火山顶峰。奥林波斯山十分庞大，覆盖了一片面积为30万平方千米的区域，这几乎与意大利的国土面积一样。而且，它相对较浅，平均坡度只有5°。

奥林波斯山横跨500千米，与美国亚利桑那州的宽幅相当

石冰川
在火星上已经确认了超过一千条呈带状的冰川，它们位于赤道和两极之间的中间区域，包括奥林波斯山内部。这些缓慢移动的冻土（永冻层）河流被隐藏在一层厚厚的、叫作“浮土”的表面尘埃层之下。
浮土
永冻层
碳酸盐岩

火星的地壳是静止的，因此火山物质会停留在恰当的位置

熔岩冷却并加到火山上

重力小意味着物质容易上升

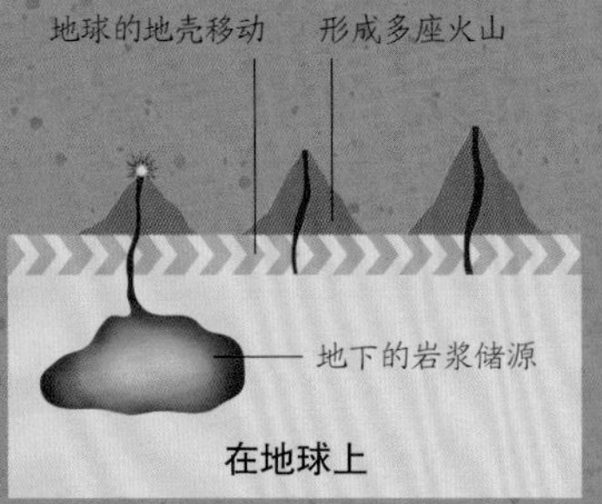
地球的地壳移动
形成多座火山
地下的岩浆储源
在地球上

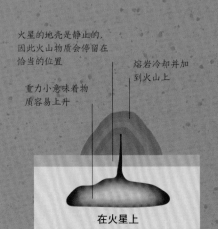

在火星上

火星上的火山是如何形成的

火星的引力比地球的弱，因此火星上火山可以变得更高。与地球不同，火星表面不会来回移动，因此火山爆发会集中在同样的区域。

水和冰

火星被两片广阔的极区冰盖上下夹着，这两个冰盖随着季节变化而增长或收缩，它们的厚度约为3千米。如果所有的冰都融化了，那么形成的液体将会淹没火星。冰盖包含水和冻结的二氧化碳，二氧化碳气体会使温度升高。这种季节性释放的气体会引起猛烈的风，吹起这颗行星上的尘埃。人们还在距离火星两极更远的表面之下发现了冰，这些冰被缓慢移动的火星探测车的轮子拖了上来。

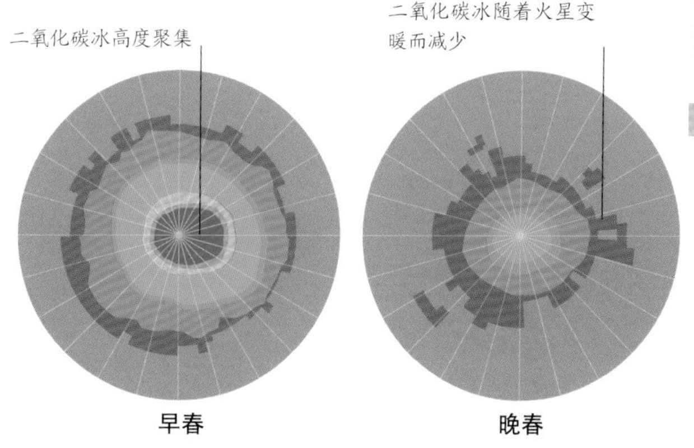
二氧化碳冰高度聚集
二氧化碳冰随着火星变暖而减少
早春
晚春

火星上的冰融化形成的水可以覆盖这颗行星，形成35米深的海洋。

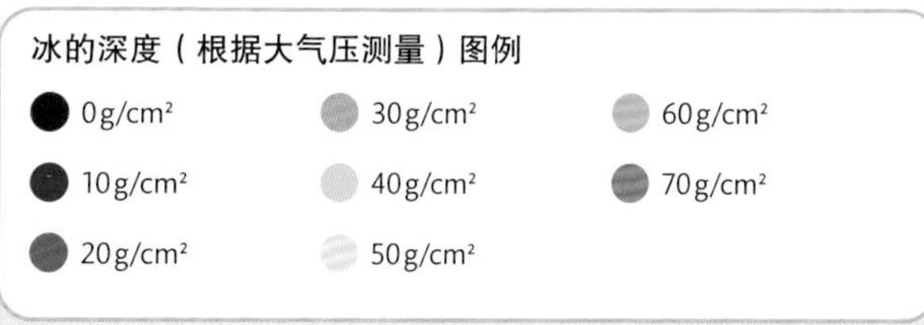
冰的深度（根据大气压测量）图例
0 g/cm^2
30 g/cm^2
60 g/cm^2
10 g/cm^2
40 g/cm^2
70 g/cm^2
20 g/cm^2
50 g/cm^2

珠穆朗玛峰的高度仅为奥林波斯山高度的1/3左右

奥林波斯山

珠穆朗玛峰

火星上的火山仍然活跃吗

大多数科学家认为不活跃，但是一些科学家提出，火星上的火山处于休眠状态。在火星表面下方深处发现的液态水可能是冰被岩浆储源加热融化形成的。

水手号峡谷

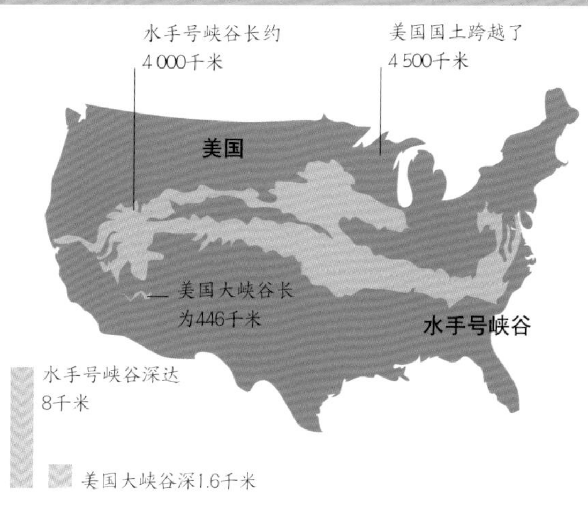
水手号峡谷长约4 000千米
美国国土跨越了4 500千米
美国
美国大峡谷长为446千米
水手号峡谷
水手号峡谷深达8千米
美国大峡谷深1.6千米

巨大且错综的水手号峡谷全长约4 000千米，深度为8千米，占据了火星赤道全长的四分之一。火星地壳上的这个庞大的火山裂缝形成于35亿年前这颗行星冷却的时候。20世纪70年代初，水手9号探测器环绕这颗红色行星飞行时发现了它，人们以水手9号探测器的名字命名它。

小行星

除了太阳、围绕太阳转动的行星及其卫星，太阳系中还有很多天体。由岩石和金属构成的小团块叫作“小行星”，它们散落在行星之间，在轨道上围绕太阳运行。

小行星和早期太阳系

小行星出现在天空中，如星星的光点一般，但实际上，它们是绕太阳运行的岩石和金属天体。它们是构建太阳系时剩余的“积木”，正因如此，它们要早于行星形成。这使得小行星成为理解太阳系形成的极为宝贵的工具。偶尔降落在地球上的陨星通常是小行星的碎块。通过分析它们的放射性杂质，科学家可以估算出它们的年龄，进而估算出太阳系的年龄。

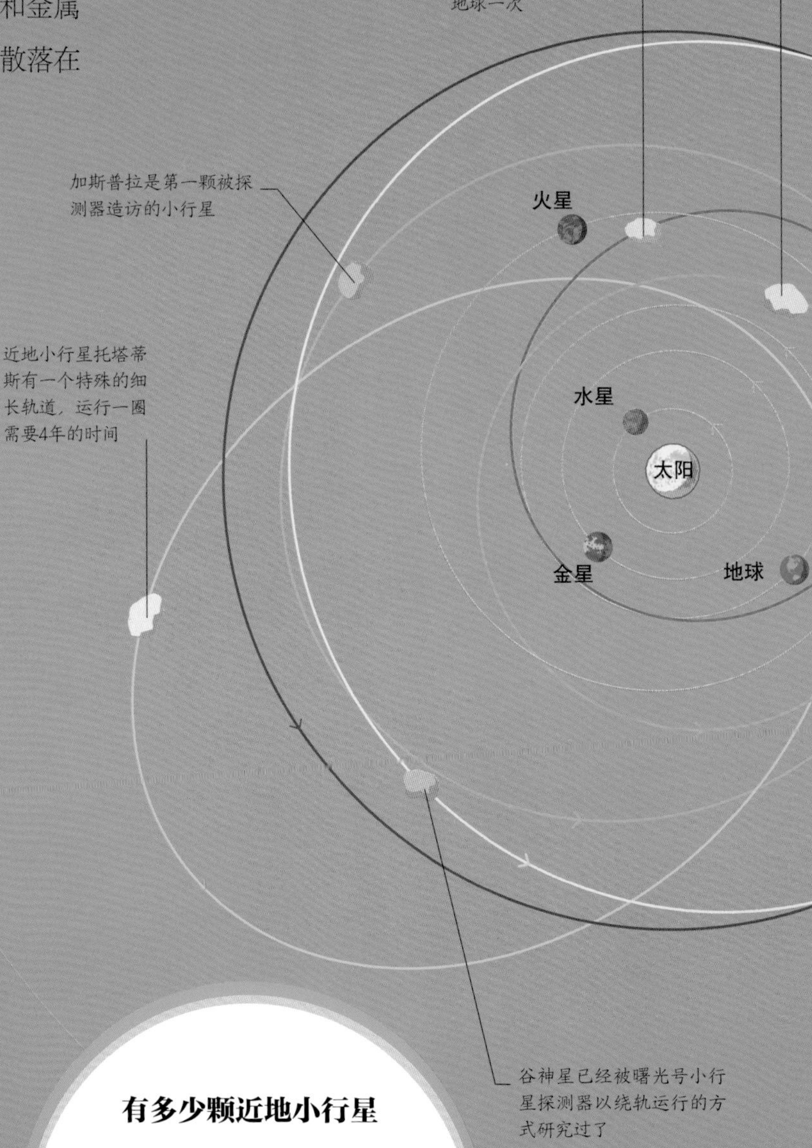
爱神星是第一颗被发现的近地小行星，它的轨道周期较短，不到两年
糸川小行星每两年接近地球一次
加斯普拉是第一颗被探测器造访的小行星
火星
近地小行星托塔蒂斯有一个特殊的细长轨道，运行一圈需要4年的时间
水星
太阳
金星
地球
谷神星已经被曙光号小行星探测器以绕轨运行的方式研究过了

特洛伊型小行星

硅酸盐物质构成的最外层

铁、镍与硅酸盐混合而成的分层

铁和镍构成的致密核心

大型小行星的结构

什么是小行星

小行星是绕轨飞行的小天体，由硅酸盐、镍和铁等物质融合在一起组成，因碰撞而变得紧实。最大的小行星——谷神星，几乎有950千米宽，也被认定为一颗矮行星。

有多少颗近地小行星

已知有超过2万颗近地小行星在我们的行星附近运行。科学家正在研发可以阻止任何与地球发生潜在的危险碰撞事件的方法。

太阳系中的小行星
90%的小行星在主带内被发现，主带也就是火星和木星轨道之间的小行星带。叫作“特洛伊型小行星”的更小的小行星集群被木星这颗巨行星的引力捕获，沿着木星的轨道围绕太阳运行。还有很多叫作“近地小行星”的小行星绕着距离地球很近的轨道运行。其中一些近地小行星的轨道与地球的轨道相交，有可能与地球相撞。

木星

主带

艾达是第一颗被发现拥有一颗卫星的小行星，它的轨道与谷神星的轨道相交

小行星的类型

小行星的类型
根据特征分类，小行星主要有三种类型。

硅 Silicon	铁 Iron	镁 Magnesium

S型
这种中等亮度的小行星由硅酸盐岩石和金属构成，几乎不含水。

碳 Carbon	磷 Phosphorus	氮 Nitrogen

C型
一种非常暗的小行星，由岩石和黏土矿物构成，碳的含量很高，几乎不含金属。

铁 Iron	镍 Nickel

M型
一种中等亮度的小行星，其金属含量很高，由岩石和含有水的矿物构成。

灭绝级别的事件

小行星与地球碰撞会引起死亡和毁灭。6 600万年前，一颗与一座小城市大小相当的小行星猛烈地撞击到了墨西哥境内的奇克苏鲁布地区，引起了一场灾难性的事件，使得恐龙从地球上消失了。类似程度的事件大约每1亿年发生一次。

小行星的大小
导致恐龙灭绝的小行星的宽度大于珠穆朗玛峰的高度。但是，它与最大的小行星相比要小得多，最大的小行星的宽度超过了900千米。

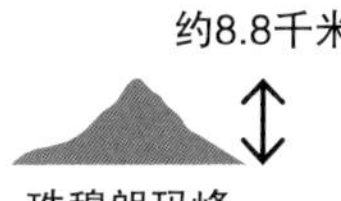
约8.8千米
珠穆朗玛峰

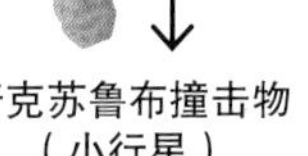
10千米
奇克苏鲁布撞击物（小行星）

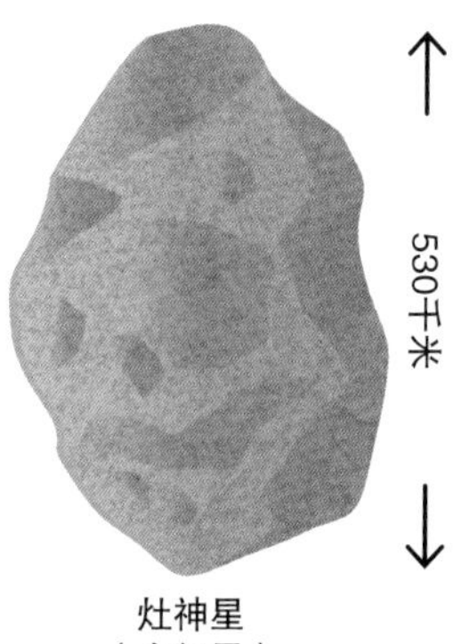
530千米
灶神星（小行星）

所有小行星的质量加起来只有月球质量的3%。

获取一颗小行星的物质

2005年，日本宇宙航空研究开发机构（日本航天局，JAXA）发射的隼鸟号探测器降落在糸川小行星上进行探测，而不是等待陨星将小行星的样本传递到地球上。在返回地球降落在澳大利亚内陆地区之前，隼鸟号探测器获取了1 500颗尘埃粒子来帮助我们理解这颗小行星的形成。

与地球通信的天线

太阳能电池板为探测器供能

采样器喇叭获取物质

灶神星是如何形成的

小行星是由行星形成后剩余的物质组成的。当引力将小块物质吸引到一起形成叫作“星子”（planetesimals，也称微行星）的团块时，行星开始增大。不是所有碎块都会成为行星的一部分，在火星和木星之间遗留下一条“碎块带”。不过，一些质量很大的碎块，如灶神星，会变得很热足以熔化，而且会在自身引力作用下变得浑圆。更小的星子则保持着它们不规则的形状。

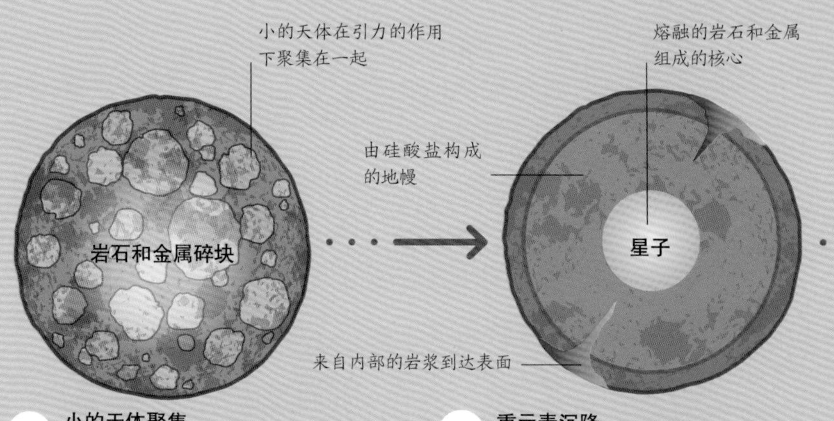

小的天体在引力的作用下聚集在一起
岩石和金属碎块
熔融的岩石和金属组成的核心
由硅酸盐构成的地幔
星子
来自内部的岩浆到达表面

1 小的天体聚集

引力将岩石和金属碎块聚集在一起，使它们互相碰撞。这些物质形成了一颗星子，碰撞产生的能量使其熔化。

2 重元素沉降

熔融的岩石和金属团块形成。最重的元素，如铁和镍，沉降到中心形成了一个核心，岩浆流向了表面。

探测小行星

为了了解更多关于小行星和主带的信息，天文学家使用哈勃空间望远镜等设备来研究它们，并发射航天器，如NASA的曙光号小行星探测器等，进行细致的观测，以及将小行星的物质带回地球。

曙光号在2007年发射

地球

地球的引力弹弓加快了曙光号的速度

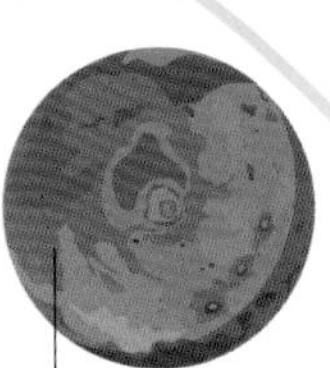

火星

曙光号对火星进行了飞掠观测

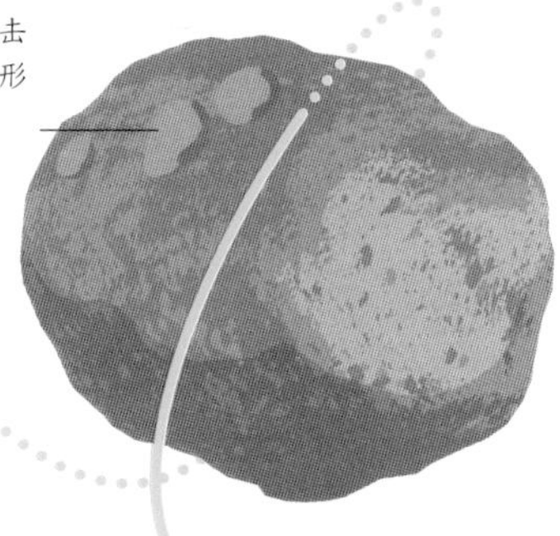

与其他小行星撞击形成的有着特殊形状的雪人环形山

灶神星

曙光号达到最高速度——每小时4.1万千米

不同的小行星

谷神星和灶神星是主带中的邻居，但是它们并不相似。灶神星是两个中更小的那个，宽约530千米，而谷神星宽950千米。而且，灶神星更靠近太阳，它与类地行星相似，是致密的岩质天体。实际上，人们认为，地球是由类似灶神星这样的天体碰撞而形成的。谷神星距离太阳更远，这意味着它足够冷，可以保存水冰，这使得它的结构更像外太阳系中的一些冰质卫星。

谷神星上有可能有生命吗

谷神星是一个搜寻潜在生命迹象的好地方。它有水，而且可能有一个热核。不过，如果说那里有任何生命的迹象，那很可能存在于谷神星遥远的过去。

谷神星和灶神星

主带中有超过100万颗小行星（见60～61页），但是仅仅两颗小行星的质量就达到了所有这些小行星总质量的40%，其中一颗是谷神星，它也被归为矮行星，另一颗是灶神星。

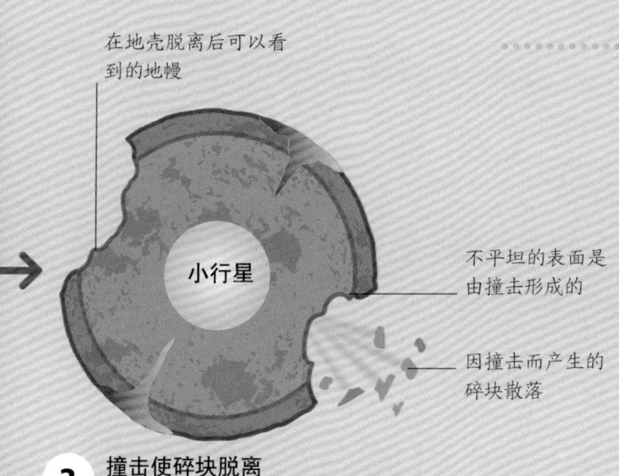
在地壳脱离后可以看到的地幔
小行星
不平坦的表面是由撞击形成的
因撞击而产生的碎块散落

3 撞击使碎块脱离

后续的撞击破坏了凝固的表面，进一步形成了一个不平坦的表面。极其剧烈的撞击使得处于深处的内层暴露出来。

谷神星上的白色斑点

2015年，NASA的曙光号小行星探测器靠近谷神星时，看到了奥卡托环形山底的明亮斑点。这些斑点看起来像具有很高的反射强度的含盐沉积物，可能是谷神星上的水蒸发进入太空后留下的。天文学家猜测，谷神星内部有一个深深的含盐液体分层，含盐液体会周期性地到达谷神星表面。

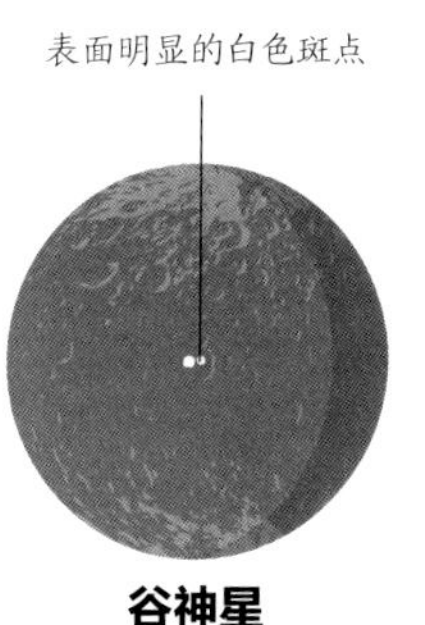
表面明显的白色斑点

谷神星

NASA的曙光号任务

为了寻找太阳系形成之初的线索，NASA的曙光号任务研究了谷神星和灶神星。探测器上搭载的设备被设计用来搞清楚小行星的组成成分，以及帮助人们解释导致它们如此与众不同的演化路径。同时，这项任务也展示了一种离子发动机（见192～193页）的功率。

射电信号将信息传回地球

曙光号

伽马射线和中子探测器测量元素组成

曙光号绘制可见光和红外光波段的表面地图

谷神星的内部

谷神星可能有一个由含有水的岩石构成的深层地幔、一个由冰和具有含盐沉积物的矿物质组成的外壳，以及一个位于两者之间、含有一些含盐液体的分层。谷神星上的水可能比地球上的水还要多。

谷神星上覆盖着很多小环形山

岩质地幔
含盐液体分层
冰质外壳

谷神星

曙光号的飞行路径

曙光号探测器飞经火星，于2011年到达灶神星，2015年到达谷神星。这样一来，它成为第一个到达主带且曾围绕两颗不同的太阳系内天体运行的探测器。

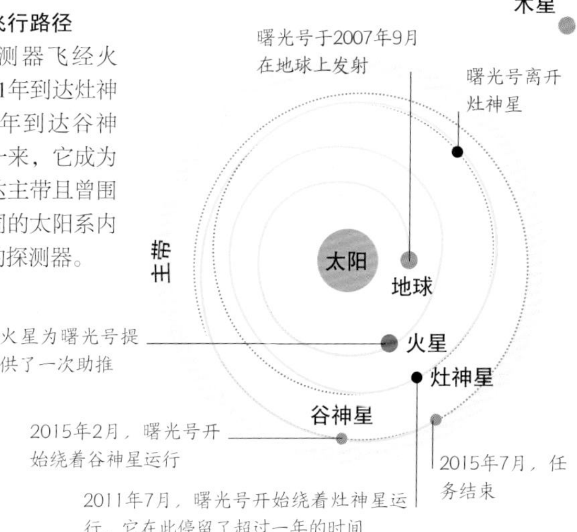
木星
曙光号于2007年9月在地球上发射
曙光号离开灶神星
主带
太阳
地球
火星为曙光号提供了一次助推
火星
灶神星
谷神星
2015年2月，曙光号开始绕着谷神星运行
2015年7月，任务结束
2011年7月，曙光号开始绕着灶神星运行，它在此停留了超过一年的时间

灶神星的雷亚希尔维亚坑中包含太阳系中的最高山。

木星

木星如此庞大，以至于太阳系中所有其他行星都可以被装进它的“肚子”里。这颗气态巨行星以其强大的引力支配着围绕着它的一切。

卵形极光

木星两极的电能引起了宽为1 000千米的卵形极光。在这些卵形极光中，木星磁层吸引附近卫星上带电粒子的位置处，出现了明亮的斑点。

内部分层

木星的半径差不多有7 000万千米，它庞大的体积使得其内部分层承受着因上方物质的重量而产生的极端压力。这颗行星主要由氢和氦构成。在外层，它们以气体形式存在，但是在更深层的内部，气体逐渐被压缩、液化，从而变成液体。在大约2万千米深处，它们变成了一种带电液体，叫作“金属氢”。这个分层形成了太阳系内最大的海洋。这个分层之下很可能是一个温度在5万摄氏度左右的热核。

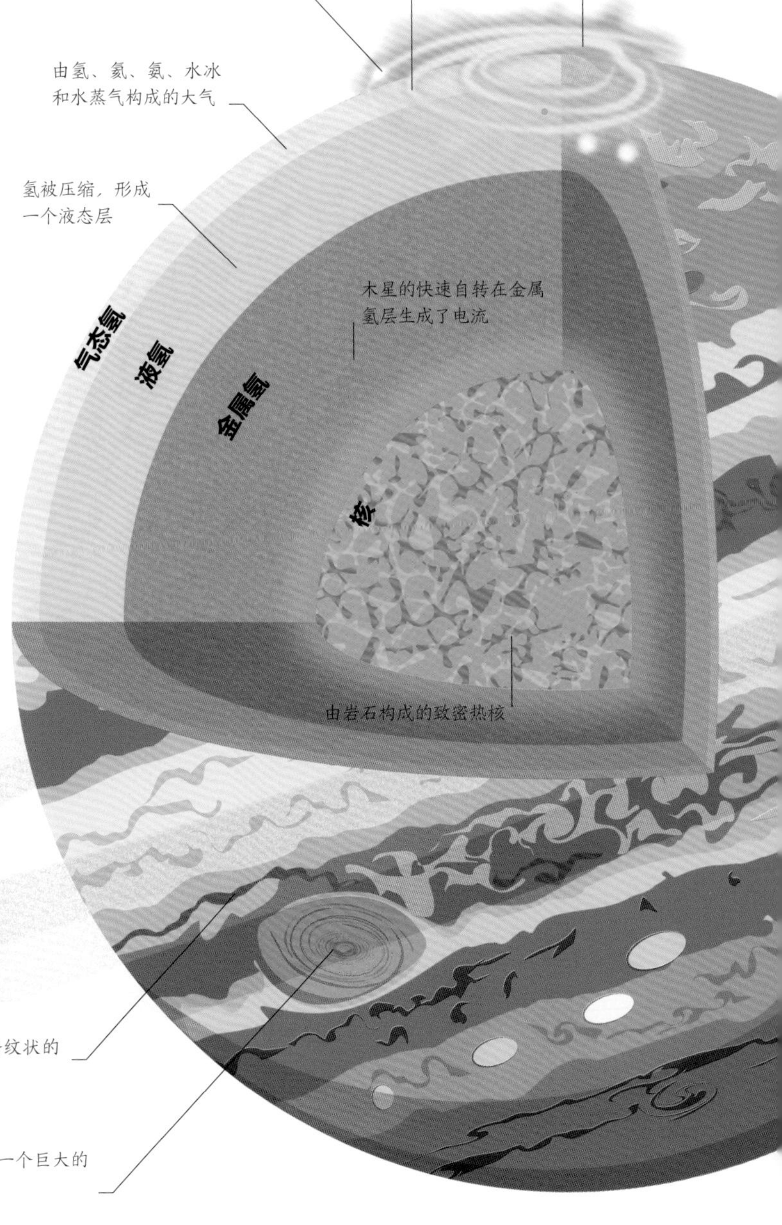

明亮的斑点是因木星与木星的卫星相互作用而形成的

来自太阳风的带电粒子生成了明亮的弧

木星的卵形极光在紫外光波段闪耀

由氢、氦、氨、水冰和水蒸气构成的大气

氢被压缩，形成一个液态层

木星的快速自转在金属氢层生成了电流

气态氢

液氢

金属氢

核

由岩石构成的致密热核

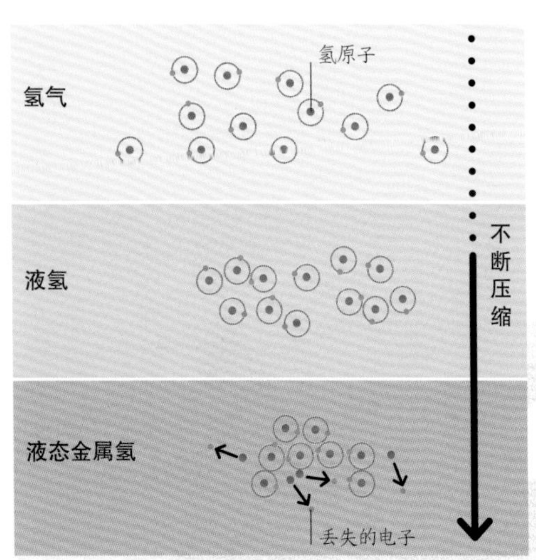

氢原子
氢气
液氢
液态金属氢
不断压缩
丢失的电子

被压缩的分层

随着压力的增大，氢原子被挤压在一起，变成液态，最终丢失了电子。这使得液氢变得带电和金属化，意味着它可以传导电流，生成磁场。

云带形成了条纹状的外观

木星的大红斑是由一个巨大的风暴引起的

木星有环吗

有，与其他三颗巨行星一样，木星也有环。它的环由尘埃构成，而且在地球上很难被看到。它们是在1979年被旅行者1号探测器发现的。

热类木星

天文学家已经在其他恒星附近发现了很多木星大小的系外行星。这些热类木星（见102~103页）围绕着它们的宿主星运行，公转周期在10天内。人们认为，它们形成于距离它们的宿主星更远的地方，而且随着时间流逝，在向内迁移。这个迁移过程很可能是由一颗绕宿主星运行的伴星的引力作用导致的。

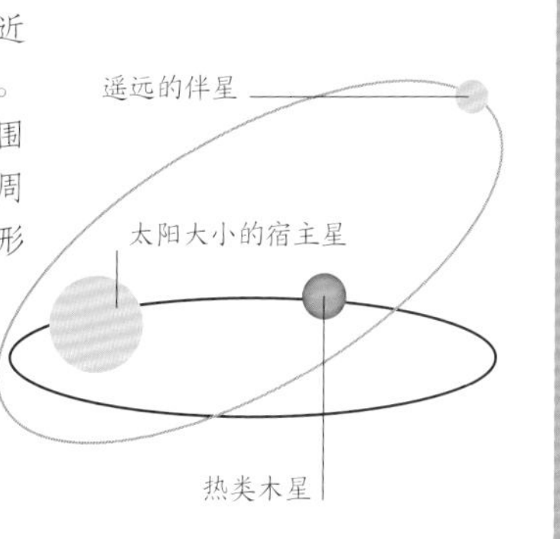
遥远的伴星
太阳大小的宿主星
热类木星

木星被4个环围绕着

环由暗的小尘埃粒子组成。

环

巨行星

木星非常大，它可以装下超过1 000个地球。木星的快速自转使得它的赤道区域隆起，两极扁平。

木星的一天只有9小时56分钟，在太阳系中是最短的。

磁层

木星有一个庞大的磁场，向着太阳一直延伸至300万千米处，而且木星背离太阳一侧的磁层超过了10亿千米长，一直延伸到土星的轨道之外。磁层如此巨大的尺寸源自木星表面之下的金属氢海洋内生成的巨大对流电流。

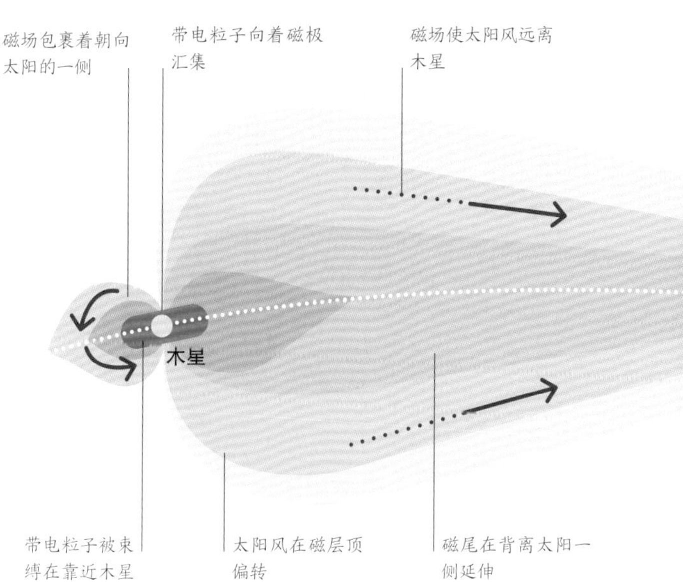
磁场包裹着朝向太阳的一侧
带电粒子向着磁极汇集
磁场使太阳风远离木星
木星
带电粒子被束缚在靠近木星的地方
太阳风在磁层顶偏转
磁尾在背离太阳一侧延伸

云主要由氨冰构成

强大的磁场

木星的磁场强度约是地球的54倍。它能捕获带电粒子，并将它们的运动加速到非常高的速度。

大红斑

这个位于木星南半球的巨大椭圆状风暴，即大红斑，是这颗行星上最显著的特征。它是一个巨大的反气旋，是太阳系中最大的风暴。早在19世纪30年代，它就被观测到了，而且在那时，它的规模已经减半了，尽管我们不知道为什么。现在，大红斑的大小大概与地球相等，到2040年，大红斑可能会变成圆形。

木星上的风暴

白色的椭圆状风暴是可以在木星上看到的最常见的风暴类型之一。2019年12月，NASA的朱诺号探测器观测到了两个椭圆状风暴在几天内并合在了一起。

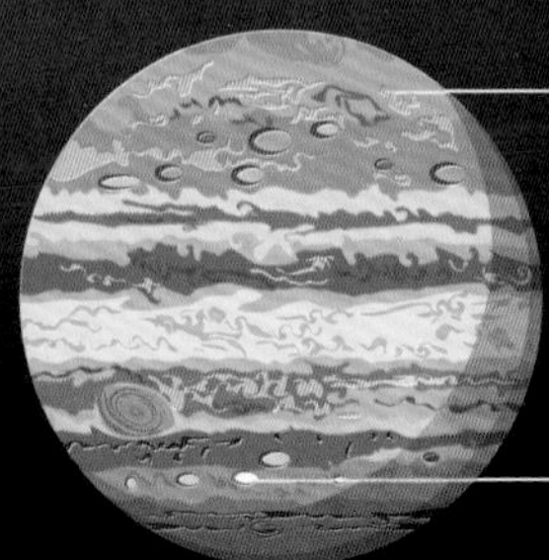

在靠近北极处，一个大冷斑与木星的极光连了起来
被称为“珍珠项链”的一系列白色斑点

被加热的大气

能量释放

大红斑包含着旋转的云及在其边缘并入的涡流。大红斑上方的区域比木星大气中的其他任何部分更热。人们认为，这是由于这个风暴压缩并加热了气体。随后，热能向外转移。

上升的能量加热了大红斑上方的大气
大气中较冷的气体沉降
热气体从风暴中上升
能量转移
气体因行星的自转而旋转并聚在一起
随着物质的加入和退出，大红斑在不断地变化
大红斑
涡流在风暴的底部碰撞在一起，传递出能量
涡流并合进来，为风暴提供能量
因为没有一个固体表面，所以几乎没有摩擦力可以减缓风暴的速度

木星上的风有多强烈

木星表面的风速可以超过每小时600千米。人们认为，这些风是由木星炽热的内部深处的对流气体驱动的。

木星的天气

其他行星上都没有木星上那样的天气。木星的大气被巨大的风暴搅动着，被闪电“打”得千疮百孔，而且风暴和闪电都比地球上的要剧烈得多。

云层

木星的可见表面遍布着橙色、红色、褐色和白色的条纹状云带。气旋在木星的两极挤压在一起，涡流和旋涡盘绕在这颗行星周围，其中一些气流转动的方向与木星的自转方向相反，而且持续了几个世纪。木星的高空云层中含有白色的氨冰，形成了被称为“区”的条纹，它们平行于这颗行星的赤道。在缺少这些云层的区域，更深层的木星大气被暴露出来，形成了被称为“带”的较暗条纹。

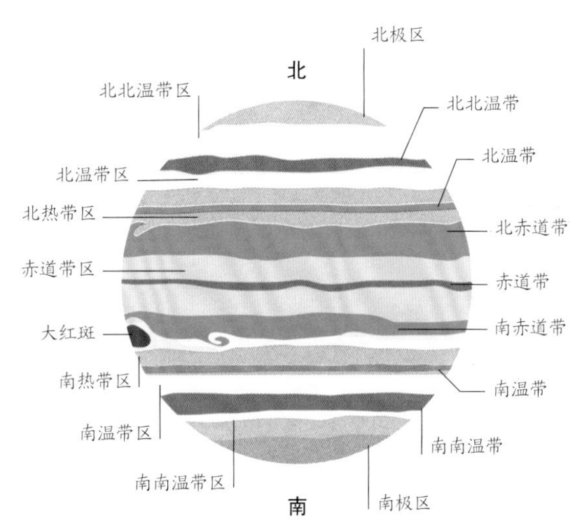
北极区
北
北北温带区
北北温带
北温带
北温带区
北热带区
北赤道带
赤道带区
赤道带
大红斑
南赤道带
南热带区
南温带
南温带区
南南温带
南南温带区
南
南极区

区和带
木星上的天气是由对流气体驱动的，热气体在白色的区内上升，较冷的气体沉降到较暗的带中。

木星大气中的闪电每秒钟多达4次。

木星的闪电

1979年，旅行者1号探测器首次发现了木星上的闪电。这些闪电通常出现在木星两极附近，而且比地球上的闪电更强烈。水蒸气从木星的内部上升，在大气中形成水滴。水滴上升到更高、更冷的地方后被冻结。冻结后的水滴在云层中碰撞，产生了电荷，随后便以闪电的形式放电。

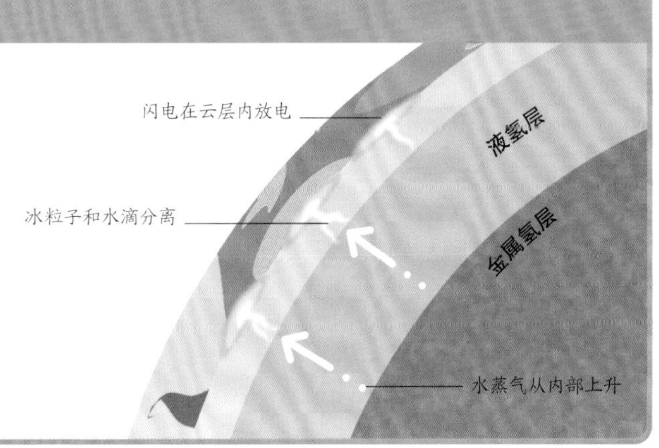
闪电在云层内放电
液氢层
冰粒子和水滴分离
金属氢层
水蒸气从内部上升

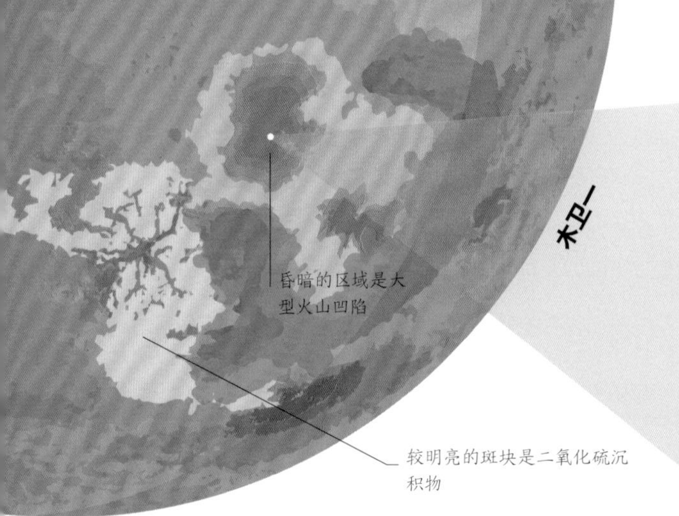
木卫一
昏暗的区域是大型火山凹陷
较明亮的斑块是二氧化硫沉积物

木卫一的表面

随着火山柱喷出地下物质，木卫一的表面也在不断地变化，从而形成了熔岩湖、山脉和火山，它们可以延伸至250千米宽。

弱引力爆发

木卫一只有3 600千米宽，它有着微弱的引力，再加上缺少大气层，因此它的火山爆发会比地球上类似的爆发喷射得高得多。

强爆发使得熔岩广泛喷洒

熔岩穿过薄壳喷出

上地幔

岩浆在熔融状态的上地幔中搅拌

下地幔

岩浆上升穿过固态下地幔

木卫一和木卫二

木星有79颗卫星，其中有两颗属于太阳系中最吸引人但又截然不同的卫星中的一员。木卫一和木卫二的形状都是由木星巨大的引力作用塑造而成的。

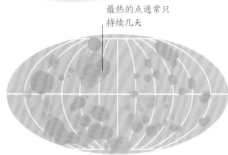

最热的点通常只持续几天

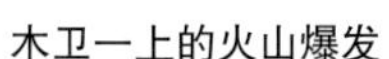

木卫一上的火山爆发

火山地图

当被绘制成地图时，木卫一的火山热点似乎是随机分布的，但是，它们在这颗卫星的赤道区域分布得更广。构造活动可能正将这些区域分离。

伽利略卫星

木星最大的4颗卫星叫作“伽利略卫星”，木卫一和木卫二是其中的两颗。木卫一到木星的距离只有42万千米，如此近的轨道使得它围绕木星运行一圈只需要1.5天。正因如此，木卫一经受着巨大的引潮力，使其成为太阳系中火山活动最频繁的地方。木卫二则要更远一些，围绕木星运行一圈需要3.5天。它的“潮汐加热”作用弱一些，但是足以使其在坚硬的冰壳下形成一片海洋。

潮汐加热

由于木卫一在一个椭圆轨道上运行，因此它到木星的距离一直在变化，这导致木星的引力产生的引潮力也在变化，不断地拉伸和压缩着木卫一。这个过程产生的能量加热了木卫一的内部。“潮汐加热”影响着所有伽利略卫星。

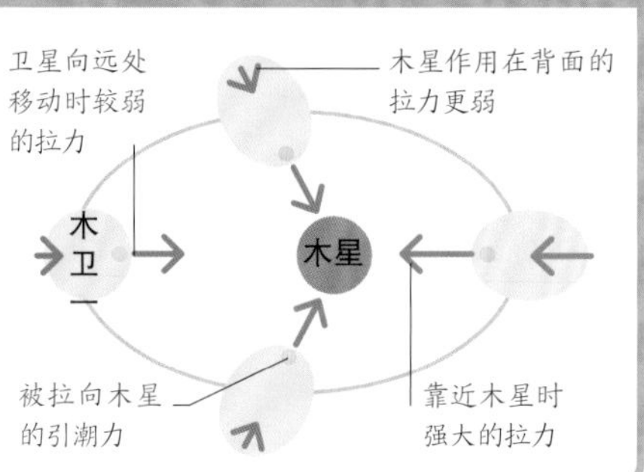
卫星向远处移动时较弱的拉力
木星作用在背面的拉力更弱
木卫一
木星
被拉向木星的引潮力
靠近木星时强大的拉力

木星将木卫一拉伸到什么程度

木星的引力和木卫一的椭圆轨道共同导致了这颗卫星的表面隆起。它的固态表面每1.5天会被拉伸100米。

木卫二上的活动
人们已经在木卫二的表面看到了液态水和水蒸气的喷发现象。人们认为，这是因为地下海洋中的水被木星作用产生的引潮力加热后，上升到外壳，穿过表面喷发了出来。

木卫二有着太阳系所有固态天体中最平滑的表面。

水柱和水蒸气羽状物从表面喷发
山脊经常出现在表面上的裂缝和线的附近
部分冰壳在线的位置处断裂
固体冰壳
水穿过冰壳从表面涌出
人们已经发现外壳会向着线的两侧移动
温冰层
随着液态海洋在下方移动，冰层中出现裂缝
被加热的液态水穿过冰层上升到表面
液态海洋可能有100千米深
液态水海洋

木卫二

木卫二的固态冰壳上遍布着线，关于冰壳有多厚，有着很多争论。在冰壳之下是一片海洋，它所包含的液态水比地球上所有的海洋、湖泊和河流中的水加起来都要多，这使得一些科学家认为那里是寻找生命迹象的潜在地点。在海洋之下是一层包裹着一个金属核的岩石分层。

木卫二的表面
木卫二表面上的暗条纹叫作“线”，它们被认为是由表面下的水的移动导致的。地球的冰盖附近也有类似的特征。

木卫二的冰质表面具有高度的反射性
最宽的线有20千米宽
暗斑可能是盐和硫的化合物，受到了水冰和辐射的影响

木卫二

木卫三和木卫四

外侧的两颗伽利略卫星——木卫三和木卫四——比木卫二和木卫一更大且活动更少。它们也因数十亿年的高能撞击而遍布“疤痕”。

木卫三这么大，为什么不是一颗行星

尽管木卫三是球状的，而且比水星还大，但是它没有被定义为一颗行星。太阳系中所有行星都必须围绕太阳运行，但是木卫三是围绕木星运行的。

木卫三

木卫三有5 300千米宽，是太阳系中最大的卫星，甚至比水星还要大（不过木卫三没有那么重）。它有一层主要由氧气构成的稀薄大气，而且它也是已知的唯一一颗自身有磁场的卫星，这说明它有一个铁核，并且有明显的内部分层。木卫三围绕木星运行一圈需要一个星期的时间，而且常以一面朝向木星。这颗卫星的表面交错分布着多坑的昏暗区域和由可能因构造活动形成的山脊构成的明亮斑块。

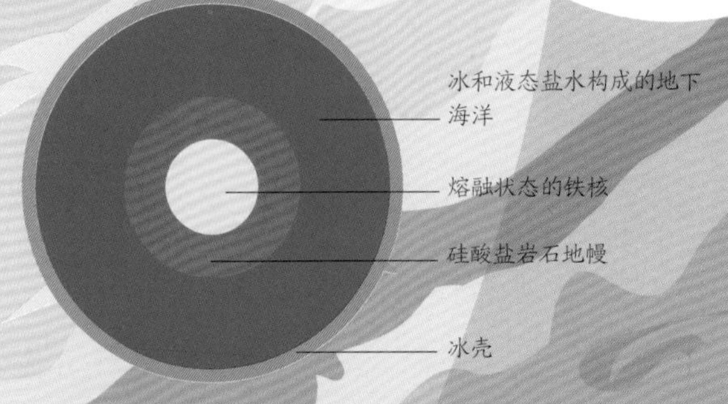
冰和液态盐水构成的地下海洋
熔融状态的铁核
硅酸盐岩石地幔
冰壳

木卫三内部

木卫三有一个温度超过1 500℃的液态铁核。这个铁核加热了一个硅酸盐岩石分层和一个广阔的地下海洋，这个海洋包含的水比地球上的水更多。木卫三的表面由一个坚硬的冰壳构成。

木星

木卫四

木卫四仅比水星小一点，它的表面是太阳系中坑洞最严重的表面。这些陨击坑非常古老且明显，意味着在超过40亿年的时间里，这颗卫星的表面没有被火山活动或者构造活动所改变。木卫四也是唯一一颗没有受到明显的潮汐加热作用的伽利略卫星。木卫四到木星的距离差不多有190万千米，是距离最遥远的大卫星，而且受到木星强大磁层的影响较少。

木卫四是太阳系中坑洞最严重的天体。

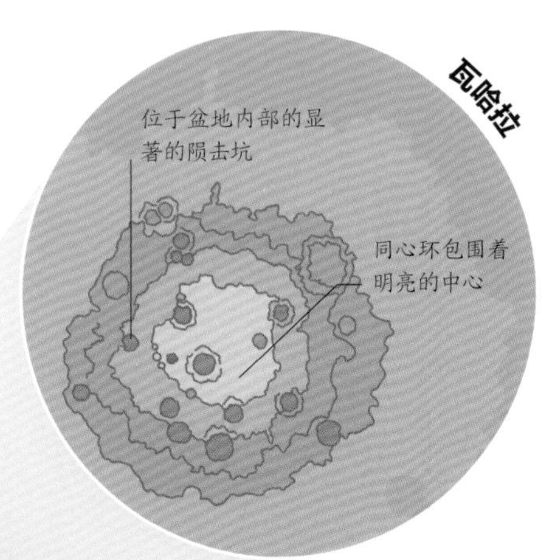
瓦哈拉
位于盆地内部的显著的陨击坑
同心环包围着明亮的中心

多环陨击坑

木卫四有着太阳系中最大的多环陨击坑，这个陨击坑叫作“瓦哈拉”，它跨越了3 800千米。

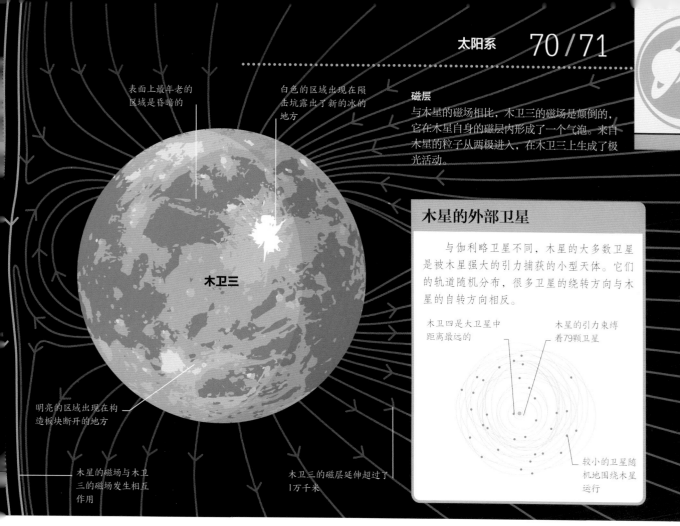

表面上最年老的区域是昏暗的

白色的区域出现在陨击坑露出了新的冰的地方

磁层

与木星的磁场相比，木卫三的磁场是颠倒的，它在木星自身的磁层内形成了一个气泡。来自木星的粒子从两极进入，在木卫三上生成了极光活动。

木卫三

明亮的区域出现在构造板块断开的地方

木星的磁场与木卫三的磁场发生相互作用

木卫三的磁层延伸超过了1万千米

木星的外部卫星

与伽利略卫星不同，木星的大多数卫星是被木星强大的引力捕获的小型天体。它们的轨道随机分布，很多卫星的绕转方向与木星的自转方向相反。

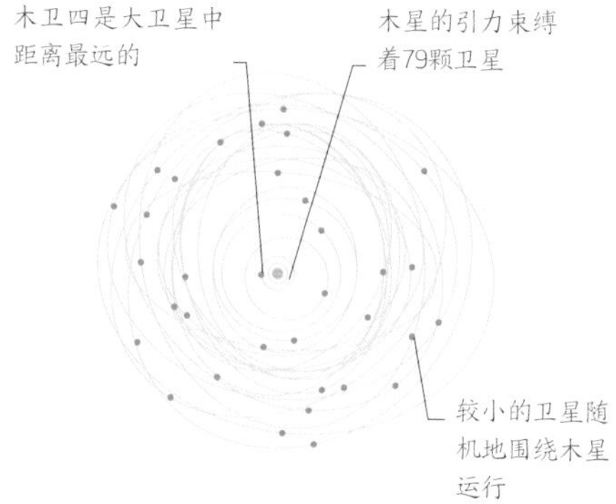

木卫四是大卫星中距离最远的

木星的引力束缚着79颗卫星

较小的卫星随机地围绕木星运行

典型陨击坑的形成

太阳系中的很多陨击坑是因剧烈的撞击而生成的。撞击的力使撞击体和撞击点都融化了。在最初的冲击效应之后，熔融物质上升，在陨击坑的中央凝固，在撞击过程中产生的碎片通常会散落在陨击坑边缘的周围。一连串陨击坑是被卫星的引潮力撕成碎块的彗星撞击到卫星上的结果。

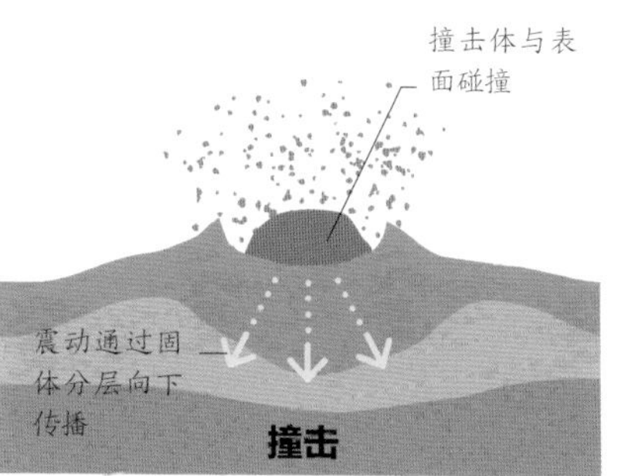
撞击体与表面碰撞
震动通过固体分层向下传播
撞击

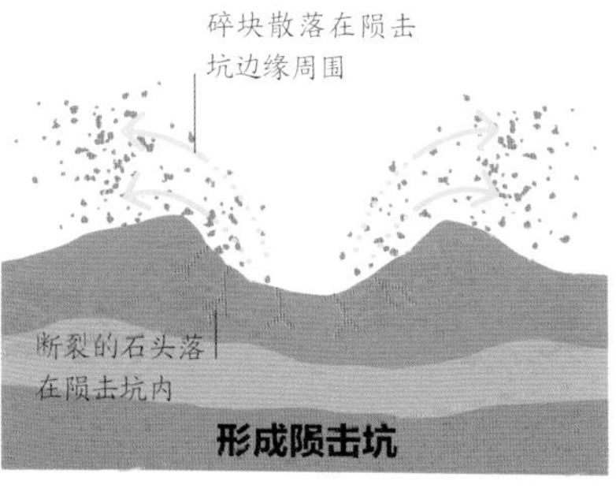
碎块散落在陨击坑边缘周围
断裂的石头落在陨击坑内
形成陨击坑

瓦哈拉的形成

当一次撞击完全刺穿木卫四表面的外壳时，这个显著的同心环结构便形成了，这次撞击暴露出了较柔软的物质，在其之下可能是一片海洋。这些更深层的物质流向这个陨击坑的中央，填满了这片被撞击出来的空间。随着这些较柔软物质的移动，陨击坑边缘的表面物质陷落，形成了这些环。

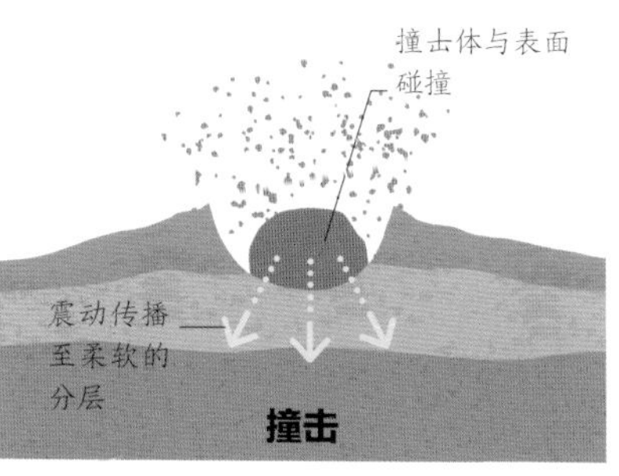
撞击体与表面碰撞
震动传播至柔软的分层
撞击

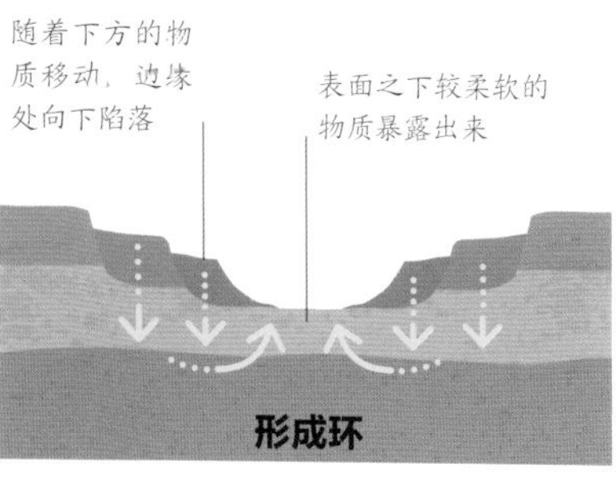
随着下方的物质移动，边缘处向下陷落
表面之下较柔软的物质暴露出来
形成环

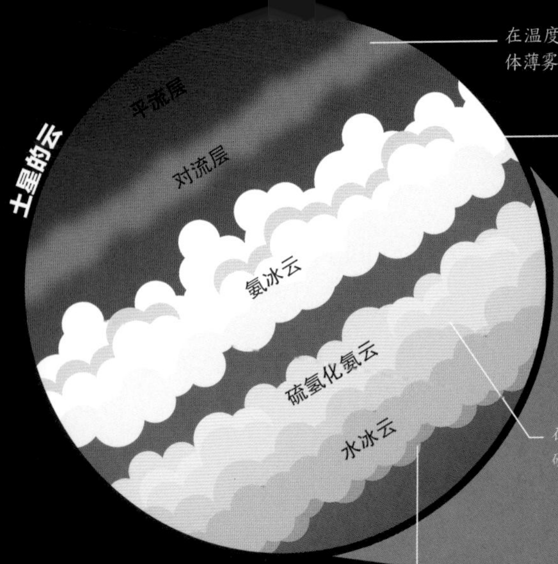

土星的云

平流层

对流层

氨冰云

硫氢化氨云

水冰云

在温度大约为-190℃时，氢晶体薄雾形成

在温度低于-110℃时，白色的氨冰云形成

在温度低于-40℃时，硫氢化氨云形成

在温度为0℃或更冷时，水冰和蒸气云形成

云层

大气由氢、氦，以及少量的氨、甲烷和水蒸气构成。寒冷的温度使其随着气体冻结，形成了由冰构成的云层。

土星距离太阳有多远

土星在一个到太阳的平均距离为14亿千米的轨道上运行。阳光到达土星需要花费80分钟的时间，这是到达地球所需时间的10倍。

土星

土星是距离太阳第六远的行星，而且是太阳系中第二大行星。它最为人所知的就是其著名的环系统。

被环包围的行星

土星是一颗气态巨行星，主要由氢和氦构成，这意味着它不像地球或其他任何岩质行星那样，它没有一个实际的表面。土星的半径为5.8万千米，约是地球半径的9倍。虽然它因其几乎全部由冰构成的环而著名，但是土星不是唯一一颗拥有环的行星。实际上，4颗气态巨行星都有环，但是只有土星的环清晰可见。

土星内部

科学家认为，在土星内部深处，大气之下数千米的地方，是一个液态分子氢分层。在这个分层之下，氢分子在如此强的压力之下会分解成原子，转化为一种叫作“金属氢”的导电液体。这颗行星的中央是一个致密的核，温度高达10 000℃，核可能是固态的或液态的。

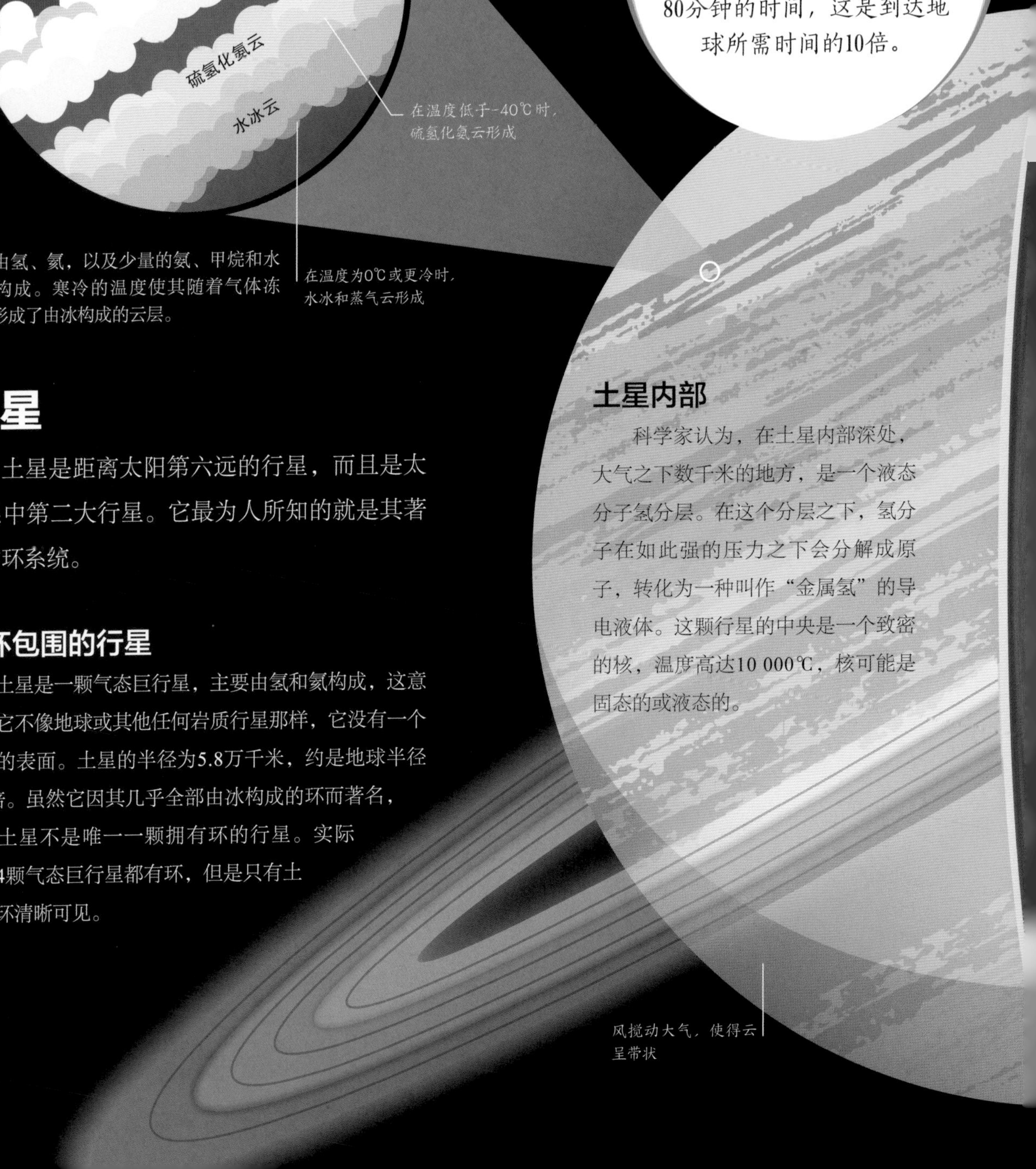

风搅动大气，使得云呈带状

六边形的涡旋

靠近土星的北极有一个六边形的云结构，或称涡旋，每条边大约1.45万千米长。人们认为这是由大气中复杂的湍流导致的。

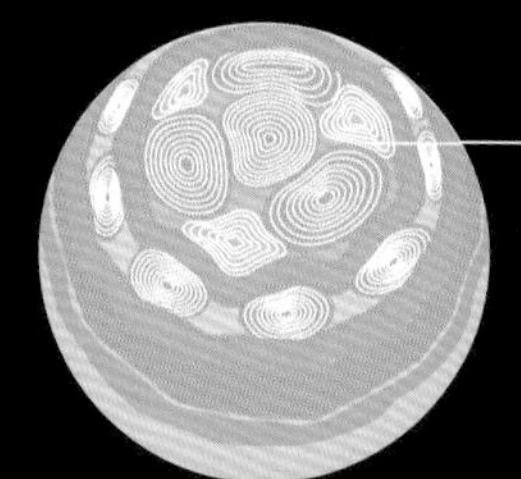

旋转的涡旋云

北极湍流

环系统延伸至距离土星28.2万千米的地方

土星的环可能是一颗卫星在一次撞击中被摧毁后散落的冰质碎块

液体开始变得金属化

致密的热核可能包含岩石和金属

岩质核

金属氢

分子氢

液态金属氢分层是土星磁场的根源

在压力作用下，由氢和氦构成的液体分层

大气中的对流层是土星的可见表面

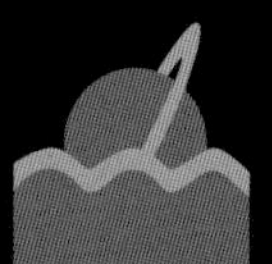

土星的密度非常低，以至于它可以漂浮在水上。

内部分层

土星的内部分层是由大约75%的氢和25%的氦组成的。这些分层随着靠近核心时压力的增大而逐渐变化。

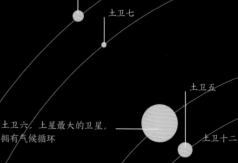

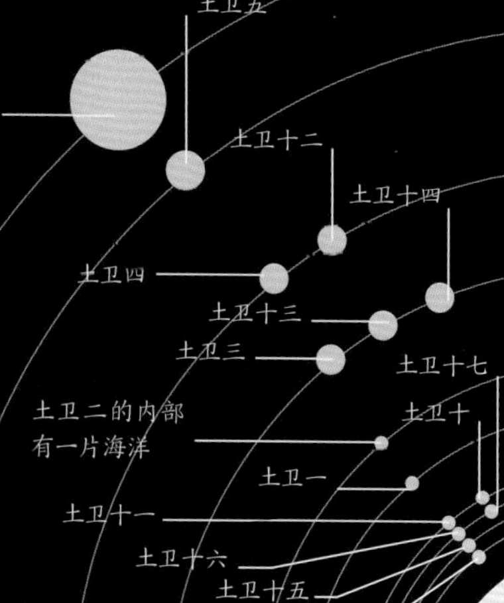

土卫八
土卫七
土卫五
土卫六，土星最大的卫星，拥有气候循环
土卫十二
土卫十四
土卫四
土卫十三
土卫三
土卫十七
土卫二的内部有一片海洋
土卫十
土卫一
土卫十一
土卫十六
土卫十五
土卫十八

土星的卫星

有超过60颗卫星围绕土星运行。轨道在环系统之内的一些内部小卫星对生成环缝和改变环的结构有影响。

内环

土星的环以字母命名，字母是根据它们被发现的顺序分配的。两个最大的环是A环和B环，它们被卡西尼环缝隔开。从B环向内延伸，便是颜色更浅的C环和D环，它们包含较小的冰粒。

土星的环可能形成于仅仅1000万年～1亿年前——在地球上开始出现生命之后。

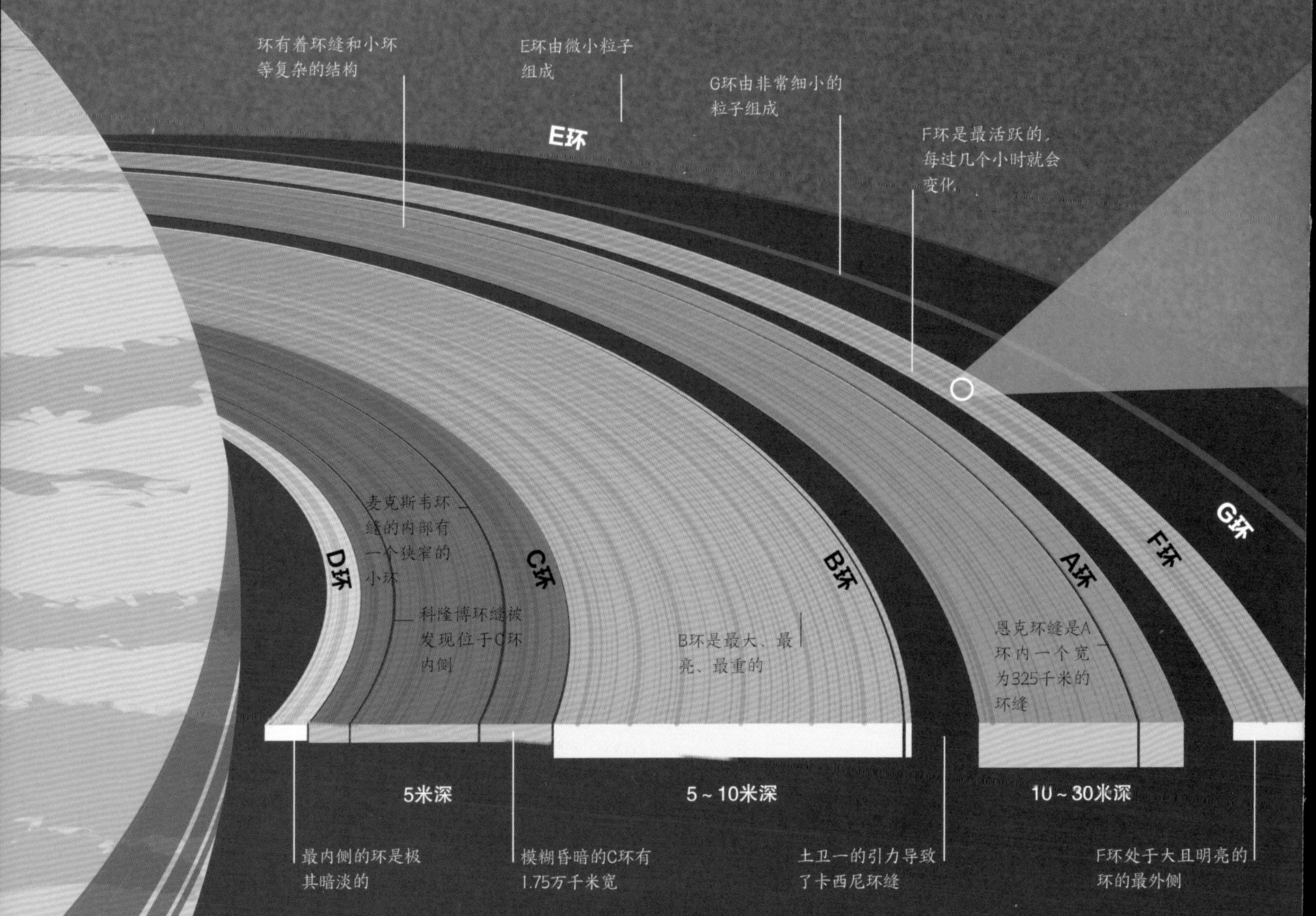

环有着环缝和小环等复杂的结构
E环由微小粒子组成
G环由非常细小的粒子组成
E环
F环是最活跃的，每过几个小时就会变化
麦克斯韦环缝的内部有一个狭窄的小环
D环
C环
B环
A环
F环
G环
科隆博环缝被发现位于C环内侧
B环是最大、最亮、最重的
恩克环缝是A环内一个宽为325千米的环缝
5米深
5～10米深
10～30米深
最内侧的环是极其暗淡的
模糊昏暗的C环有1.75万千米宽
土卫一的引力导致了卡西尼环缝
F环处于大且明亮的环的最外侧

外环

在明显的D环到G环之外是一系列极其宽且昏暗的外环，它们一直延伸到土星的卫星土卫九的轨道处。E环隐约不见，但最外层的环（因延伸到了土卫九的轨道而被称为“土卫九环”）几乎不可见，因为组成它的粒子太小了。

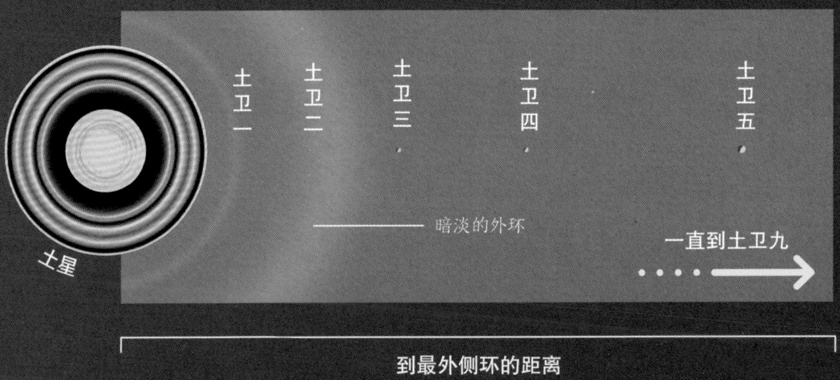

土卫一
土卫二
土卫三
土卫四
土卫五
暗淡的外环
一直到土卫九
土星
到最外侧环的距离

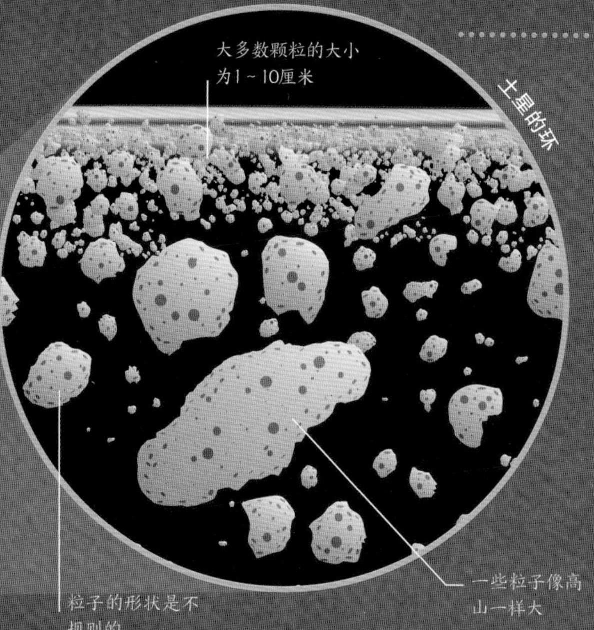
大多数颗粒的大小为1~10厘米
土星的环
粒子的形状是不规则的
一些粒子像高山一样大

环物质

土星的环几乎完全由水冰构成，还有少量由经过的彗星、小行星和陨星与土星卫星撞击产生的尘埃和岩石。环中冰块的大小从尘埃颗粒大小到几千米宽。最密集的区域在A环和B环内部，由于包含高密度的碎块，因此它们更明显，这两个环也是最先被发现的。

冰粒

在内部，颗粒由超过99.9%的水冰和微量岩石物质组成。这些岩石物质包括硅酸盐和托林粒子。托林粒子是因宇宙射线与类似甲烷的烃类相互作用而生成的有机化合物。

土星的环

虽然土星周围明亮的环系统可能看起来是固态的，但实际上，这些环是由无数几乎纯净的水冰碎块构成的，它们围绕着这颗气态巨行星运行，形成了一系列明显的环。

这些环是什么颜色的

土星的环因几乎完全是水冰而看起来发白。不过，NASA的卡西尼号土星探测器显示，这些环由于含有杂质而呈现粉色、灰色和褐色的浅影。

环系统

构成这些土星环的冰块可能是一颗碎裂卫星的残骸，也可能是这颗气态巨行星形成时留下来的碎块。随着时间流逝，这些碎块被尘埃覆盖，而且开始围绕这颗行星运行。土星的环一般有10~20米厚，但是最厚可以达到1千米。内环延伸至距离土星17.5万千米的地方，而且由于土星卫星的引力，这些环被环缝隔开。最大的环缝是卡西尼环缝，它有4 700千米宽。

这些环是如何形成的

土星环到底是如何形成的，目前仍不明确。一种普遍的观点是，土星的一颗卫星向土星移动，当它跨过洛希极限时，即越过这颗行星的引潮力可以将它撕裂的位置时，它碎裂了。在一种理论中，环碎片从这颗卫星的冰质幔上脱落，然后这颗卫星的岩质核盘旋着冲进了土星。

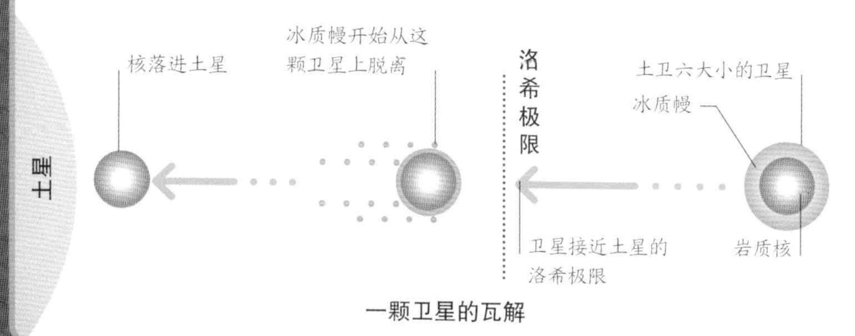
土星
核落进土星
冰质幔开始从这颗卫星上脱离
洛希极限
土卫六大小的卫星
冰质幔
卫星接近土星的洛希极限
岩质核

一颗卫星的瓦解

土卫六内部

NASA的卡西尼号土星探测器收集到的信息显示，土卫六的内部由5个分层组成。中心处是一个直径约4 000千米的岩质核。它被一层由冰Ⅵ晶体组成的壳包围着。冰Ⅵ晶体是一种在高压下形成的水冰形式。在这之上是一层含盐的液态水，再往上是一层水冰。最外层，即土卫六的表面，是由烃类（由氢和碳构成的有机化合物）以沙粒或者液体的形式积累而成的。一层浓密且高压的大气向着太空延伸至表面之上600千米处。

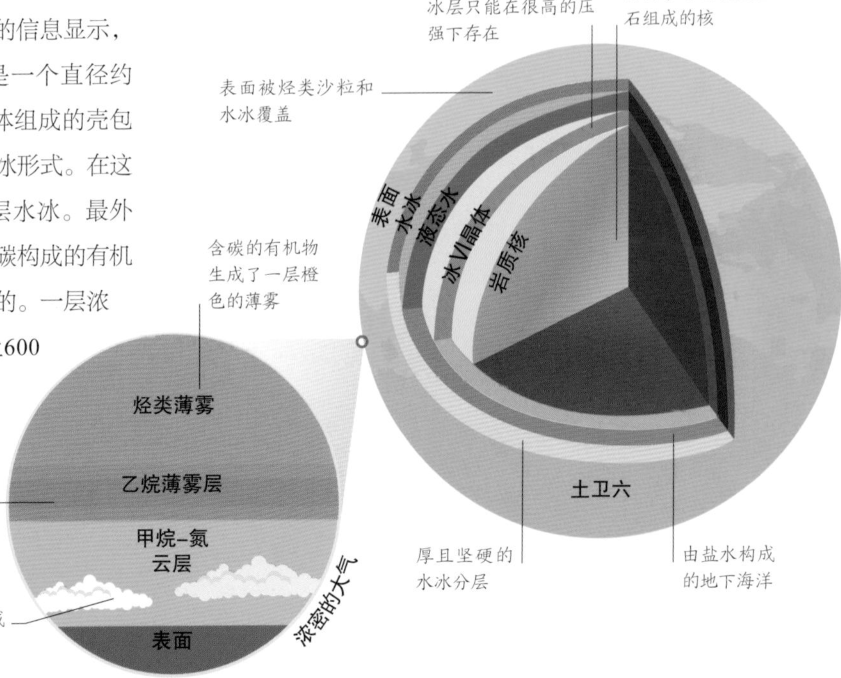

冰层只能在很高的压强下存在
由含水的硅酸盐岩石组成的核
表面被烃类沙粒和水冰覆盖
表面
水冰
液态水
冰Ⅵ晶体
岩质核
含碳的有机物生成了一层橙色的薄雾
烃类薄雾
乙烷薄雾层
乙烷薄雾因太阳辐射而生成
甲烷-氮
云层
甲烷和氮分子形成了低空的云
表面
浓密的大气
土卫六
厚且坚硬的水冰分层
由盐水构成的地下海洋

大气的成分

土卫六的大气是由大约95%的氮、5%的甲烷和少量富含氢和碳的有机化合物组成的。

土卫六的天气

土卫六的表面是太阳系中最像地球的地方之一，但是它要寒冷很多。土卫六表面接收到的阳光只有到达地球表面阳光的1%左右，它的温度大约为-180℃。从土卫六的气象循环中可以看到，如甲烷和乙烷这样的烃类冷却至液化的临界点后形成雨，然后汇聚成河流和海洋。这种循环开始于浓密大气中的甲烷和氮的积累。

有机化合物在大气中形成，积聚成云

化合物凝结成雨滴，降落到地面上

降雨

甲烷通过表面上的火山或裂缝进入大气中

土卫六比月球大多少

土卫六的直径大约是月球的1.5倍，为5 150千米。土卫六的重量是月球的1.8倍，这归功于其致密的硅酸盐岩石核。

1 有机化合物形成

来自表面之下的甲烷泄露出来进入大气中。在高海拔处，甲烷和氮分子被来自太阳的紫外光分解。随后，这些原子重新组合形成含有氢和碳的有机化合物。

2 雨将化合物带下去

一些有机化合物积聚成云，然后以雨的形式降落至地面。土卫六微弱的引力和浓密的大气使得雨以大约每小时6千米的速度降落，这比地球上雨的降落速度要慢6倍左右。

土卫六

土卫六是土星最大的卫星，也是太阳系中仅次于木卫三的第二大卫星，它拥有云和雨，而且覆盖着湖泊。土卫六是太阳系中唯一一颗有着类似于地球上的水循环的天体。不过，在土卫六中，它下的是甲烷雨。

土卫六的直径为5 150千米，比水星大。

辨认土卫六上的湖泊

NASA的卡西尼号土星探测器通过雷达来绘制土卫六上的表面特征，以及液态甲烷和乙烷湖泊的图像。红外辐射被吸收或反射的方式也可以帮助辨认液体。

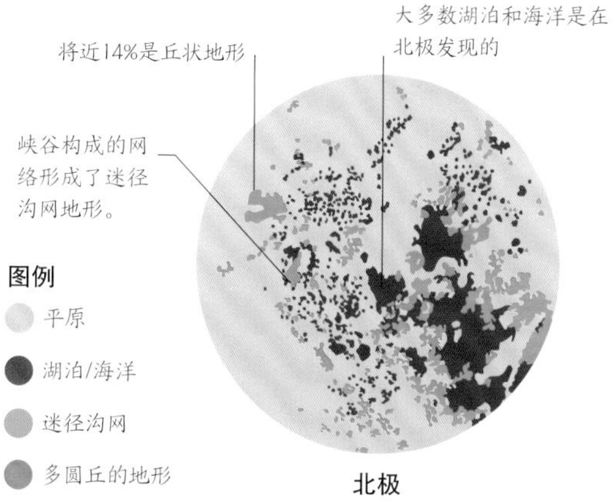

将近14%是丘状地形
大多数湖泊和海洋是在北极发现的
峡谷构成的网络形成了迷径沟网地形。
图例
平原
湖泊/海洋
迷径沟网
多圆丘的地形
北极

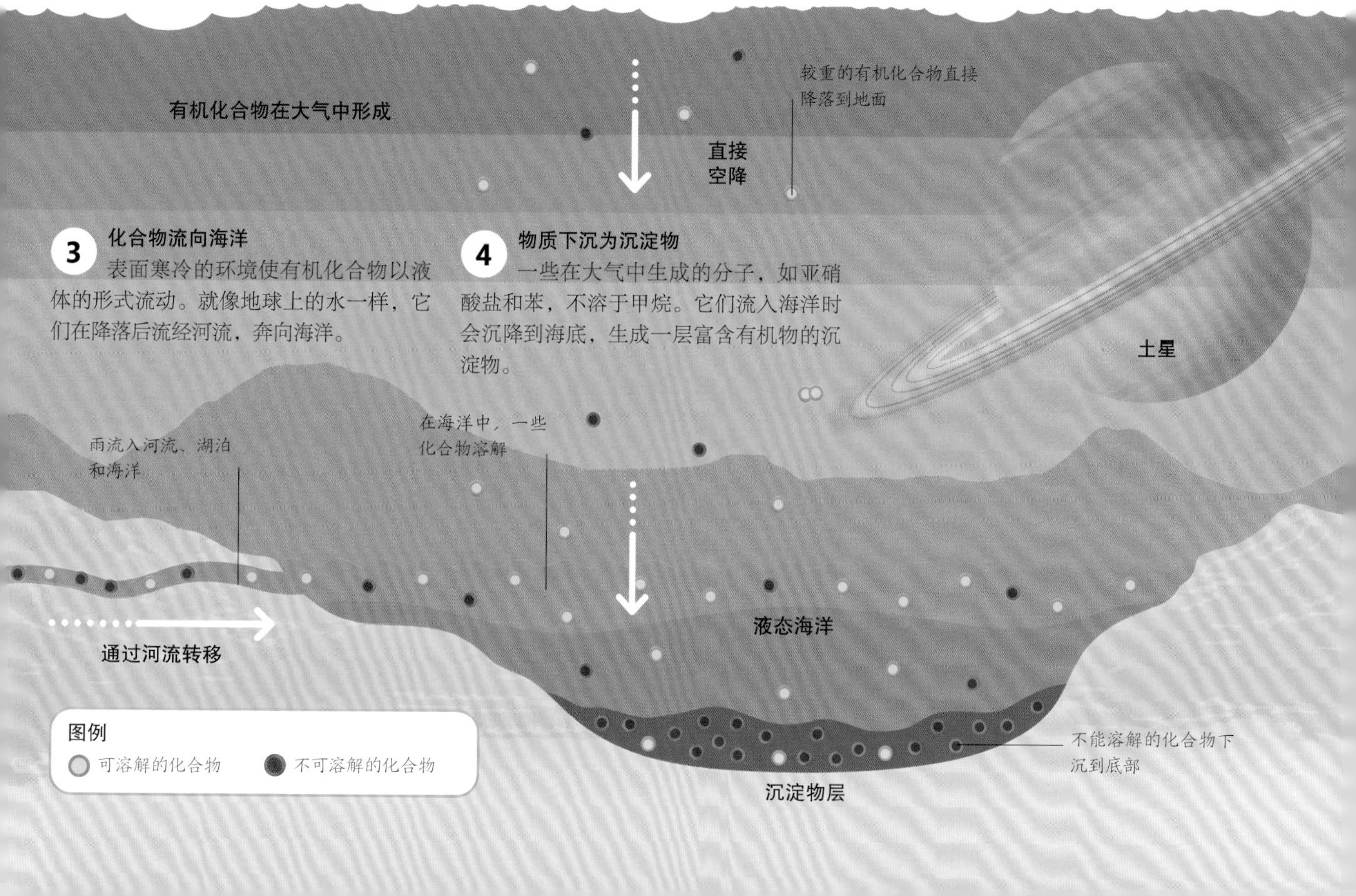

有机化合物在大气中形成
较重的有机化合物直接降落到地面
直接空降

3 化合物流向海洋

表面寒冷的环境使有机化合物以液体的形式流动。就像地球上的水一样，它们在降落后流经河流，奔向海洋。

4 物质下沉为沉淀物

一些在大气中生成的分子，如亚硝酸盐和苯，不溶于甲烷。它们流入海洋时会沉降到海底，生成一层富含有机物的沉淀物。

土星
雨流入河流、湖泊和海洋
在海洋中，一些化合物溶解
通过河流转移
液态海洋
不能溶解的化合物下沉到底部
沉淀物层
图例
可溶解的化合物
不可溶解的化合物

冰质巨行星

外太阳系中有两颗冰质巨行星——天王星和海王星。它们主要由水、氨和甲烷组成。

天王星

天王星是距离太阳第七远的行星，它在距离太阳约29亿千米的轨道上缓慢地运行，不过它自转得很快，绕其自转轴转动一圈大约需要17个小时。天王星的直径为5.1万千米，大约是地球直径的4倍。它有27颗卫星和13个几乎看不到的环。与其他大多数行星不同，天王星自东向西自转，这可能是它与一颗地球大小的天体发生撞击所导致的结果。

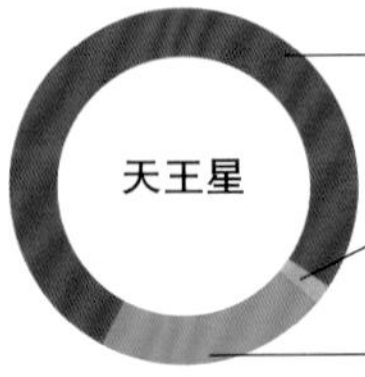

天王星
氢：82.5%
甲烷和其他痕量气体：2.3%
氦：15.2%

大气组成

天王星的大气主要由氢和氦，以及少量的甲烷和更微量的水和氨组成。海王星的大气组成与天王星的几乎相同。

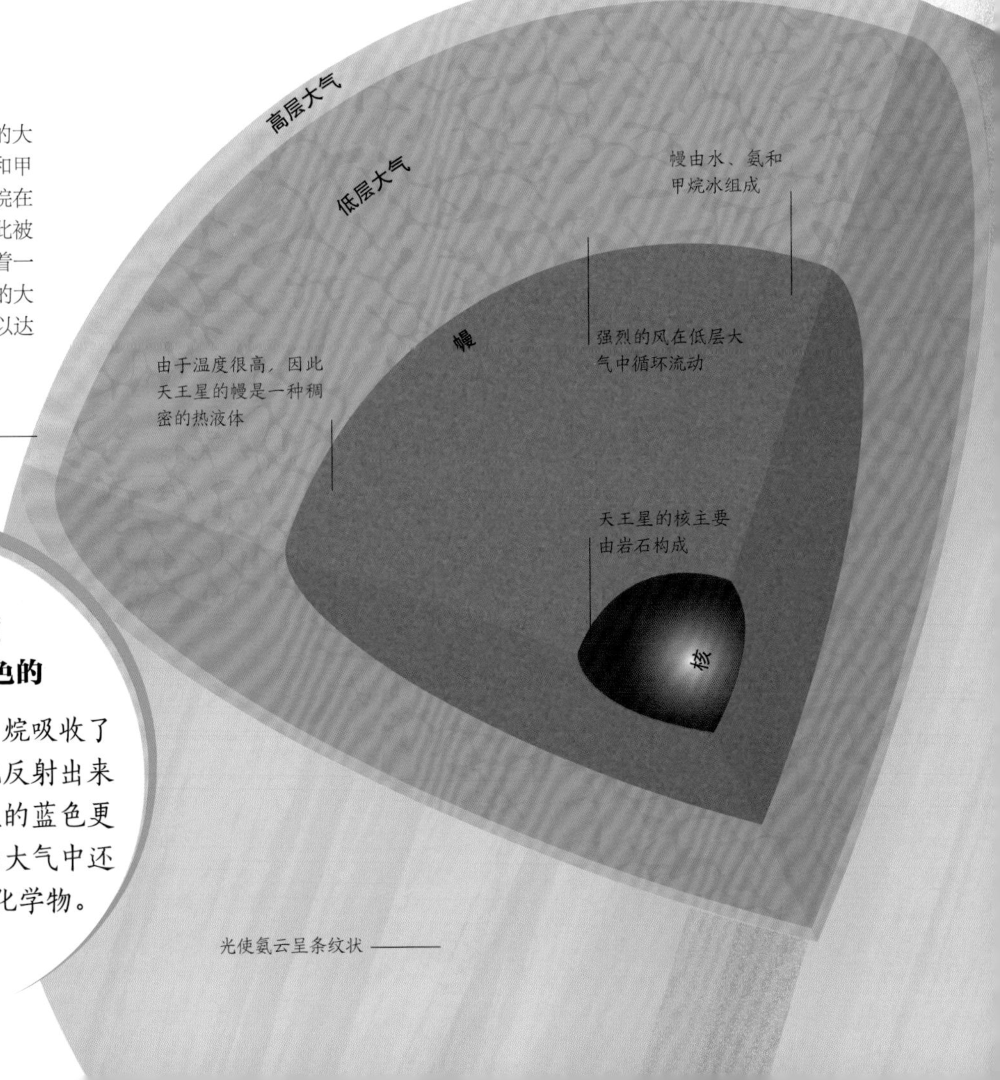

环
两个外环是宽阔且暗淡的
环由包含冰和岩石的暗粒子组成
内环包含9个窄环和两个富尘埃环

天王星的内部

在一层厚厚的大气下，天王星的大部分质量集中于一个由水、氨和甲烷构成的液态幔中，其中，甲烷在外太阳系中通常是冻结的，因此被叫作“甲烷冰”。这层幔包裹着一个小小的岩质核。尽管天王星的大气很寒冷，但是它的核温度可以达到将近5 000℃。

高层大气
低层大气
幔
核
幔由水、氨和甲烷冰组成
强烈的风在低层大气中循环流动
由于温度很高，因此天王星的幔是一种稠密的热液体
高层大气形成天王星的可见表面
天王星的核主要由岩石构成
光使氨云呈条纹状

为什么这两颗冰质巨行星是蓝色的

这两颗行星大气中的甲烷吸收了太阳光中的红光，因此反射出来的光呈现蓝色。海王星的蓝色更深一些，这意味着它的大气中还存在着另一种未知的化学物。

海王星

海王星是太阳系中最外侧的行星，到太阳的距离大约为45亿千米。虽然它看起来也是蓝色的，但是它比天王星的颜色更深一些，而且它的云和大暗斑说明它的大气很活跃。其可见表面上云的移动显示，海王星有着太阳系中最强烈的风。海王星比天王星要稍微小一点，它有14颗已知的卫星和至少5个环。

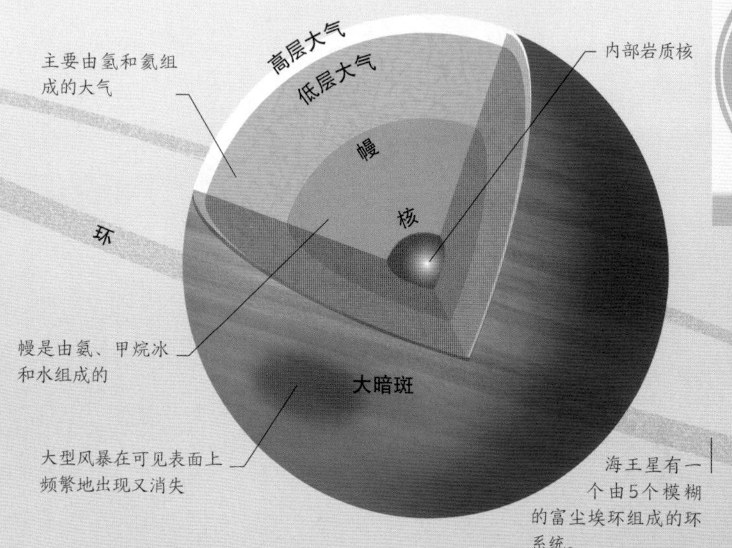
主要由氢和氦组成的大气
高层大气
低层大气
内部岩质核
幔
核
环
幔是由氨、甲烷冰和水组成的
大暗斑
大型风暴在可见表面上频繁地出现又消失
海王星有一个由5个模糊的富尘埃环组成的环系统。

海王星的内部

与天王星类似，海王星的内部也包含一个由岩石和冰组成的核，以及一层由水、氨和甲烷冰组成的幔。在海王星的云层之下可能还有一片由水组成的极热的海洋。

这颗冰质巨行星内部的压强可以形成一片钻石海洋。

超声速的风

海王星上强烈的风以1.5倍声速的速度在这颗行星周围回旋。关于引力方面的研究显示，这些高速的风包含在高层大气中。

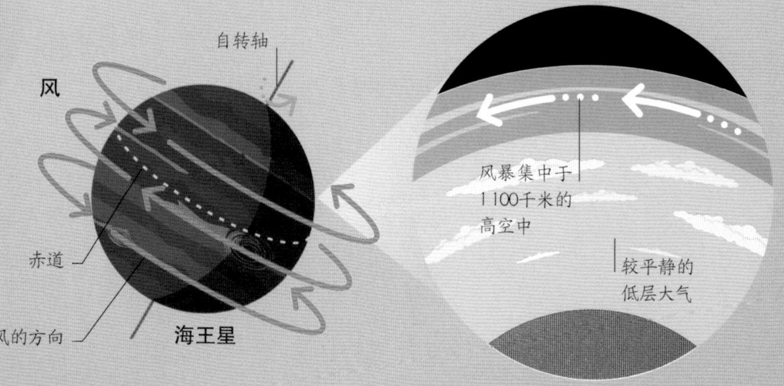
自转轴
风
赤道
风的方向
海王星
风暴集中于1100千米的高空中
较平静的低层大气

天王星与众不同的季节

天王星的赤道与它的轨道平面几乎成直角，倾斜角度大约为98°，这可能是由于这颗行星形成后很快就与一个巨大的天体发生撞击导致的。因此，天王星有着太阳系中最极端的季节。天王星在其公转周期的四分之一，即21年的时间里，是在一极朝向太阳而另一极处于黑暗中度过的。

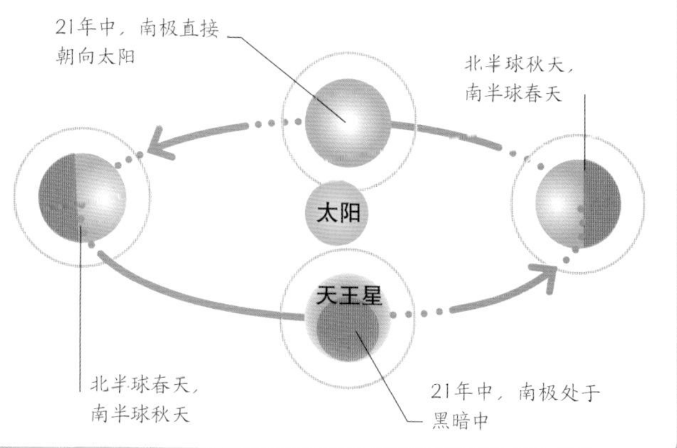
21年中，南极直接朝向太阳
北半球秋天，南半球春天
太阳
天王星
北半球春天，南半球秋天
21年中，南极处于黑暗中

太阳的紫外光与天王星的大气相互作用，导致它呈现出朦胧的外观

冥王星

冥王星曾经被归类为行星，不过当在外太阳系中发现了类似的天体时，冥王星又被归类为矮行星。这颗寒冷的矮行星有着复杂的地形，上边有高山和冰平原。

表面特征

冥王星是较大的矮行星中的一颗，但是它的直径只有2 300千米，大约是月球直径的三分之二。它围绕着太阳运行，到太阳的平均距离为59亿千米，因此它的表面温度很低。冥王星的表面上覆盖着高山、峡谷和冰川平原，其中最独特的冰川平原是斯普特尼克号平原。这个平原形成于一颗柯伊伯带天体与冥王星碰撞时，它跨越了1 000千米。

一颗直径在50～100千米的柯伊伯带天体与冥王星碰撞

一大片冰壳被移除

不牢固的薄壳层被留了下来

表面之下的海洋推挤着不牢固的壳层，使这个“疤痕”不断延伸

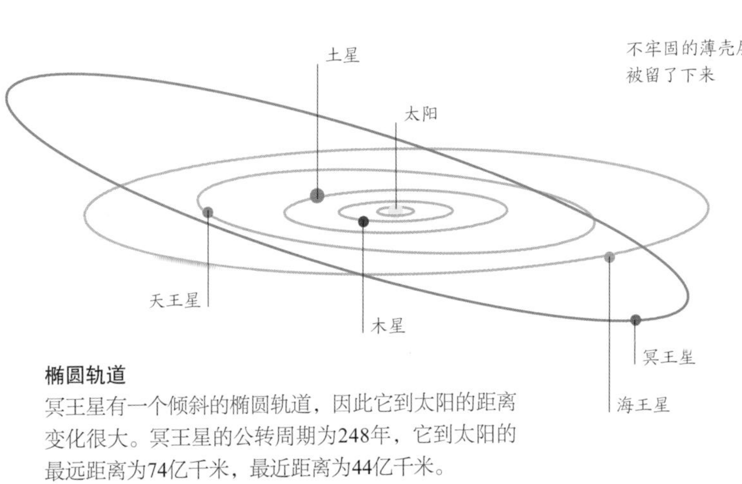

土星
太阳
天王星
木星
冥王星
海王星

椭圆轨道

冥王星有一个倾斜的椭圆轨道，因此它到太阳的距离变化很大。冥王星的公转周期为248年，它到太阳的最远距离为74亿千米，最近距离为44亿千米。

斯普特尼克号平原

一颗巨大的天体与冥王星碰撞，使其外壳暴露出来，这次碰撞可能生成了冥王星上最显著的特征。然后，来自一片地下海洋和冰冻氮的冰泥形成了平原、谷和丘陵。

冥王星的卫星

有5颗卫星围绕冥王星运行，它们是因冥王星与一颗类似大小的天体撞击而形成的。最大的卫星是冥卫一，大约有冥王星的一半大小，而且它与冥王星太相似了，以至于有时候它们会被看作一个双行星系统。

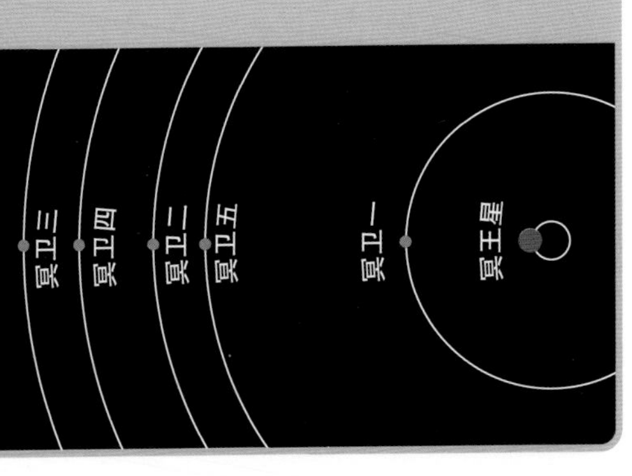

冥卫三
冥卫四
冥卫二
冥卫五
冥卫一
冥王星

冥王星的轨道会将它带到比海王星距离太阳更近的地方。

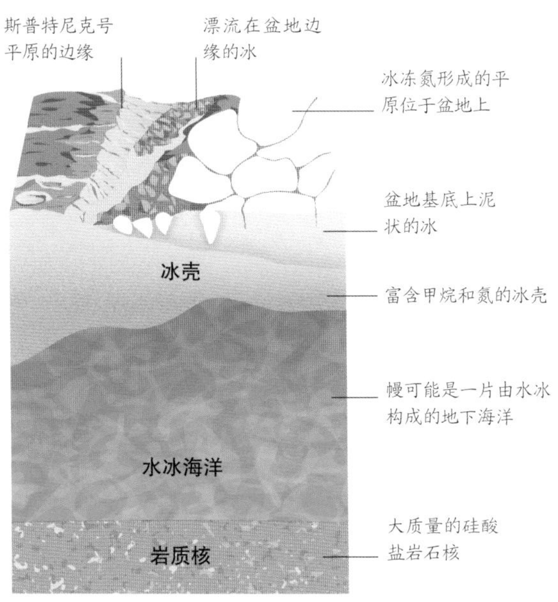
斯普特尼克号
平原的边缘
漂流在盆地边
缘的冰
冰冻氮形成的平
原位于盆地上
盆地基底上泥
状的冰
冰壳
富含甲烷和氮的冰壳
幔可能是一片由水冰
构成的地下海洋
水冰海洋
大质量的硅酸
盐岩石核
岩质核

内部结构

冥王星的壳由至少4千米厚的冰原组成。这片冰原覆盖着一个潜在的液态水海洋和一个巨大的岩质核，这个核占据了冥王星质量的60%。

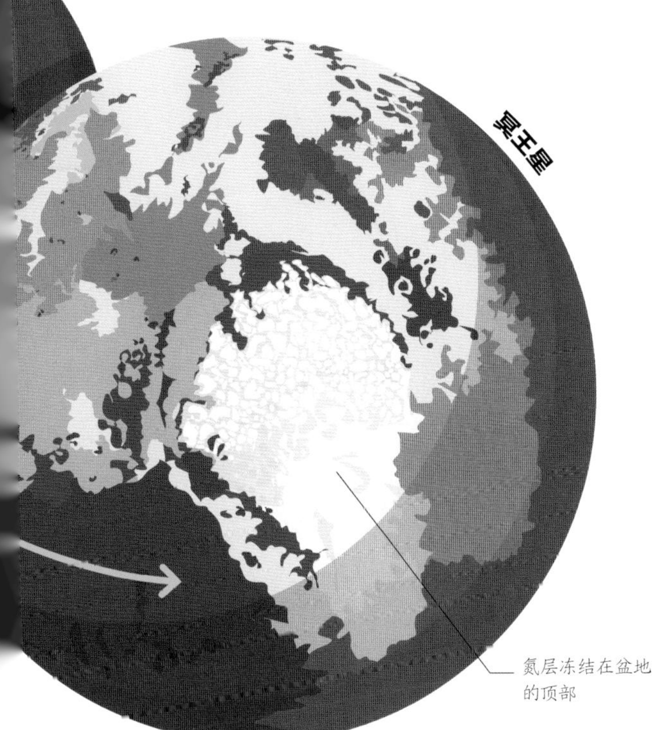
冥王星
氮层冻结在盆地
的顶部

冥王星有多少岁

与柯伊伯带中的大多数天体类似，冥王星形成于太阳系非常早期的阶段，大约45亿年前。导致斯普特尼克号平原形成的那次撞击事件发生在40亿年前。

冥王星的火山

斯普特尼克号平原的南部有两个巨大且样子古怪的山脉。其中更大的那个是皮卡尔山，高为7千米，长为225千米。人们认为，它们可能是冰火山。冰火山会向大气中喷射水、氨和甲烷等化学物质的液体或蒸气，而不是熔融状的岩石。冰火山出现在周围温度极低的地方。

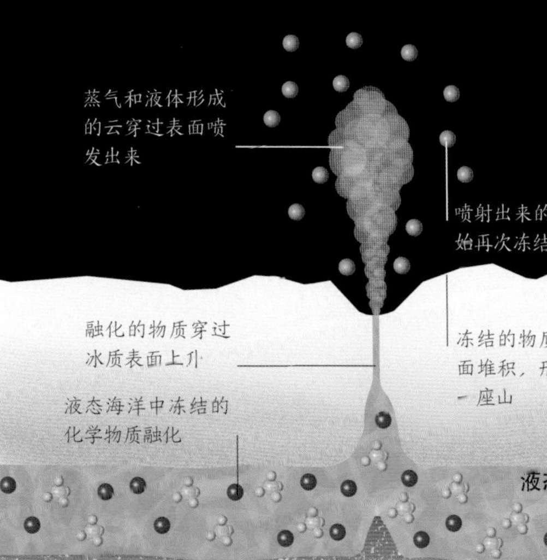
蒸气和液体形成
的云穿过表面喷
发出来
喷射出来的物质开
始再次冻结
融化的物质穿过
冰质表面上升
冻结的物质在表
面堆积，形成了
一座山
液态海洋中冻结的
化学物质融化
冰壳
液态海洋
岩质核
岩质核会加热

冰火山是如何运作的

在表面之下的冰冻化学物质通过放射性衰变或引潮力被加热。这些化学物质融化且喷发至表面，在表面上它们快速地再次冻结。

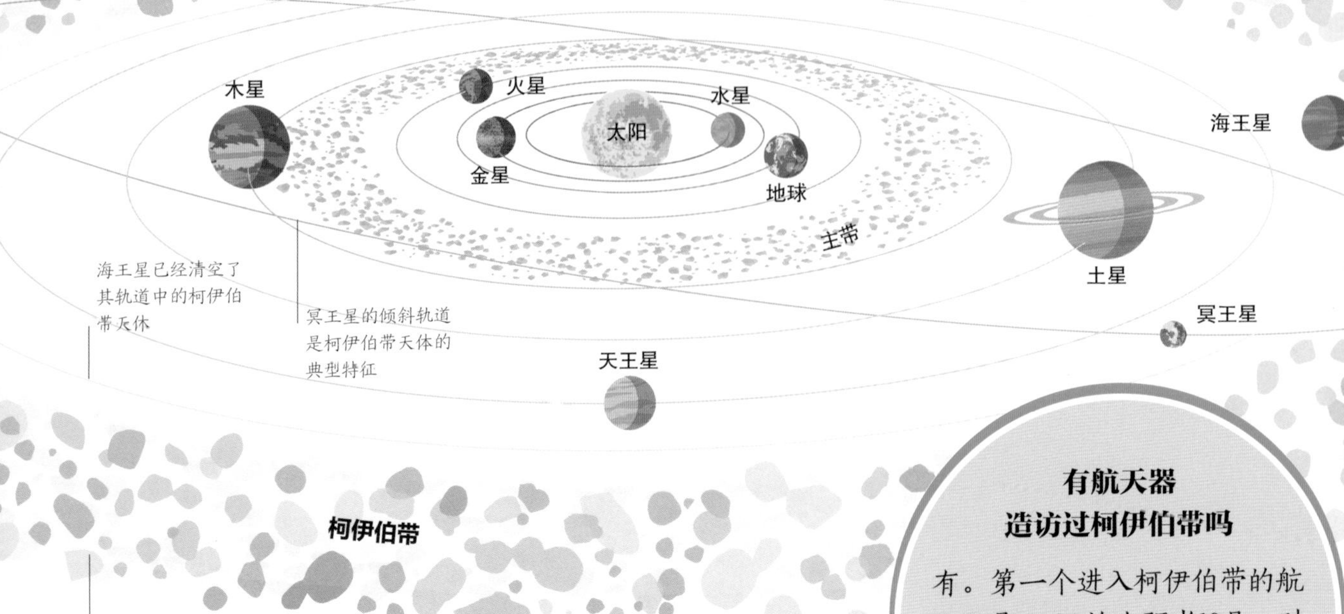
木星
火星
水星
太阳
金星
地球
海王星
主带
土星
海王星已经清空了其轨道中的柯伊伯带天体
冥王星的倾斜轨道是柯伊伯带天体的典型特征
冥王星
天王星
柯伊伯带
柯伊伯带在距离太阳60亿千米远处最密集

有航天器造访过柯伊伯带吗

有。第一个进入柯伊伯带的航天器是NASA的先驱者10号，时间是1983年。第一个造访柯伊伯带天体的航天器是NASA的新视野号，时间是2015年。

2 000颗

——目前发现的柯伊伯带天体的大概数量。

柯伊伯带

太阳系的较外部区域——从海王星轨道向外延伸，是一个由冰质天体组成的甜甜圈形状的环形区域，叫作“柯伊伯带”。

柯伊伯带是如何形成的

当气体、尘埃和岩石在引力的作用下聚集在一起时，太阳系中的行星就形成了。行星之外，遗留下的是一个残骸盘。随着时间流逝，土星、天王星和海王星向外迁移。巨行星海王星的运行轨道靠近这个残骸盘，它扰乱了盘内天体的轨道。海王星的引力将它们中的很多天体驱散至距离太阳更远的地方，使它们进入奥尔特云（见84～85页）中，或者完全离开太阳系。最后，只有一小部分原始天体留下来了。虽然如此，人们仍相信有数百万颗小的冰质天体被保留在了柯伊伯带内。

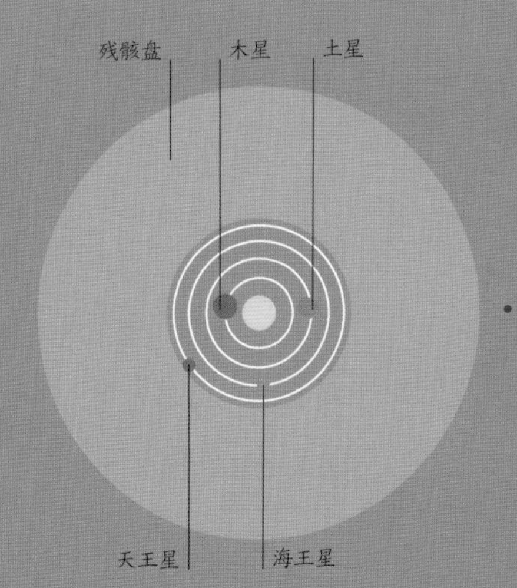
残骸盘
木星
土星
天王星
海王星

1 致密的残骸环

人们认为，柯伊伯带中的天体，以及海王星和天王星，形成于比它们现在所处的位置距离太阳更近的地方。柯伊伯带天体可能来自行星附近的原行星残骸盘。

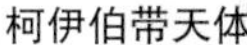

柯伊伯带天体
可能有数百万颗冰质天体在柯伊伯带中四处“漂荡”。它们通常是白色的，但是它们的颜色会因太阳辐射的作用而变成红色。

冰冻的柯伊伯带天体的温度大约为-220℃

冰带

柯伊伯带从海王星的轨道向外一直延伸到距离太阳80亿千米处，它与主带（见60～61页）类似，但要大很多。由于距离太阳太远，因此这里是一个寒冷且黑暗的地方。它是成百上千颗直径超过100千米的冰质天体的家园，这些冰质天体主要由冻结的氨、水和甲烷组成。其中一些拥有卫星，而且它们之中还包括被归为矮行星的较大的天体。柯伊伯带还是一些彗星的起源地（见84～85页）。

矮行星

海王星轨道之外的四个最大的天体被归为矮行星。矮行星围绕太阳运行，而且在它们自身引力的作用下近似于球状，但是它们没有那么大，不足以将它们轨道中的其他天体清除出去。

冥王星
冥王星的直径为2 400千米，是体积最大的矮行星。

阋神星
阋神星的体积比冥王星稍微小一点，但是它的质量更重。

鸟神星
鸟神星的大小约是冥王星的三分之二，它有一颗小卫星。

妊神星
鸡蛋形状的妊神星有两颗卫星，它周围还有一个环系统。

谷神星
谷神星位于主带内，是唯一一颗轨道不在海王星之外的矮行星。

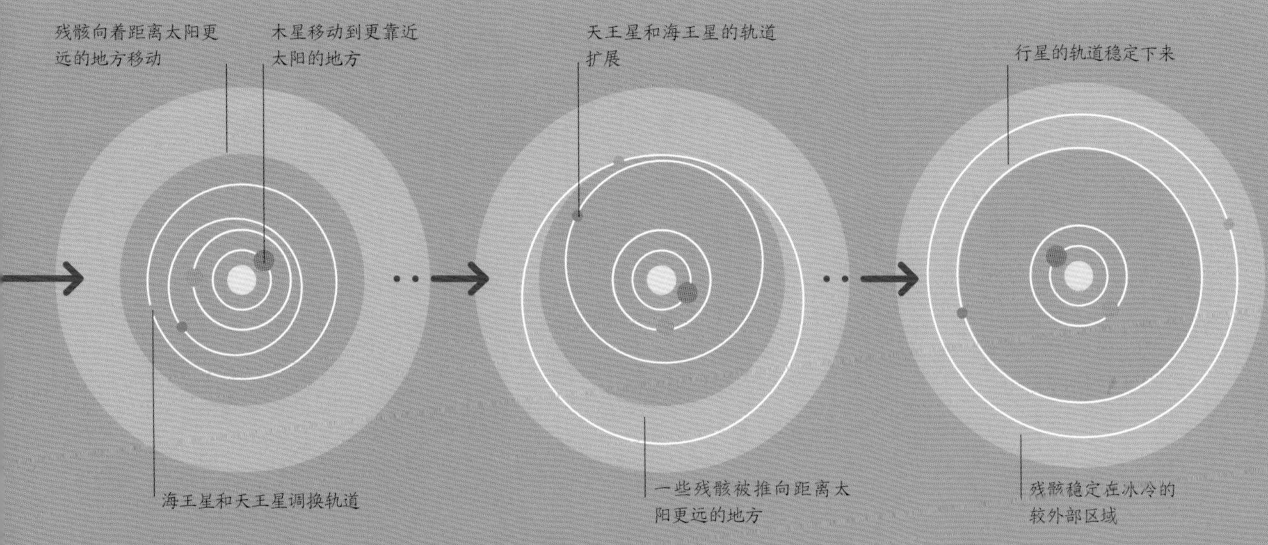
残骸向着距离太阳更远的地方移动
木星移动到更靠近太阳的地方
海王星和天王星调换轨道
天王星和海王星的轨道扩展
一些残骸被推向距离太阳更远的地方
行星的轨道稳定下来
残骸稳定在冰冷的较外部区域

2 行星轨道改变
在一种叫作“尼斯模型”（the Nice model）的理论中，土星、天王星和海王星被认为已经向外移动了，而木星则朝向太阳移动。天王星和海王星还互相调换了轨道。

3 行星与残骸相互作用
人们认为，当天王星和海王星向着距离太阳更远的地方移动时，它们携带了一些它们周围的残骸。这个过程将这些残骸带到太阳系中更冷、更外部的区域。

4 柯伊伯带稳定下来
随着时间流逝，行星和冰质天体的轨道稳定了下来，形成了如今存在的柯伊伯带。不过，如果一些天体的轨道将它们带到太靠近海王星的地方，那么它们还会被扰动。

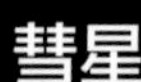

彗星

彗星由行星形成时留下来的尘埃和冰组成，以冰冻天体的形式起源于太阳系的外边缘。在这种情形下，冰冻天体的直径可以达到几十千米。当这些天体被碰撞出常规的轨道时，它们会被送入新的轨道，这个轨道会将它们带到靠近太阳的地方。当它们接近太阳时，它们便转变成了彗星。

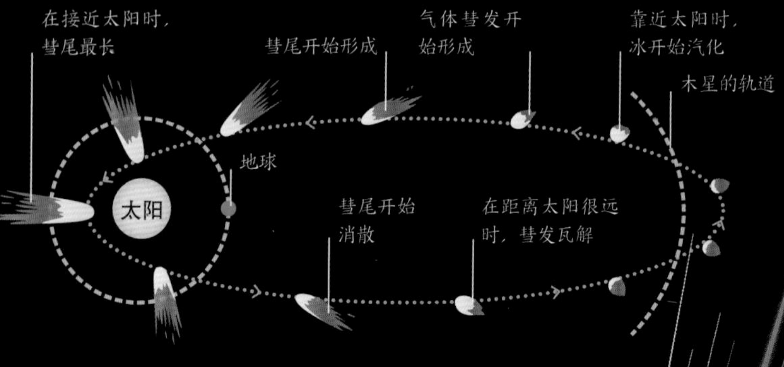

在接近太阳时，彗尾最长

彗尾开始形成

气体彗发开始形成

靠近太阳时，冰开始汽化

木星的轨道

地球

太阳

彗尾开始消散

在距离太阳很远时，彗发瓦解

一颗彗星的一生

当一颗彗星靠近太阳时，它表面上的冰汽化，生成一层叫作“彗发”的大气和两条彗尾。当轨道将这颗彗星带到距离太阳足够远的地方时，彗发瓦解，彗尾消散。

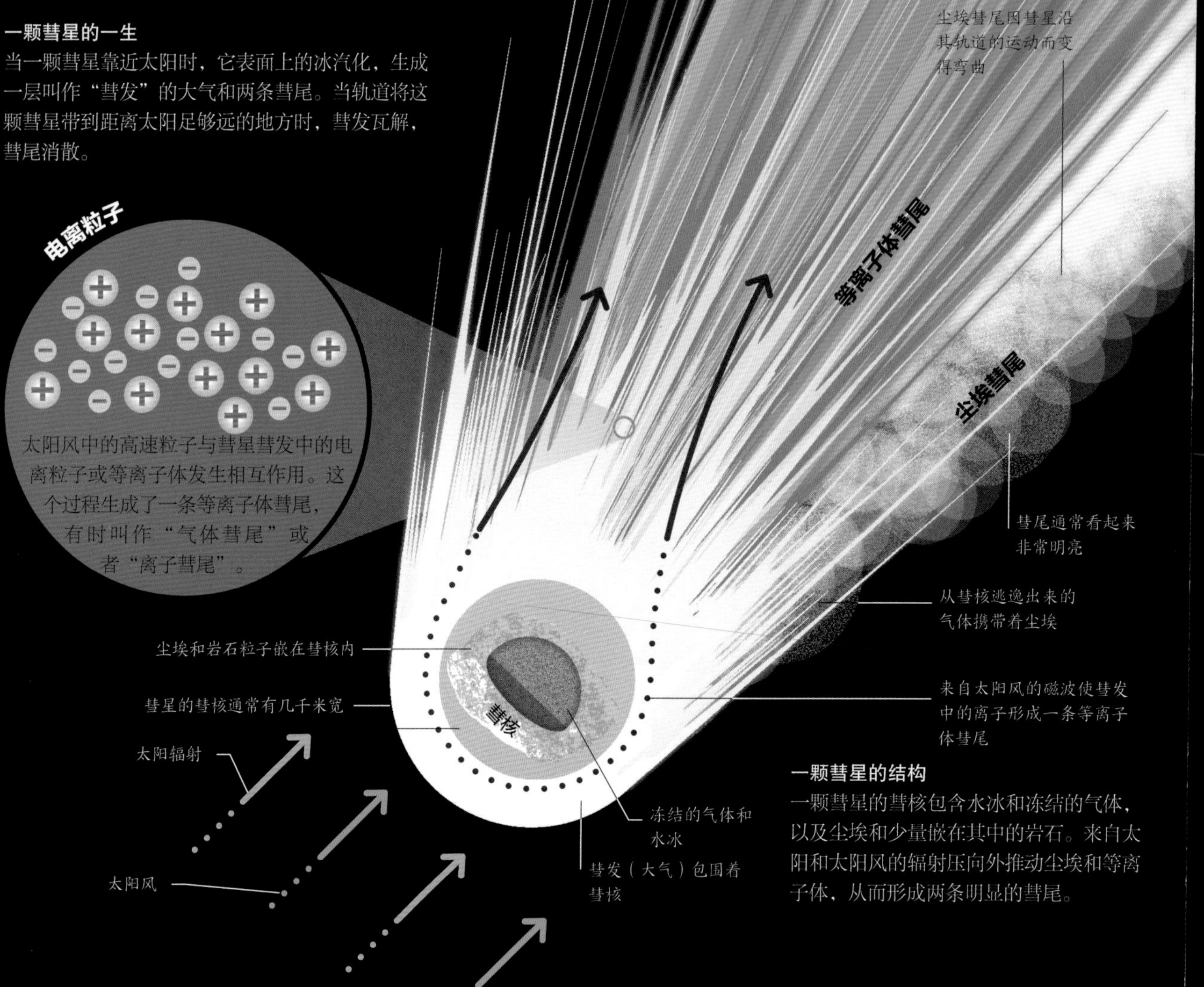

电离粒子

太阳风中的高速粒子与彗星彗发中的电离粒子或等离子体发生相互作用。这个过程生成了一条等离子体彗尾，有时叫作“气体彗尾”或者“离子彗尾”。

等离子体彗尾

尘埃彗尾

尘埃彗尾因彗星沿其轨道的运动而变得弯曲

彗尾通常看起来非常明亮

从彗核逃逸出来的气体携带着尘埃

来自太阳风的磁波使彗发中的离子形成一条等离子体彗尾

尘埃和岩石粒子嵌在彗核内

彗星的彗核通常有几千米宽

彗核

太阳辐射

太阳风

冻结的气体和水冰

彗发（大气）包围着彗核

一颗彗星的结构

一颗彗星的彗核包含水冰和冻结的气体，以及尘埃和少量嵌在其中的岩石。来自太阳和太阳风的辐射压向外推动尘埃和等离子体，从而形成两条明显的彗尾。

一颗彗星的彗发有多长

彗发——彗星彗核周围的大气——可以长达数千千米。一些彗星的彗发甚至比地球的直径还要长。

彗尾可以延伸数十万千米

流浪行星

奥尔特云之外可能存在着行星大小的天体，它们叫作“流浪行星”，不围绕任何恒星公转。它们可能形成于围绕着一颗恒星运行的物质，然后被驱逐了出去，或者它们根本就没有绕一颗恒星公转过。

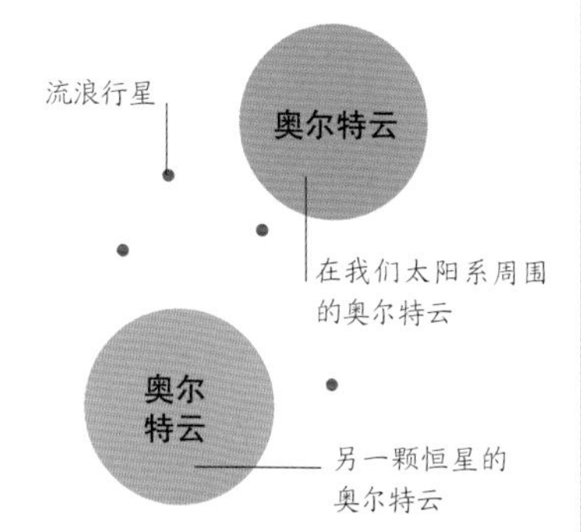
流浪行星
奥尔特云
在我们太阳系周围的奥尔特云
奥尔特云
另一颗恒星的奥尔特云

奥尔特云中可能包含数十亿甚至数万亿颗天体。

彗星和奥尔特云

天文学家认为，太阳系被一大群远在柯伊伯带外的冰质天体包围着。这片区域叫作“奥尔特云”，这里是长周期彗星的发源地，这些长周期彗星有时会到达内太阳系。

奥尔特云

奥尔特云被认为开始于距离太阳3 000亿到7 500亿千米处，一直延伸到距离太阳1.5万亿到15万亿千米处。这意味着，它的外边缘可能位于太阳和距离太阳最近的恒星之间的中间位置。在奥尔特云中，天体围绕太阳运行的轨道的倾斜角度各不相同，这与在主带（见60～61页）和柯伊伯带（见82～83页）中不同，这两个区域中的大部分天体在接近太阳系主平面的轨道上运行。

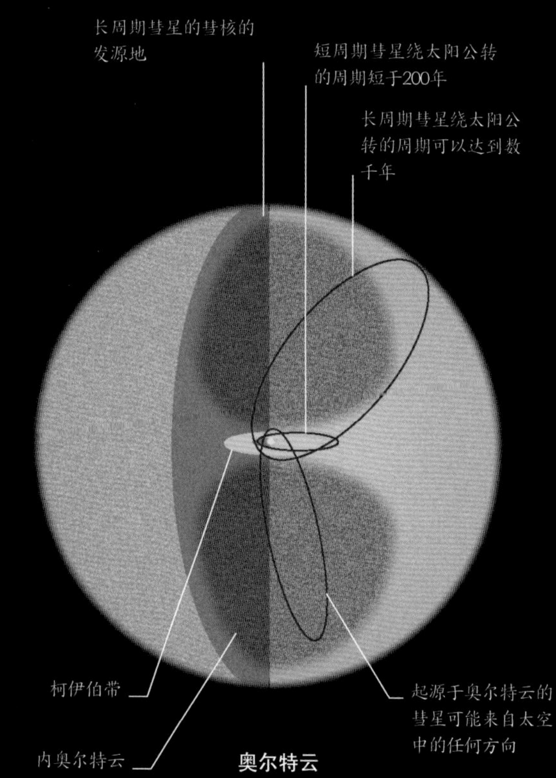
长周期彗星的彗核的发源地
短周期彗星绕太阳公转的周期短于200年
长周期彗星绕太阳公转的周期可以达到数千年
柯伊伯带
内奥尔特云
起源于奥尔特云的彗星可能来自太空中的任何方向

奥尔特云

3 恒　星

主序星类型					
光谱型	颜色	近似表面温度（开尔文）	平均质量（太阳质量=1）	平均半径（太阳半径=1）	平均光度（太阳光度=1）
O	蓝色	超过25 000	超过18	超过7.4	20 000～1 000 000
B	蓝白色	11 000～25 000	3.2～18	2.5～7.4	11 000～20 000
A	白色	7 500～11 000	1.7～3.2	1.3～2.5	6～80
F	黄色到白色	6 000～7 500	1.1～1.7	1.1～1.3	1.3～6
G	黄色	5 000～6 000	0.78～1.10	0.85～1.05	0.40～1.26
K	橙色到红色	3 500～5 000	0.60～0.78	0.51～0.85	0.07～0.40
M	红色	低于3 500	0.10～0.60	0.13～0.51	0.0008～0.072

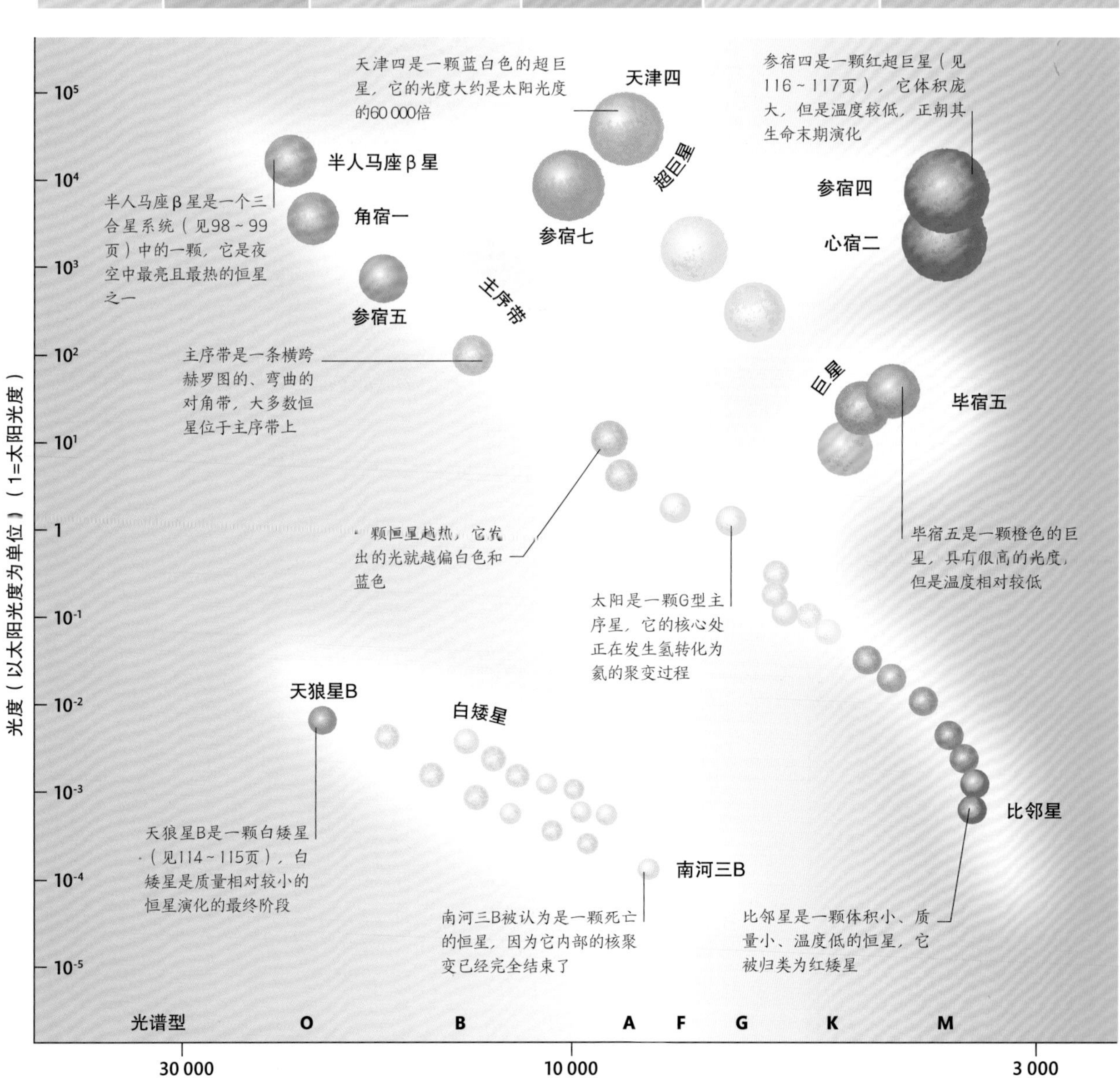
光度（以太阳光度为单位）（1=太阳光度）
10^5
10^4
10^3
10^2
10^1
1
10^{-1}
10^{-2}
10^{-3}
10^{-4}
10^{-5}
天津四是一颗蓝白色的超巨星，它的光度大约是太阳光度的60 000倍
天津四
参宿四是一颗红超巨星（见116～117页），它体积庞大，但是温度较低，正朝其生命末期演化
半人马座β星
半人马座β星是一个三合星系统（见98～99页）中的一颗，它是夜空中最亮且最热的恒星之一
角宿一
超巨星
参宿四
参宿七
心宿二
参宿五
主序带
主序带是一条横跨赫罗图的、弯曲的对角带，大多数恒星位于主序带上
巨星
毕宿五
颗恒星越热，它
出的光就越偏白色和蓝色
毕宿五是一颗橙色的巨星，具有很高的光度，但是温度相对较低
太阳是一颗G型主序星，它的核心处正在发生氢转化为氦的聚变过程
天狼星B
白矮星
比邻星
天狼星B是一颗白矮星（见114～115页），白矮星是质量相对较小的恒星演化的最终阶段
南河三B
南河三B被认为是一颗死亡的恒星，因为它内部的核聚变已经完全结束了
比邻星是一颗体积小、质量小、温度低的恒星，它被归类为红矮星
光谱型
O
B
A
F
G
K
M
30 000
10 000
3 000
表面温度（开尔文）

恒星分类

可以使用赫罗图（见左图）对恒星进行分类。那些通过核聚变（见90页）将氢转化为氦的恒星叫作“主序星”。这些恒星处于它们生命中稳定的中间阶段，位于赫罗图中间位置的一条对角带（被称为“主序带”）上。根据主序星的光谱，即恒星发出的光因它们包含的化学元素而形成的颜色谱，主序星被分成7种类型——O型星、B型星、A型星、F型星、G型星、K型星和M型星。这些光谱型从最热的O型星一直降到最冷的M型星。只有接近它们生命末期的恒星，如白矮星和超巨星，才会落在主序带之外。这些恒星已经耗尽了它们的氢燃料，因此变得不稳定了。

赫罗图
这个著名的图表是以天文学家埃纳尔·赫茨普龙（Ejnar Hertzsprung）和亨利·罗素（Henry Russell）的名字来命名的，显示出了恒星的温度和光度之间的关系。恒星在它们生命的大多数时间里位于这条弯曲的对角带——主序带上。小质量星为红色，位于右下角。蓝色的恒星最重，位于左上角。巨星和超巨星已经耗尽了它们的氢燃料，位于右上角。

夜空中最亮的恒星是哪颗

大犬座中的天狼星是最亮的恒星，它的视星等为-1.47。

恒星的类型

恒星距离我们太远了，以至于我们很难判断它们实际上有多大或者多亮。不过，恒星的大小和温度不同，因此，其光谱也会不同，天文学家可以通过分析它们的光谱（见26～27页）将它们划分成不同的类型。

光度和亮度

光度是一颗恒星每秒所释放出来的能量。一颗恒星在夜空中看起来的亮度叫作“视星等”，由恒星的光度和它到地球的距离共同决定。恒星的视星等基于一个数字比例尺，最亮恒星的视星等为负数或者更小的数字（除太阳外，最亮恒星的视星等约为-1），暗弱恒星的视星等更大。这个比例尺不是均分的，视星等为1的恒星比视星等为6的恒星要亮100倍。

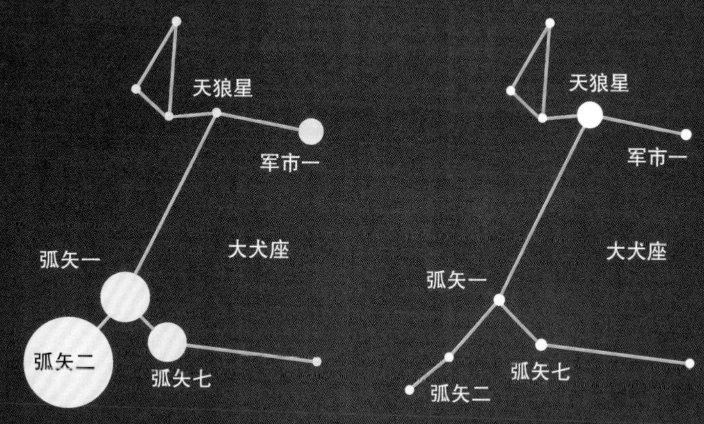
天狼星
军市一
大犬座
弧矢一
弧矢二
弧矢七
天狼星
军市一
大犬座
弧矢一
弧矢七
弧矢二

光度
白点的大小表示大犬座中恒星的真实光度。但是如果发射出最多光的恒星距离我们很遥远，那么它就不是我们在地球上看到的最亮的恒星。

视星等
在这里，白点的大小显示了大犬座中恒星的视亮度。注意，天狼星看起来更亮，是因为它距离地球更近，而弧矢二虽然比太阳要亮176 000倍，但是因为它距离我们太远了，所以它看起来相当暗。

最亮的恒星发射出来的光是最暗的恒星发射出来的光的数十亿倍。

恒星内部

恒星发光是因为它们被核反应加热到了很高的温度。在恒星内部深处，氢原子核在恒星的引力作用下被紧紧地挤压在一起，这使得它们可以聚变形成氦原子核，同时释放出能量。

恒星的能源

恒星通过核聚变产生能量。恒星内部发生的核聚变释放出被称为“中微子”的小粒子，在地球上，我们可以探测到由太阳发射出来的中微子。关于太阳的日震学研究也揭示了太阳的内部结构，就像地震会揭示地球内部是什么一样。

我们是由星尘构成的吗

人体内的每一种元素（除了氢和氦）几乎都是几十亿年内在恒星内部形成的。氢和氦是在大爆炸期间形成的。

100亿年——太阳耗尽其所有氢燃料将要花费的时间。

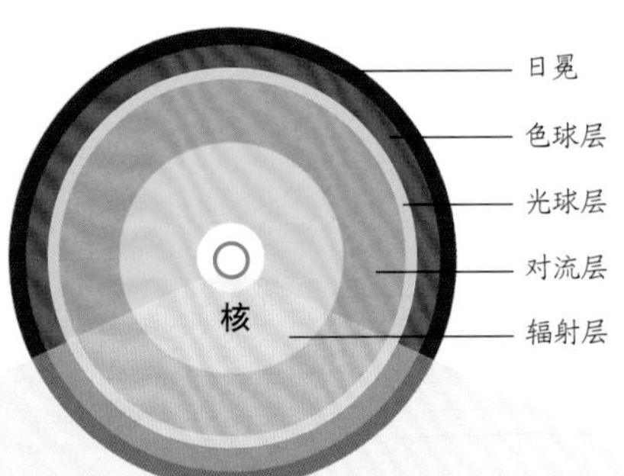
日冕
色球层
光球层
对流层
辐射层
核

一颗类似太阳的恒星的分层

图例
- 质子
- 正电子
- 中微子
- 中子
- 光子

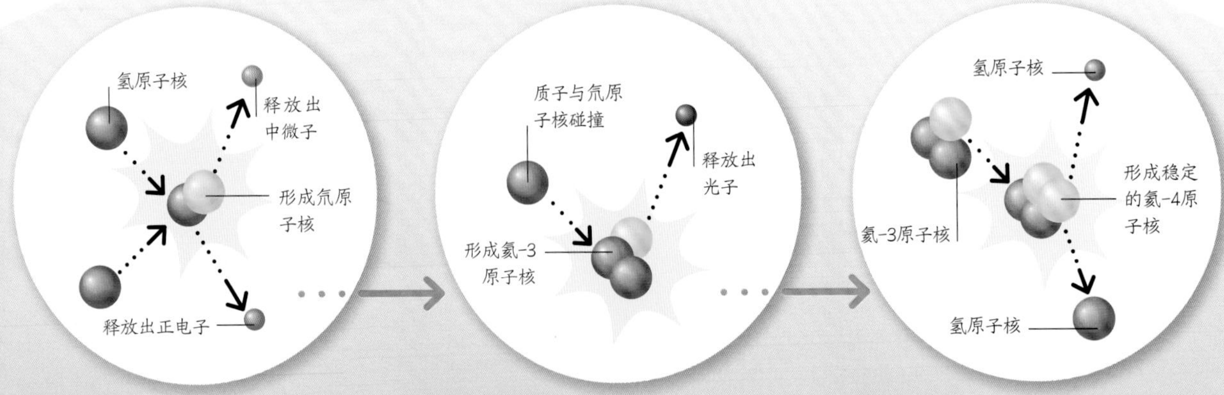
氢原子核
释放出中微子
形成氘原子核
释放出正电子
质子与氘原子核碰撞
释放出光子
形成氦-3原子核
氢原子核
形成稳定的氦-4原子核
氦-3原子核
氢原子核

1 质子并合

当两个氢原子核（质子）并合形成一个氘原子核时，聚变就开始了。一个正电子和一个中微子作为副产品被释放出来。

2 释放辐射

氘原子核被另一个质子撞击，并合在一起形成了一个氦-3原子核。这个过程释放出大量能量，并且释放出被称为“光子”的粒子。

3 形成氦

氦-3原子核与另一个氦-3原子核相撞，生成了一个氦-4原子核。当它们并合在一起时，它们释放出两个氢原子核，这两个氢原子核可以开启进一步的聚变。

热量转移

恒星的分层主要通过对流和辐射的形式将热量向上、向外转移。对流主要发生在辐射将热量从核反应区向外转移太缓慢时。在小质量星中，热量全部通过对流过程向外转移。

在中等质量星（如太阳）中，核周围的区域由辐射主导，但是在较冷的更外层则由对流主导，在那里，辐射会被吸收。在大质量星中，聚变生成热量的速度太快，以至于对流主导着核周围的区域。

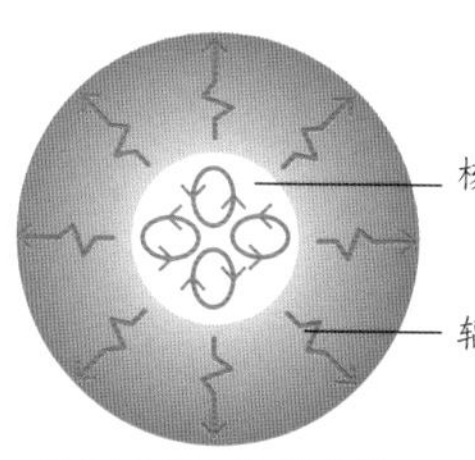
核周围区域由对流主导
辐射发生在核外部的分层
超过1.5倍太阳质量

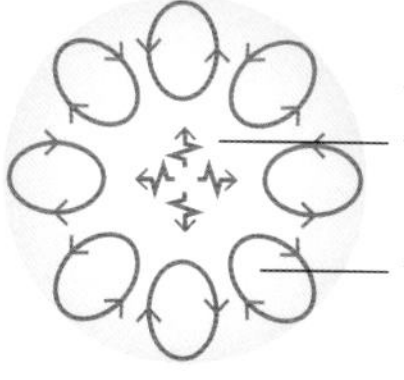
核周围区域由辐射主导
对流发生在更高的分层
0.5 ~ 1.5倍太阳质量

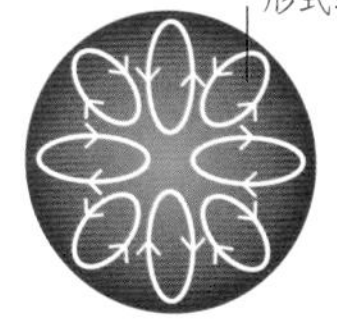
热量只通过对流形式转移
低于0.5倍太阳质量

图例
对流
辐射

生成元素

除了氢和氦，大多数较轻的天然元素要么通过恒星内部平缓的核聚变生成，要么在恒星以超新星的形式突然爆发时生成。由于铁核不能聚变，因此，比铁更重的元素不能在恒星的核处生成。其中一些重元素是在即将死亡的红巨星核中生成的，这些红巨星不会爆炸。剩下的则被认为是在两颗中子星并合时的剧烈爆炸过程中生成的。

氢，首个参与核聚变过程的元素，形成一个包层

在核聚变过程（见左侧）中，氢转化成氦

在三α过程（见111页）中，氦聚变形成碳和氧

碳聚变形成钠和氖

氖聚变形成氧，然后形成镁

氧聚变形成硅

在超巨星中，硅聚变形成铁，这意味着恒星生命的终结

氢
氦
碳
氖
氧
硅
铁–镍核

核随着时间收缩

洋葱分层

这个图表显示了一颗大质量星在以超新星（见118 ~ 119页）的形式爆发之前，它的核在演化过程中形成的“洋葱分层”。每一层中的原子聚变生成了在其相邻的内层中的元素。

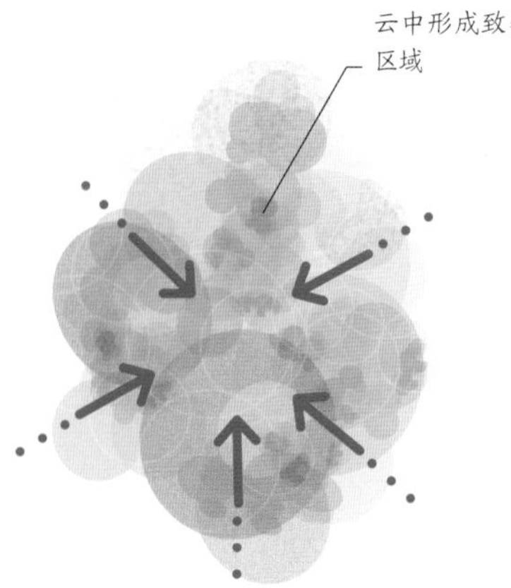
云中形成致密
区域

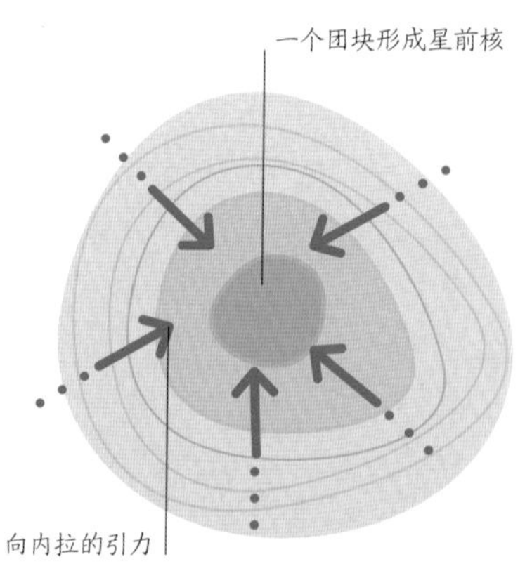
一个团块形成星前核
向内拉的引力

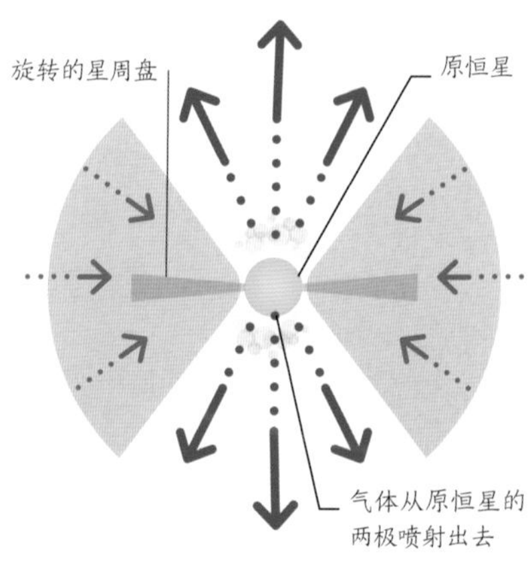
旋转的星周盘
原恒星
气体从原恒星的
两极喷射出去

致密区域形成

1 当空间中的一片云中形成较致密的区域时，这个过程就开始了。这些区域中的分子被拉在一起，云中各处生成团块。每一个团块最终可能都会变成一颗恒星。

核坍缩

2 每一个团块的核都比较外侧部分更致密，因此核坍缩得更快。在这个过程中，由于它保持角动量守恒，就像滑冰选手在自转时通过向内拉回他们的手臂来加速自转一样，因此核也自转得越来越快。

原恒星形成

3 星前核形成一颗原恒星，而且被一个旋转的气体和尘埃盘包围着。更宽广的云变得平坦，开始清除物质。一些气体从原恒星的两极喷射出去。

恒星形成

在整个宇宙的星系中，恒星在不断地形成。它们在被叫作“巨分子云”的巨大的气体尘埃云中以原恒星的形式诞生，然后继续演化成为稳定的主序星。通过研究很多处于生命不同节点的恒星，天文学家可以确定它们正在经历的阶段。

一颗原恒星是如何形成的

恒星在由气体和尘埃组成的暗云（见94～95页）中形成，这片云的密度足够大以至于可以阻止光逃逸出去。当这片云被超新星爆发（见118～119页）产生的激波或其他原因扰动时，恒星诞生活动就开始了，气体和尘埃团块便开始在它们自身的引力作用下聚集在一起。之后，引力完成剩下的工作。

恒星的大小和数量

在宇宙中，小质量星比大质量星多很多。这是因为很少有大质量星诞生，但也有另一个原因，即极大的恒星拥有很短的寿命，所以它们消耗燃料和发射出光的时间不会很长。就像这个图表显示的那样，每有一颗质量超过10倍太阳质量的恒星产生，就会有大概10颗质量为2～10倍太阳质量的恒星和50颗质量为0.5～2倍太阳质量的恒星产生。此外，还会有更多的红矮星（见88～89页）产生，大约为200颗。

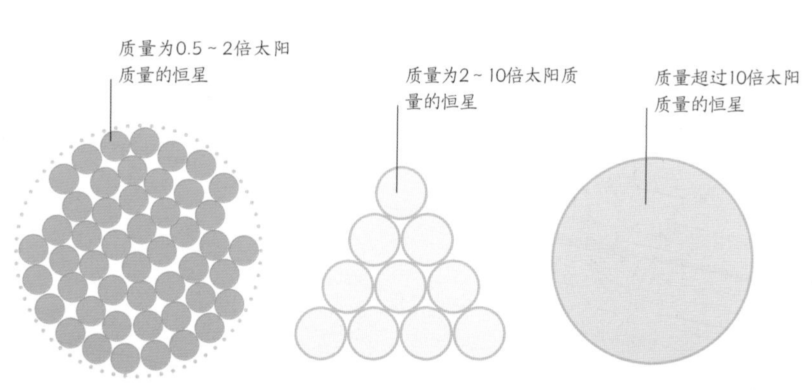
质量为0.5～2倍太阳
质量的恒星
质量为2～10倍太阳质
量的恒星
质量超过10倍太阳
质量的恒星

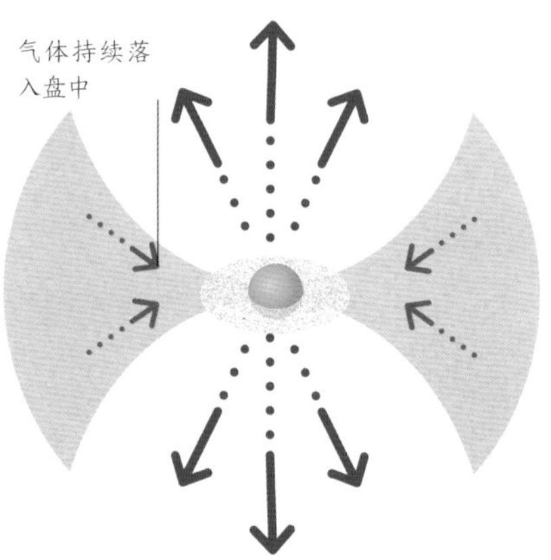
气体持续落
入盘中

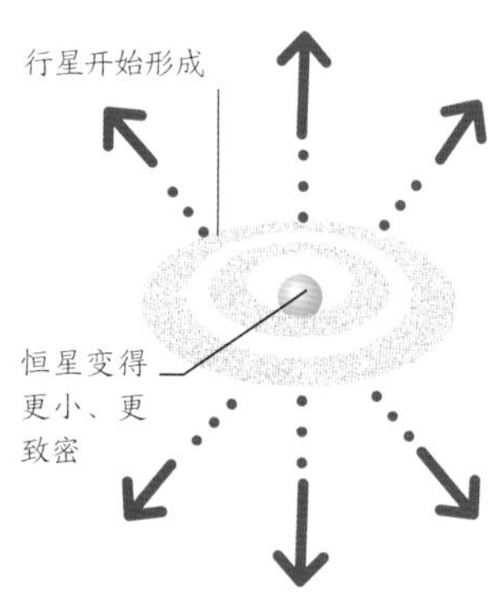
行星开始形成
恒星变得
更小、更
致密

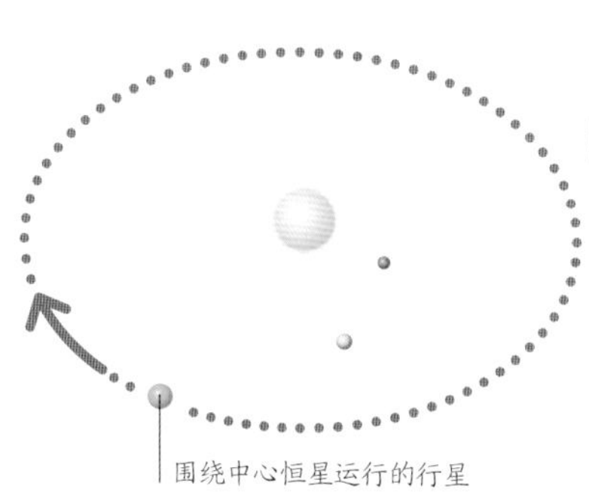
围绕中心恒星运行的行星

4 金牛T型星
直到100万年后，原恒星的中心温度才达到6 000 000℃。在这个温度下，氢的聚变开始，一颗被称为“金牛T型星”的新恒星开始闪耀。

5 主序前星
1000万年后，金牛T型星坍缩且变得更致密。来自盘和剩余包层的物质流入恒星中或分散于太空中。行星开始在盘中形成。

6 行星系统形成
现在，这颗恒星是一颗主序星（见88 ~ 89页）了，围绕这颗恒星运行的行星已经完全形成。像这样的一个行星系统通常会存在大约100亿年。

恒星内部的力

一旦小质量星和中等质量星开始燃烧氢生成氦，它们就进入了主序阶段（见88 ~ 89页）。在这个节点，恒星内部的力——由核释放出来的气体压力和相对的引力——是平衡的。在主序阶段的恒星可以在大约100亿年内持续稳定地发光。

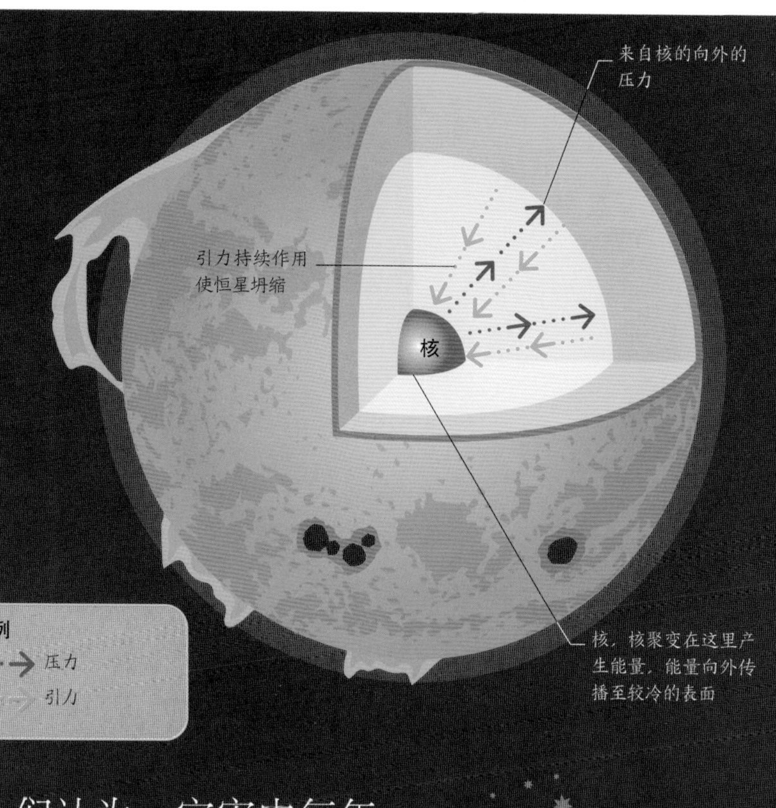
来自核的向外的
压力
引力持续作用
使恒星坍缩
核
核，核聚变在这里产
生能量，能量向外传
播至较冷的表面
图例
压力
引力

平衡的力
恒星内部向外的压力和向内的引力之间的平衡叫作“流体静力学平衡”。这种平衡使得一颗恒星保持稳定状态。

第一颗恒星是什么时候出现的

第一颗恒星出现在大爆炸后的2亿年左右。在这之后的10亿年后，星系开始大量出现。

人们认为，宇宙中每年会有大约1 500亿颗恒星形成。

星云

星云是太空中由尘埃和气体组成的巨大的云。当太空中稀疏的物质通过彼此的引力聚集成团时，一个星云就形成了。非常致密的星云是恒星的温床。

弥散星云

天文学家首次在夜空中注意到以模糊的斑点形式出现的星云要追溯到古代，但是，当时的天文学家并不知道它们是什么。在望远镜发明之后，更多的星云可以被观测到。1781年，法国天文学家查尔斯·梅西耶（Charles Messier）将几个弥散星云加入了他的著名的天体目录中。大多数星云由于边缘模糊、不明确而被分类为弥散星云。根据我们从地球上观测到它们的方式，弥散星云可以被分为发射星云、反射星云和暗星云。其他类型的星云——行星状星云和超新星遗迹——与正在死亡的恒星和爆发星有关。

弥散星云的类型

这三种弥散星云的关键特征，以及它们与向着地球传播的星光之间相互作用的方式如右下图所示。

一个地球大小的星云的总质量可能只有几千克。

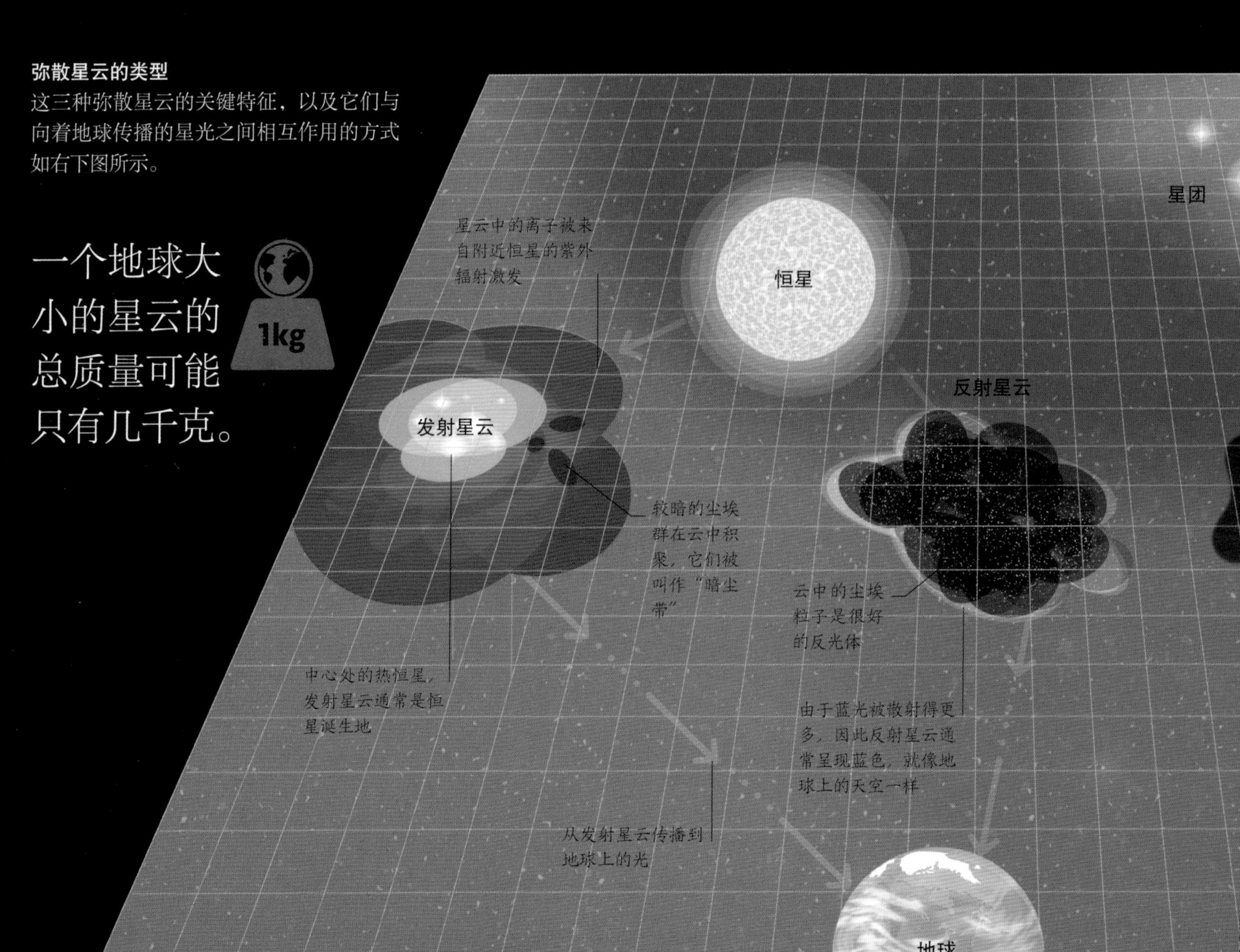

1kg
星团
星云中的离子被来自附近恒星的紫外辐射激发
恒星
反射星云
发射星云
较暗的尘埃群在云中积聚，它们被叫作“暗尘带”
云中的尘埃粒子是很好的反光体
中心处的热恒星，发射星云通常是恒星诞生地
由于蓝光被散射得更多，因此反射星云通常呈现蓝色，就像地球上的天空一样
从发射星云传播到地球上的光
地球

发射星云

发射星云从电离气体中发出辐射。发射星云有时被叫作“电离氢区”，因为它们主要由电离氢组成。

反射星云

反射星云自身并不会发出任何光，但是因为它们会反射来自附近恒星的光，所以它们看上去仍然会发光，就像我们看到的天空中的云一样。

一个星云可以有多大

蜘蛛星云位于距离地球大约17万光年远处，处于大麦哲伦云中，直径超过1 800光年。

恒星的温床

很多星云是恒星的诞生地。其中，最著名的可能是鹰状星云，在那里，恒星在被叫作“创生之柱”的高耸的云柱中诞生。这些高耸的云柱，每个都有几光年长，它们由致密的物质组成，这些物质通过来自附近的年轻恒星发出的辐射来抵抗被蒸发的命运。

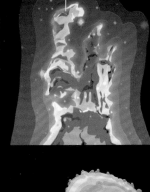

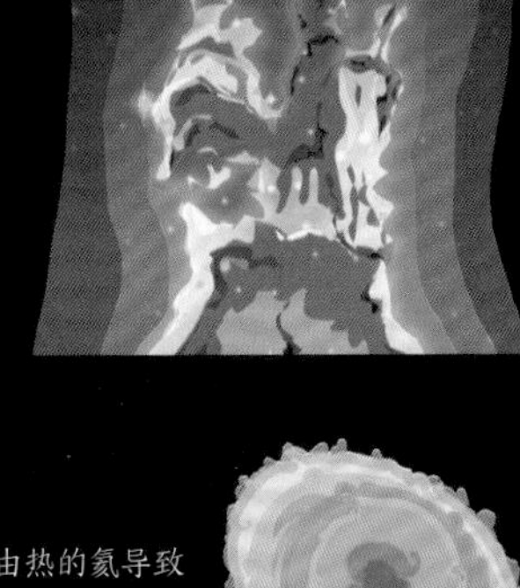
高耸的宇宙尘埃卷须

创生之柱
鹰状星云中的这个有着引人注目形状的部分，包含着数百颗新形成的恒星。

正在死亡的恒星周围的星云

行星状星云和超新星遗迹也是星云的两种类型，而且都由正在死亡的恒星生成。令人困惑的是，行星状星云与行星毫不相关。它是一颗较小的恒星在接近生命末期时抛散出去的一个气体壳。这个壳随后被这颗恒星的紫外辐射电离，使得这个星云发出明亮的光。超新星遗迹是在一颗大质量星以超新星的形式剧烈爆发时形成的，超新星爆发会将一个巨大且电离的气体尘埃云抛到太空中。

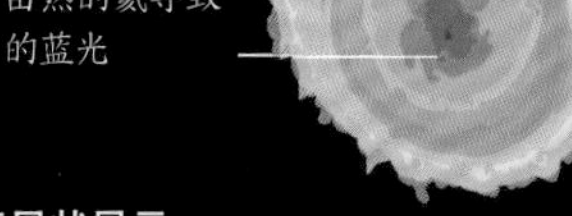
由热的氦导致的蓝光

行星状星云
天琴座中的指环星云是一颗小质量星在生命周期的最后阶段生成的遗迹。

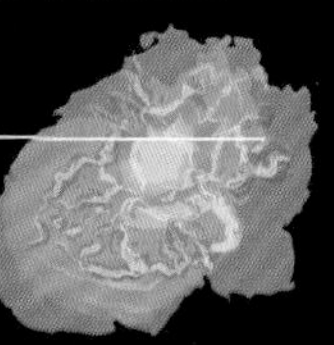
淡橘色的区域显示出超新星爆发遗留下来的冷尘埃

超新星遗迹
金牛座中的蟹状星云是一颗在1054年爆发的大质量星的遗迹。

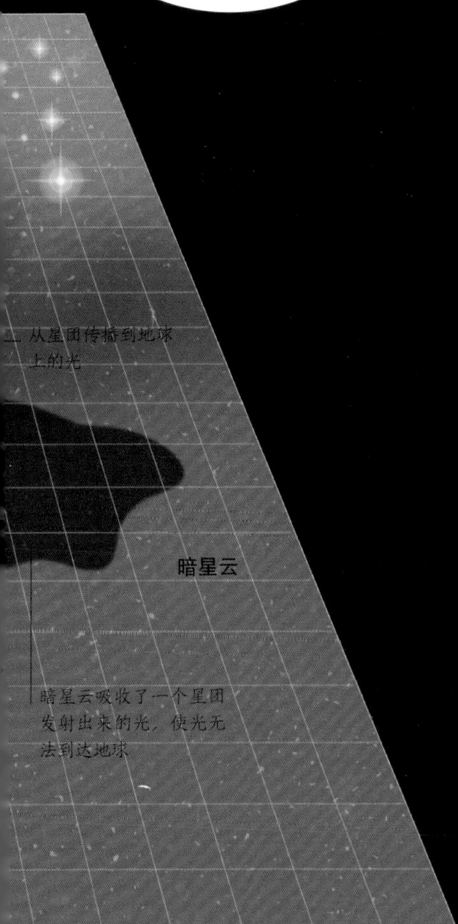
从星团传播到地球上的光
暗星云
暗星云吸收了一个星团发射出来的光，使光无法到达地球

暗星云
暗星云或吸光星云是类似于反射星云的尘埃云，它们看起来不同只是因为暗星云会阻挡来自其后的光。

假彩色成像

太空中的天体，包括星云和星系，通常会发出我们的眼睛不能探测到的辐射，这是因为这些辐射在可见光谱之外。为了使这些天体成像，天文学家使用软件将我们可以看到的颜色赋予测得的不同强度的辐射。这些图像叫作“假彩色像”。

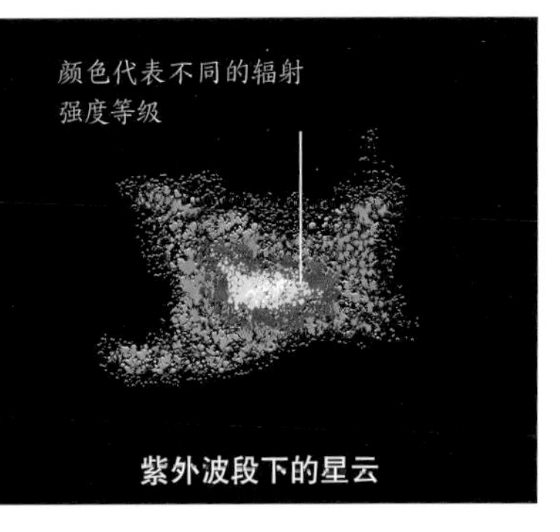
颜色代表不同的辐射强度等级

紫外波段下的星云

星团

一些恒星属于叫作“星团”的集群。疏散星团是由形成于相同气体尘埃云中的年轻恒星组成的稀疏恒星群。球状星团是由年老恒星组成的巨大的球状系统。

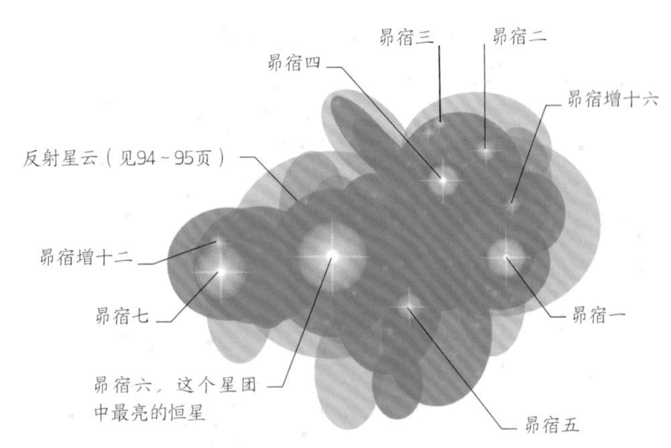

昴宿三
昴宿二
昴宿四
昴宿增十六
反射星云（见94～95页）
昴宿增十二
昴宿七
昴宿一
昴宿六，这个星团中最亮的恒星
昴宿五

疏散星团

昴星团是一个由大约3 000颗恒星组成的疏散星团，可以用肉眼看到。它的年龄低于1亿岁，而且它主要由9颗年轻且明亮的蓝巨星组成。

星团的类型

疏散星团大多只有几千万年的历史。因为这些恒星包含原星云的遗迹，所以它们通常会略带蓝色。球状星团几乎与宇宙一样年老，而且气体和巨星早已不存在。它们可以包含数千颗甚至数百万颗恒星的集群，这些恒星因引力而被束缚在一起。

早在公元前1600年，昴星团就已出现在内布拉星盘上了。

我们是如何得出星团的年龄的

天文学家可以通过星团中不同种类的恒星的组合来判断星团的年龄。一个星团越年老，构成它的恒星中已经演化为巨星的恒星就越多。

一个疏散星团是如何演化的

恒星在巨大的分子云中诞生，因为这些云包含了足够生成数千颗恒星的物质，所以它们不可避免地会形成星团。星团包含所有类型的恒星，从相对冷的红矮星到大质量的蓝巨星。大多数星团只持续几亿年，当最大的恒星死亡，并且很多被松散地束缚在一起的小恒星被其他引力吸引走时，星团就不存在了。

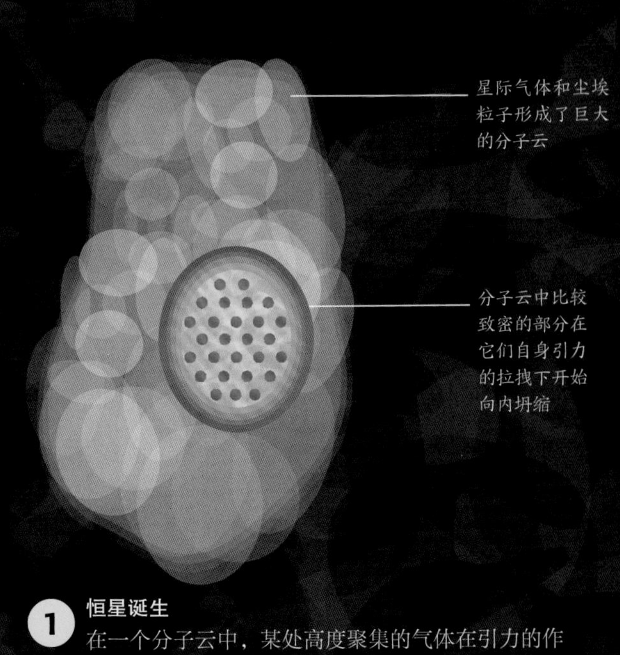

星际气体和尘埃粒子形成了巨大的分子云
分子云中比较致密的部分在它们自身引力的拉拽下开始向内坍缩

1 恒星诞生

在一个分子云中，某处高度聚集的气体在引力的作用下坍缩，形成了非常年轻的恒星，即原恒星。来自超新星（见118～119页）的激波可以引发这种坍缩过程。

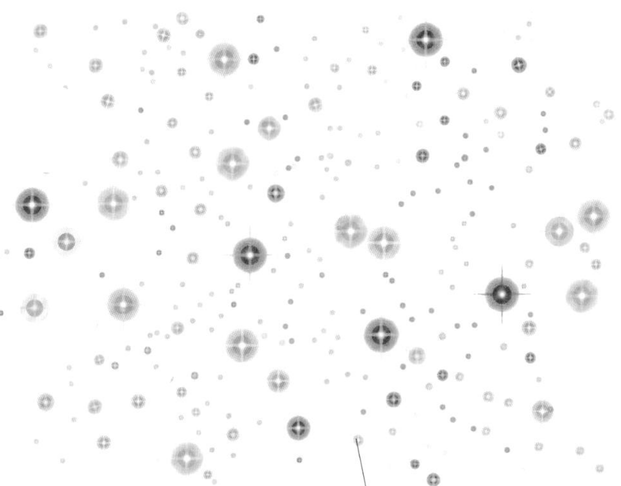

球状星团

巨大的半人马ω球状星团中的恒星已超过100亿岁。这个星团距离我们超过了1.6万光年，不过，这个星团中的1 000万颗恒星聚在一起发出的光非常明亮，以至于我们可以用肉眼看见它，它看起来就像一个单独的恒星。

就球状星团来说，不同寻常的是，半人马ω球状星团包含了不同年龄的恒星，其中大多数是小的黄星和白星

蓝离散星

大多数球状星团很年老，以至于它们不应该包含年轻的蓝星。不过，一些球状星团包含蓝星。人们认为，因为靠近球状星团中心的恒星紧密地堆积在一起，这使得年老的红星会发生碰撞，所以就形成了蓝离散星。当它们因距离很近而发生碰撞时，便会形成一颗新的大质量蓝星，并且将氢输送至它的核心区。

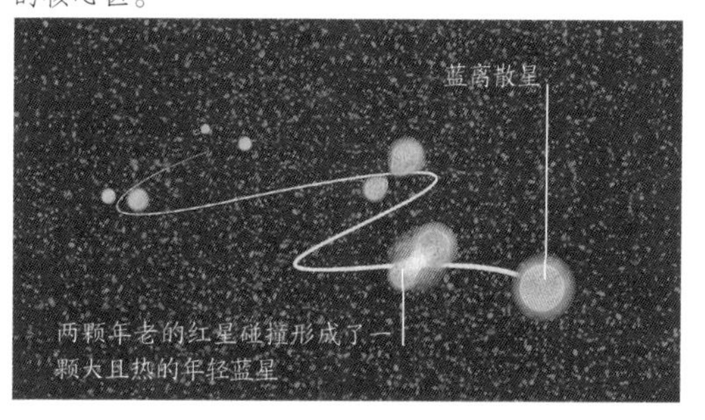
蓝离散星
两颗年老的红星碰撞形成了一颗大且热的年轻蓝星

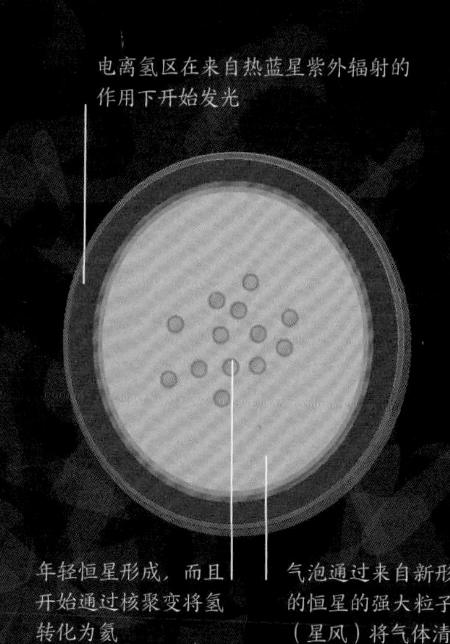
电离氢区在来自热蓝星紫外辐射的作用下开始发光
年轻恒星形成，而且开始通过核聚变将氢转化为氦
气泡通过来自新形成的恒星的强大粒子风（星风）将气体清除

一些恒星在与其他星团和分子云相遇时被拖拽走，成为速逃星

大多数恒星被引力拖拽至星团的中央

疏散星团由不同质量、颜色和亮度的恒星构成

2 气体云被清空

最亮的新生星是热的、大质量的且寿命短的O型星、B型星和A型星（见88～89页）。它们发射出强大的粒子风，清除了周围的气体，并形成一个气泡。

3 年轻的星团

在剩余的气体被吹走后，引力仍然将整个星团松散地束缚在一起。一些速逃星被其他星团和分子云的引力吸引走。

4 更年老的星团

留在星团中的恒星四处移动。在几亿年的时间内，所有恒星逐渐逃逸，分散于太空中。

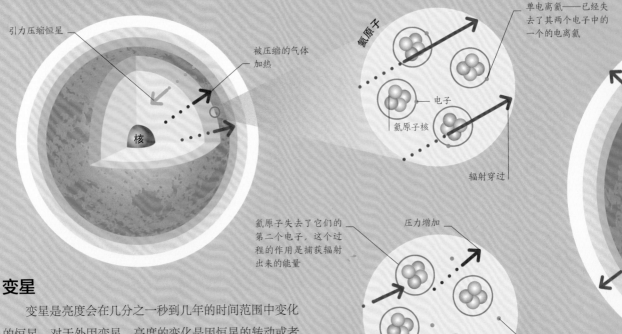

1 一颗造父变星是如何脉动的

一些恒星会因为辐射出来的能量被恒星结构中一个特殊分层中的氦不断地捕获然后释放而脉动。这个现象发生的原因是氦原子在两个不同的电离态之间变化。

2 氦变得透明

随着氦原子被加热，氦原子失去了它两个电子中的一个。这使得气体对辐射更透明，允许能量逃逸。

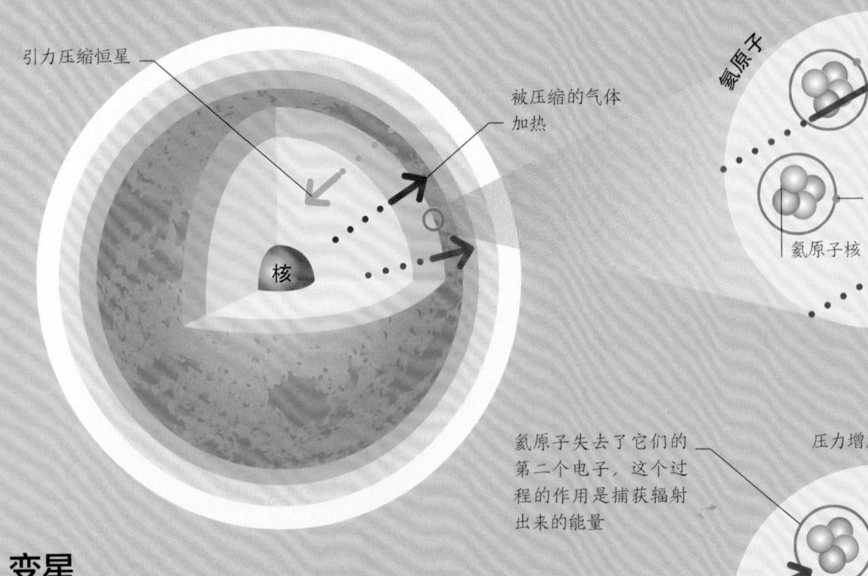

引力压缩恒星
被压缩的气体加热
核
氦原子
单电离氦——已经失去了其两个电子中的一个的电离氦
电子
氦原子核
辐射穿过
氦原子失去了它们的第二个电子，这个过程的作用是捕获辐射出来的能量
压力增加
电子自由移动

变星

变星是亮度会在几分之一秒到几年的时间范围中变化的恒星。对于外因变星，亮度的变化是因恒星的转动或者另一颗恒星或行星移动到它前面引起的错觉。对于内因变星，如造父变星（如下显示），亮度的变化是由这颗恒星自身的物理变化导致的。

图例
压力
引力
辐射

3 氦变得不透明

氦原子失去了它们剩下的电子，使得气体变得不透明。这意味着从恒星核心区传播出来的能量被捕获了，因此，恒星内部的压力增加，而且恒星开始膨胀。

造父变星

造父变星是变星的一种类型，它的周期（恒星变亮、变暗到再次变亮所花费的时间）和亮度之间存在着关系。一颗造父变星越亮，它的周期就越长，因此测定它的周期就可以知道它有多亮了。将周期和恒星的视亮度进行比较意味着可能可以算出它离地球有多远。

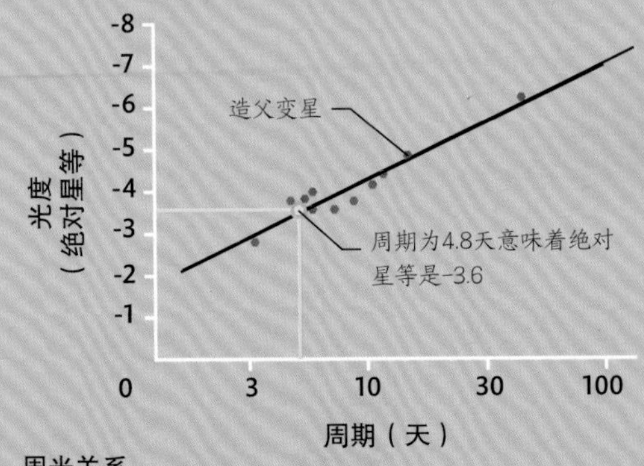

-8
-7
-6
-5
-4
-3
-2
-1
0
光度（绝对星等）
造父变星
周期为4.8天意味着绝对星等是-3.6
3
10
30
100
周期（天）

周光关系

当知道一颗造父变星的周期时，你可以使用周光关系图来算出它的绝对星等。然后，你就可以用一个方程来计算它到地球的距离。

多达85%的恒星是聚星系统中的一部分。

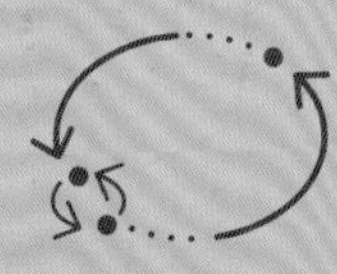

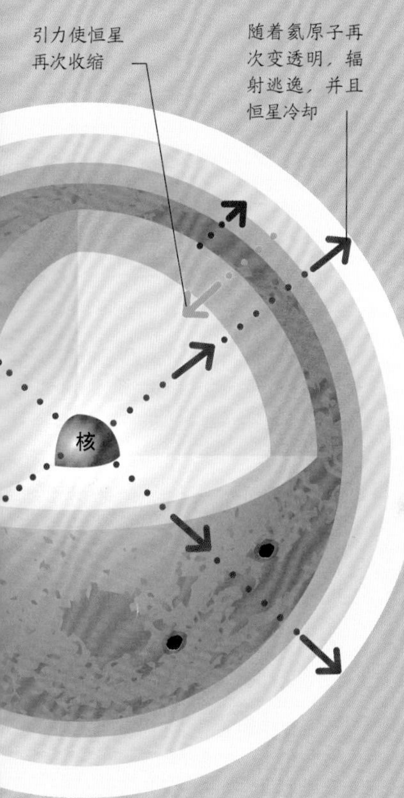
引力使恒星再次收缩
随着氦原子再次变透明，辐射逃逸，并且恒星冷却
核

4 辐射释放
随着恒星膨胀，氦冷却下来。氦原子恢复它们的单电离态，这使得辐射逃逸。恒星内部的压力减弱，引力再次将恒星向内拖拽，使气体再次被压缩。

一个系统中可以存在多少颗恒星

恒星系统仙后座AR和天蝎座 ν 是已知仅有的七合星系统的例子（由七颗恒星组成的聚星系统）。六合星系统有几个。

聚星和变星

看起来天空中的所有光点都像我们的太阳一样，是单独的恒星。实际上，超过一半的恒星是成对的，它们被叫作“双星”，而且剩余恒星中的三分之二处于更大的恒星群中。超过15万颗恒星是变星，它们的亮度会变化。

双星

双星是围绕着一个共同的质心绕转的两颗恒星。两颗中更大的那颗恒星叫作“主星”。聚星系统包含三颗或者更多颗恒星，它们围绕着彼此以复杂的方式转动。一些双星彼此之间的距离太远，以至于没有很强的引力效应。其他的则离得太近，以至于一颗恒星可以将另一颗恒星的物质吸引过来，有时候，吸引过来的物质过多，会使这颗恒星变成一个黑洞（见122～123页）。

光学双星
两颗恒星不像真正的双星那样聚在一起，只是从地球上观测时，它们在相同的视线方向上，这样的恒星叫作“光学双星”。它们可能看起来距离不太远，但其实这两颗恒星的距离是非常遥远的。

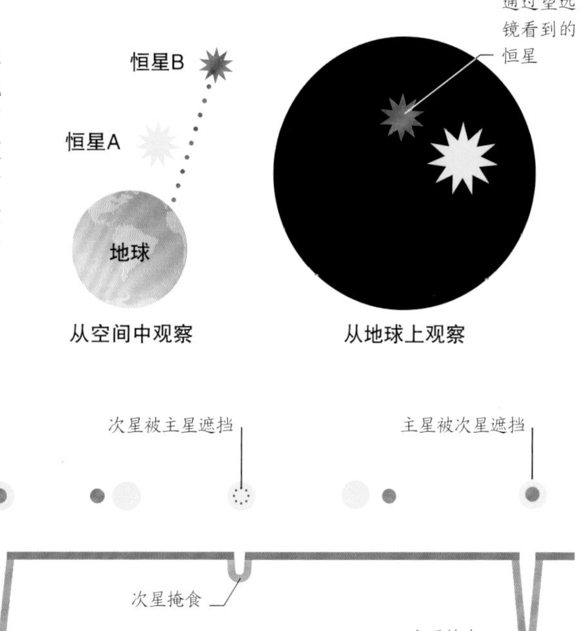
通过望远镜看到的恒星
恒星B
恒星A
地球
从空间中观察
从地球上观察
主星
次星
次星被主星遮挡
主星被次星遮挡
亮度
次星掩食
主星掩食
时间
主星掩食

食双星
食双星是这样的两颗恒星，从地球上观测时它们的轨道会排成一线，因此其中的一颗恒星会周期性地在另一颗恒星前方经过，使得它们的总亮度下降。这种重复的掩食会给我们一种恒星在变亮和变暗的错觉。

恒星之间

恒星之间的空间叫作“星际介质”（ISM），包含气体和尘埃，它们在恒星的演化中发挥着重要的作用。星际介质内部是以温度、密度和电荷的差异为特征的不同区域。

星际气体

大约99%的星际介质是气体，其中大多数是氢气。平均来说，每立方厘米的星际介质只由一个原子占据（与我们呼吸的空气相比，每立方厘米的空气中有3 000万兆个分子）。不过，在整个广袤的太空中，这足以形成可见的云。这些云是冷的中性氢云或者靠近年轻恒星的热电离氢云。氦是第二多的元素，其他的元素数量非常少，它们以单独的原子或者在分子中的形式存在。

在最致密的漫射云中，即中性氢区中，组成成分氢原子是完全中性的，这些区域的温度在-170℃到730℃的范围内变化

1 云形成
星际云由正在死亡的红巨星（见110～111页）抛撒出来的气体和尘埃粒子形成。漫射云是这些云中密度最低的，由中性氢或电离氢主导。

2 致密区域形成
漫射云中的气体和尘埃粒子可能会由于它们彼此之间的引力而聚集在一起。

漫射云

中性氢区

冷星际介质

在冷星际介质的最冷部分，温度可以低至-260℃

星际介质中的一些区域被加热至10 000℃左右

冕区星际气体

很多星系被一个巨大且稀薄的晕或者由热电离气体组成的冕包围着

6 红巨星
一颗正在老化的中等质量星耗尽了它的燃料，并且坍缩，抛撒出尘埃和气体，形成新的云。平均来说，三分之一被吸引过来形成这颗恒星的物质又重新回到了星际介质中。

红巨星

热星际介质

6 超新星
一颗正在老化的大质量星变成一颗超巨星，最终会成为超新星（见118～119页）。爆发后的残骸为星际介质增加新的物质。

银河系中所有可见物质的15%左右是星际气体和尘埃。

围绕恒星转动的行星

5 原行星系
当一颗新的恒星形成时，尘埃在一个围绕恒星转动的盘中聚集，然后，团块聚集形成行星。

质子和电子以相同的方向自转

质子

电子

电子自发地朝另一个方向自转

探测冷云

当中性氢区中的中性氢原子（质子）的电子自发颠倒它们的自转方向时，中性氢原子就可以被探测到。

电子在颠倒它们的自转方向时，会发射出波长为21厘米的辐射波。这些波可以被射电望远镜探测到

星际尘埃

星际尘埃大多是恒星喷射出来的原子灰。它是由包含硅酸盐（氧和硅的化合物）、碳、冰和铁化合物的微小颗粒组成的。这些形状不规则的微小颗粒的直径为0.01～0.1微米（百万分之一米），而且它们比周围气体更温热一些。星际尘埃占据了星际介质总质量的1%左右。

分子云

星前核

3 形成团块

分子云比漫射云要小得多，并且更致密。在它们内部，氢形成分子，尘埃和气体结合形成团块，这些团块会形成星前核。

恒星辐射出蓝色和红色的光

红光不会被尘埃散射那么多，因此更多的红光可以到达观测者那里

恒星

星际云

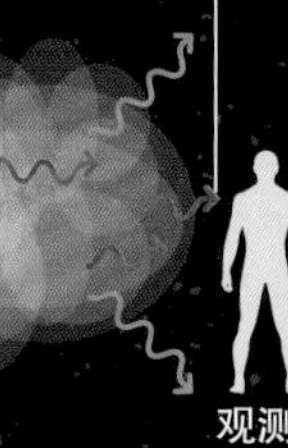

观测者

红化效应

比起红光，蓝光被星际尘埃散射得更多，因此恒星通常看起来偏红。

尘埃粒子的大小与蓝光的波长大体上相同，比起红光，尘埃粒子会吸收和散射更多的蓝光

4 恒星形成

在某些地方，团块聚集了足够多的物质，长到足够大，可以产生形成恒星所需的内部压力。

在一片会形成恒星的云中，即电离氢区中，来自恒星的热量使云中大量的氢电离。电子在能级间转移，辐射出光，使云发出光

电离氢区

新星

星际介质循环

恒星从星际介质中诞生。当它们死亡时，它们的大量物质，包括在恒星内部和恒星爆发中生成的新元素，被抛撒回星际介质中，开始下一次循环。

星际介质是真空吗

有些星际介质是最接近真空的。冕区星际气体中的密度远远低于地球上实验室环境中真空的密度，但是太空中任何地方都不是完全真空的。

惰性化合物

人们认为，一些被叫作“惰性气体”的气体可能不会与其他元素结合。但是，在星际介质的极端情况下，这个不可能的过程可以发生。氦已经被探测到可以与氢结合，氩也可以与氢结合形成化合物银。

银由一个氩原子和一个质子组成，它可以在星际介质中形成

氩原子核

氢原子核（质子）

系外行星

我们的太阳不是唯一一颗有行星围绕其运行的恒星。1995年第一颗系外行星被发现以来，已经有超过5 000颗系外行星被发现了。随着专门用来搜寻系外行星的任务进行，系外行星的总数量一直在不断增长。

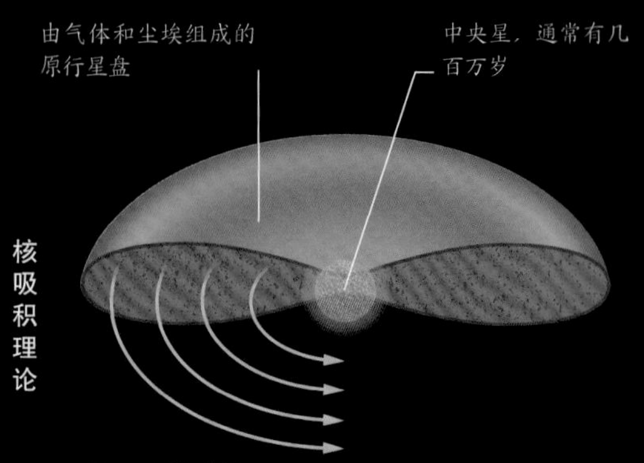
由气体和尘埃组成的原行星盘
中央星，通常有几百万岁
核吸积理论

1 **尘埃碰撞**
在原行星盘中涡旋的尘埃粒子互相碰撞，形成越来越大的团块。这个过程生成了叫作“星子”的微行星。

行星是如何形成的

关于行星如何形成，有两种理论：一种是自上而下式，另一种是自下而上式。在自下而上式理论，即核吸积理论中，一颗年轻的恒星周围存在着气体和尘埃盘，行星通过盘中不断增多的大块碎片之间的碰撞缓慢形成。在自上而下式理论，即盘不稳定性理论中，当巨大的气体团块在年轻恒星周围的物质盘中形成时，巨行星便会开始形成。

盘不稳定性理论

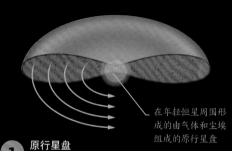

在年轻恒星周围形成的由气体和尘埃组成的原行星盘

1 **原行星盘**
引力开始将原行星盘较冷且较外部区域中的稀疏团块拖拽在一起。

飞马座51b是人们发现的第一颗围绕着一颗类太阳恒星运行的系外行星。

系外行星的类型

天文学家通过研究得到了更多关于系外行星的信息。通过将它们与太阳系中的行星（特别是地球）进行对比，天文学家将系外行星划分成宽泛的类别。一些分类依据行星的质量，如超级地球和巨型地球。一些较小的系外行星可能被海洋覆盖，它们被认为是水世界。其他分类则依据行星距离恒星的轨道有多近。热类木星和热类海王星是在距离它们的恒星较近的轨道上快速运行的气态巨行星。地球型系外行星，如于2020年被发现的TOI 700d，可能是人们最感兴趣的系外行星类型，因为它们具有潜在的宜居性。

热类木星
这些气态巨行星拥有与木星类似的质量，但是距离它们的宿主星要近得多，因此也要热很多。

冥府行星
这是一颗气态巨行星的固体残核。由于它距离其宿主星太近，因此它外层的气体都被剥离了。

巨型地球
巨型地球是指一颗质量至少是地球质量10倍的岩质行星，2014年首次用于开普勒-10c。

超级地球
这些系外行星的大小可以达到地球大小的10倍。首颗大气中有水存在的超级地球是在2019年被发现的。

水世界
指表面有水存在或者拥有地下海洋的类地行星。首颗这样的行星是2012年被发现的GJ1214B。

地球型系外行星
这是一颗大小和质量都与地球很相似的行星，而且它还位于它的宿主星的宜居带内。

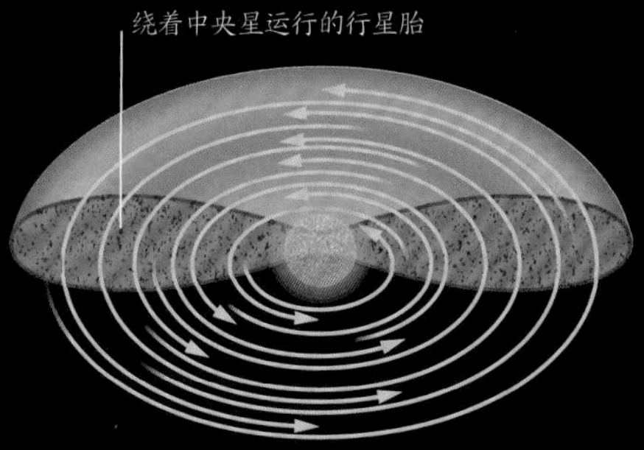
绕着中央星运行的行星胎

2 行星胎形成
星子增长形成行星胎，而且开始在中央星周围的轨道中运行。

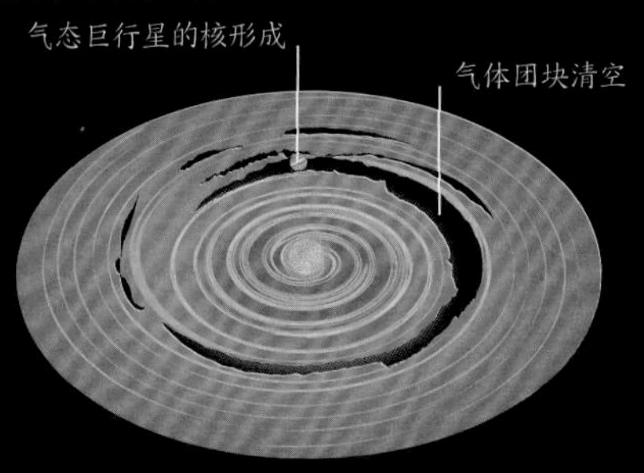
岩质行星开始形成

3 岩质行星形成
在靠近这颗中央星的区域内，较重的金属元素凝聚，激烈的碰撞可以引起岩质行星的形成。

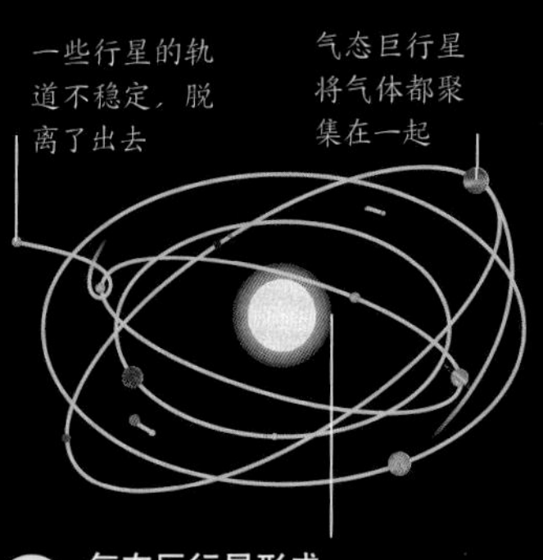
一些行星的轨道不稳定，脱离了出去
气态巨行星将气体都聚集在一起

4 气态巨行星形成
在更远的区域内，较低的温度使氢和氦可以凝聚形成气态巨行星。

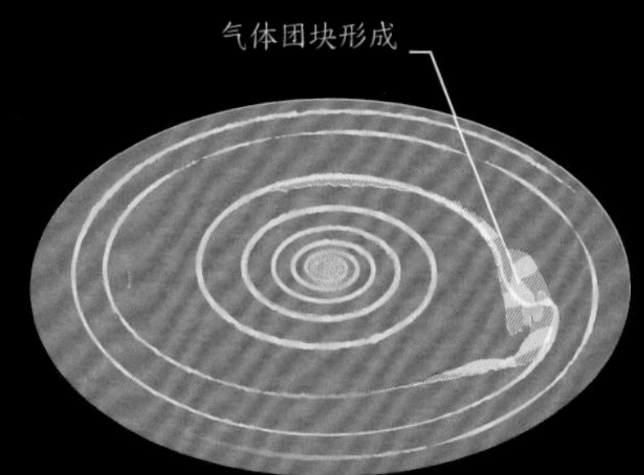
气体团块形成

2 分离出去
包含足以形成一颗巨行星的气体的团块快速冷却。团块收缩，变得更致密。

气态巨行星的核形成
气体团块清空

3 核形成
大质量气体团块的引力使尘埃粒子聚集在一起。尘埃粒子落入中心，形成了一颗气态巨行星的核。

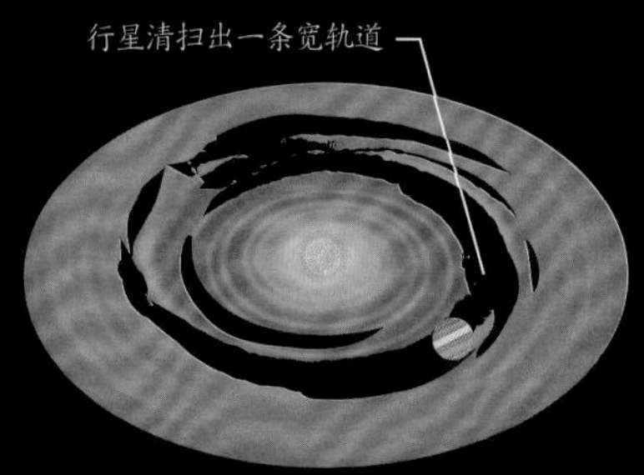
行星清扫出一条宽轨道

4 行星“清道夫”
这颗新行星在盘中清扫出一条宽轨道，而且随着聚集运行路径中的气体和尘埃，它逐渐增大。

探测系外行星

与它们的宿主星相比，系外行星是很小的，由于它们自身不会发光，因此它们通常会被其宿主星的光芒掩盖。目前只有少量巨行星被直接拍摄到，即用直接成像法探测到。大多数系外行星是使用凌星法和视向速度法被间接探测到的。还有近100颗系外行星是通过一种叫作“微引力透镜效应”的过程被发现的，这需要附近一颗拥有行星的恒星与一颗遥远的恒星排成一线。在这个过程中，系外行星会像透镜一样使遥远恒星发出的光发生弯曲，因此通过观测遥远恒星的光变情况，就可以找到潜在的系外行星。

视向速度法
当一颗大行星围绕一颗恒星运行时，行星的引力会使恒星绕着一个小圆来回晃动，因此，恒星发出的光会变换颜色。

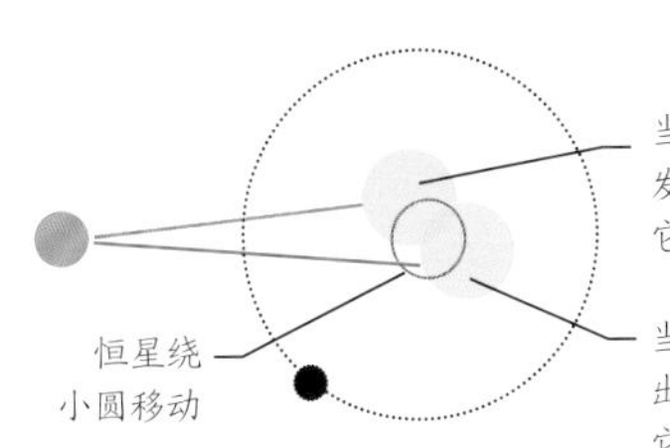
当恒星朝向地球移动时，它发出的光的波长会变短，使它看起来更蓝
恒星绕小圆移动
当恒星远离地球时，它发出的光的波长会变长，使它看起来更红

视向速度法

凌星法
当一颗行星在其宿主星的前面经过时，我们不能直接看到这颗行星，但是，这颗恒星会稍微变暗，这个变暗现象是可以被探测到的。

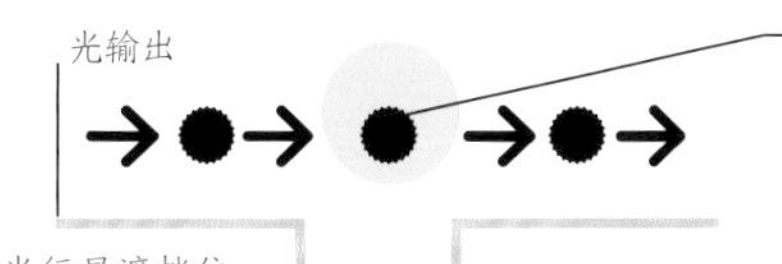
光输出
行星在恒星前面经过时，会发生掩食现象，此时可以测量到恒星的光强度下降
当行星遮挡住恒星的部分区域时，光输出凹陷

凌星法

图例
地球　可能拥有绕其运行的行星的恒星　系外行星

寻找另一个地球

1995年天文学家首次发现系外行星以来，他们就一直在寻找类似地球的行星。搜寻任务集中在恒星周围被叫作“宜居带”的区域内，这个区域内的环境可能会适合生命生存。目前，天文学家已经发现了超过50颗位于宜居带内的行星。

宜居带

对于生命来说，水是必不可少的，因此每颗恒星周围的宜居带是指温度恰好可以使表面上的水以液态形式存在的区域。这片区域有时被叫作“金发姑娘原则”区域，由于它不太热，也不太冷，就像童话故事中金发姑娘喜欢的粥一样。如果这颗行星太热，那么水将会沸腾；如果它太冷，那么水将会冻结。比起一个包含了一颗较小且较冷恒星的系统，一个包含一颗大且热的恒星的系统中的宜居带，会距离恒星远很多。

系外行星会围着一颗以上的恒星绕转吗

天文学家已经发现了超过200个包含行星的双星系统。开普勒-64是人们发现的第一个有一颗行星围着其中的两颗恒星绕转的四合星系统。

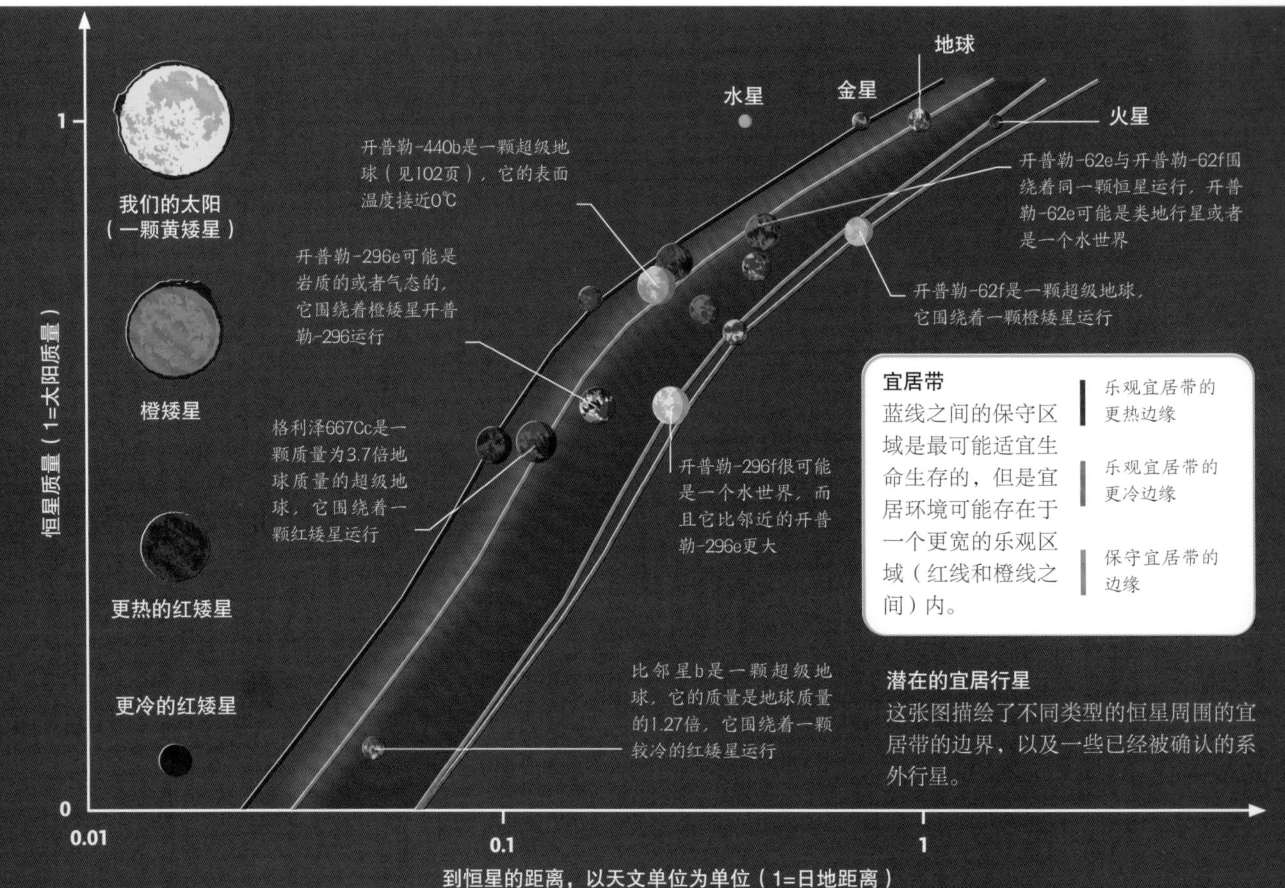

地球
水星
金星
火星
1
0
0.01
0.1
1
恒星质量（1=太阳质量）
到恒星的距离，以天文单位为单位（1=日地距离）
我们的太阳（一颗黄矮星）
橙矮星
更热的红矮星
更冷的红矮星
开普勒-440b是一颗超级地球（见102页），它的表面温度接近0℃
开普勒-296e可能是岩质的或者气态的，它围绕着橙矮星开普勒-296运行
格利泽667Cc是一颗质量为3.7倍地球质量的超级地球，它围绕着一颗红矮星运行
开普勒-62e与开普勒-62f围绕着同一颗恒星运行，开普勒-62e可能是类地行星或者是一个水世界
开普勒-62f是一颗超级地球，它围绕着一颗橙矮星运行
开普勒-296f很可能是一个水世界，而且它比邻近的开普勒-296e更大
比邻星b是一颗超级地球，它的质量是地球质量的1.27倍，它围绕着一颗较冷的红矮星运行
宜居带
蓝线之间的保守区域是最可能适宜生命生存的，但是宜居环境可能存在于一个更宽的乐观区域（红线和橙线之间）内。
乐观宜居带的更热边缘
乐观宜居带的更冷边缘
保守宜居带的边缘

潜在的宜居行星

这张图描绘了不同类型的恒星周围的宜居带的边界，以及一些已经被确认的系外行星。

什么使得一颗行星宜居

当寻找潜在的宜居行星时，天文学家主要寻找类似地球的岩质行星。一旦一颗可能的系外行星被确定，研究重点便会放在确定其他可能会使其成为宜居行星候选者的参数上，如适宜的表面温度和液态表面水。NASA于2018年发射的凌星系外行星巡天卫星（TESS）被用于搜寻位于宜居带内的行星。它是开普勒望远镜的继任者，而开普勒望远镜已经发现了超过2 700颗系外行星。

温度
温度必须是适当的，以使水保持液态。如果太冷，那么化学反应可能会因太缓慢而不能维持生命。

表面水
液态表面水很可能会孕育出生命，不过，地下水也可能可以维持生命。

稳定的恒星
距离最近的恒星必须保持稳定，而且必须稳定地发光，以保证生命可以在一颗岩质行星上演化。

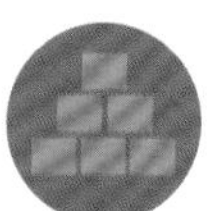

元素
包括碳、氧和氮等元素在内的生命构建模块需要存在。

自转和倾斜
一个倾斜的自转轴会阻止极端的温度出现。对于不自转的行星来说，它朝向恒星的一面会非常热。

大气
大气可以保存热量，阻止有害的辐射到达表面，而且可以阻止气体逃逸。

熔融核
一个熔融核可以生成磁场，磁场会保护生命免受来自太空的一些辐射的伤害。

足够的质量
若没有足够的质量，一颗行星将不会拥有足够的引力来保持它的水或它的大气。

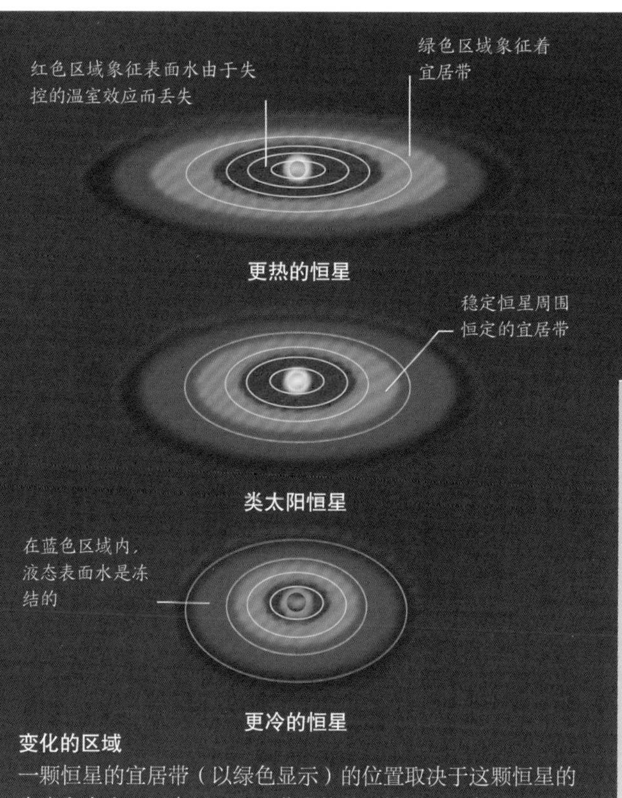

红色区域象征表面水由于失控的温室效应而丢失
绿色区域象征着宜居带
更热的恒星
稳定恒星周围恒定的宜居带
类太阳恒星
在蓝色区域内，液态表面水是冻结的
更冷的恒星

变化的区域
一颗恒星的宜居带（以绿色显示）的位置取决于这颗恒星的光度和大小，图中显示了那些太热的区域（以红色显示）和太冷的区域（以蓝色显示）。宜居带的边缘随着恒星年龄的变化而变化，特别是当它们到达它们生命的末期时。

开普勒-90系统拥有8颗系外行星，与太阳系中行星的数量一样。

最像地球的行星

系外行星开普勒-1649c到地球的距离是300光年。NASA描述它是开普勒望远镜发现的几千颗系外行星中“大小和估算温度与地球最相似的”。它是在2020年4月15日被发现的。

地球

开普勒-1649c

四个要素

人们认为，生命存在可能需要四个要素：水、能量、有机分子和时间。没有这些，就不太可能会有生命。

水

化学反应

地球上几乎所有构建生命的过程都涉及化学反应，而且大多数化学反应需要一种液体来分解物质，从而使这些物质可以移动并且可以自由地互相作用。能达到此目的的最好且最丰富的液体就是水。

氯化钠

盐的晶体结构，由带正电的钠离子和带负电的氯离子组成

1 盐溶解

当氯化钠（盐）溶解时，水分子会将钠离子和氯离子拉开，破坏它们的结合。

氯离子

水分子，由两个氢原子和一个氧原子结合而成

钠离子

2 形成溶液

在结合被打破后，钠离子和氯离子被水分子包围，形成一种溶液。

能量

能量输入

没有一种生命形式可以在没有能量的情况下存活。在地球上，阳光是主要的能量来源。不过，在地球的早期，火山爆发可能触发了闪电，这提供了至关重要的“能量火花”。

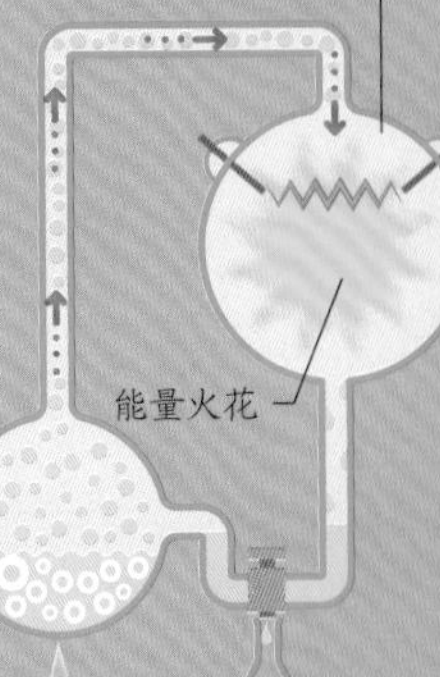

复杂的有机分子凝结在烧瓶的两侧
能量火花
沸腾的水、甲烷、氨和氢

收集的分子

米勒–尤里（Miller–Urey）实验

1952年，一项实验模拟了闪电，以证明只要提供了足够多的能量，复杂的有机分子就可以通过简单的非有机材料生成。

时间

充分的时间

从单细胞生命演化成复杂生命的旅程需要几十亿年的时间。

有机分子

有机分子

有机分子是地球上生命的基础。不过这些分子，包括复杂的氨基酸，在宇宙中其他地方也是很丰富的，在星云中可以探测到大量有机分子，而且落到地球上的陨星中也存在这些分子。

氢

氧

氮

碳

甘氨酸是氨基酸中的一种。2016年，罗塞塔号探测器（见194～195页）在一颗彗星上发现了甘氨酸

甘氨酸

1 非有机材料

就像在地球上那样，一颗行星的大气中的复杂气体混合物可以提供生命的主要元素，包括碳、氢、氧和氮。

2 有机分子

如果提供足够的能量，碳原子、氢原子和其他元素的原子可以结合形成生命所需的有机分子，如氨基酸。

地球上的生命可能可以追溯到43亿年前。

宇宙中有其他生命吗

地球上的生命可能是唯一的，但是大多数科学家不这么认为。宇宙如此广袤，地球上孕育出生命的条件也有可能在其他地方存在。

生命所需要素

在宇宙中搜寻生命的科学家叫作“天体生物学家”，他们认为，生命开始形成有四个关键的要素：水、有机分子、能量和时间。水对于生命来说是必需的，因为它可以溶解营养物质来让生命食用，还可以在细胞内传输至关重要的化学物质，并使细胞转移废弃物。生命存在同样需要合适的化学成分。碳位于成分清单的首位，因为它具有独一无二的能力，可以通过自身与其他元素的结合生成对生命来说很重要的复杂有机分子，如蛋白质和碳水化合物。

土卫二

发现嗜极微生物后，天体生物学家重新开始了在太阳系中更多极端的地方，包括土星的卫星土卫二，搜寻生命迹象的工作。2011年，人们发现，包含盐、甲烷和复杂有机分子的水蒸气羽状物从土卫二的地下海洋中喷发出来。

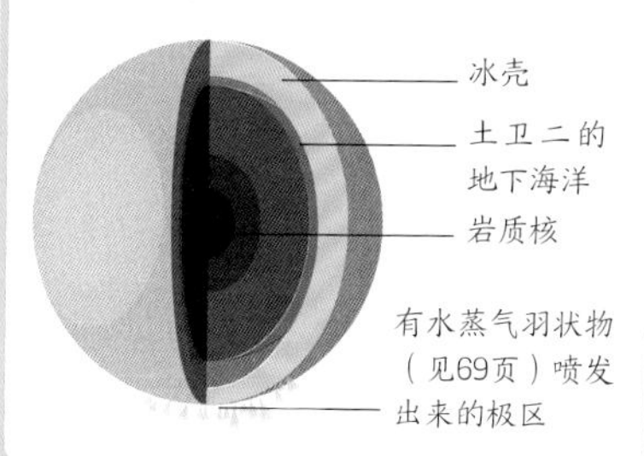
冰壳
土卫二的地下海洋
岩质核
有水蒸气羽状物（见69页）喷发出来的极区

活跃状态
在活跃状态中，水熊虫可以进食、成长、移动、竞争和繁殖。

缺氧隐生
如果环境中的水缺乏氧，那么水熊虫会肿胀，变得浮肿。

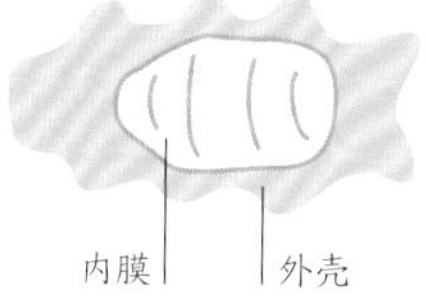
内膜
外壳

胞囊形成
为了适应恶劣环境，它生成了一层坚硬的外壳，并且收缩进一层保护膜内。

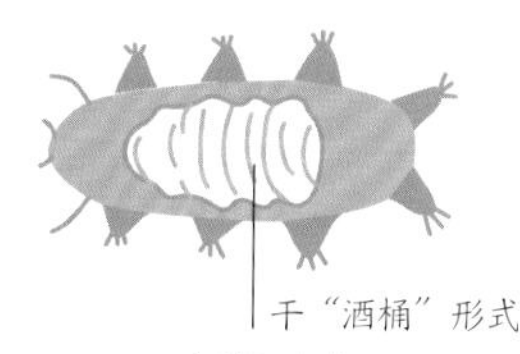
干“酒桶”形式

低湿隐生
在极其干燥的环境中，它皱缩成一个干燥的球体（“酒桶”），通过消耗特殊的蛋白质来生存。

嗜极微生物

在地球上环境恶劣的地方，如在海底喷口周围沸腾的水中，已经发现了微生物。这些嗜极微生物，即在极端条件下繁衍出来的生命形式，显示生命可以在各种各样的环境中生长。水熊虫，一种水生的微型动物，可以进入各种状态来适应它的环境。在其中一种状态——低湿隐生状态中，一个水熊虫会停止它的新陈代谢，并且开始皱缩。当处于这种状态时，水熊虫甚至可以在外太空的恶劣环境中生存。

恒星是如何演化的

大多数恒星看起来是不变的，但是在数十亿年间，它们诞生、演化，最终死亡。通过研究我们星系中的和银河系外的恒星，我们可以见到处于恒星演化不同阶段的例子。

一颗恒星在主序阶段会花费多长时间

恒星会在主序阶段度过其一生的90%，进行将氢转化为氦的过程。它们会相对快速地度过生命的最终阶段。

恒星的一生

在一颗新生星进入主序阶段（见88～89页）之后，其核心处会通过核聚变稳定地将氢转化为氦。这个过程可以持续数十亿年，此时，核聚变产生的向外的压力与向内的引力处于平衡状态。当一颗恒星已经耗尽了其核心处的所有氢时，它会进入生命的最后阶段。之后会发生什么取决于这颗恒星的质量。小质量星会坍缩，被认为最终会变成黑矮星；中等质量星膨胀成为红巨星，然后坍缩为白矮星；大质量星则会变成超巨星，然后爆发形成超新星。

红矮星是质量很小的恒星，也是主序阶段最小、最冷的恒星

1 小质量星
一颗恒星的质量越小，它在进入其最终阶段之前，在主序阶段停留的时间就越长。

处于主序阶段的恒星

几乎耗尽了其核心处的氢的中等质量星

主序
一旦氢的聚变开始，这颗恒星就进入了主序阶段。之后，根据它的质量，它会经历三条演化路径中的一条。

在一颗恒星的核心处，温度接近6 000 000℃时，核聚变就开始了。

1 中等质量星
类似太阳这样的恒星在耗尽其核心处的氢之前，会缓慢地燃烧，持续大约100亿年。

比宇宙更年老？

HD 140283被描述为“最长寿的”恒星，它是已知宇宙中最年老的恒星之一。2000年，科学家估算出它的年龄为160亿岁，但是这是不可能的，因为宇宙本身才138亿岁。2019年，这颗恒星的年龄被重新估算为145亿岁左右，误差为8亿岁。不管它的精确年龄到底是多少，HD 140283都确实是非常年老的。

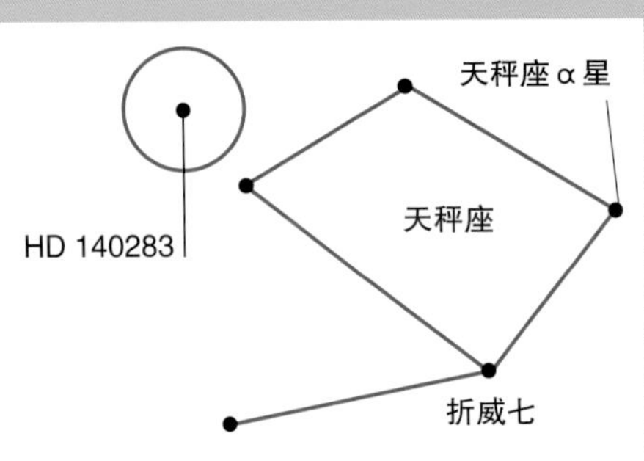
天秤座α星
天秤座
HD 140283
折威七

1 大质量星
质量最大的恒星燃烧得迅速且明亮，一些仅持续2 000万年。

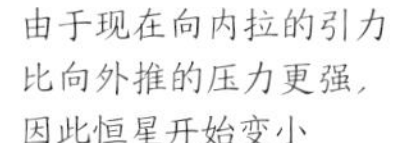
由于现在向内拉的引力
比向外推的压力更强，
因此恒星开始变小

小且暗的恒星逐渐衰败

一颗小质量星在坍缩成假想的黑矮星之前可能会经历800亿年的时间。

2 聚变停止
这颗恒星核心处的所有氢都已经被耗尽，因此，它开始将其大气中的氢转化为氦，而且开始坍缩。

3 收缩
这颗恒星的核心处不能生成足够的热量来燃烧氦，因此，它开始冷却、衰退，并且持续减少质量。

4 褐矮星
引力使这颗恒星持续坍缩，导致它比之前要小很多。它变得更暗弱，只在红外波段下发光。

5 黑矮星
这只是一个关于小质量星最终结局的假想，因为没有一颗恒星拥有足够多的时间来冷却成为一颗黑矮星。

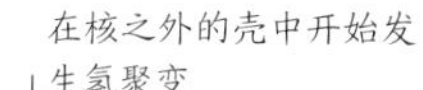
在核之外的壳中开始发
生氦聚变

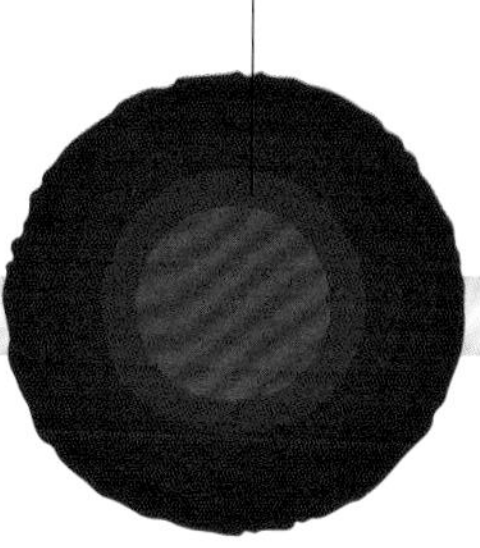

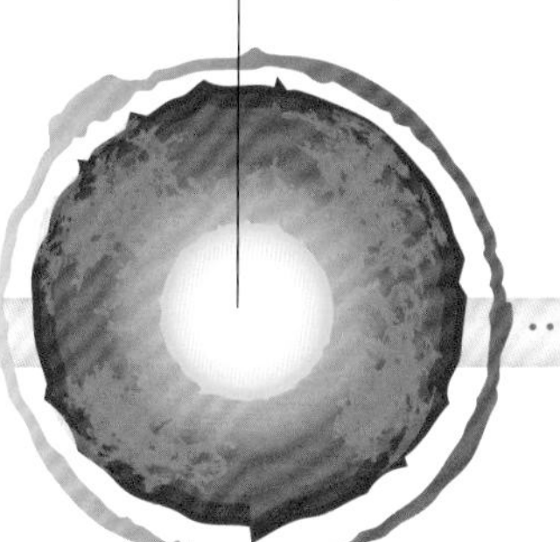
氦进入核中，核开始膨胀

行星状星云通常看起来很壮观，但是存在的时间相对较短

白矮星的温度可以达到100 000开尔文以上

2 亚巨星阶段
在这个阶段，随着这颗恒星燃烧其核心处的氦，核之外的壳变得很热，足以开始氢的聚变，它开始膨胀。

3 红巨星阶段
由于在壳中发生的聚变生成了额外的氦来为内核提供燃料，因此这颗恒星显著膨胀。

4 行星状星云
最终，这颗恒星将其壳中的气体抛散出去，形成一个发光的云包层，叫作“行星状星云”。

5 白矮星
随着行星状星云的云消散，这颗年老的核保留下来，成为一颗明亮的白矮星。

在宇宙各处都可以看到
超新星

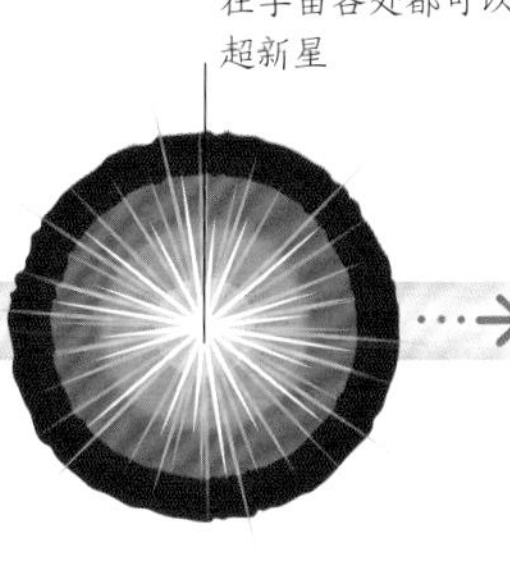

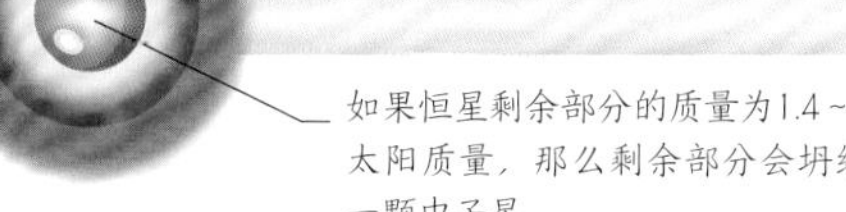
如果恒星剩余部分的质量为1.4～3倍
太阳质量，那么剩余部分会坍缩成
一颗中子星

如果恒星剩余部分的质量超过3倍太阳质量，那么它会形成一个黑洞

2 超巨星阶段
超巨星和特超巨星是宇宙中最大的恒星。

3 超新星
当一颗超巨星耗尽了其所有的燃料时，它开始坍缩，并爆发成一颗超新星。

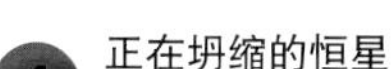

4 正在坍缩的恒星
根据恒星的质量，剩余部分会坍缩成一颗中子星或者一个黑洞。

红巨星

当小质量星和中等质量星耗尽其核心中的所有氢时，它们到达了其长久且稳定的主序阶段的末端。在它们生命的最后阶段，它们快速地膨胀成红巨星，变得更大、更明亮，不过它们发出的光偏更冷的红。

一颗红巨星的生命周期

小质量星和类似太阳这样的中等质量星在赫罗图（见88～89页）中的主序阶段度过了生命中90%的时间。不过最终，它们耗尽了其核心处的氢，核心开始坍缩且变得更热，直到周围壳层中的氢变得足够热并开始聚变。这使得它们极度膨胀，成为直径大约为1亿～10亿千米的红巨星，这个尺寸是目前太阳直径的100～1 000倍。

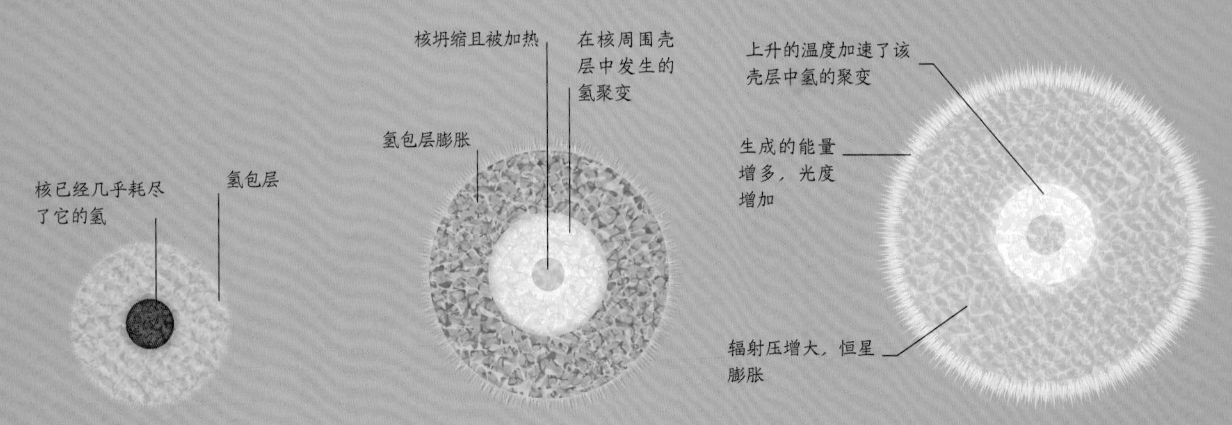

核已经几乎耗尽了它的氢
氢包层
核坍缩且被加热
在核周围壳层中发生的氢聚变
氢包层膨胀
上升的温度加速了该壳层中氢的聚变
生成的能量增多，光度增加
辐射压增大，恒星膨胀

1 枯竭的核

到现在，这颗恒星的核已经使用了它的大部分氢。在核之外的壳层中有更多的氢，但是这些氢因不够热而不能燃烧。核开始坍缩，变得更热且更致密。

2 壳层燃烧

包围着收缩核的壳层中的氢向内沉降且被加热。它开始在年老核周围的一个壳层中聚变成氦。受到这种新爆发出的热量的驱动，这颗恒星快速膨胀。

3 更大且更明亮

中等质量星快速演化成红巨星。在核周围的壳层中进行的氢的聚变将氦转移进核中，核同样也在膨胀。生成的能量激增，使得这颗恒星发出明亮的光芒。

以一颗红巨星的形式存在的太阳

在大约50亿年后，太阳将会耗尽它的氢，开始氦的聚变，并且演化成一颗红巨星。随着太阳膨胀，它的外层大气将会吞没水星，很可能包括金星和地球。

以红巨星形式存在的太阳的大小

太阳

太阳目前的大小

水星将被完全吞没

金星很可能会被包裹

什么使得一颗红巨星呈现出红色

一颗恒星的颜色取决于它的表面温度，对于一颗典型的红巨星来说，它的表面温度大约为5 000℃。这使得它发出的最明亮的光处于光谱中的橙色-红色部分。

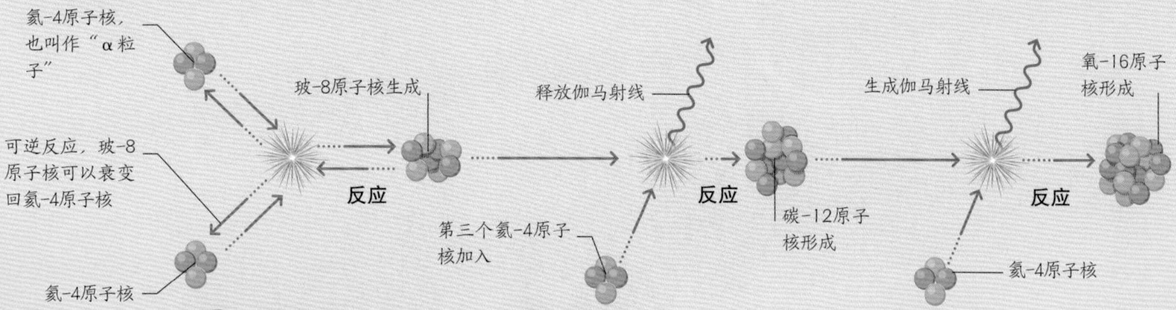

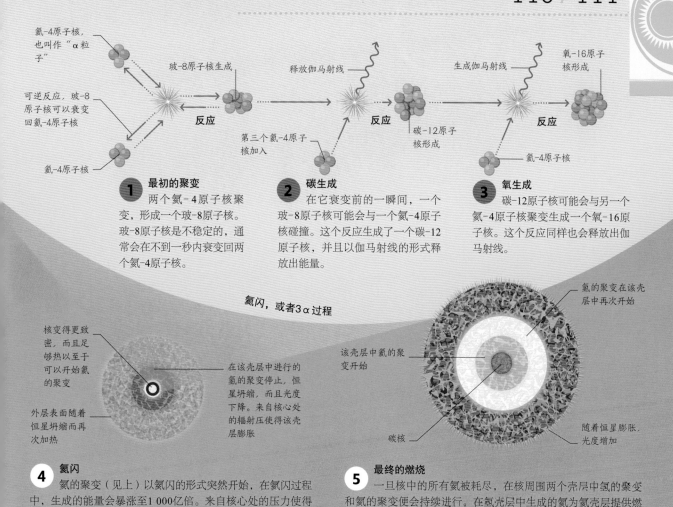

氦-4原子核，也叫作“α粒子”

铍-8原子核生成

释放伽马射线

生成伽马射线

氧-16原子核形成

可逆反应，铍-8原子核可以衰变回氦-4原子核

反应

碳-12原子核形成

第三个氦-4原子核加入

氦-4原子核

1 最初的聚变

两个氦-4原子核聚变，形成一个铍-8原子核。铍-8原子核是不稳定的，通常会在不到一秒内衰变回两个氦-4原子核。

2 碳生成

在它衰变前的一瞬间，一个铍-8原子核可能会与一个氦-4原子核碰撞。这个反应生成了一个碳-12原子核，并且以伽马射线的形式释放出能量。

3 氧生成

碳-12原子核可能会与另一个氦-4原子核聚变生成一个氧-16原子核。这个反应同样也会释放出伽马射线。

氦闪，或者3α过程

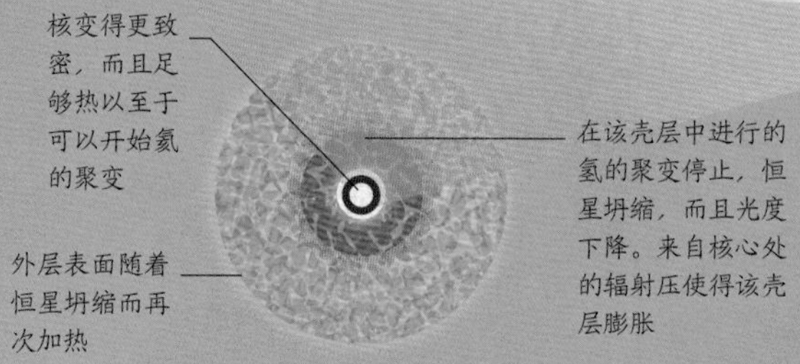

核变得更致密，而且足够热以至于可以开始氦的聚变

在该壳层中进行的氢的聚变停止，恒星坍缩，而且光度下降。来自核心处的辐射压使得该壳层膨胀

外层表面随着恒星坍缩而再次加热

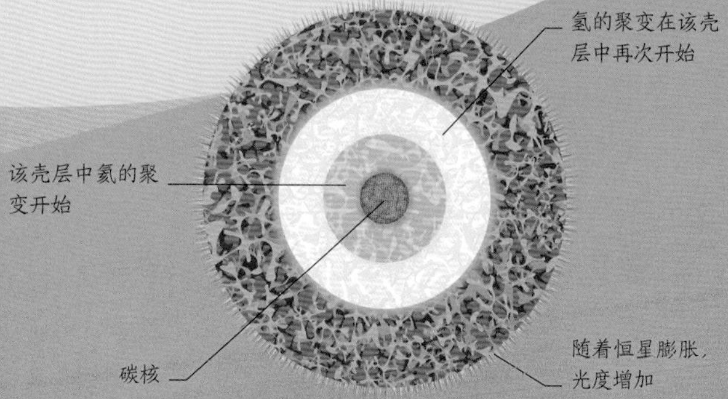

氦的聚变在该壳层中再次开始

该壳层中氢的聚变开始

碳核

随着恒星膨胀，光度增加

4 氦闪

氦的聚变（见上）以氦闪的形式突然开始，在氦闪过程中，生成的能量会暴涨至1 000亿倍。来自核心处的压力使得氢壳层膨胀，减少它的能量输出。这使得这颗恒星坍缩，变得更暗弱。

5 最终的燃烧

一旦核中的所有氦被耗尽，在核周围两个壳层中氢的聚变和氦的聚变便会持续进行。在氢壳层中生成的氦为氦壳层提供燃料。两个壳层都被加热，这颗恒星变亮，并且膨胀。

变化的温度和亮度

一旦它们“离开”主序阶段，小质量星和中等质量星便会在赫罗图中经历曲折的路线。在图表中，每次方向上的变化都反映出这颗恒星在一生中不同阶段温度和亮度的变化。三个主要的阶段是：红巨星分支（RGB）；水平分支（HB），以氦闪（HF）为起点；最终的渐近巨星分支（AGB），此时的恒星已经形成了一个碳氧核。

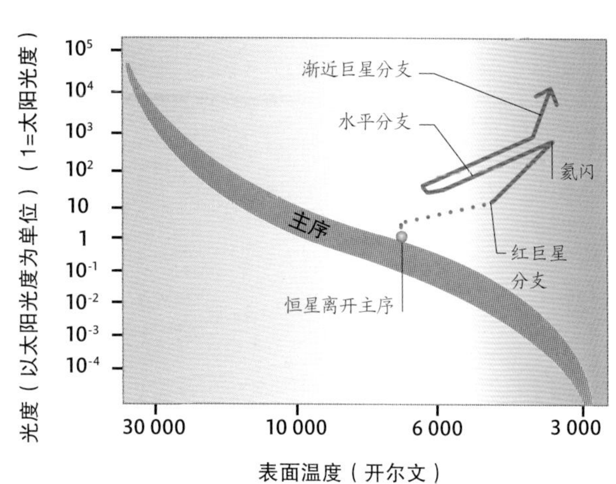

光度（以太阳光度为单位）（1=太阳光度）
10^5
10^4
10^3
10^2
10
1
10^{-1}
10^{-2}
10^{-3}
10^{-4}
渐近巨星分支
水平分支
氦闪
主序
红巨星分支
恒星离开主序
30 000
10 000
6 000
3 000
表面温度（开尔文）

跨越赫罗图的曲折路线

一颗质量类似于太阳质量的恒星的曲折路线显示出它从最初变冷，同时变得更大、更亮，然后变热，最终又再次冷却的演化过程。

行星状星云

大质量星会爆发，小质量星会衰退，而中等质量星则会成为行星状星云，它会逐渐变暗，遗留下一颗白矮星。行星状星云是宇宙中颜色最丰富的天体中的一种。

一颗垂死的恒星
在一颗红巨星（见110～111页）生命的最后阶段，它会快速膨胀，其外层气体会逃脱恒星引力的束缚。这些气体也会因受到这颗恒星的核释放出来的压力而被推出去。

那些与激波对抗更强烈的区域中形成结
紫外辐射使壳层中的气体电离，壳层开始发光
包层中形成气体触须
来自核的紫外辐射
快速移动的星风追赶移动更加缓慢的包层
包含裸露核的白矮星，温度超过100 000℃
氦壳
氢壳
氢包层被从红巨星上吹离
核向内坍缩
氢壳层以快速的风的形式被向外吹散

3 形成薄壳
激波与氢相互作用，而且将氢聚集成一个壳层。当扩散的热气体推进较冷的气体时，包层中便形成气体触须。变亮的中央星发出的紫外辐射使壳层电离，并且使其发光。

2 释放辐射
这颗恒星的核进一步收缩，变成一颗明亮的白矮星。由核释放出来的强烈的紫外辐射开始向外传播，加热之前喷射出来的氢。快速的星风追赶包层，形成激波。

1 推出外壳
这颗年老红巨星的核坍缩，并且驱散其燃尽的氢壳。这个过程导致的星风将外壳向着四面八方吹散，传播速度将近每小时7万千米。

一个行星状星云是如何形成的

行星状星云逐步形成，而且不断地演化。最初，一颗红巨星核周围已燃尽的壳层以快速的风的形式被吹离。然后这颗恒星的裸露核发出明亮的光，其中大多是紫外辐射。这是一种肉眼不可见的光，因此行星状星云看起来不像它们实际上那样明亮，除非使用假彩色成像技术（见94～95页）。尽管它们的名字叫作行星状星云，但是它们与行星没有任何关系。这个名字出现于18世纪，当时观测者以为最初观测到的一些行星状星云是一颗行星的盘的形状。

行星状星云的形状

行星状星云有很多种形状，可以被分成三种类型：球状行星状星云、椭球状行星状星云和双极行星状星云。其种类很多的部分原因是当从不同的角度观察它们时它们的外形看起来会变化，这种现象叫作“投影效应”。不过，如果中央星有一颗伴星，或者拥有行星，或者有磁场，那么行星状星云的形状可能也会受到影响。

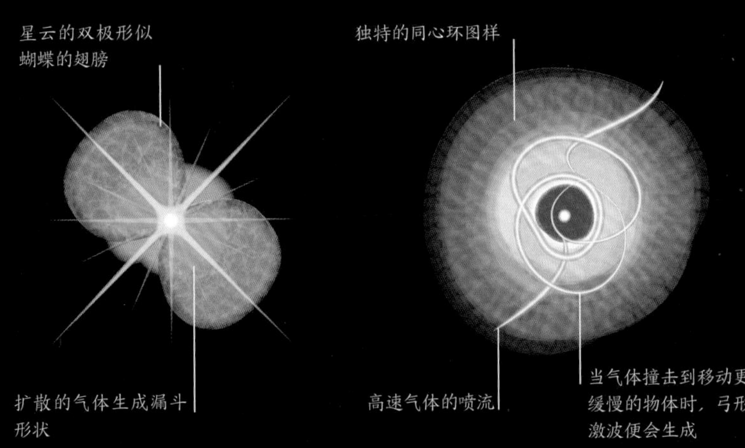
星云的双极形似蝴蝶的翅膀
扩散的气体生成漏斗形状
独特的同心环图样
高速气体的喷流
当气体撞击到移动更缓慢的物体时，弓形激波便会生成

蝴蝶星云（双极）
这种双极行星状星云有两个形似蝴蝶翅膀的波瓣。人们认为，如果中央星是一个双星系统，而且只有一颗恒星存活下来，那么就有可能形成双极星云。

猫眼星云（椭球状）
这个美丽的猫眼星云明亮的中心部分是非常复杂的。它被一个模糊的环晕包围着，每隔1 500年，这个环晕就会像气泡一样被吹出来。

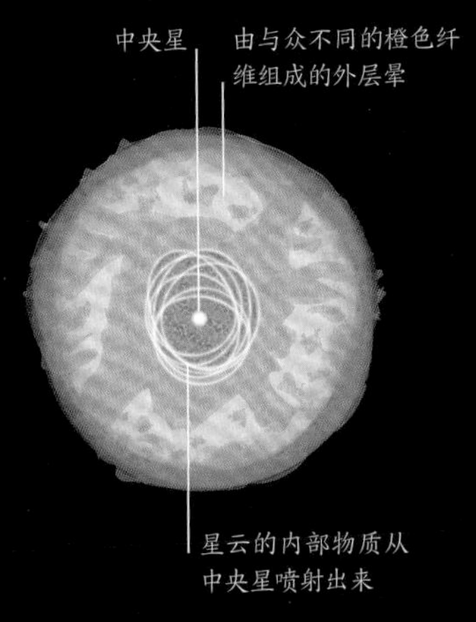
中央星
由与众不同的橙色纤维组成的外层晕
星云的内部物质从中央星喷射出来

NGC 2392（球状）
这个星云使一些人想到被毛茸茸的头巾包裹着的头。中央结构是因喷射物质的重叠气泡而形成的。

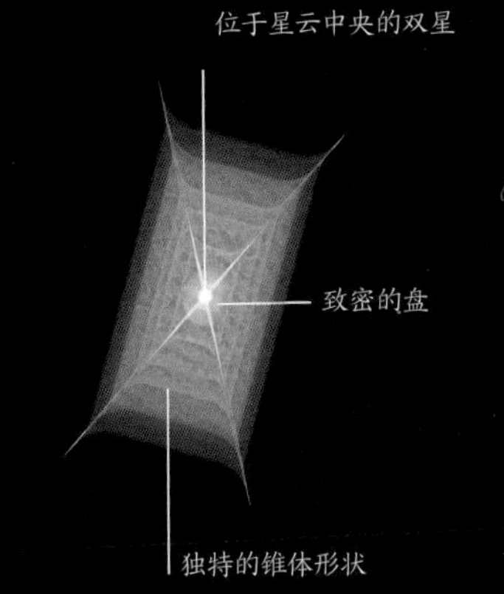
位于星云中央的双星
致密的盘
独特的锥体形状

红矩形星云（双极）
这个独特形状的星云是如何形成的，目前还未知。一种观点是从它的双星喷射出来的气体在撞击到一个厚厚的尘埃环之后发出了激波。

行星状星云会持续多长时间

行星状星云只存在很短的一段时间。相对于恒星几十亿年的寿命来说，这个阶段只持续数万年。

化学组成

行星状星云的光谱（见26～27页）揭示了它的化学本质。一条红色的强发射线叫作Hα线，它是氢的电子从它的第三能级降至第二能级时发射出来的。这通常是行星状星云发出红光的原因。一条绿色的强发射线揭示出一种只形成于行星状星云的低密度环境中的电离氧。

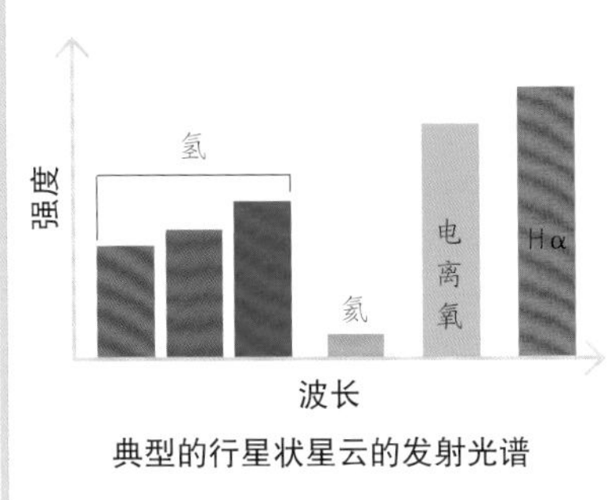
强度
氢
氦
电离氧
Hα
波长
典型的行星状星云的发射光谱

在50亿年后，太阳将会演化成一个暗弱的行星状星云。

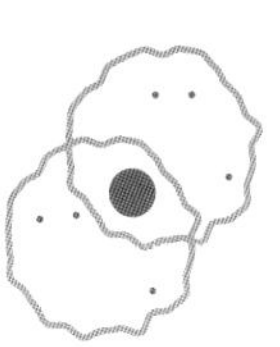

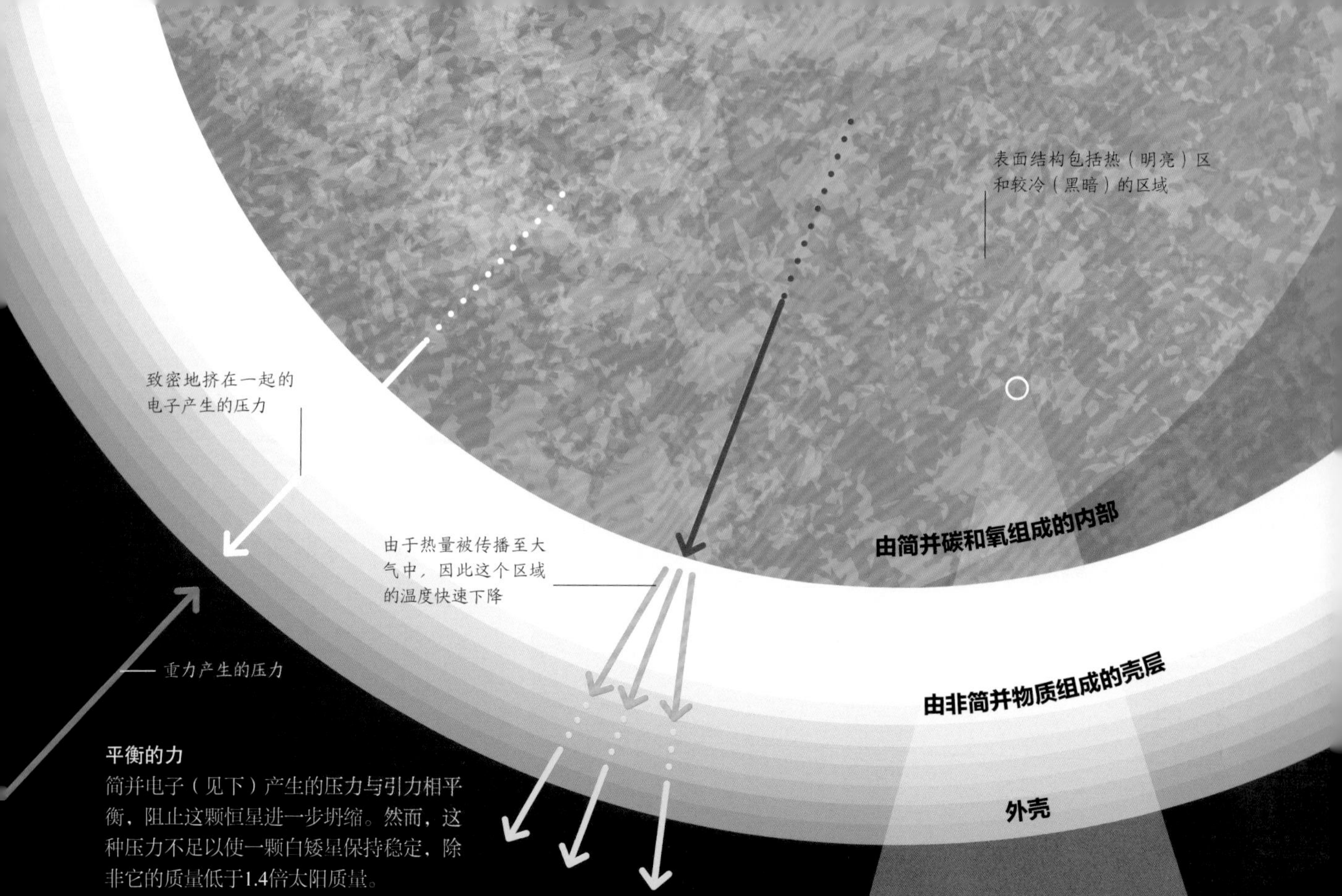

白矮星

在宇宙诞生后不久形成的太阳大小的恒星，会以白矮星的形式终结它们的生命。白矮星比地球稍大一些，但是包含的物质大约与太阳差不多。

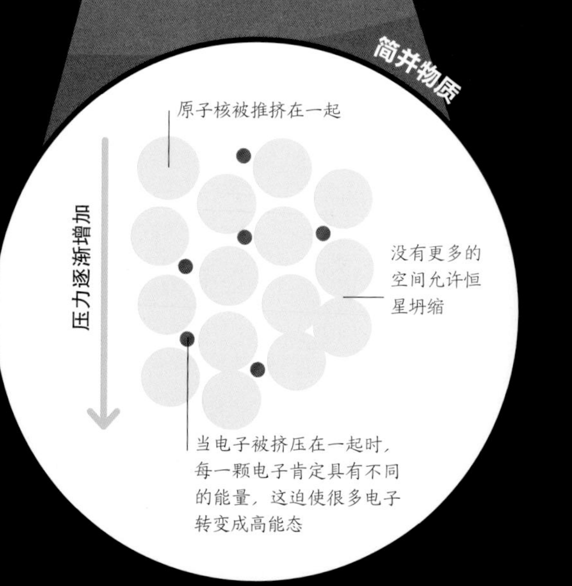

一颗白矮星的内部

当红巨星（见110～111页）耗尽它们的剩余燃料时，它们将其壳层以行星状星云（见112～113页）的形式驱散，只留下一颗小且热的核，叫作“白矮星”。这颗核缓慢地冷却、衰退。白矮星的大气主要由氢或氦组成，内部主要由碳和部分氧组成，被认为会随着白矮星冷却而形成结晶。因为钻石就是结晶碳，所以白矮星可以被比作一颗地球大小的钻石。

表面结构包括热（明亮）区和较冷（黑暗）的区域

致密地挤在一起的电子产生的压力

由于热量被传播至大气中，因此这个区域的温度快速下降

重力产生的压力

由简并碳和氧组成的内部

由非简并物质组成的壳层

外壳

平衡的力

简并电子（见下）产生的压力与引力相平衡，阻止这颗恒星进一步坍缩。然而，这种压力不足以使一颗白矮星保持稳定，除非它的质量低于1.4倍太阳质量。

简并物质

原子核被推挤在一起

压力逐渐增加

没有更多的空间允许恒星坍缩

当电子被挤压在一起时，每一颗电子肯定具有不同的能量，这迫使很多电子转变成高能态

简并物质是怎样形成的

如果没有核聚变，就没有能量源来抵抗向内的引力。引力挤压电子和原子核，使它们变得比它们在原子中原本的距离要近很多，这叫作“简并态”。简并物质会产生阻止恒星继续坍缩的压力。

几乎由纯净的氢或氦组成的大气

被认为只有50千米厚的外壳

首次探测到白矮星的人是谁

望远镜建造者阿尔万·克拉克（Alvan Clark）在1862年发现了一颗白矮星。他意识到，天狼星轨道的轻微摇摆是由一颗白矮星伴星产生的引力导致的。

白矮星和行星毁灭

2014年，科学家进行了K2任务，这是开普勒望远镜（见187页）执行的第二个空间任务。科学家认为他们观测到了一颗正处于摧毁其自身行星系统的过程中的白矮星。这颗白矮星的强烈引力似乎撕裂了其伴侣行星，产生的碎片被抛进它周围的轨道中，生成了一个碎片环。这里模拟了这颗伴侣行星从开始感受到来自这颗恒星强大引力的显著影响后的120天内的演化过程。

伴侣行星

白矮星

1 1天后
一颗地球大小的白矮星的引力将绕其运行的行星上的物质吸过来。蓝线显示出从这颗行星上拖拽出来的岩石碎片形成的物质流。

螺旋状的碎片盘开始形成
从行星上脱离出来的岩石碎片

2 16天后
更多的岩石碎片被从这颗行星的外表面拉拽出来，这颗行星现在转动得越来越快了。可以看到，这颗恒星周围形成了一个碎片盘。

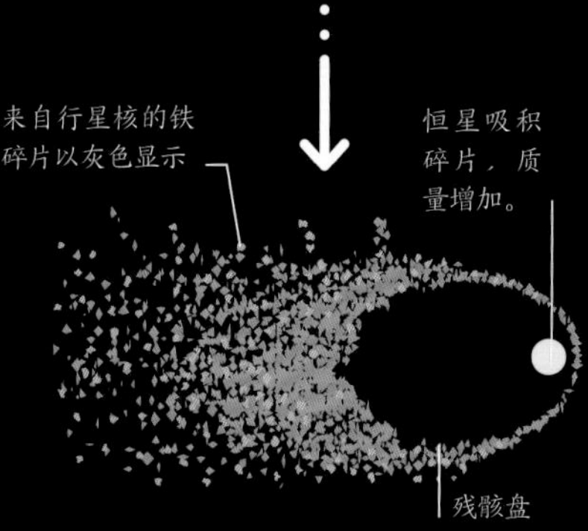
来自行星核的铁碎片以灰色显示
恒星吸积碎片，质量增加。
残骸盘

3 120天后
这颗行星已经完全被摧毁。残骸盘的内部几乎全部是岩石，来自这颗行星的核的铁散布在很大一片区域内。这颗恒星已经积聚了这颗被摧毁的行星的质量。

钱德拉塞卡极限

印度裔美国天体物理学家苏布拉马尼扬·钱德拉塞卡（Subrahmanyan Chandrasekhar）发现，白矮星可以使自身保持稳定的质量有一个上限，这与其简并物质有关。超过这个极限，即近似1.4倍太阳质量，一颗白矮星将会坍缩，并且以超新星（见118~119页）的形式爆发，留下一颗中子星或者一个黑洞。

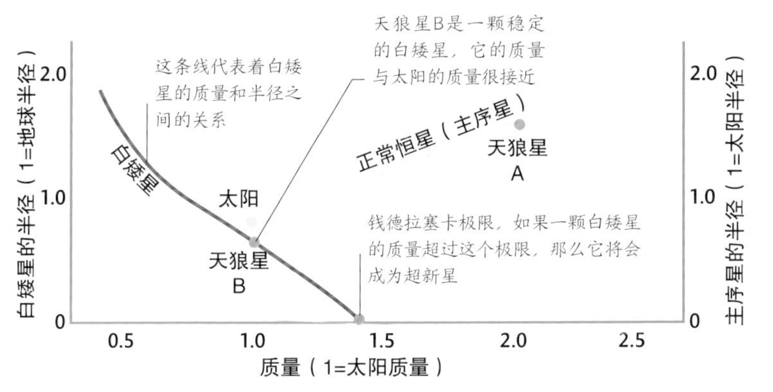
这条线代表着白矮星的质量和半径之间的关系
天狼星B是一颗稳定的白矮星，它的质量与太阳的质量很接近
白矮星
太阳
天狼星B
正常恒星（主序星）
天狼星A
钱德拉塞卡极限，如果一颗白矮星的质量超过这个极限，那么它将会成为超新星
白矮星的半径（1=地球半径）
主序星的半径（1=太阳半径）
质量（1=太阳质量）
2.0
1.0
0
0.5
1.0
1.5
2.0
2.5

蓝超巨星

蓝超巨星，如参宿七，比太阳要大得多，但远小于红超巨星。这些恒星刚刚“离开”主序阶段（见88～89页），而且极其明亮。

红巨星

毕宿五是金牛座中最亮的星，它的半径是太阳半径的44倍。它距离地球只有65光年左右，因此它看起来是夜空中第14亮星。

蓝特超巨星

手枪星云星是银河系中最亮的恒星之一，它的光度（见89页）几乎是太阳的160万倍。它被分类为一颗蓝特超巨星，也被认为是一颗明亮的蓝变星，这是大质量星生命周期中一个还没有被完全研究清楚的阶段。

毕宿五

很多超巨星开始是蓝色的，但随着膨胀会变为黄色，再变为红色，之后随着时间逐渐变冷

参宿七

手枪星云星

心宿二的大气

心宿二的大小是太阳的700倍左右，但是在2020年完成的一项工作显示，它的大气向外延伸至比刚才提到的大小还大2.5倍的位置处，包括低层色球和高层色球，以及风加速区。

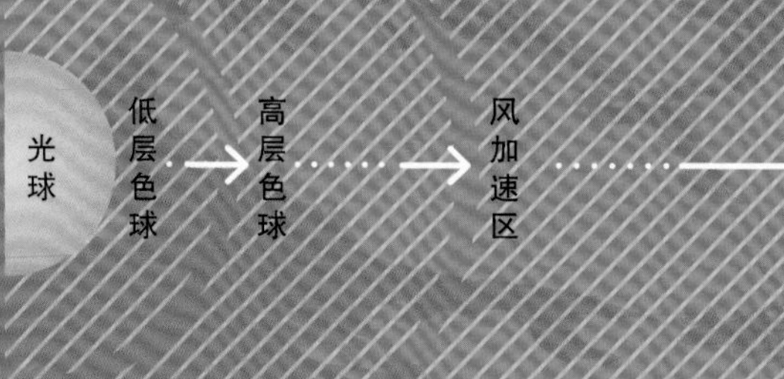
光球
低层色球
高层色球
风加速区

心宿二

大气分层

超巨星

超巨星是质量极高的恒星，它们已经耗尽了其最后的氢燃料，进入了生命的最后阶段。在恒星演化的这个节点上，它们已经膨胀得十分巨大了。

大小对比

在这里，我们将不同恒星的大小与太阳半径进行对比。蓝星比它们相对应的红星要小一些，但由于它们具有更高的表面温度，因此具有与红星相似的亮度。

一颗超巨星的生命周期

与红巨星类似，当超巨星已经耗尽了它们的氢燃料时，它们会聚合氦，之后会聚合更重的元素。不过，超巨星存在的时间不如红巨星长，这是因为最大的恒星拥有最短的寿命。超巨星会以壮观的方式结束它们的生命——以超新星（见118～119页）的形式爆发。

手枪星云星在20秒内释放出来的能量与太阳在一年中释放出来的能量一样多。

像手枪星云星这样的恒星是很稀少的，而且它们的亮度变化十分剧烈

红超巨星
心宿二的半径被估算为太阳半径的680倍，但是最近的测量结果显示它可能还要大很多。

北河三的半径大约是太阳半径的9倍

参宿五的光度是太阳光度的9 211倍

太阳是一颗主序星，被分类为G型星（见88～89页）

橙巨星
北河三是双子座中的一颗橙巨星。它比太阳要亮大概30倍，是距离我们最近的巨星。

蓝巨星
猎户座中参宿五的半径是太阳半径的5.75倍。未来，它可能会演化成一颗橙巨星。

黄矮星
尽管太阳在巨星和超巨星旁边看起来很小，但是它实际上比恒星的平均大小要稍大一些。

一颗恒星能有多大

恒星的质量看起来确实有一个上限。如果坍缩的原恒星的质量超过太阳质量的150倍，那么它们会生成非常多的能量，以至于使它们自身爆炸。

沃尔夫-拉叶星

沃尔夫-拉叶星极其热，而且处于演化的一个高级阶段。它们的质量大约是太阳质量的10倍，它们的核中进行着重元素的聚变，这使得它们因其自身巨大的质量而发生的坍缩过程停止。核聚变会生成巨大的热量和辐射，导致强烈的星风，速度高达每小时900万千米。这些星风使沃尔夫-拉叶星以高速率丢失质量。很多沃尔夫-拉叶星拥有伴星，它们的星风互相影响，生成了一种独特的尘埃螺旋结构。

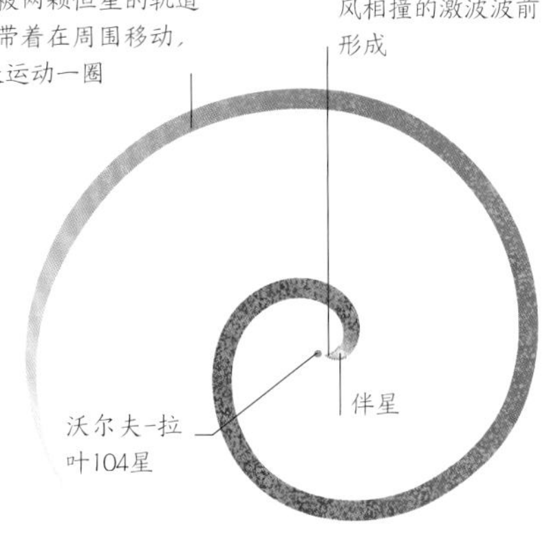
热尘埃被两颗恒星的轨道运动携带着在周围移动，每242天运动一圈
尘埃在两颗恒星星风相撞的激波波前形成
伴星
沃尔夫-拉叶104星

螺旋外向流
沃尔夫-拉叶104星和其伴星的强烈星风碰撞时形成的尘埃被向外吹，而且被这两颗彼此绕转的恒星影响，形成一个螺旋状结构。

特超巨星

特超巨星是宇宙中最大的恒星。因为它们的边缘模糊，而且随着它们的表面被强烈的星风吹离，它们会持续“丢失”质量，所以很难确定哪颗是最大的。大犬座VY星和盾牌座UY星是其中的两颗，它们的大小都几乎为太阳的1 400倍。

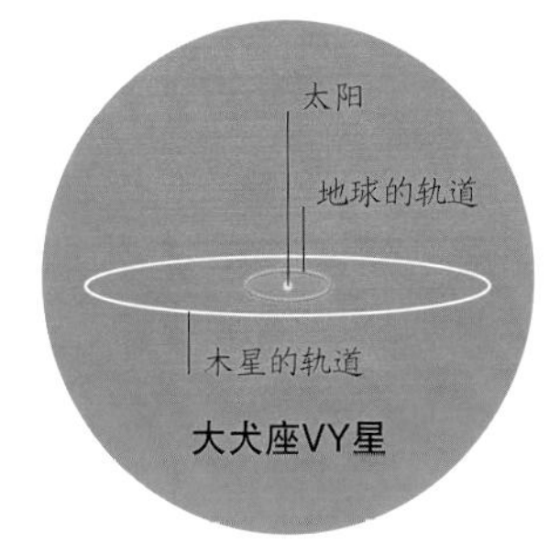
太阳
地球的轨道
木星的轨道
大犬座VY星

爆发星

恒星可以以超新星这种壮观的形式爆发。超新星是人们曾观测到的爆发规模最大的变星，它可以在几天内超过星系的亮度，在宇宙中各处都可以被看到。

最剧烈的超新星是哪个

2016年记录的SN2016aps可能是曾出现过的最剧烈的超新星。它是由一颗至少比太阳大40倍的巨星坍缩形成的Ⅱ型超新星。

恒星是如何爆发的

超新星主要有两种类型。Ⅱ型超新星是所有大质量星在耗尽燃料后的自然终点。这种恒星的核在四分之一秒内坍缩，形成一个异常的激波，导致爆发。在双星系统中，当一颗白矮星与其伴星碰撞或从伴星上吸积过多的物质时，便会出现Ⅰa型超新星。

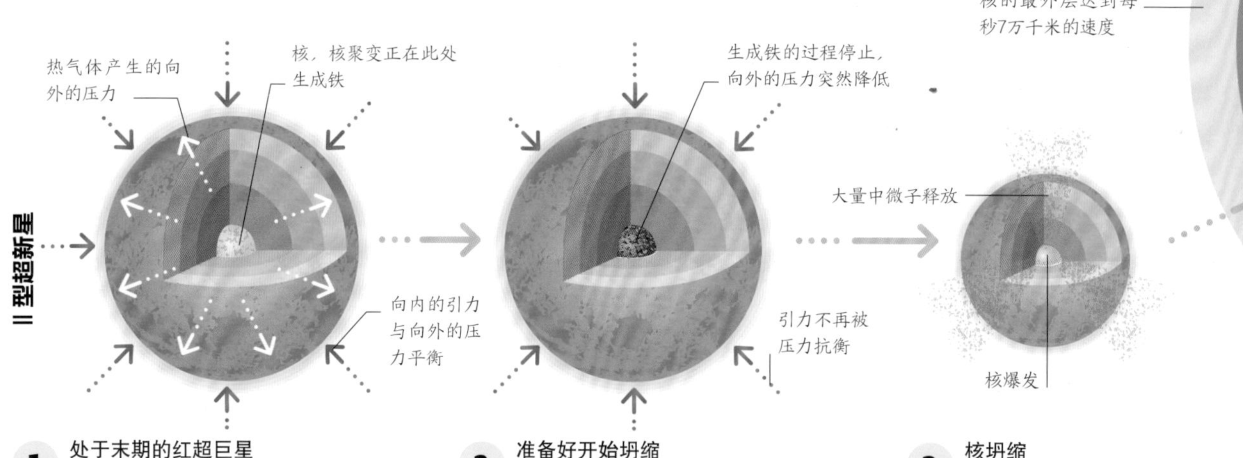
Ⅱ型超新星
热气体产生的向外的压力
核，核聚变正在此处生成铁
向内的引力与向外的压力平衡
生成铁的过程停止，向外的压力突然降低
引力不再被压力抗衡
大量中微子释放
核爆发
核的最外层达到每秒7万千米的速度

1 处于末期的红超巨星

这颗恒星由其核心区和核周围的分层结构中发生的核聚变提供能量。核开始生成铁，不过燃料迅速被耗尽。

2 准备好开始坍缩

当聚变成铁的反应停止时，热气体不能提供足够的向外的压力来抗衡向内的引力，核开始坍缩。

3 核坍缩

核坍缩在几秒内发生。这个过程引起一个异常的激波，使得恒星的较外层部分爆发。

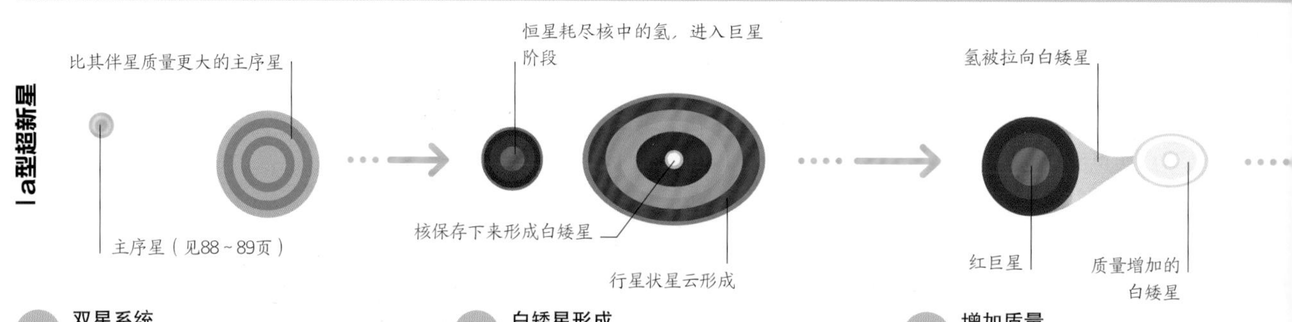
Ⅰa型超新星
比其伴星质量更大的主序星
主序星（见88～89页）
恒星耗尽核中的氢，进入巨星阶段
核保存下来形成白矮星
行星状星云形成
氢被拉向白矮星
红巨星
质量增加的白矮星

1 双星系统

两颗恒星围绕彼此运行，其中一颗有着更大质量的恒星比其伴星更快到达其生命的末期。

2 白矮星形成

质量更大的恒星吹走它的外层，形成一个行星状星云，暴露出一颗白矮星。另一颗恒星进入其生命的巨星阶段。

3 增加质量

这两颗恒星盘旋靠近，氢从膨胀的红巨星流向白矮星，使白矮星的质量向着它的质量上限增加。

最近一次在银河系中可见的超新星爆发是在1604年被观测到的。

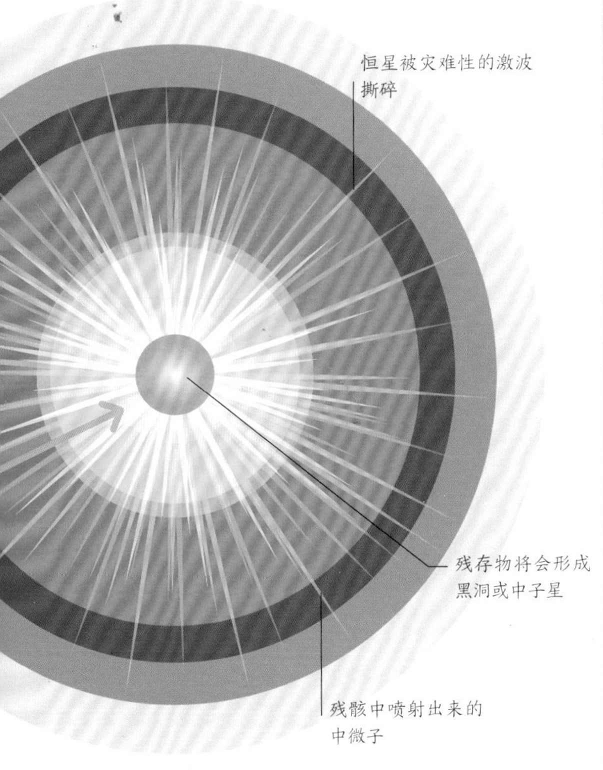
恒星被灾难性的激波撕碎
残存物将会形成黑洞或中子星
残骸中喷射出来的中微子

4 恒星爆发

爆发生成一个非常明亮且处于膨胀中的热气体云，遗留下一个超级致密的核，根据这颗恒星的质量，核可能会成为一颗黑洞或一颗中子星。

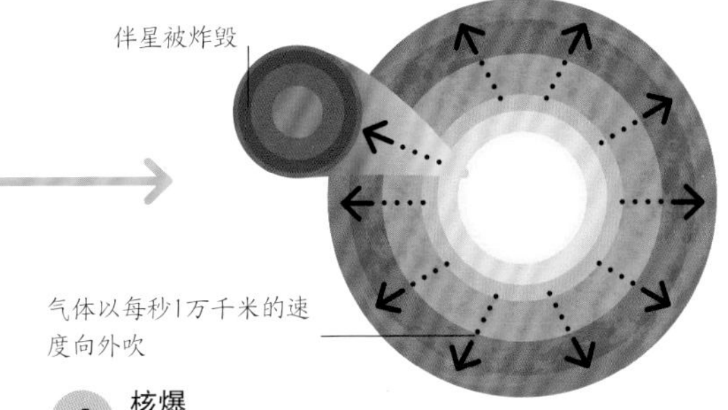
伴星被炸毁
气体以每秒1万千米的速度向外吹

4 核爆

随着更多的氢在白矮星上积聚，白矮星最终被加热到足以使聚变突然开始的条件。白矮星爆发，伴星被抛射出去。

超新星和重元素

恒星是宇宙的元素制造工厂，生成了所有不同的天然元素。在它们的核中，恒星将类似氢的简单元素转化成更重的元素（见91页）。这些更重的元素包含碳和氮等生命所需的元素，以及形成行星核的铁元素。一些更重的元素，如铜和锌，是在超新星爆发中形成的，超新星爆发也将这些元素抛到太空中的各个地方。

1 氢 HYDROGEN	2 氦 HELIUM	3 锂 LITHIUM	4 铍 BERYLLIUM	5 硼 BORON	6 碳 CARBON
7 氮 NITROGEN	8 氧 OXYGEN	9 氟 FLUORINE	10 氖 NEON	11 钠 SODIUM	12 镁 MAGNESIUM
13 铝 ALUMINIUM	14 硅 SILICON	15 磷 PHOSPHORUS	16 硫 SULPHUR	17 氯 CHLORINE	18 氩 ARGON
19 钾 POTASSIUM	20 钙 CALCIUM	21 钪 SCANDIUM	22 钛 TITANIUM	23 钒 VANADIUM	24 铬 CHROMIUM
25 锰 MANGANESE	26 铁 IRON	27 钴 COBALT	28 镍 NICKEL	29 铜 COPPER	30 锌 ZINC

由恒星生成

这个图表显示了40个最轻元素的不同起源。氢和氦在大爆炸后迅速形成，但是大多数元素是由爆发的大质量星或爆发的白矮星生成的。

图例

- 大爆炸
- 死亡的小质量星
- 宇宙射线裂变
- 爆发的大质量星
- 爆发的白矮星

发现超新星

业余天文学家可以通过自发的星系观测和使用他们的计算机观察星系的图像来参与发现超新星的工作。超新星是由它们发现的年份来命名的，以SN为前缀，以一串字母代码为后缀。

脉冲星

20世纪60年代末，来自宇宙深处的、强烈且规律的射电脉冲被探测到。它们来自随着自转释放出强烈脉冲的中子星。这些中子星被命名为“脉冲星”，是“脉动的射电恒星”的缩写。

脉冲星为何能如此快速地自转

自转最快的脉冲星在一秒内可以发射出数百次脉冲。这些毫秒脉冲星通过从一颗伴星上吸积气体来提高它们的速度，这个过程就像一股水柱在转动一个轮子一样。

中子星

一颗中子星是质量超过10倍太阳质量的超巨星在超新星（见118～119页）爆发后留下的所有残存物。恒星在其自身引力的作用下坍缩得如此剧烈，以至于它被挤压成一个直径仅有20千米的球体。在一颗中子星中，质子和电子被挤压在一起，形成一片充满中子的海洋。中子星是宇宙中可以被直接观测到的最致密的天体。

一颗中子星的内部

虽然中子星的外部特征已经被我们了解到了，但是它的内部核非常致密，以至于科学家还不确定它是由什么组成的。关于这个问题，目前有几种理论，包括传统理论和超子核理论。

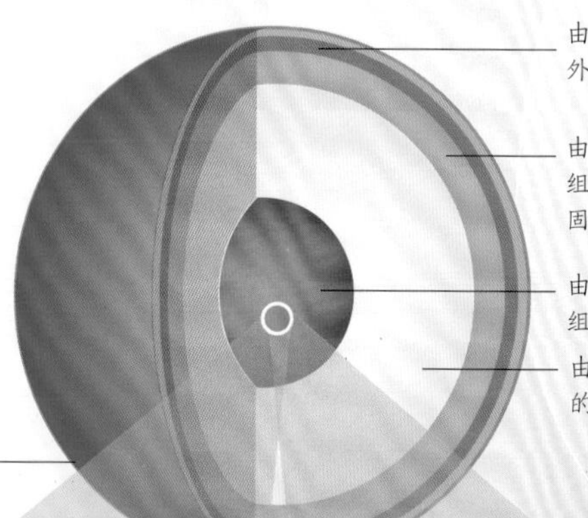
由铁原子核组成的外壳
由富中子的原子核组成的非常致密的固态内壳
由未知元素的粒子组成的内核
由液态中子组成的外核
由碳等离子体组成的薄薄的大气

中子星有非常强的磁场，磁场自转的速度与中子星自转的速度一样

中子星的强磁场使粒子在沿着它的两个磁极的漏斗中加速向外移动

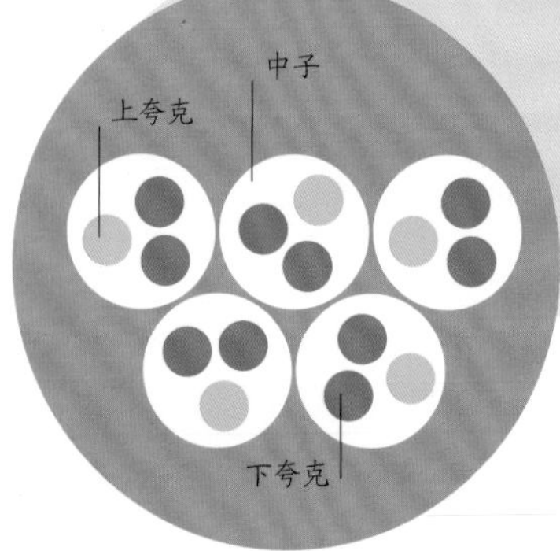
中子
上夸克
下夸克

传统理论

这种理论认为，内核可能由紧密地挤在一起的中子组成，这些中子包含三个夸克——两个下夸克和一个上夸克。

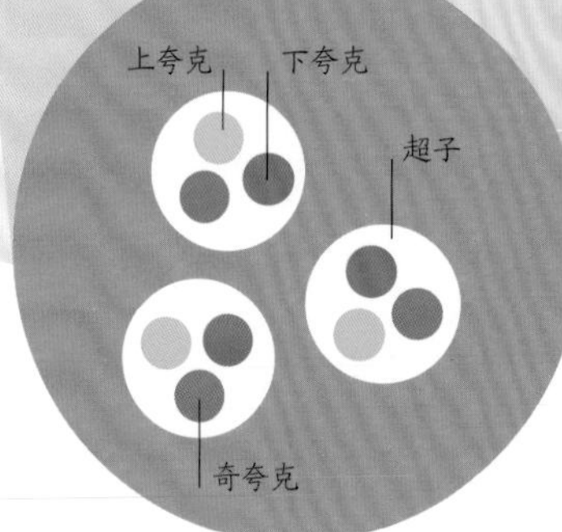
上夸克
下夸克
超子
奇夸克

超子核理论

这种理论表明，在极端的压力之下，一个下夸克可以变成一个奇夸克，生成一种被称为“超子”的亚原子粒子。

天上的灯塔

直接发射出辐射束的中子星叫作“脉冲星”。它们具有强磁场和快速自转的特征。随着时间的流逝，它们会丢失能量，自转速度也会因此减慢。

60亿吨
——一茶匙中子星物质的质量。

自转的速度来自恒星的快速坍缩

中子星

中子星的引力如此强烈，以至于它的固体表面被拉成一个光滑的球体，其强度约为钢铁的100万倍

宇宙级碰撞

两颗中子星可以绕彼此转动，就像双星一样。如果它们移动到足够靠近彼此的位置，就可能会导致它们自身的毁灭。这样的碰撞叫作“千新星”，会释放出大量伽马射线，而且可能是宇宙中大多数金、铂和其他重元素的来源。2017年，来自一个千新星的引力波到达地球，这个千新星发生于大约1.3亿年前。

引力波
恒星围绕彼此运行，每秒钟绕转数百圈。

一颗脉冲星是如何运行的

已经发现的约3000颗中子星中的大多数是脉冲星。如果没有脉冲星发射出来的强烈射电波束，那么中子星会因太小而很难被看到。脉冲星就像宇宙灯塔一样，发射出成对的射电波束，随着它们自转，射电波束在太空中扫过，通常每0.25 ~ 2秒扫过一次。地球上的射电望远镜只有在脉冲星的波束扫过地球的时刻才能发现脉冲星。

脉冲星“打开”

随着脉冲星自转，它的两个辐射束在太空中持续扫过。在下图显示的这个瞬间，一束辐射束指向地球，这可以被地球上的人们以一个短暂的射电信号的形式探测到。

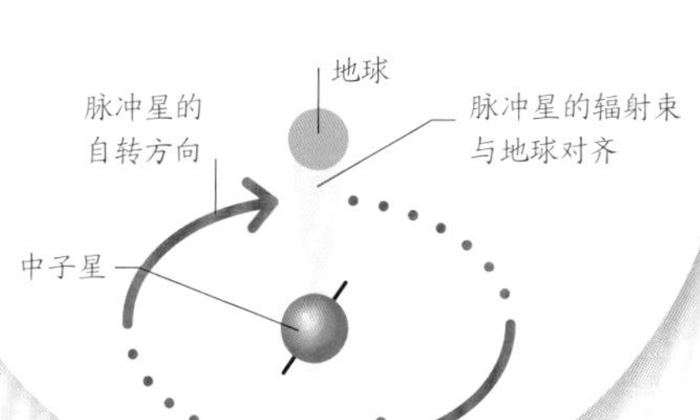
地球
脉冲星的自转方向
脉冲星的辐射束与地球对齐
中子星

脉冲星“关闭”

在下图显示的这个瞬间，来自脉冲星的两个辐射束都不指向地球，因此从地球上观测者的视角来看，脉冲星是“关闭”的。

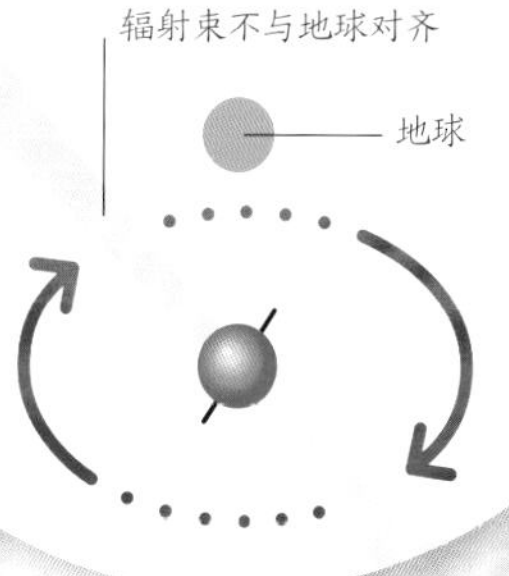
辐射束不与地球对齐
地球

超大质量黑洞被认为位于大多数大星系的中心。

一个黑洞是如何形成的

一旦一个大质量星以超新星的形式爆发，而且它的核坍缩超过一个特定的点，它就会变成一个恒星级黑洞。被引力拉向黑洞的物质可以形成一个自旋的盘，释放出来的辐射可以被天文学家探测到。超大质量黑洞被认为形成于恒星碰撞之后，或者由很多较小的黑洞并合形成。

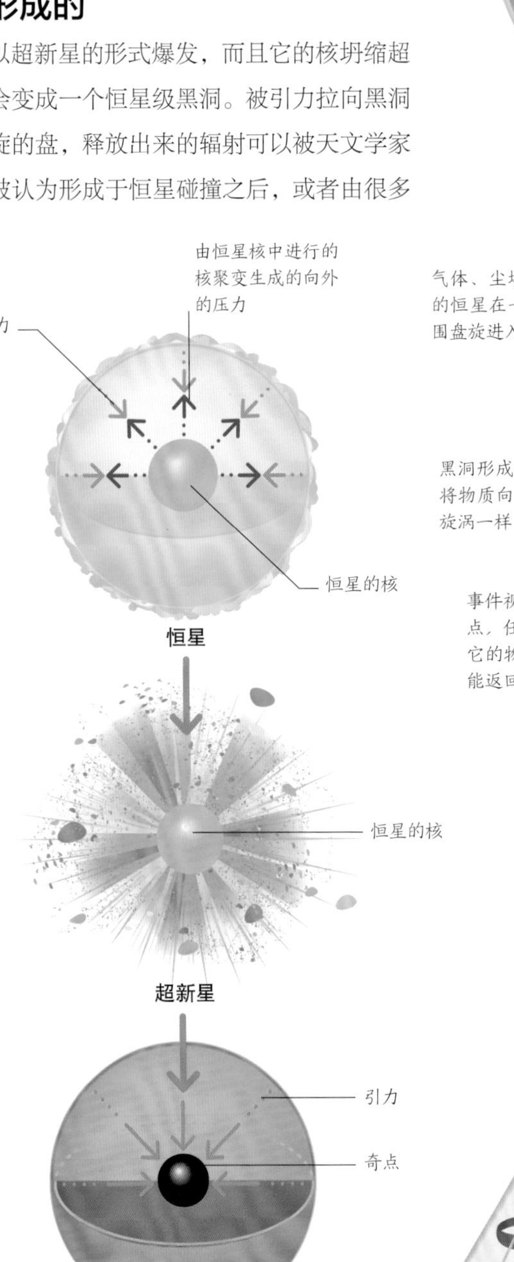

由恒星核中进行的核聚变生成的向外的压力
向内的引力
恒星的核
恒星
恒星的核
超新星

1 一颗稳定的恒星

在恒星的核中进行的核聚变生成能量和向外的压力。当向外的压力与向内的引力平衡时，恒星保持稳定。但是，当燃料耗尽时，引力就会占据主导位置。

2 壮观的结局

当一颗大质量星耗尽了它的燃料时，核聚变停止，这颗恒星死亡。由于不足以抵抗其自身引力，因此恒星开始坍缩。然后，超新星爆发将恒星的外层撕碎并“扔”进太空中。

3 核坍缩

如果在超新星爆发之后保留下来的核的质量超过3倍太阳质量，那么没有什么可以阻止它坍缩。它将持续坍缩，直到缩成一个有着极限密度的点，这个点叫作“奇点”。

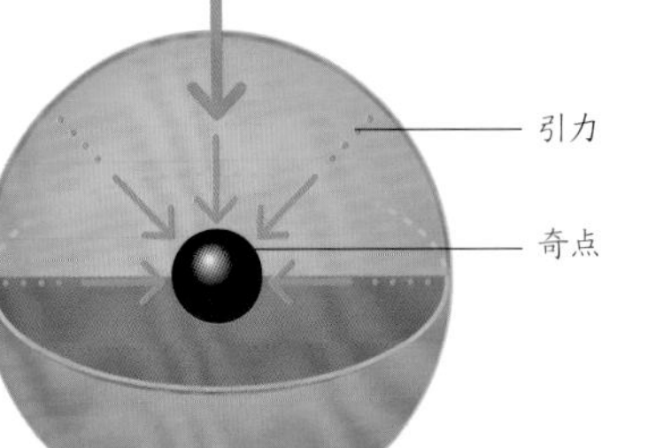

引力
奇点
死亡恒星的核

物质进入吸积盘

吸积盘

气体、尘埃和被分解的恒星在一些黑洞周围盘旋进入吸积盘

黑洞形成强引力区域，将物质向内拉，像一个旋涡一样

事件视界是一个临界点，任何从外边进入它的物质或者光都不能返回

事件视界

引力势阱

引力强度逐渐提高

隐藏在黑洞中央的是一个极其小、极其致密的奇点，在那里，物质都被挤压在一起

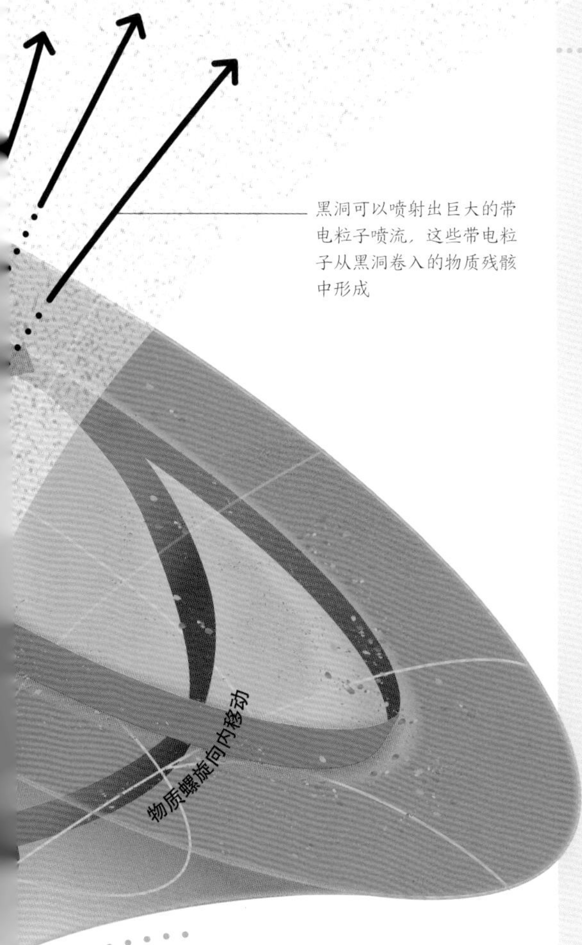
物质螺旋向内移动

黑洞可以喷射出巨大的带电粒子喷流，这些带电粒子从黑洞卷入的物质残骸中形成

4 黑洞形成

奇点的密度如此巨大，以至于它会使其周围的时空扭曲，因此，就连光也不能逃脱。一个黑洞可以被描绘为一个无限深的洞，被叫作“引力势阱”。

虫洞是什么

它是一个理论上可以穿越时空（见154~155页）扭曲结构的通道。有时可以在时空的一个点上进入一个虫洞，然后在另一个点上出现。

黑洞

黑洞是空间中那些引力非常强大以至于会将包括光在内的任何东西都吸入的区域。当一个大质量星的核转化为铁，并且在引力的作用下爆发时，一个黑洞就可能形成。

黑洞的类型

黑洞主要有两种类型：恒星级黑洞和超大质量黑洞。一颗年老的超巨星在超新星爆发中坍缩时，便会形成恒星级黑洞。根据银河系中巨星的数量，科学家估计，仅在银河系中，恒星级黑洞的数量就可能达到10亿个。超大质量黑洞要远大于恒星级黑洞，而且被认为拥有高达数十亿倍太阳质量的质量。还有证据表明存在第三种中等大小的黑洞，这种黑洞的质量在恒星级黑洞和超大质量黑洞之间。

太阳系的大概范围

事件视界直径

霍姆15a是已知质量最大的黑洞，这是它的事件视界的直径

大小对比

恒星级黑洞是相对较小的，而2019年发现的超大质量黑洞霍姆15a的质量被认为是太阳质量的400亿倍。

恒星级黑洞

事件视界直径：30~300千米

质量：5~100倍太阳质量

超大质量黑洞

事件视界直径：数千光年

质量：数十亿倍太阳质量

拉面效应

靠近一个黑洞的事件视界时，引力增加得如此显著，以至于被拖向它的物体会被拉长，像拉面那样。在这种“拉面效应”中，一名宇航员将会被撕碎，首先是腿。对于他的头部和腿部来说，时间将会以不同的速度流逝。

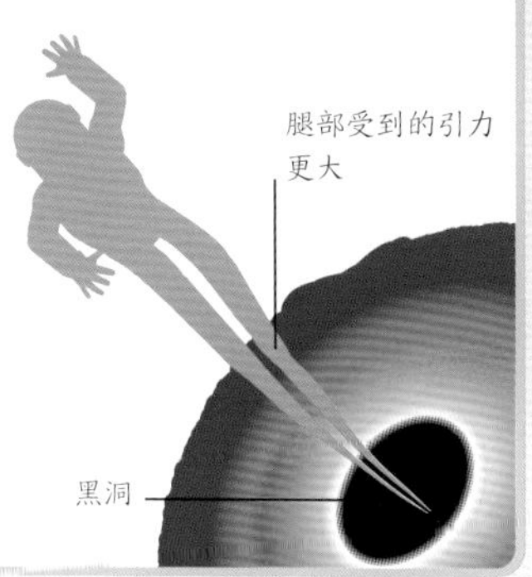
腿部受到的引力更大
黑洞

4 星系和宇宙

银河系

我们的星系——银河系——是一个中等大小的旋涡星系。星系是恒星、气体和尘埃在引力吸引下束缚在一起形成的天体系统，银河系只是宇宙中两万亿个星系中的一个。

银河系的结构

银河系是一个典型的旋涡星系。它的中心有一个细长的核球，在核球中心处有一个超大质量黑洞（见128～129页）。两个主旋臂——盾牌-半人马臂和英仙臂——从中心棒的两端延伸出去。除此之外，银河系还有几个小的旋臂。这些旋臂形成了一个直径约为10万～12万光年的薄盘。银河系还有一个球状银晕，它由恒星构成，直径约为17万～20万光年。

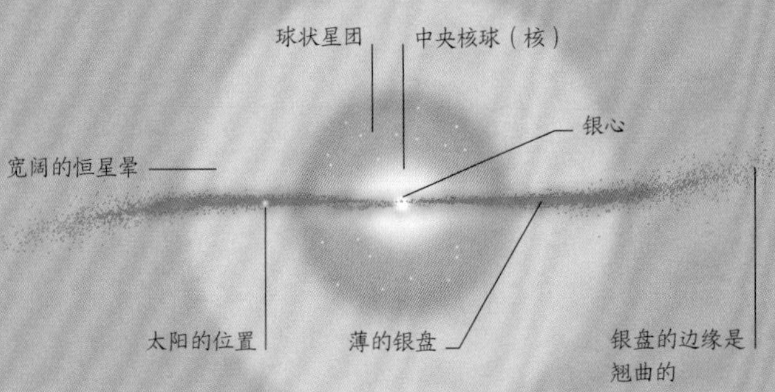
球状星团
中央核球（核）
银心
宽阔的恒星晕
太阳的位置
薄的银盘
银盘的边缘是翘曲的

银河系的侧视图
造父变星（见98页）位置的精确测量结果（在图中以绿色的点显示）已经显示出我们的星系在它的边缘处是翘曲的。这种翘曲可能是银河系曾与另一个更小的星系发生碰撞导致的结果。

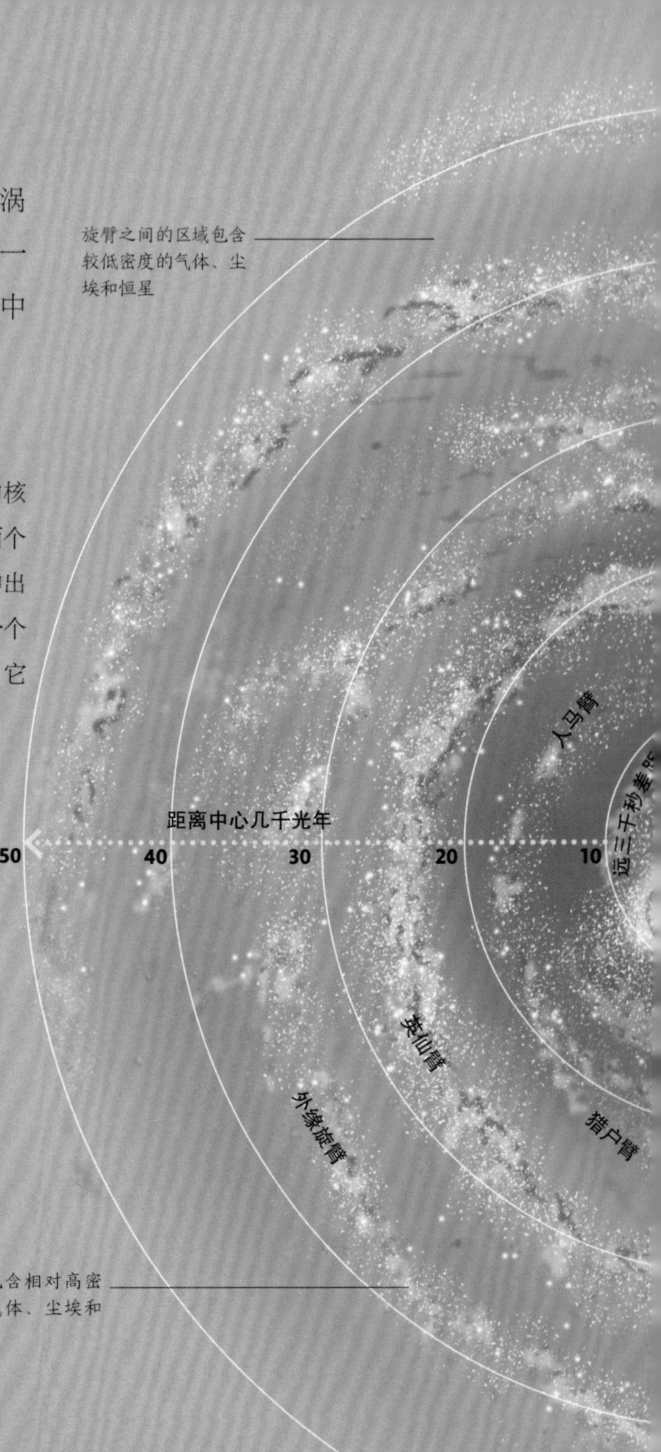

银河系中有多少颗恒星

大多数恒星太暗弱了，很难被观测到，不过据估计，银河系包含1 000亿～4 000亿颗恒星。

旋臂之间的区域包含较低密度的气体、尘埃和恒星

距离中心几千光年

50 40 30 20 10

人马臂

英仙臂

外缘旋臂

猎户臂

旋臂包含相对高密度的气体、尘埃和恒星

银河系的解剖图
银河系的核心区域高度密集地分布着年老的黄星。在旋臂中的恒星更年轻且更蓝。尘埃暗带在旋臂中交错分布，其中一些的边缘处点缀着由电离气体构成的泛着红色光芒的星云。最年老的恒星位于银盘之外的球状星团中，这些球状星团是一个宽阔且物质稀疏的恒星晕中的部分成员。

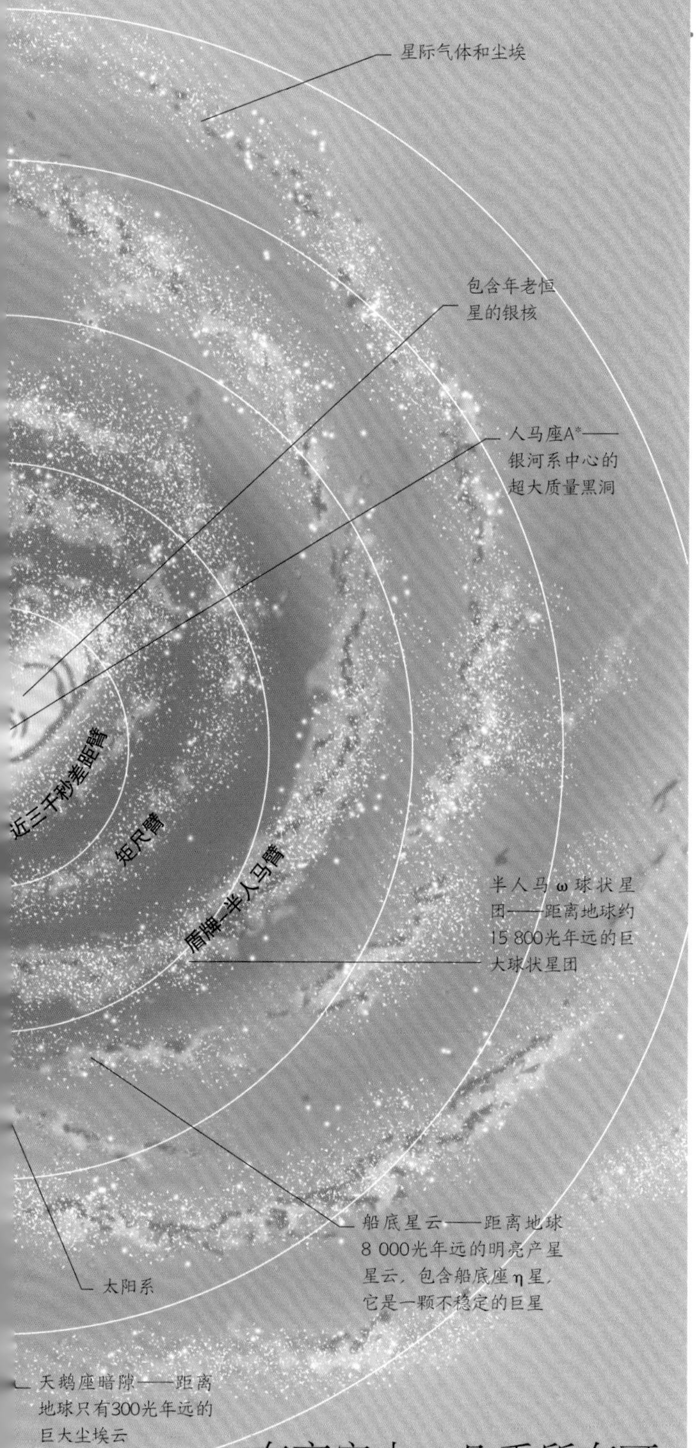

星际气体和尘埃

包含年老恒星的银核

人马座A*——银河系中心的超大质量黑洞

近三千秒差距臂

矩尺臂

盾牌–半人马臂

半人马ω球状星团——距离地球约15 800光年远的巨大球状星团

船底星云——距离地球8 000光年远的明亮产星星云，包含船底座η星，它是一颗不稳定的巨星

太阳系

天鹅座暗隙——距离地球只有300光年远的巨大尘埃云

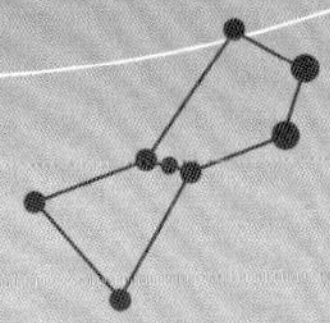

在夜空中，几乎所有可以用肉眼看到的天体都位于银河系中。

我们附近的空间

太阳距离银心大约2.6万光年，位于猎户射电支臂的边缘。我们在一个由热的电离氢气体组成的空间泡中，这个空间泡被由较冷的尘埃和分子氢气体（每个氢分子以两个原子相连的形式存在）组成的云包围着，充满着产星星云。附近的空间泡被发光的星际尘埃圈描绘出轮廓。

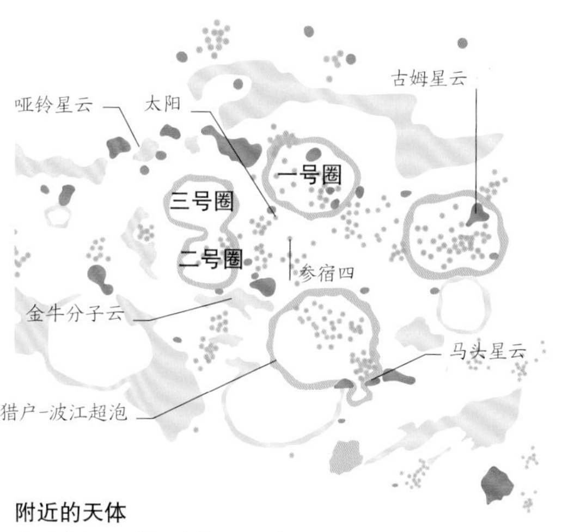

古姆星云
哑铃星云
太阳
一号圈
三号圈
二号圈
参宿四
金牛分子云
马头星云
猎户–波江超泡

附近的天体

这张银河系附近空间的图像显示了猎户臂的局部。太阳靠近中心；由氢组成的气体云用黄色显示，气体尘埃云用红色显示，星团和巨星用蓝色显示。

天空中的银河

银河看起来像一条朦胧的白色亮带，横跨夜空，它由高度密集的恒星组成。当我们看向这条亮带时，我们正在看向银盘深处。

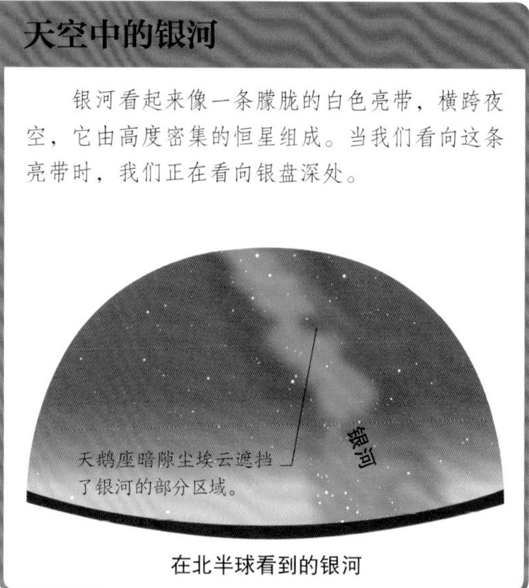

天鹅座暗隙尘埃云遮挡了银河的部分区域。
银河

在北半球看到的银河

银心

银核以一个延伸约800光年的中央核球的形式存在。它由密集地聚集在一起的恒星构成，包含一个位于其中心的超大质量黑洞——人马座A*（Sgr A*）。

我们是如何知道银心在哪儿的

银河系中的所有天体似乎都在围绕着超大质量黑洞——人马座A*旋转，因此它肯定是银心的所在之处。

银心

银核在可见光波段因被尘埃遮挡而变得不可见。不过，我们可以利用其他波长的电磁波来研究它，如利用红外光和射电波，这些电磁波可以穿透尘埃。一个被称为“人马座A”的强射电源位于银心。它由人马座A*、人马A东（一个超新星遗迹）和人马A西（一个落向人马座A*的气体尘埃云的聚集体）组成。波长更短的X射线和伽马射线从中心辐射出来，暗示着剧烈的活动，而且在那里，尘埃和气体正被加速到极高的速度。

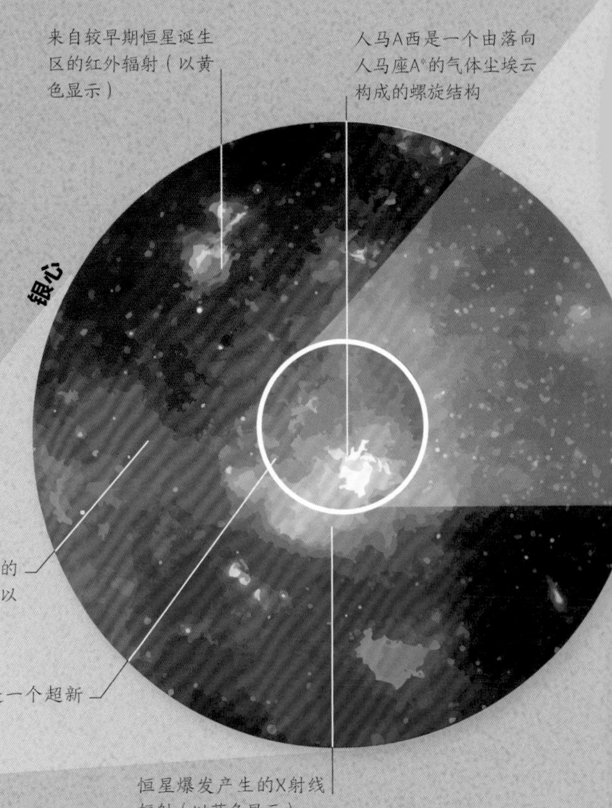
来自较早期恒星诞生区的红外辐射（以黄色显示）
人马A西是一个由落向人马座A*的气体尘埃云构成的螺旋结构
银心
来自尘埃云的红外辐射（以红色显示）
人马A东是一个超新星遗迹
恒星爆发产生的X射线辐射（以蓝色显示）

银心
银心处的大多数恒星是年老的红巨星，但是也有一些比较年轻的恒星在距离人马座A*很近的区域绕其转动，它们可能形成于那里的气体盘。

银河系

旋臂

银核，密集地分布着年老的恒星

银盘围绕银核旋转的方向

银心处的黑洞的质量约为430万个太阳的质量。

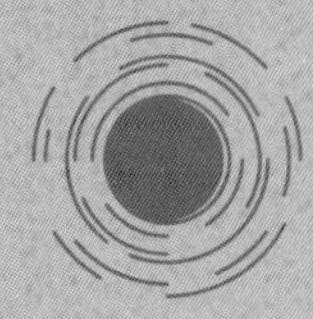

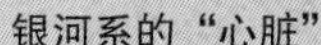

银河系的“心脏”

银河系的最中心处是一片强射电辐射区域，在那里，物质被超大质量黑洞人马座A*吸入并撕裂。这个黑洞不能被直接观测到，但是天文学家已经通过追踪其附近绕其运行的恒星确认了它的存在，而且测量了它的质量。

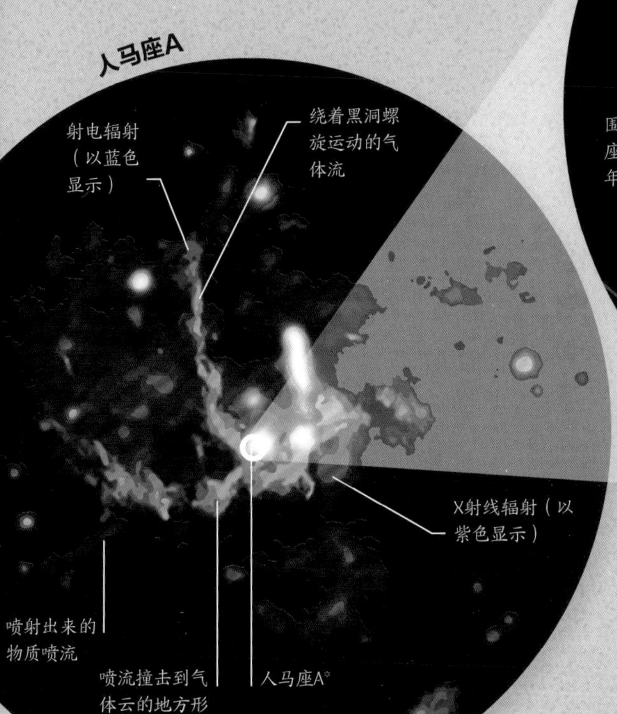

人马座A
射电辐射（以蓝色显示）
绕着黑洞螺旋运动的气体流
X射线辐射（以紫色显示）
喷射出来的物质喷流
喷流撞击到气体云的地方形成的激波
人马座A*

围绕黑洞运行的恒星
人马座A*
年轻恒星以高达每秒5 000千米的速度绕转。
围绕着人马座A*运行的年轻恒星
恒星的轨道

超大质量黑洞

人马座A*的直径大约为4 400万千米，约为太阳直径的30倍，质量大约是太阳质量的400万倍。人马座A*是相对宁静的，但是每几年就会辐射出强烈的X射线耀斑，这可能是由落向黑洞的小行星等天体被解体引起的。

在中心处的活动

巨大的气体瓣在银心的上方和下方延伸几千光年，被辐射出X射线的气体流塑造成漏斗状。它们是被费米探测器发现的，这个探测器也探测由气体辐射出来的伽马射线。伽马射线是携带能量最高的电磁辐射形式（见153页）。

辐射

银心发出的辐射是由物质——可能是粒子喷流或者来自早期恒星爆发产生的气体——远离超大质量黑洞人马座A*的运动造成的。

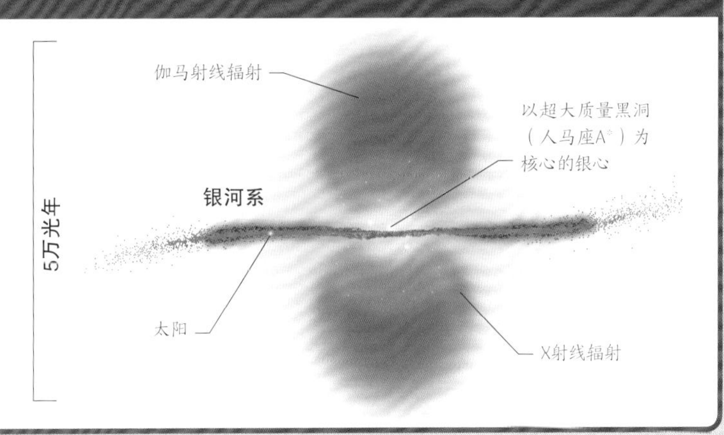

5万光年
伽马射线辐射
以超大质量黑洞（人马座A*）为核心的银心
银河系
太阳
X射线辐射

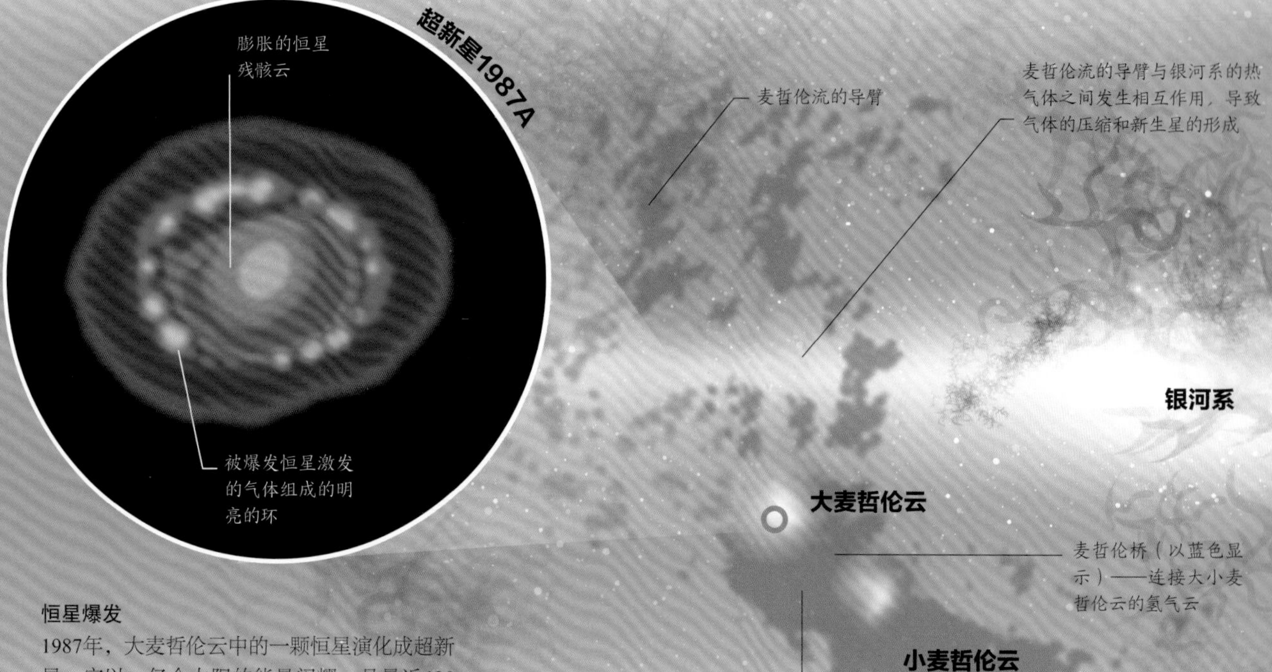
超新星1987A
膨胀的恒星残骸云
被爆发恒星激发的气体组成的明亮的环
麦哲伦流的导臂
麦哲伦流的导臂与银河系的热气体之间发生相互作用，导致气体的压缩和新生星的形成
银河系
大麦哲伦云
麦哲伦桥（以蓝色显示）——连接大小麦哲伦云的氢气云
小麦哲伦云
小麦哲伦云的氢气被大麦哲伦云更强的引力吸引过去
麦哲伦流（以红色显示）——连接麦哲伦云与银河系的高速氢气流

恒星爆发
1987年，大麦哲伦云中的一颗恒星演化成超新星，它以一亿个太阳的能量闪耀，是最近400年中地球上观测到的最明亮的爆发。

大麦哲伦云

大麦哲伦云（LMC）是一个矮旋涡星系（见140～141页），拥有一个显著的中心棒和旋臂。银河系的引力使其成为一个活跃的恒星诞生地。与银河系一样，大麦哲伦云也包含球状星团、疏散星团、行星状星云，以及气体尘埃云。

麦哲伦云

麦哲伦云是南半球夜空的一个显著特征，它以葡萄牙探险家斐迪南·麦哲伦（Ferdinand Magellan）的名字命名。1519年，斐迪南·麦哲伦航行到赤道以南地区时观测到了麦哲伦云。这两个不规则的、由恒星构成的云结构属于小型星系，是银河系最近的两个邻居，它们位于南天极附近的剑鱼座和杜鹃座方向。

谁发现了麦哲伦云

在古代，南半球的土著就已经知道麦哲伦云了。首次以文字形式记录它们的是9世纪左右的阿拉伯学者。

银盘（全天视角）
麦哲伦流的曳臂

卫星还是过路者

麦哲伦云通常被认为是围绕着银河系运行的卫星星系。然而，它们可能是独立的天体，只是路过这里而已。它们看起来移动得十分迅速，像是长周期卫星，但是这个解释与银河系的质量有关，而银河系的质量是不确定的。

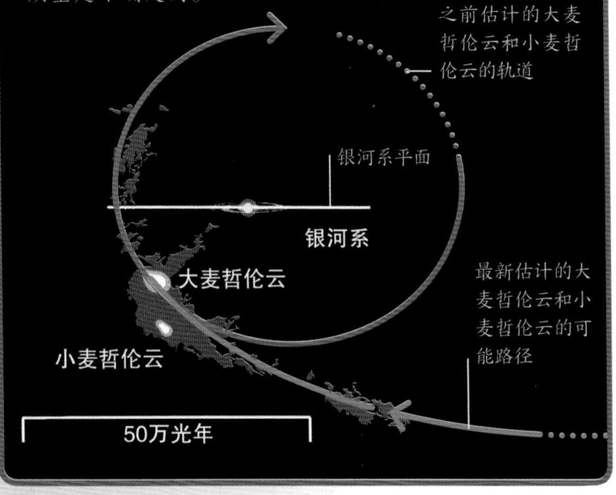

之前估计的大麦哲伦云和小麦哲伦云的轨道
银河系平面
银河系
大麦哲伦云
小麦哲伦云
最新估计的大麦哲伦云和小麦哲伦云的可能路径
50万光年

引力关系
大小麦哲伦云被氢气云连接，同时又通过快速移动的氢气流与银河系连接起来。这些结构是大小麦哲伦云与银河系之间的引力相互作用导致的结果。

用肉眼观测，在南天中的麦哲伦云看起来像模糊且不规则的斑块。

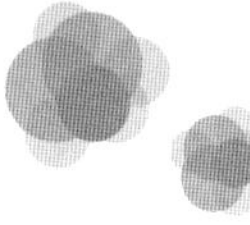

小麦哲伦云

小麦哲伦云（SMC）是一个不规则的矮星系，它是肉眼可见最遥远的天体之一。它拥有一个中心棒的遗迹，这表明在被银河系的引力影响瓦解之前，它可能是一个棒旋星系。两个麦哲伦云之间同样也有引力相互作用：小麦哲伦云围绕着大麦哲伦云运行，而且它们分享着一个共同的氢气云——麦哲伦桥，这是一片恒星形成区。

麦哲伦云对照表

与大麦哲伦云相比，小麦哲伦云更遥远、更小，并且质量更小，拥有的恒星也更少。它们两个都是矮星系，但小麦哲伦云是一个不规则星系，而大麦哲伦是一个矮旋涡星系。

	大麦哲伦云	小麦哲伦云
到地球的距离	16.3万光年	20万光年
直径	1.4万光年	7 000光年
质量	800亿倍太阳质量	400亿倍太阳质量
恒星数量	100亿～400亿颗	几亿颗

仙女星系

仙女星系是距离银河系最近的大星系，而且是本星系群（见134～135页）中最亮、最大的星系。它是一个棒旋星系，就像银河系那样，研究仙女星系已经帮助我们理解了银河系的本质。

仙女星系是什么时候被发现的

在964年左右，波斯天文学家阿尔-苏飞（Al-Sufi）首次在夜空中辨认出了这个星系，并以“星云状的斑点”来描绘它。

大约50亿年后，仙女星系会与银河系相撞。

旋臂
矮星系M32
明亮的核
由球状星团构成的晕
自转方向
仙女星系
矮星系M110
尘埃环

仙女星系的结构

仙女星系的明亮中心是可以用肉眼看到的。它的盘的昏暗外部区域延展至满月直径的7倍处。至少有13个矮星系作为卫星星系分布在仙女星系的周围。

确认仙女星系

在很长一段时间内，仙女星系都被认为是一团云，也就是星云。1925年，它首次被独立地确认为一个星系，当时，爱德温·哈勃（Edwin Hubble）计算出了仙女星系中造父变星（见98～99页）的距离，并且证明了它位于银河系之外。仙女星系位于距离地球大约250万光年的地方，它是肉眼可见的，但是从地球上望去，我们只能看到仙女星系的侧面，无法看到它的盘面结构。不过，红外观测已经显示，它是一个棒旋星系，并且至少拥有一个巨大的尘埃环。

仙女星系的核
背景X射线辐射
核
从伴星上吸积物质的黑洞或中子星
位于星系中心的超大质量黑洞

仙女星系的核

仙女星系的X射线观测显示，它的中央核球中有26个恒星级黑洞（见123页）或中子星。它们强烈的引力场正在从其双星系统中的伴星上吸积物质，同时释放出高能辐射。在这个星系的最中心位置上有一个超大质量黑洞。

仙女星系的结构

在仙女星系中可以看到明显的恒星集群：盘的旋臂中和中央黑洞周围的年轻蓝星，以及中央核球中的年老红星。我们自身星系也有同样的恒星分布情况。仙女星系拥有显著的黑暗尘埃带，大多数的恒星形成发生在那里，不过这些尘埃带的形状比起螺旋形状来说要更圆一些。位于仙女星系内部区域的一个相对较小的尘埃环可能是由其在至少2亿年前与M32的一次相遇导致的，M32是本星系群中一个邻近的矮星系。

仙女星系与银河系的对照

仙女星系的大小是银河系的两倍，它拥有的恒星的数量也是银河系的两倍，但是它的总质量可能与银河系差不多，或者更小一些。

仙女星系

- 星系类型：棒旋星系
- 直径：22万光年（除去晕）
- 质量：1万亿倍太阳质量
- 恒星数量：1万亿颗
- 球状星团的数量：460个

仙女星系的旋臂是分段的，可能正在向一种更类似于环的结构过渡。

银河系

- 星系类型：棒旋星系
- 直径：10万～12万光年（除去晕）
- 质量：0.85万亿～1.5万亿倍太阳质量
- 恒星数量：1 000亿～4 000亿颗
- 球状星团的数量：150～158个

对于在银盘中的恒星和尘埃带来说，银河系具有界限清晰的螺旋结构。

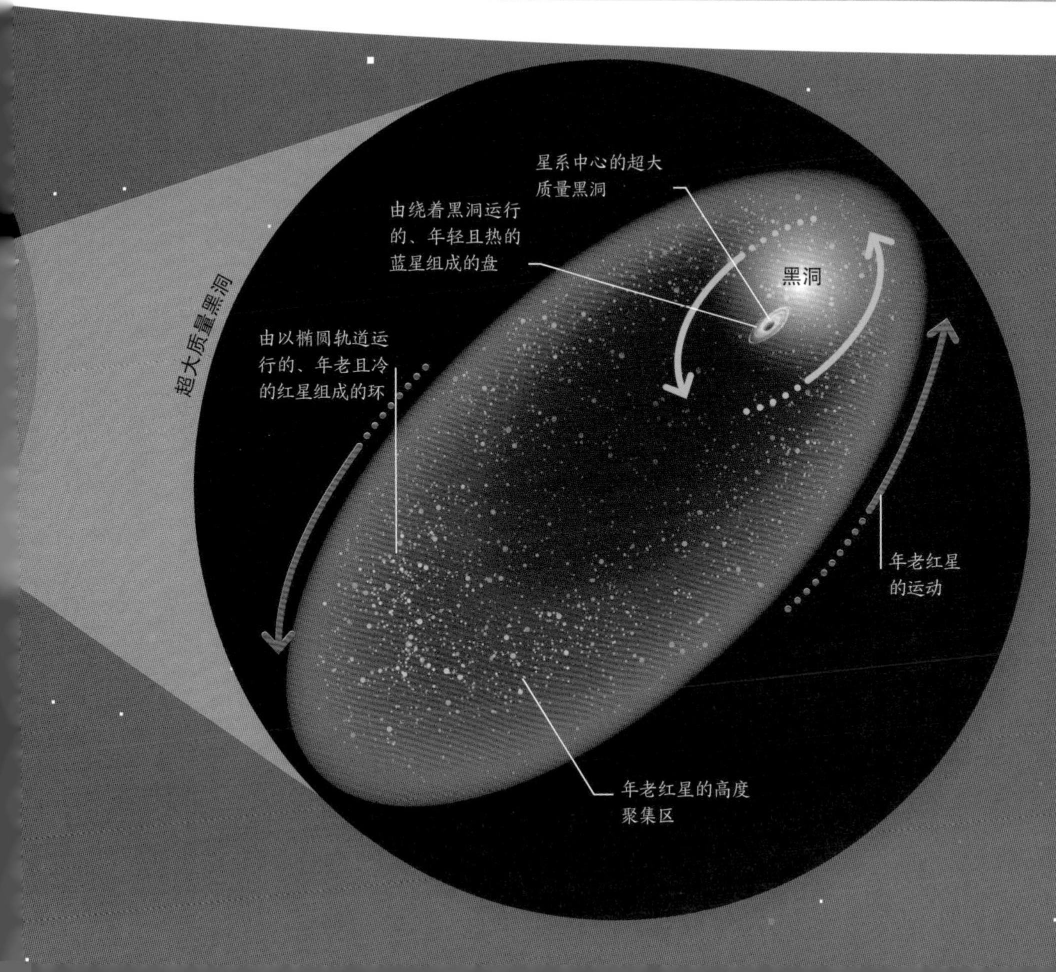

超大质量黑洞
星系中心的超大质量黑洞
由绕着黑洞运行的、年轻且热的蓝星组成的盘
黑洞
由以椭圆轨道运行的、年老且冷的红星组成的环
年老红星的运动
年老红星的高度聚集区

超大质量黑洞

仙女星系最中心区的细节图显示出两个明亮的区域。它们与两个结构相一致，一个是由在一片宽广的椭圆区域中运行的、年老且冷的红星组成的环，另一个是由在距离中央超大质量黑洞更近的轨道中运行的、年轻且热的蓝星组成的集群。

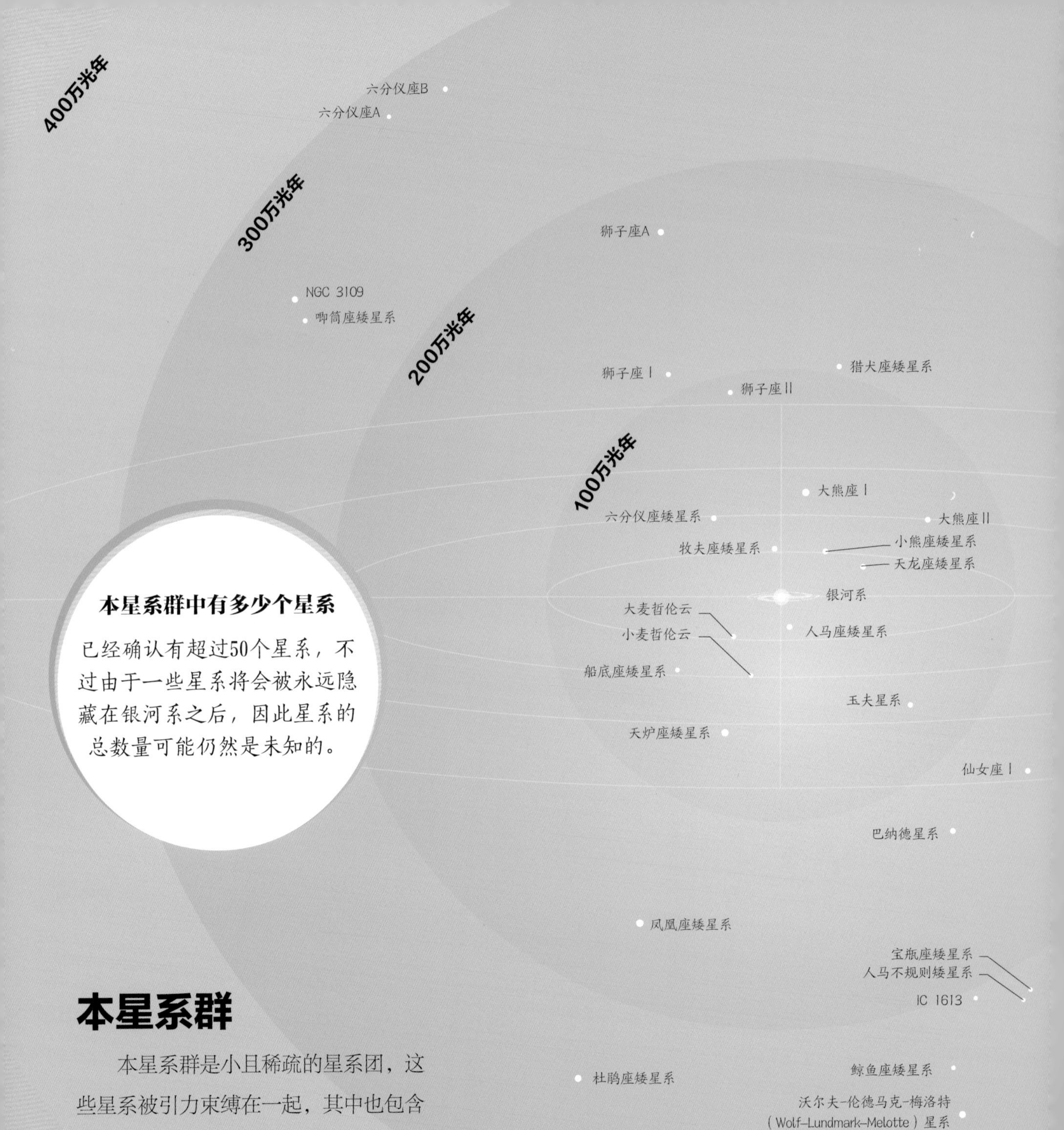

400万光年
六分仪座B
六分仪座A
300万光年
狮子座A
NGC 3109
唧筒座矮星系
200万光年
狮子座Ⅰ
猎犬座矮星系
狮子座Ⅱ
100万光年
大熊座Ⅰ
六分仪座矮星系
大熊座Ⅱ
牧夫座矮星系
小熊座矮星系
天龙座矮星系
银河系
大麦哲伦云
小麦哲伦云
人马座矮星系
船底座矮星系
玉夫星系
天炉座矮星系
仙女座Ⅰ
巴纳德星系
凤凰座矮星系
宝瓶座矮星系
人马不规则矮星系
IC 1613
杜鹃座矮星系
鲸鱼座矮星系
沃尔夫-伦德马克-梅洛特
（Wolf–Lundmark–Melotte）星系

本星系群中有多少个星系

已经确认有超过50个星系，不过由于一些星系将会被永远隐藏在银河系之后，因此星系的总数量可能仍然是未知的。

本星系群

本星系群是小且稀疏的星系团，这些星系被引力束缚在一起，其中也包含我们的银河系（见126～129页）和仙女星系（见132～133页），它们是本星系群中最大的成员。其他大多数星系是矮星系（见140～141页）。

本星系群中的星系

本星系群中的大多数星系是银河系或仙女星系的卫星星系。遥远的唧筒座-六分仪座星系群形成了一个子群，另外还有几个小且独立的星系。这个视图是以银河系为中心的，不过，本星系群中的所有星系实际上是围绕着银河系和仙女星系之间的质量中心运行的。

本星系群的演化

本星系群相对年轻，因此它所包含的大多数气体仍然处于它的星系之内，为恒星形成提供原材料。银河系最大的邻居——麦哲伦云（见130～131页）——正在被它们的母星系的引力吸入。类似地，银河系和仙女星系正在拉近彼此之间的距离，二者最终将会并合。在未来的某一天，本星系群自身可能会与最邻近的星系团并合，即与比本星系群大很多的室女座星系团（见146～147页）并合。

IC 10
NGC 185
NGC 147
M110
仙女星系
M32
仙女座II
仙女座III
三角星系
双鱼座矮星系
飞马座矮星系

本星系群的预计质量是2万亿倍太阳质量。

三角星系

三角星系位于距离我们270万光年远处，是肉眼可见的最远的天体之一。它是本星系群的第三大成员，直径大约为6万光年。在大约20亿～40亿年前，三角星系与仙女星系曾有过一次近距离的相遇，这次相遇触发了仙女星系盘中的恒星形成。

伴星（70倍太阳质量）
热吸积盘发射出X射线
物质被吸入黑洞
在伴星周围轨道中的黑洞（16倍太阳质量）

恒星级黑洞

三角星系包含一个独特的双星系统，由一颗质量约为16倍太阳质量的黑洞和其围绕着运行的一颗质量更大的恒星组成。随着这颗恒星的物质被吸入黑洞中，X射线被辐射出来。

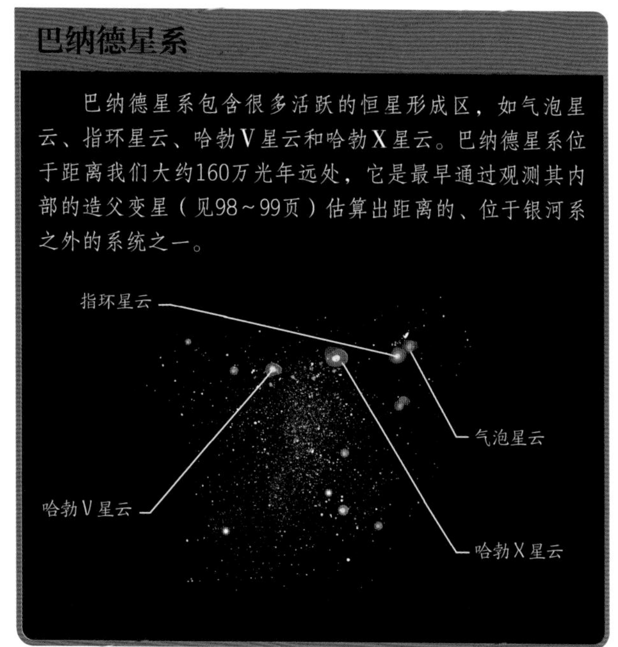

巴纳德星系

巴纳德星系包含很多活跃的恒星形成区，如气泡星云、指环星云、哈勃V星云和哈勃X星云。巴纳德星系位于距离我们大约160万光年远处，它是最早通过观测其内部的造父变星（见98～99页）估算出距离的、位于银河系之外的系统之一。

指环星云
气泡星云
哈勃V星云
哈勃X星云

旋涡星系的结构

旋涡星系拥有一个富含恒星、气体和尘埃的扁平的盘。这些物质集中在中央核球周围的几条螺旋状的旋臂中，核球由密集地聚在一起的恒星组成，有时会被拉长成棒状。旋臂很明亮，由年轻的蓝星组成，而年老的红星和黄星则集中在中央核球和广阔的晕中，晕中包含球状星团。

在所有观测到的星系中，大约有2/3是旋涡星系。

旋涡星系中的恒星

在一个典型的旋涡星系中，大多数恒星位于扁平的星系盘和中央黑洞周围的球状核球中。还有一些恒星被发现于广阔的球状晕中，它们通常以致密的球状星团的形式存在。

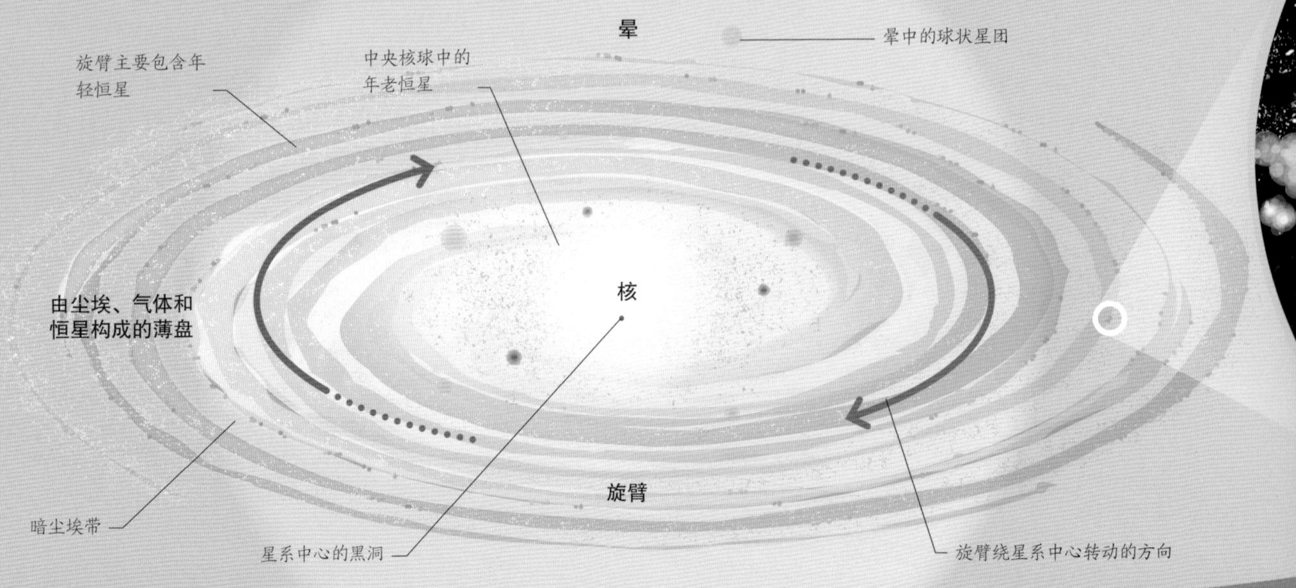
晕
晕中的球状星团
旋臂主要包含年轻恒星
中央核球中的年老恒星
由尘埃、气体和恒星构成的薄盘
核
旋臂
暗尘埃带
星系中心的黑洞
旋臂绕星系中心转动的方向

旋涡星系

旋涡星系是宇宙中最壮观的天体之一。它们的外形取决于其盘内的密度变化，这决定了旋臂的数量、缠绕的开放或卷紧程度，以及旋臂的显著程度。

旋臂

星系不是一个固态结构，而是由绕着星系中心转动的恒星、气体、尘埃和其他天体构成的流动集群。旋臂起源于这些物质中的高密度波，它比这些物质本身移动得更加缓慢。恒星和气体进入一个密度波的方式与车辆进入交通拥挤的道路的方式一样，它们聚成一团，穿过密度波从另一侧出来。这种物质聚集导致了明亮的新生星的生成，而这些新生星被我们看作旋臂。

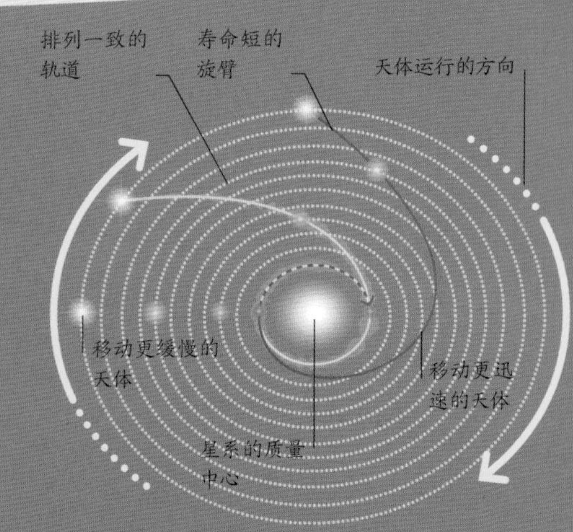
排列一致的轨道
寿命短的旋臂
天体运行的方向
移动更缓慢的天体
移动更迅速的天体
星系的质量中心

理想化的星系

在一个理想化的星系中，当天体以相同的速度在排列一致的轨道中移动时，更外侧的天体在它们的轨道上运行一周所需要的时间比那些更靠近中心的天体所用的时间更长。尽管会形成螺旋图案，但是旋臂很快就会缠绕得过于紧密，以至于变得难以辨认。

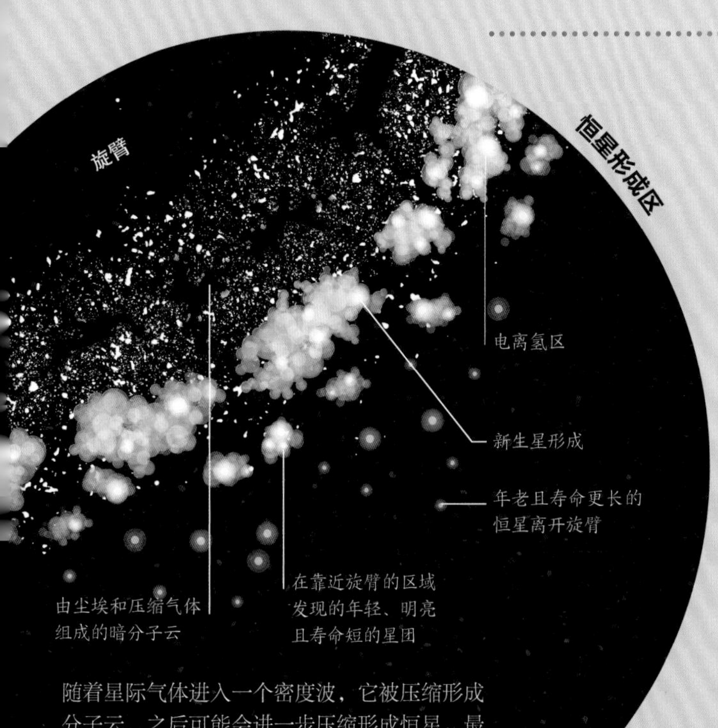
旋臂
恒星形成区
电离氢区
新生星形成
年老且寿命更长的
恒星离开旋臂
由尘埃和压缩气体
组成的暗分子云
在靠近旋臂的区域
发现的年轻、明亮
且寿命短的星团

随着星际气体进入一个密度波，它被压缩形成分子云，之后可能会进一步压缩形成恒星。最大、最明亮的恒星是寿命较短的，它们标记出这条旋臂的外边缘。

旋臂中的活动

旋臂是星系盘中缓慢移动的密度波，气体进入更高密度的区域时会被压缩，进而导致强烈的恒星形成区的出现。最明亮的新生恒星发出大量紫外光，这些紫外光会使气体中的氢电离（使氢分子分解为带电粒子），从而使气体发光。这些明亮的恒星和发光的气体为旋臂划出了界限。

最大的旋涡星系是哪个

2019年，哈勃空间望远镜拍摄到UGC 2885的图像。UGC 2885是已知最大的旋涡星系之一。这个星系位于大约2.32亿光年远处，比银河系要宽2.5倍左右，它包含的恒星数量是银河系的10倍。

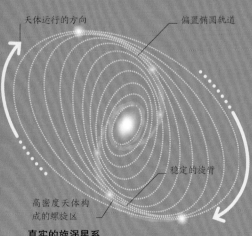

天体运行的方向

偏置椭圆轨道

稳定的旋臂

高密度天体构成的螺旋区

真实的旋涡星系

在一个真实的星系中，更外侧的天体在它们的轨道上运行一周所需要的时间仍会比内部天体所需的时间更长，但是它们的轨道是椭圆形的，而且角度稍有不同。随着时间流逝，天体在某些位置会聚集在一起，产生稳定的旋臂效果。

恒星轨道

盘内的恒星沿着椭圆轨道围绕中心上下移动，大体上位于星系的盘面中。中央核球中恒星的轨道很短且角度随机，呈现出一个直径为几百光年的球状分布区。类似地，晕中恒星的轨道也有着各种角度，但是，它们都很长且会穿过星系盘面，这可以使晕中恒星出现在星系盘面之上和之下数千光年的位置。

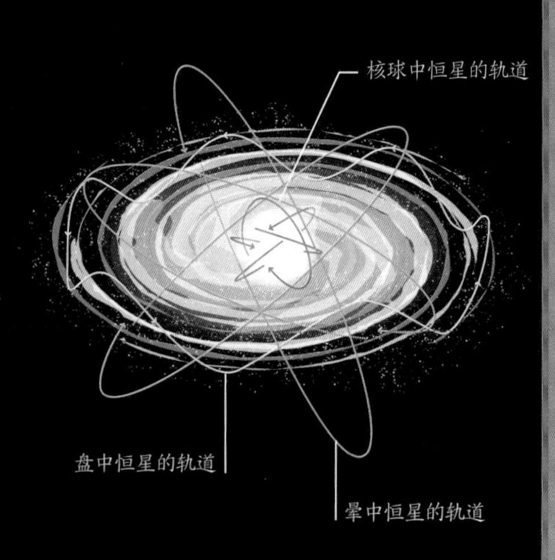
核球中恒星的轨道
盘中恒星的轨道
晕中恒星的轨道

椭圆星系

椭圆星系是由恒星构成的光滑的球状系统，没有明显的结构。它们的大小跨度很大，形状从椭球状到球状。最大的椭圆星系比任何旋涡星系都大得多。透镜星系与椭圆星系有一些共同特征，但与旋涡星系有某些相似性。

已知最大的星系是哪个

椭圆星系IC 1101是已知所有星系中最大的星系。它包含大约100万亿颗恒星，拥有一个直径长达400万光年的晕。

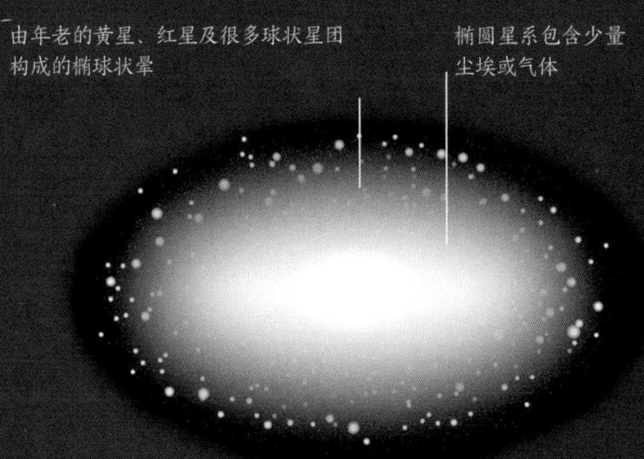

由年老的黄星、红星及很多球状星团构成的椭球状晕
椭圆星系包含少量尘埃或气体

一个椭圆星系的解剖图

M86是一个典型的椭圆星系，它的大小与银河系接近，但包含的球状星团的数量是银河系的300倍左右。它没有一个具有明确界限的核，随着到中心的距离逐渐增加，恒星密度平稳地下降。

以任意角度倾斜且离心率变化很大的轨道

椭圆星系中的轨道

椭圆星系中几乎没有星际气体和尘埃与恒星相互作用，无法使它们保持在一个单一的盘上，因此恒星的轨道是随机的，以任意角度倾斜，形状从圆形到偏心的椭圆形变化。

椭圆星系

这些星系的大小变化很大，从银河系十分之一大小的星系到比银河系大数十倍的超巨椭圆星系。椭圆星系主要包含小质量且较年老的黄星和红星。它们拥有少量的星际气体或尘埃，它们内部很少会发生恒星形成事件，可能是因为这些星系中几乎所有的气体和尘埃都已经被转化成了恒星。一个巨椭圆星系通常是一个星系团中位于中心位置且最明亮的成员，而矮椭圆星系则相对暗弱，很难被发现。

巨椭圆星系

已知最大星系中的部分星系属于椭圆星系。M87大约比银河系（一个典型的棒旋星系）宽10倍，目前已知最大的星系之一IC 1101则比银河系宽40倍左右。这两个星系都包含数万亿颗恒星，而银河系中只有几千亿颗恒星。

银河系

直径为17万～20万光年的棒旋星系，包含1 000亿～4 000亿颗恒星。

M87

直径为100万光年的巨椭圆星系，包含几万亿颗恒星。

IC 1101

直径为400万光年的超巨椭圆星系，包含约100万亿颗恒星。

透镜星系

透镜星系的外形与椭圆星系相似，特别是从侧面看时。与旋涡星系一样，它们也拥有一个气体尘埃盘，这个盘使它们呈现出透镜形状，因此它们的名字——透镜星系——便意味着它们类似透镜。一些透镜星系可能是已经丢失了大部分（但不是所有）气体和尘埃的旋涡星系。与椭圆星系相似，透镜星系包含较年老的恒星，几乎没有多少新生星形成的迹象。

矮椭圆星系是暗弱的，很难被观测到，但它们可能是最常见的星系类型。

由较年老恒星组成的巨大的核
环形的尘埃带
由气体、尘埃和较年老恒星组成的盘

一个透镜星系的解剖图

NGC 2787是一个透镜星系，与大多数透镜星系相比，它拥有的结构更多一些，它的盘中有着由尘埃构成的同心环。与大多数透镜星系相似，NGC 2787的核比类似大小的旋涡星系的核更大。

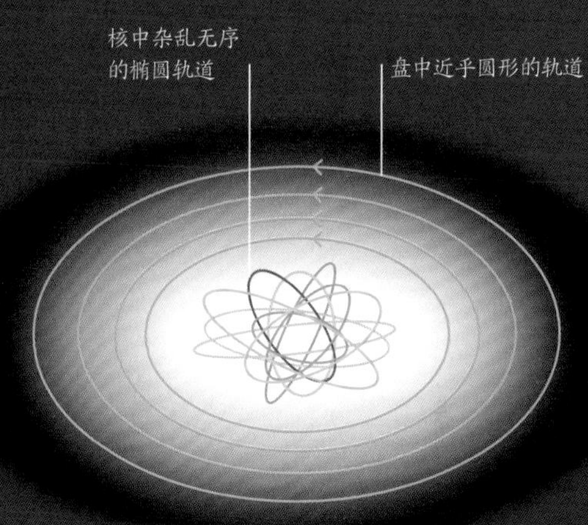
核中杂乱无序的椭圆轨道
盘中近乎圆形的轨道

透镜星系中的轨道

透镜星系盘中的恒星通常沿着有序且近圆形的轨道运行。然而，在巨大的中央核球中，恒星的轨道更多变，形状是偏心的椭圆形，而且以任意角度倾斜。

星系分类

星系通常根据它们的形状进行分类，爱德温·哈勃1926年提出的分类依据在今天仍然被广泛采用。他根据从地球上观测到的星系的形状将它们分成三种主要类型：椭圆星系、透镜星系和旋涡星系。这个分类一般用音叉图来表示。哈勃分类系统并非为了解释星系演化，而且我们现在确认了第四种类型的星系：不规则星系，这种星系没有明显且规则的形状（见141页）。

哈勃星系分类

椭圆星系被编号为E0（圆形的）到E7（高度椭圆形的）。所有的透镜星系被分类为S0。旋涡星系被分为经典旋涡星系（S）和棒旋星系（SB）。

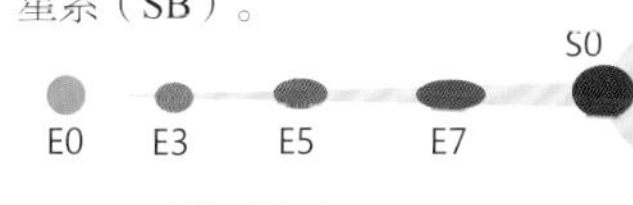
E0
E3
E5
E7
椭圆星系

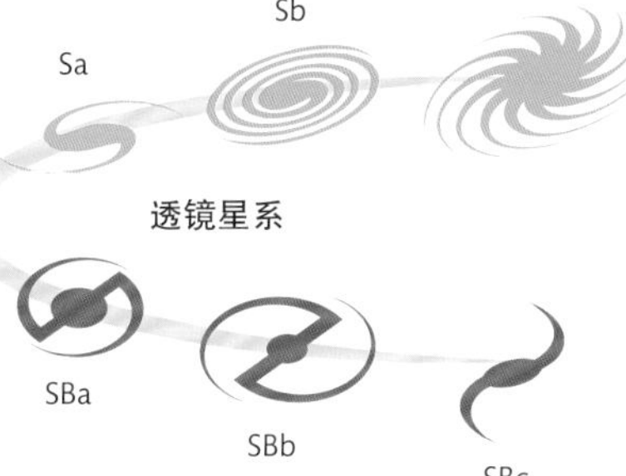
经典旋涡星系
Sa
Sb
Sc
S0
透镜星系
SBa
SBb
SBc
棒旋星系

矮星系

可观测宇宙中将近两万亿个星系中的大多数星系，都比银河系要小得多。这些矮星系中的一些星系拥有确定的形状，如旋涡状，但大多数星系的形状是不规则的。

星系的大小

矮星系通常比银河系小10倍，所包含的恒星不到几十亿颗。

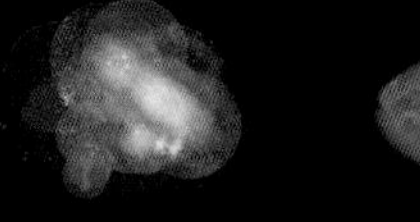

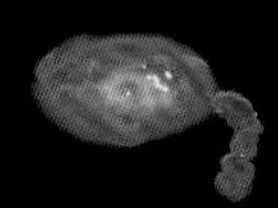

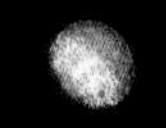

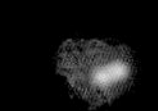

银河系
直径为17万～20万光年

雪茄星系
直径为4万光年

NGC 4449
直径为2万光年

大麦哲伦云
直径为1.4万光年

NGC 1569
直径为8 000光年

小麦哲伦云
直径为7 000光年

兹威基18
直径为3 000光年

矮星系的特征

大多数矮星系在更大星系引力场的束缚下绕着更大的星系运行，就像行星绕恒星运行一样。不过，一些矮星系会自主运动，不受任何更大天体引力的影响，另一些则被发现位于星系团之间的缝隙中，处于极端孤立状态。矮星系被认为在宇宙诞生的早期就形成了，它们生成了最初的一些恒星，之后与邻近星系并合形成更大的星系（见168～169页）。银河系附近大约有60个矮星系，其中最大的是大小麦哲伦云（见130～131页）。

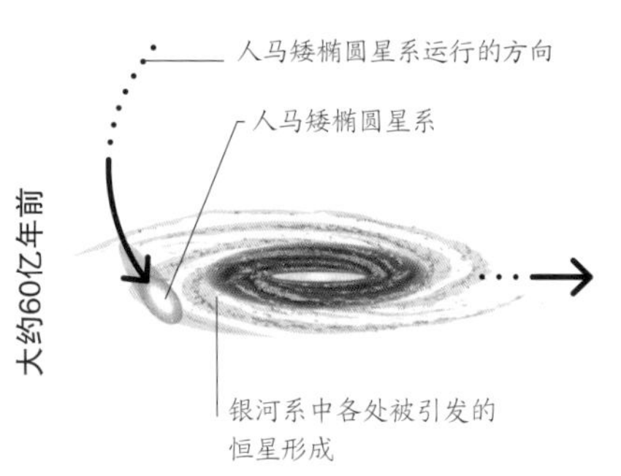
人马矮椭圆星系运行的方向
人马矮椭圆星系
大约60亿年前
银河系中各处被引发的恒星形成
首次穿过银河系
大约30亿年前
在人马矮椭圆星系影响下的银河系旋臂的演化
从人马矮椭圆星系中吸引过来的恒星流
停留在银河系周围的轨道中

与人马矮椭圆星系的相互作用

人马矮椭圆星系曾至少三次穿过银河系的银盘，每次都引发了银河系中的恒星形成和银盘的轻微翘曲。太阳大约是在人马矮椭圆星系首次穿过银盘时形成的。

距离我们最近的邻近星系是哪个

大犬矮星系距离我们只有2.5万光年远，因此它到我们的距离比我们到银心的距离更近。

所有已知星系中大约有四分之一被认为是不规则星系。

不规则星系

很多矮星系被分类为不规则星系，不过红外观测已经显示，一些矮星系，如大麦哲伦云，具有旋涡或棒旋结构。因为它们的质量很小，所以矮星系很容易被尺寸更大、质量更大的邻近天体的强大引力场来回拖动、撕碎，导致它们原本的结构被破坏。正常尺寸的星系也可以是不规则的。这些不规则星系中的很多显示出曾与其他星系碰撞的迹象，比如组成旋涡结构的扭曲的残骸，或者明亮的恒星形成区，也就是星爆。

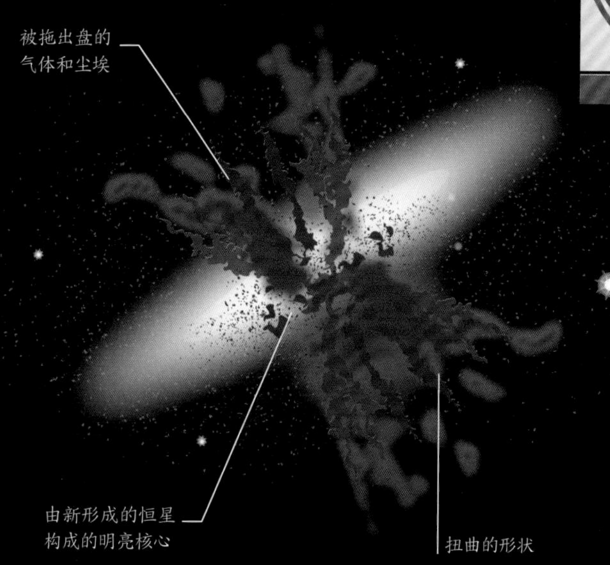
被拖出盘的
气体和尘埃
由新形成的恒星
构成的明亮核心
扭曲的形状

星爆星系

雪茄星系是一个不规则的星爆星系，它正在更大的邻近天体M81（在这张图中未显示）的引力作用下变得扭曲，这导致其核中具有很高的恒星形成率。

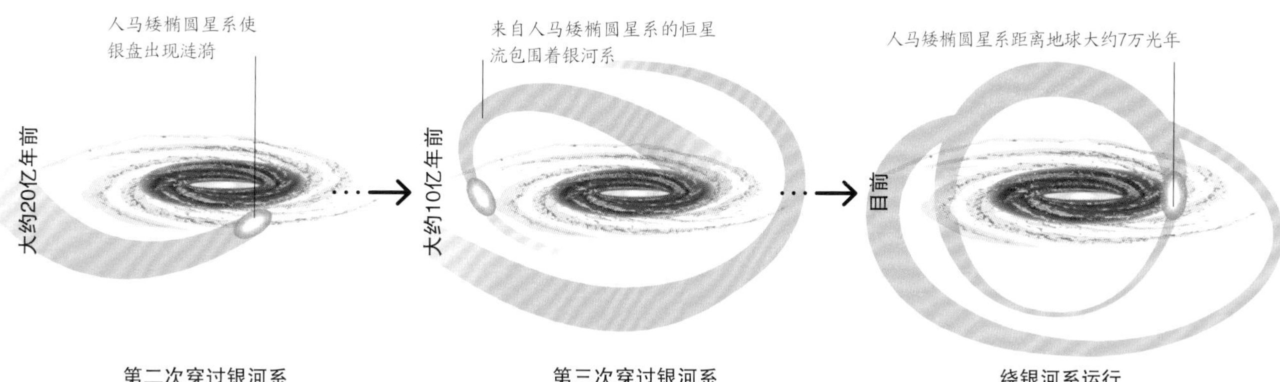
人马矮椭圆星系使
银盘出现涟漪
大约20亿年前
来自人马矮椭圆星系的恒星
流包围着银河系
大约10亿年前
人马矮椭圆星系距离地球大约7万光年
目前
第二次穿过银河系
第三次穿过银河系
绕银河系运行

矮星系的类型

矮星系根据它们的形状、特征和组成来分类。就像正常尺寸的星系有旋涡、椭圆和不规则等几种不同类型一样，矮星系也包括几种特殊的类型，如致密矮星系。

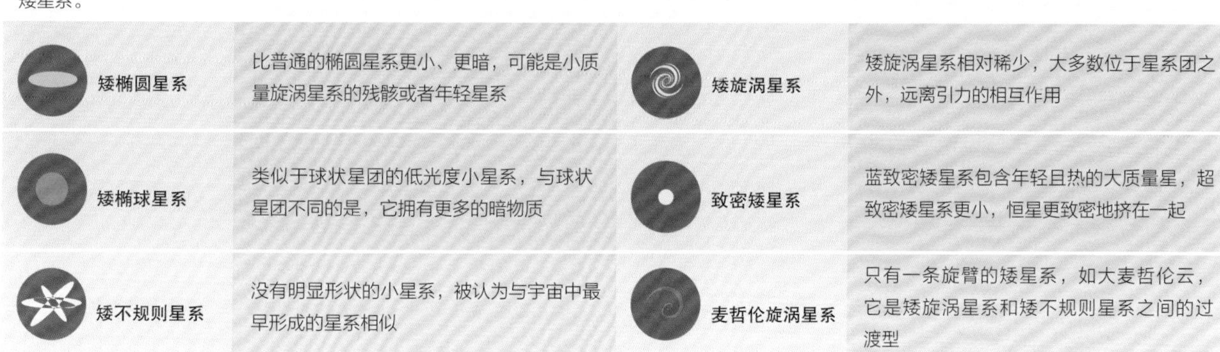

矮椭圆星系	比普通的椭圆星系更小、更暗，可能是小质量旋涡星系的残骸或者年轻星系	矮旋涡星系	矮旋涡星系相对稀少，大多数位于星系团之外，远离引力的相互作用
矮椭球星系	类似于球状星团的低光度小星系，与球状星团不同的是，它拥有更多的暗物质	致密矮星系	蓝致密矮星系包含年轻且热的大质量星，超致密矮星系更小，恒星更致密地挤在一起
矮不规则星系	没有明显形状的小星系，被认为与宇宙中最早形成的星系相似	麦哲伦旋涡星系	只有一条旋臂的矮星系，如大麦哲伦云，它是矮旋涡星系和矮不规则星系之间的过渡型

活动星系

一些星系异常活跃，释放出来的能量比它们的恒星单独可以生成的能量更多。当在电磁光谱中的某些波段（见153页）观察时，它们可以比银河系亮1 000倍。这些星系拥有一个活动核，随着物质落进中央黑洞，活动核释放出大量能量。

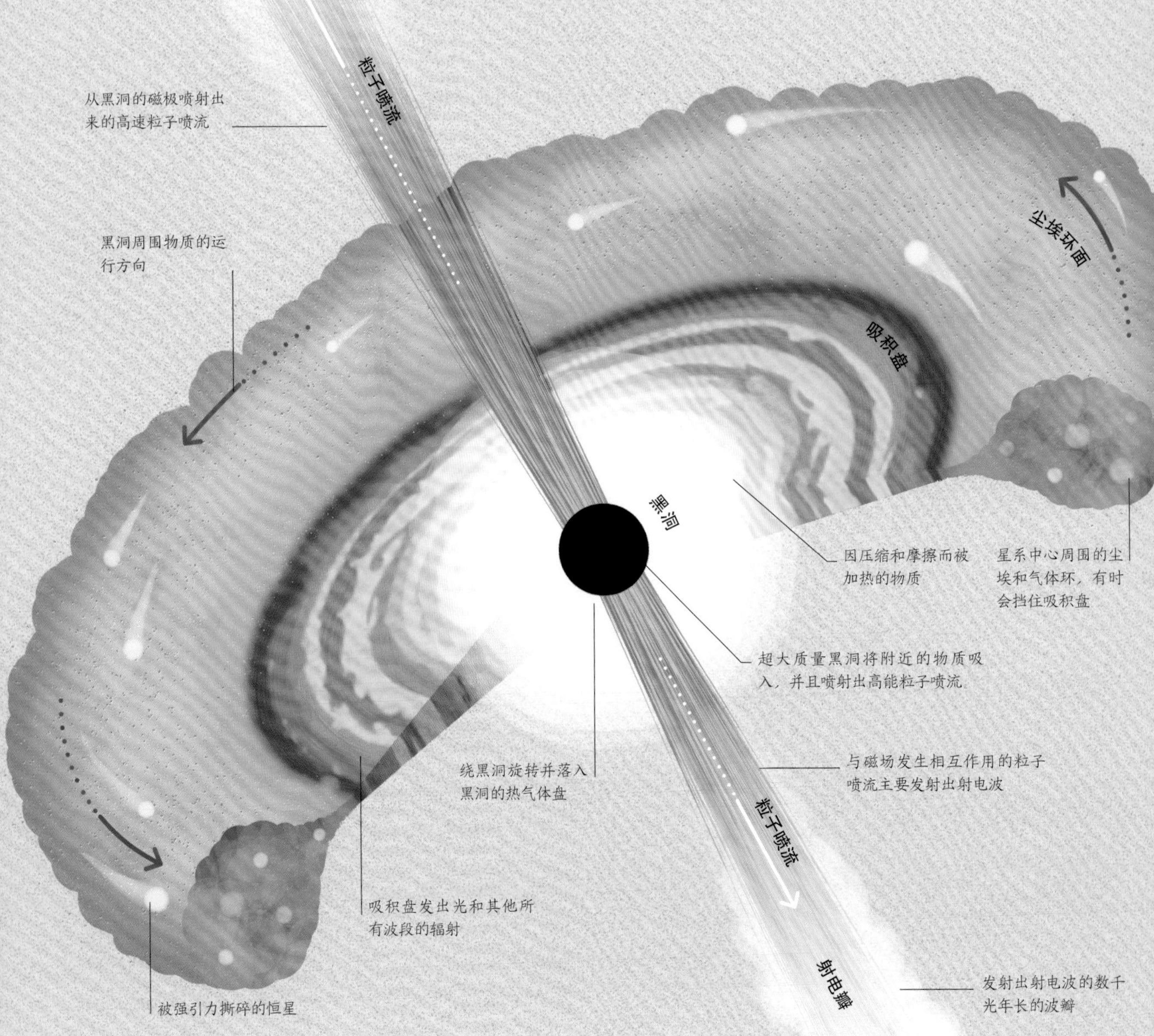
从黑洞中喷射出来的物质在星系际气体作用的影响下扩散成一个波瓣
射电瓣
从黑洞的磁极喷射出来的高速粒子喷流
粒子喷流
黑洞周围物质的运行方向
尘埃环面
吸积盘
黑洞
因压缩和摩擦而被加热的物质
星系中心周围的尘埃和气体环，有时会挡住吸积盘
超大质量黑洞将附近的物质吸入，并且喷射出高能粒子喷流
与磁场发生相互作用的粒子喷流主要发射出射电波
绕黑洞旋转并落入黑洞的热气体盘
粒子喷流
吸积盘发出光和其他所有波段的辐射
射电瓣
发射出射电波的数千光年长的波瓣
被强引力撕碎的恒星

银河系是活动的吗

目前，我们的银河系是休眠的，但银盘之上和之下的伽马射线波瓣的存在表明，它可能在几百万年前是活跃的。

极端能量

在活动星系中，中央超大质量黑洞消耗附近的物质，随着物质被吸入和撕碎，一个被压缩并加热的旋转盘形成。多达三分之一被吸入的物质会被转化为能量，使活动星系成为宇宙中最长久活跃的天体。大多数活动星系距离我们的星系非常遥远，不过有几个比较近，而且所有星系都有可能变得活跃。

活动星系的剖面结构
包含一个由加热物质组成的吸积盘和一个包围着中央黑洞的尘埃环。一些活动星系也拥有辐射出射电波的巨大波瓣，由来自黑洞磁场的带电粒子喷流提供能量。

哈尼天体

哈尼天体是一个不同寻常的天体，于2017年被发现。它被来自邻近星系IC 2497中的一颗类星体的辐射点亮，随电离氧而发光。这颗类星体不再活跃，但气体仍然从星系中流出，从而触发这个电离云中的恒星形成。

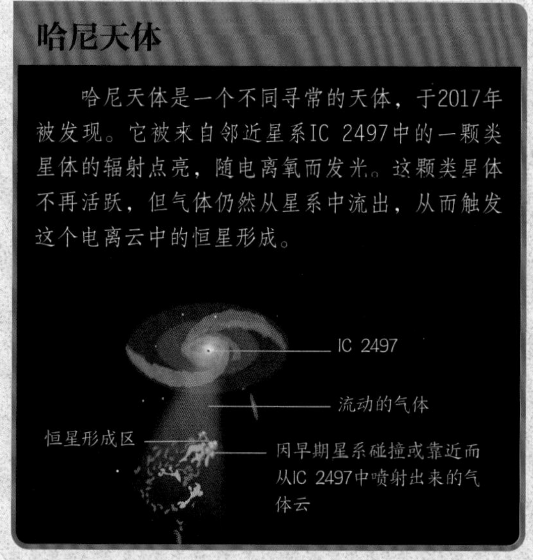
IC 2497
流动的气体
恒星形成区
因早期星系碰撞或靠近而从IC 2497中喷射出来的气体云

活动星系的类型

活动星系包含射电星系、赛弗特星系、类星体和耀变体等几种不同的类型，它们发射出X射线和其他形式的高能辐射。活动星系的类型取决于星系核中活动产生的能量、星系的质量和它对地球的朝向。赛弗特星系和类星体具有相似的朝向，但赛弗特星系发射出来的能量要远少于类星体，类星体位列已知最高能且最明亮的天体列表中。

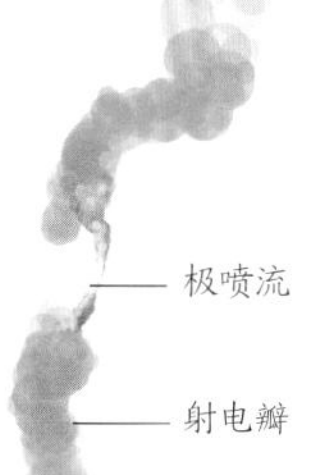
极喷流
射电瓣

射电星系NGC 383

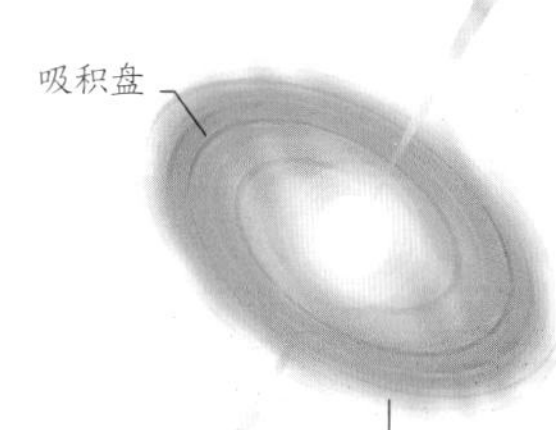
吸积盘
尘埃环

类星体PG 0052+251

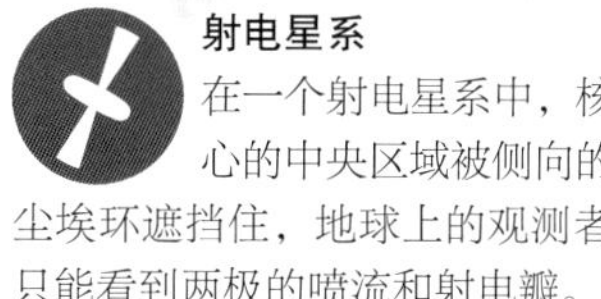

射电星系
在一个射电星系中，核心的中央区域被侧向的尘埃环遮挡住，地球上的观测者只能看到两极的喷流和射电瓣。

类星体
在类星体中，尘埃环是倾斜地朝向地球的，这使得我们可以看到吸积盘发出的明亮的光，它发出的光比周围星系的光更亮。

核心发射出极喷流

耀变体MAKARIAN 421

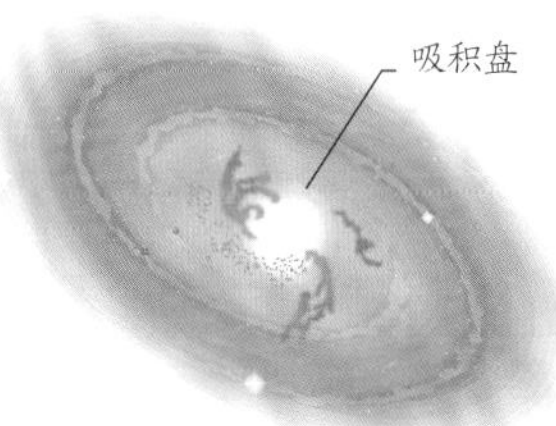
吸积盘

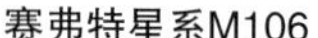

赛弗特星系M106

耀变体
耀变体是对齐排列的，因此地球上的观测者会顺着其两极的喷流看向核心。它被明亮的光遮挡住，但是射电瓣有时可以被探测到。

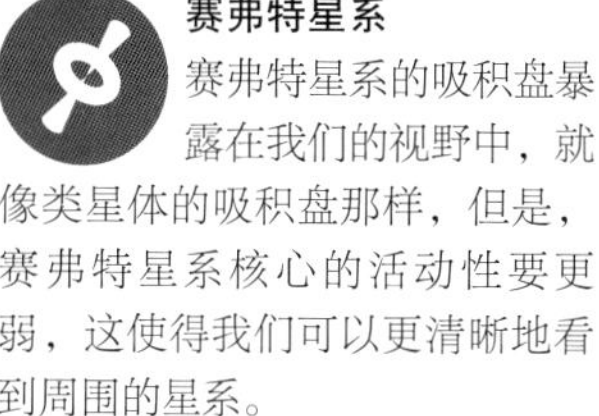

赛弗特星系
赛弗特星系的吸积盘暴露在我们的视野中，就像类星体的吸积盘那样，但是，赛弗特星系核心的活动性要更弱，这使得我们可以更清晰地看到周围的星系。

从最遥远的类星体发出的光花费了超过120亿年的时间才到达我们眼中。

星系碰撞

星系被束缚在一起构成星系团，相对于它们之间的距离来说，它们很大，因此，近距离相遇甚至碰撞都是常见的。碰撞可以促进新生星的形成，而且在星系演化中扮演着重要的角色。

星系相互作用

当两个星系靠近时，结果取决于它们的大小和它们靠近的程度。它们之间的相互作用可能会很弱，导致它们的形状轻微扭曲，但是一次强烈的相互作用或碰撞可以产生巨大的影响，导致新生星的爆发式形成，甚至使其中一个星系或两个星系被撕裂。一次碰撞可以将物质从一个星系中拉扯出来，还可能促使物质进入中央黑洞，生成一个活动核（见142～143页）。

当星系碰撞时，行星会发生什么

当星系碰撞时，引力扰动会使一些行星在它们的轨道中移动，甚至会将它们抛出，使它们进入星际空间，不过行星之间的碰撞是不太可能发生的。

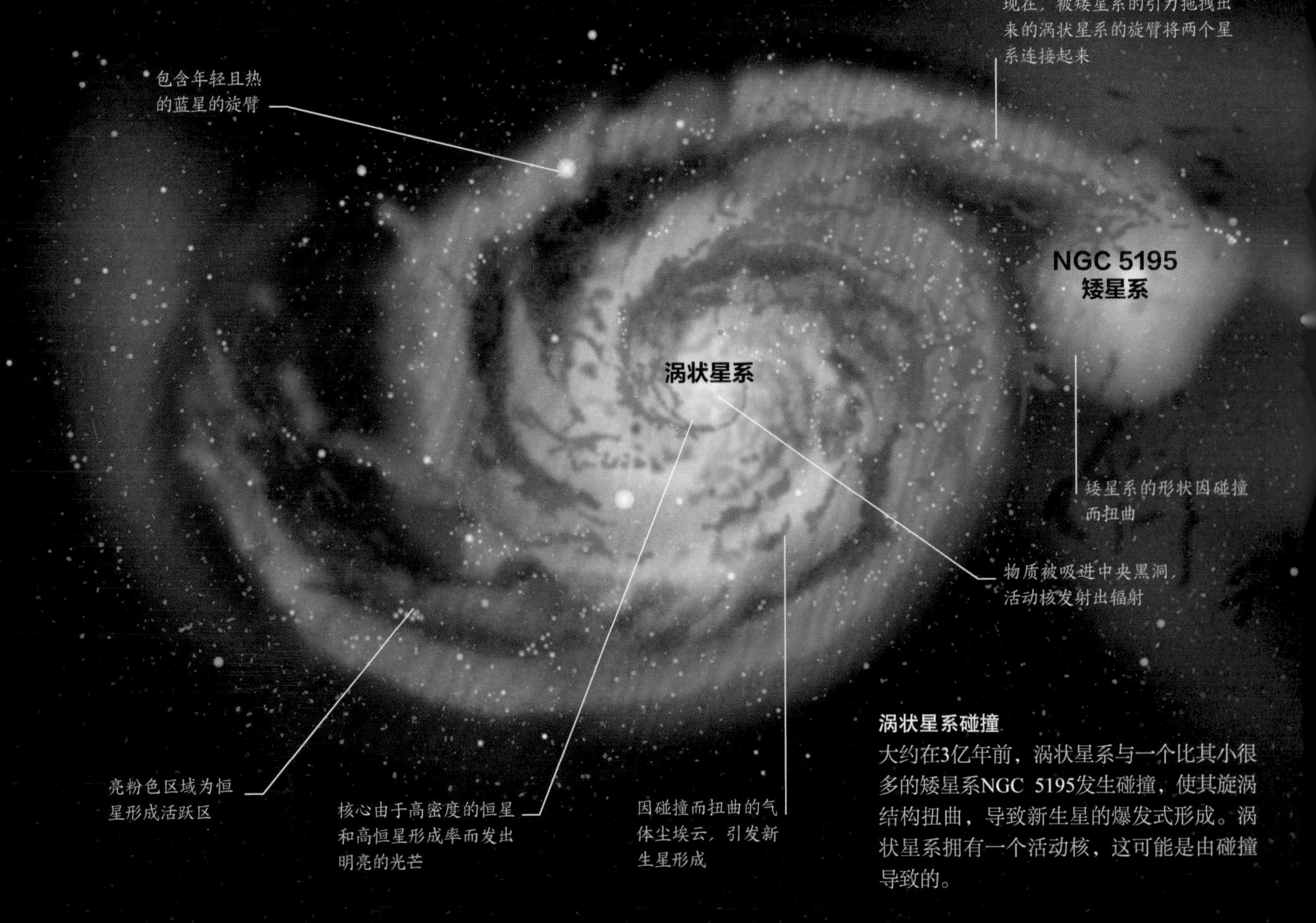

现在，被矮星系的引力拖拽出来的涡状星系的旋臂将两个星系连接起来

包含年轻且热的蓝星的旋臂

NGC 5195
矮星系

涡状星系

矮星系的形状因碰撞而扭曲

物质被吸进中央黑洞，活动核发射出辐射

亮粉色区域为恒星形成活跃区

核心由于高密度的恒星和高恒星形成率而发出明亮的光芒

因碰撞而扭曲的气体尘埃云，引发新生星形成

涡状星系碰撞

大约在3亿年前，涡状星系与一个比其小很多的矮星系NGC 5195发生碰撞，使其旋涡结构扭曲，导致新生星的爆发式形成。涡状星系拥有一个活动核，这可能是由碰撞导致的。

星系演化

碰撞是星系从一种类型转换成另一种类型的关键。碰撞的星系会彼此扭曲得面目全非，或者更大的星系会吞没更小的星系。一个旋涡星系的气体和尘埃可能会被完全剥离，使其恒星形成过程停止，将其转换成一个椭圆星系。多次碰撞会生成巨椭圆星系，它们的恒星以任意角度运行，而且它们原始成分的任何结构都不复存在。

并合模型

根据一种星系演化理论，星系会经历一系列的并合和碰撞，同时它们的星际气体会因恒星形成而被消耗掉。星系并合形成巨椭圆星系，巨椭圆星系最终会占据星系团的中央区域。

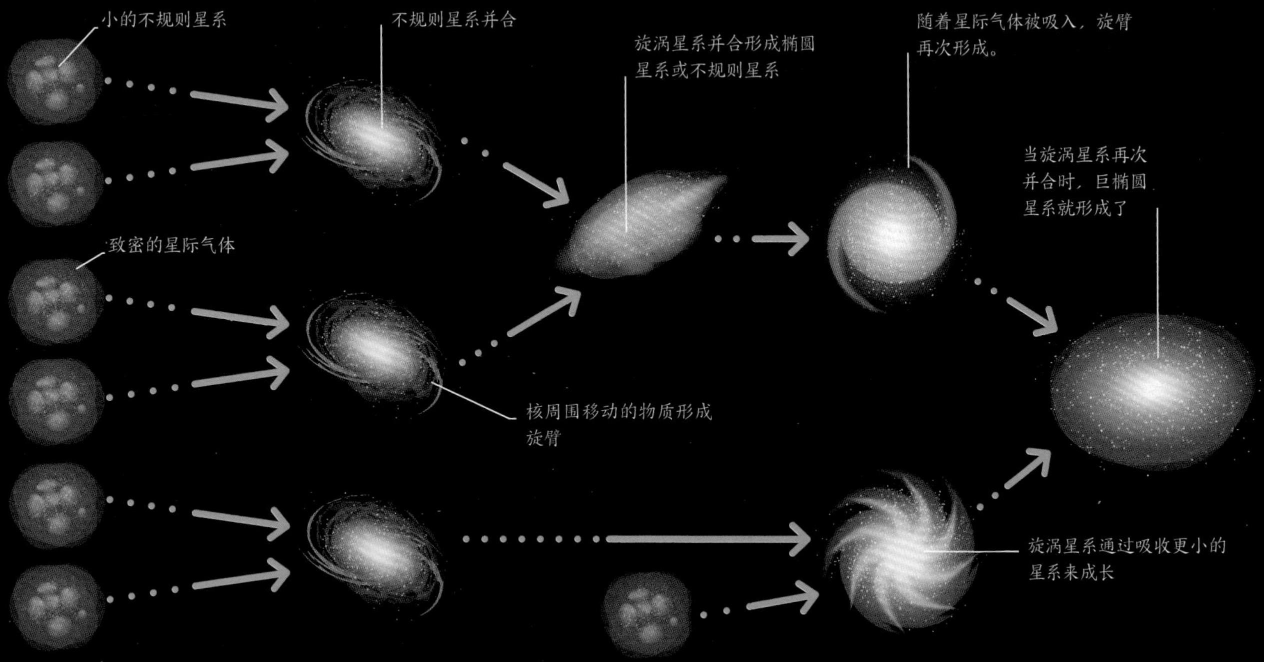

小的不规则星系

不规则星系并合

旋涡星系并合形成椭圆星系或不规则星系

随着星际气体被吸入，旋臂再次形成。

当旋涡星系再次并合时，巨椭圆星系就形成了

致密的星际气体

核周围移动的物质形成旋臂

旋涡星系通过吸收更小的星系来成长

两个大星系的并合过程每年总共可以生成数千倍太阳质量的新生星。

模拟星系碰撞

星系之间的碰撞会经历数百万年，因此我们不可能观测到整个过程。不过，使用简化的虚拟星系构建的计算机模型可以模拟一次碰撞，让我们观察到星系的命运可能会是什么样的。在这里，一次模拟显示出在10亿年的时间里，两个星系的结构是如何随着它们碰撞和并合过程而扭曲的。

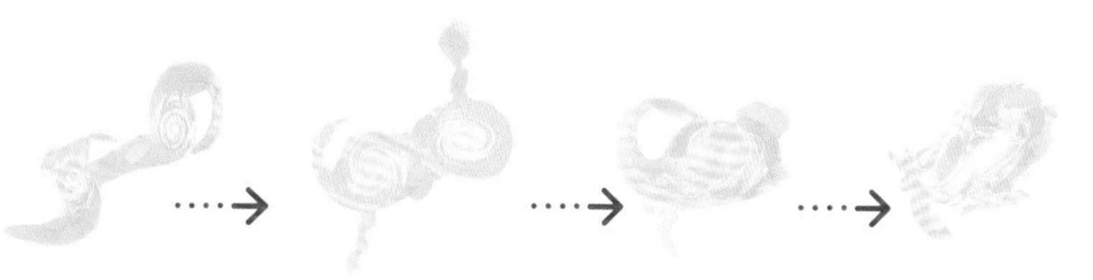
0年
5亿年
7.5亿年
10亿年

星系团和超星系团

尽管一些星系孤立地存在于宇宙中，但是大多数星系被发现是成群聚集的。强大的引力将它们束缚在一起，使它们形成小的星系群、大的星系团，以及更大的超星系团，这些超星系团属于宇宙中最大的结构之列。

拉尼亚凯亚
我们的本超星系团，即银河系和本星系群所属的超星系团，是拉尼亚凯亚超星系团。现在认为，包括室女超星系团在内的几个邻近超星系团是这个更大结构中的一部分。

超星系团

星系团（见下方）聚集在一起形成超星系团。超星系团沿着宇宙（见150～151页）中巨大空洞之间的纤维状和片状结构分布。宇宙中有数百万个超星系团。在宇宙微波背景辐射（见164～165页）——大爆炸的“回声”——中探测到的差异说明，这些大尺度上的物质聚集源于宇宙生命的极早期。在那个时期，温度和物质密度上的微小差异导致了最早的矮星系的形成，它们与其邻近星系互相结合形成星系群、星系团和超星系团。

最大的超星系团有多大

雕具超星系团是探测到的最大的超星系团，它的直径大约为9.1亿光年，包含约50万个星系。

50～1 000个——一个典型的星系团中星系的数量。

星系群和星系团

星系团可能是相对稀疏的，如我们的本星系群（见134～135页），也可能更密集，如邻近的室女星系团。但是，不管包含多少个星系，星系团都倾向于占据一片相似体积的空间，直径为几百万光年。包含星系最多的星系团的中心，密集分布着巨椭圆星系。

丢失的质量

在一个星系团中，恒星的质量不能提供足够的引力将星系团束缚在一起。星系际气体提供了更多的星系团质量，而且甚至更多的质量是以暗物质的形式存在的。引力透镜（见148～149页）可以帮助我们绘制出星系团中暗物质的分布情况，暗物质比我们看到的以星系形式存在的可见物质的分布更广泛。

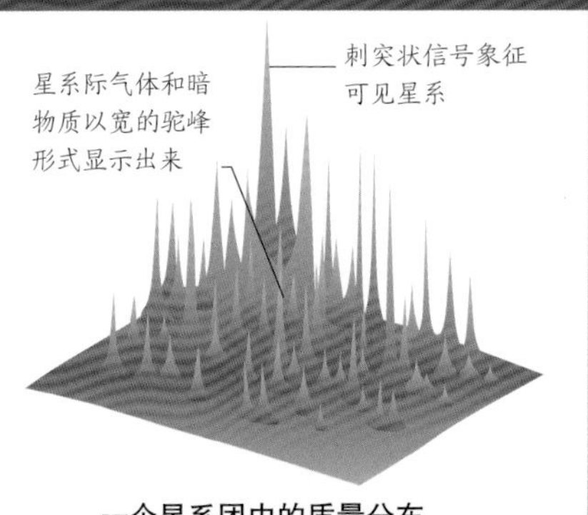
星系际气体和暗物质以宽的驼峰形式显示出来
刺突状信号象征可见星系
一个星系团中的质量分布

星系团是如何演化的
最初，各种不同类型的星系混合在一起，碰撞且并合，形成了更大的星系和椭圆星系（见138～139页）。当一个星系团形成时，星系团中的气体变热。热气体包围并填充着星系团中独立星系之间的空间。

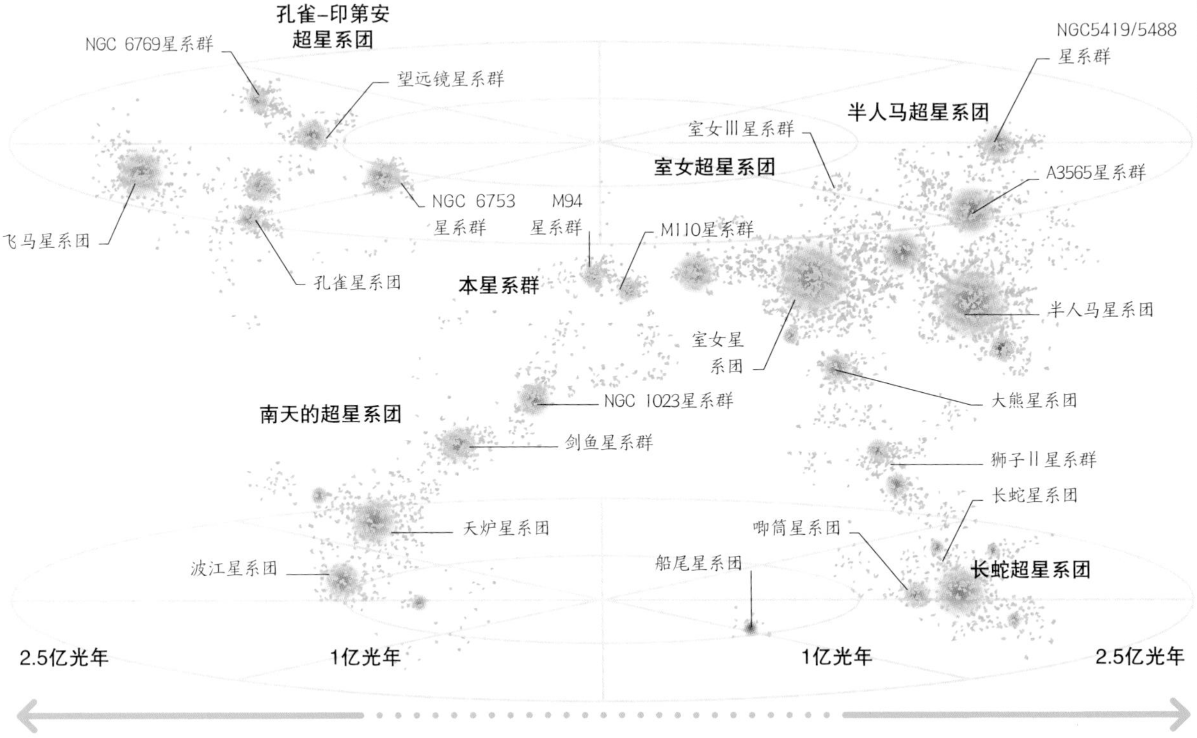

孔雀-印第安超星系团
NGC 6769星系群
望远镜星系群
NGC5419/5488 星系群
半人马超星系团
室女III星系群
室女超星系团
A3565星系群
飞马星系团
NGC 6753 星系群
M94 星系群
M110星系群
孔雀星系团
本星系群
半人马星系团
室女星系团
大熊星系团
NGC 1023星系群
南天的超星系团
剑鱼星系群
狮子II星系群
长蛇星系团
天炉星系团
唧筒星系团
波江星系团
船尾星系团
长蛇超星系团
2.5亿光年
1亿光年
1亿光年
2.5亿光年

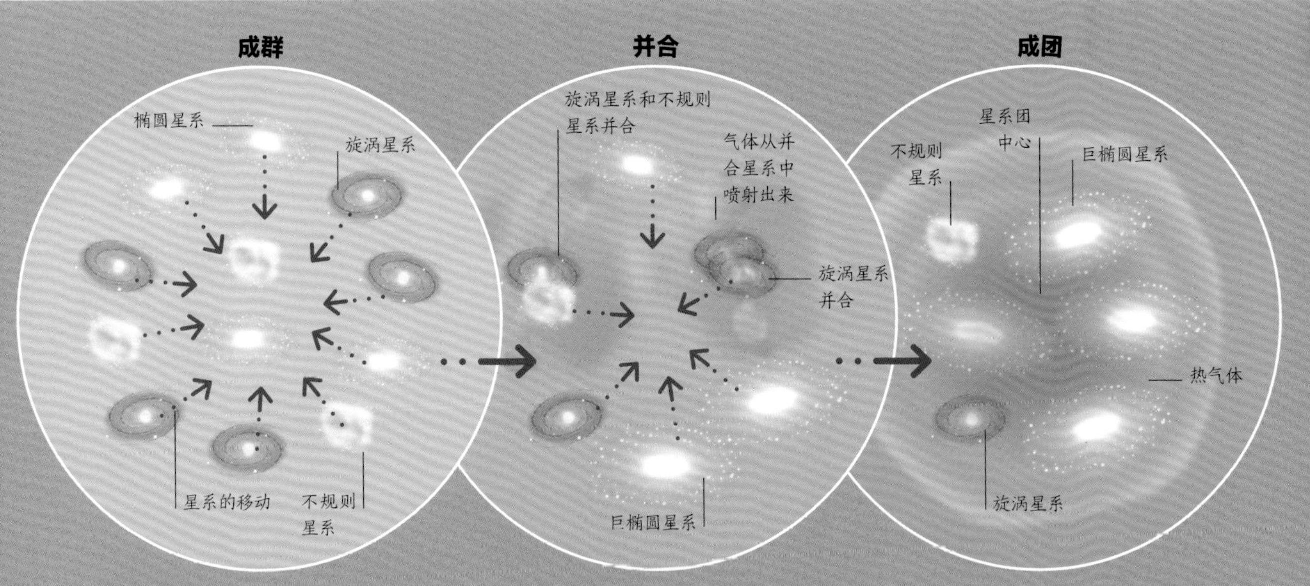
成群
并合
成团
椭圆星系
旋涡星系
星系的移动
不规则星系
旋涡星系和不规则星系并合
气体从并合星系中喷射出来
旋涡星系并合
巨椭圆星系
星系团中心
不规则星系
巨椭圆星系
热气体
旋涡星系

1 疏散的星系聚集体
最初，各种不同类型的星系松散且不均匀地分布着，它们在引力作用下彼此吸引且朝着它们共同的质心移动。这些星系中的很多星系将会碰撞且并合。

2 星系并合
当星系碰撞且并合时，冷的星际气体会被激发并从星系中喷射出来。主要由氢构成的热气体云会在星系团的成员之间积聚。

3 星系成团
最终，由年老恒星和少量气体组成的巨椭圆星系会密集地分布在星系团的中心周围，被质量为星系中恒星质量好几倍的球状星系际气体云包裹着。

暗物质

暗物质是一种看不见的物质，它不同于普通的物质（也叫作“重子物质”），不能和电磁辐射（见152～153页）相互作用。

我们是如何知道存在暗物质的

暗物质不能被直接观测到。它的存在只能因其作用在可见物质上的引力效应而被探测到。关于暗物质的理论是在20世纪30年代被首次提出的，用来解释为什么一个星系团中可见星系的引力不够强大，但它们却会被束缚在一起。20世纪70年代，人们发现，星系外部区域移动的速度远远超过根据可见物质的质量预估的速度，这暗示着有额外的不可见物质在拉动着它们。现在科学家使用一种叫作“引力透镜”的技术来探测大且暗的天体，以及利用X射线来探测星际云因其被暗物质压缩而导致的温度上升。

为什么科学家将他们的暗物质探测器深埋于地下

探测器被埋在地下约2千米深处，以遮挡从太空传递到地球上的宇宙线。

有多少是丢失的

科学家认为，只有约5%的宇宙质量来自普通物质。丢失的部分是暗物质和更神秘的暗能量（见170页）。

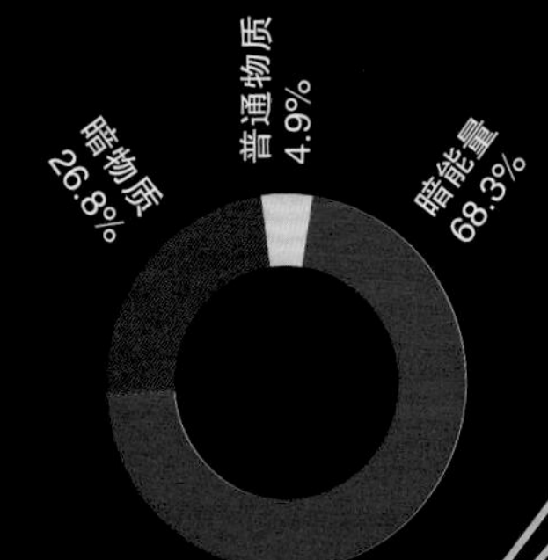

暗物质
26.8%
普通物质
4.9%
暗能量
68.3%

星系团

光线因星系团的引力透镜效应而朝向观测者弯曲

星系团包含大量暗物质，充当了引力透镜

等高线显示出各点处相同的暗物质浓度

引力透镜

当来自遥远星系的光近距离经过其与地球之间的一个星系团时，光线会发生偏折，遥远星系所成的像是扭曲的，这种效应叫作“引力透镜效应”。暗物质会加强这种效应，向天文学家显示它的存在，使天文学家可以绘制出暗物质的分布情况。

地球上的望远镜

绘制暗物质分布图

通过使用软件分析遥远星系的扭曲图像，天文学家可以生成一幅中间星系团中暗物质的分布图像。

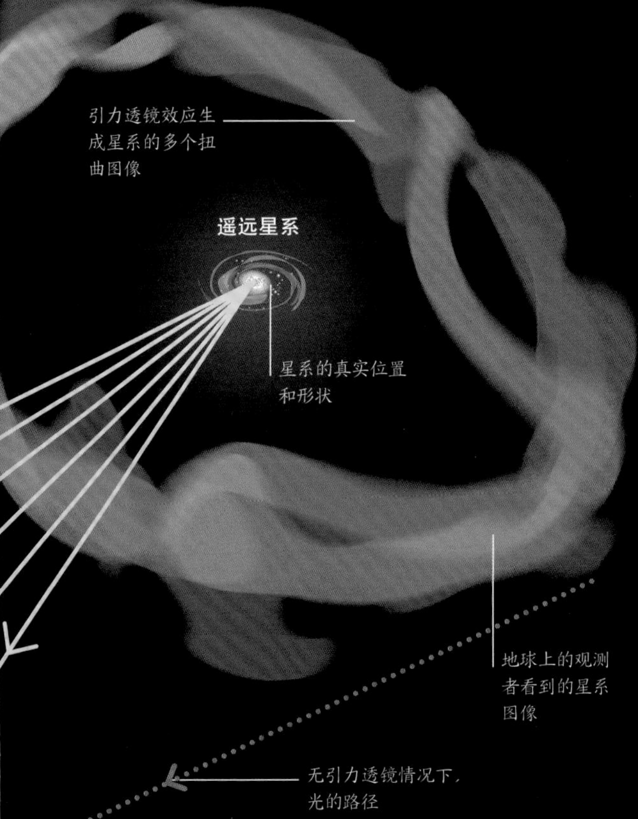
引力透镜效应生成星系的多个扭曲图像
遥远星系
星系的真实位置和形状
地球上的观测者看到的星系图像
无引力透镜情况下，光的路径

暗物质的类型

科学家已经设想了两种暗物质候选体。晕族大质量致密天体（MACHO）是由普通的重子物质组成的大天体，它们恰巧不会发出很多光。不过，这些天体可能只占所有暗物质的百分之几。科学家现在认为，我们可能完全浸没在一片弱相互作用大质量粒子（WIMP）海洋中，它们是非重子的亚原子粒子，几乎不与光相互作用。

<table>
<tr><th colspan="3">暗物质的类型</th></tr>
<tr><th>晕族大质量致密天体</th><th colspan="2">弱相互作用大质量粒子</th></tr>
<tr><td rowspan="3">一些暗物质可能包含几乎不发光的致密天体，它们只能通过引力透镜效应而被探测到。它们统一被叫作“晕族大质量致密天体”，包括黑洞和褐矮星。不过，MACHO不能解释所有的暗物质质量</td><td colspan="2">暗物质可能还包括弱相互作用大质量粒子，因为这些粒子穿过普通物质时只有少量或完全没有相互作用，所以被这样命名</td></tr>
<tr><th>热</th><th>冷</th></tr>
<tr><td>这种理论上的暗物质形式包含传播速度接近光速的粒子</td><td>大多数暗物质，如WIMP，被认为是冷的，它们是一种移动相对缓慢的暗物质</td></tr>
</table>

-273℃

——一些暗物质探测器必须被冷却达到的温度。

搜寻暗物质

如果暗物质是只会与引力相互作用的亚原子粒子，那么探测它们是非常困难的。科学家在研究宇宙中暗物质效应的同时，还在尝试寻找叫作“轴子”的冷暗物质。科学家通过使用深埋于地球表面之下、装有液态惰性元素的冰冷罐箱来直接探测轴子。

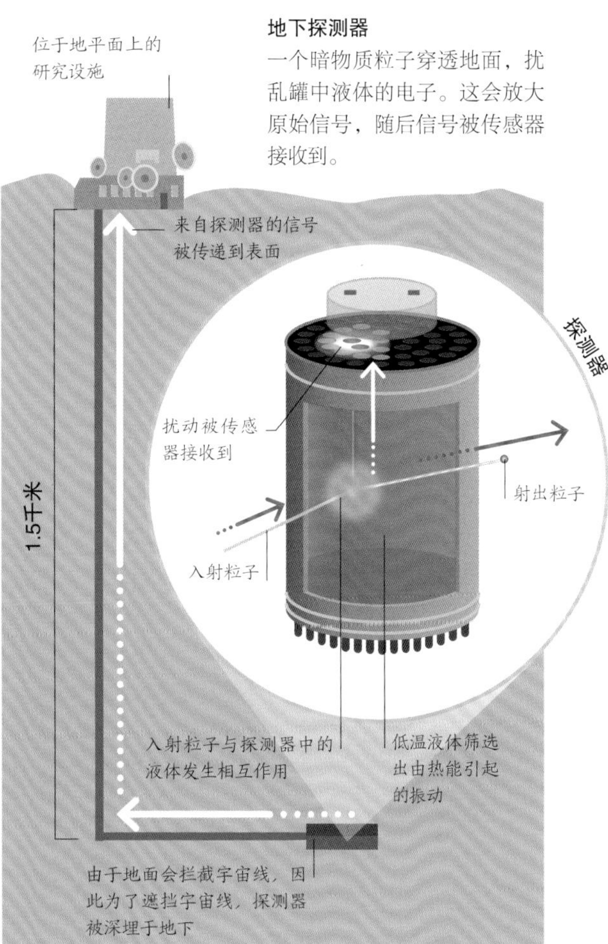
位于地平面上的研究设施
地下探测器
一个暗物质粒子穿透地面，扰乱罐中液体的电子。这会放大原始信号，随后信号被传感器接收到。
来自探测器的信号被传递到表面
探测器
扰动被传感器接收到
射出粒子
1.5千米
入射粒子
入射粒子与探测器中的液体发生相互作用
低温液体筛选出由热能引起的振动
由于地面会拦截宇宙线，因此为了遮挡宇宙线，探测器被深埋于地下

绘制宇宙

在过去的50年里，宇宙学家已经绘制出了更详细的宇宙图像。强大的巡天观测使他们可以描绘出宇宙中各处的异同之处，而且可以确认广阔的结构。

宇宙网中已知最大的空洞的直径为20亿光年。

宇宙学原理

根据宇宙学原理，在最大的尺度上，宇宙各处都一样，即物质均匀分布，并且遵循相同的原则。它是均匀（无论你处于何处都一样）且各向同性的（无论你看向哪个方向都一样）。如果这是真的，那么天文学家在宇宙中一个区域内看到的一切可能与在宇宙中各处看到的都一样，而且它们可以简单地按比例放大。但是，近期的观测已经引发了对于宇宙是否确实均匀这一问题的质疑。

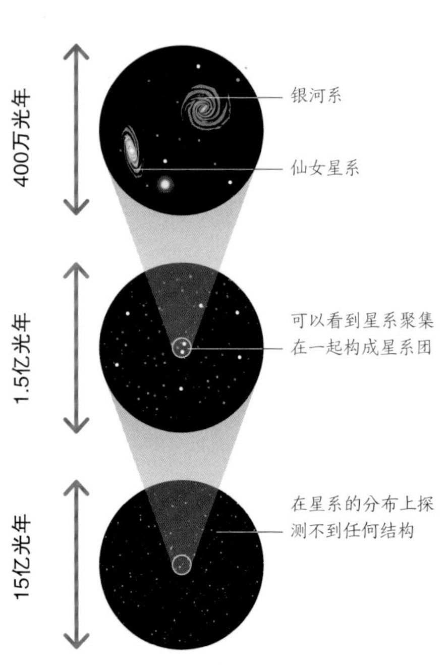

400万光年
银河系
仙女星系
1.5亿光年
可以看到星系聚集在一起构成星系团
15亿光年
在星系的分布上探测不到任何结构

尺度和结构
理论上，在最大的尺度上是没有结构的，而且可以生成结构的差异只在较小的尺度上显现。

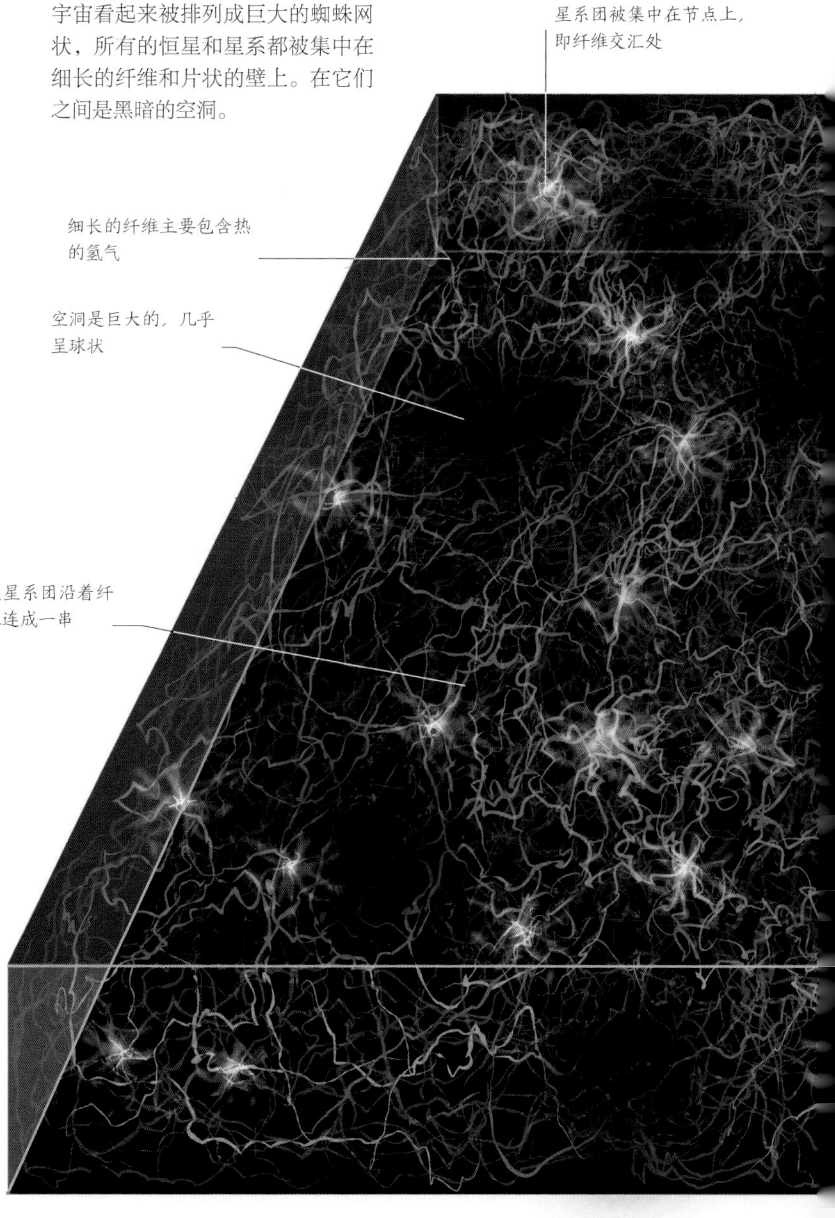

纤维和空洞
宇宙看起来被排列成巨大的蜘蛛网状，所有的恒星和星系都被集中在细长的纤维和片状的壁上。在它们之间是黑暗的空洞。

星系团被集中在节点上，即纤维交汇处

细长的纤维主要包含热的氢气

空洞是巨大的，几乎呈球状

超星系团沿着纤维连成一串

宇宙中最大的结构是什么

目前发现的由星系组成的最大结构是斯隆巨壁，它接近15亿光年长，距离地球约10亿光年。

巡天

我们对于宇宙大尺度结构的很多认识基于可观测宇宙（见160～161页）样本的巡天任务绘制出的3D地图。2020年，斯隆数字化巡天（SDSS）生成了目前最大且最详细的宇宙图像，绘制出了宇宙110亿年间的历史。

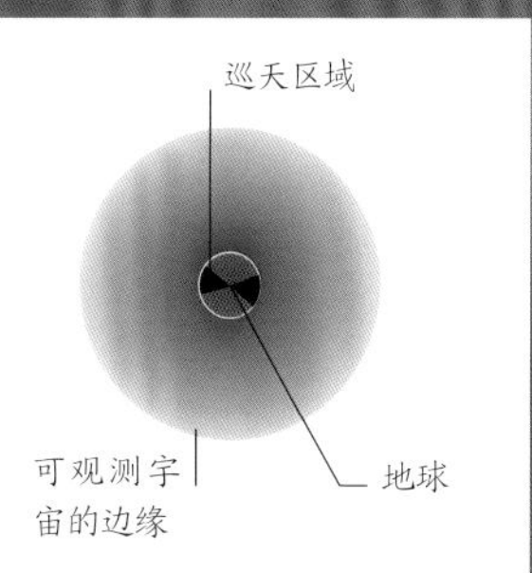
巡天区域
地球
可观测宇宙的边缘

宇宙网

宇宙不是恒星和星系随机分布的聚集体，而是一个由成群的星系构成的纤维和壁、遍布宇宙的气体，以及它们之间类似畸形气泡的巨大空洞相连而成的网。这些结构在一起使宇宙呈现出泡沫状外观。不过，人们认为，当你将画面拉到足够远时，宇宙结构的大小可能会有一个极限。这个极限有时叫作“浩瀚界限”。

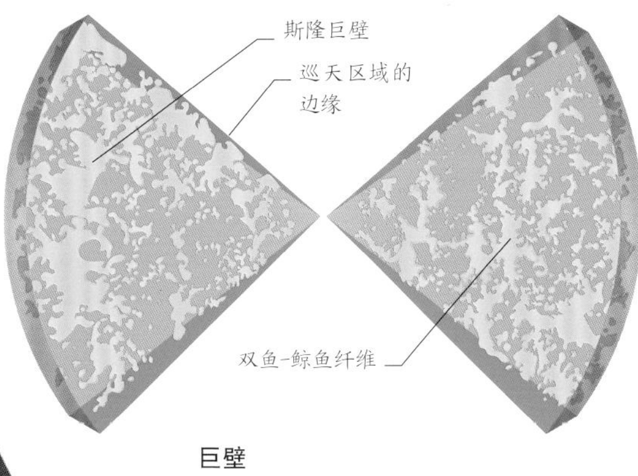
斯隆巨壁
巡天区域的边缘
双鱼-鲸鱼纤维

巨壁

纤维是由星系组成的细长丝状结构。相对的，壁更宽、更平。在这张巡天图像中可以看到的斯隆巨壁的长度，大约为可观测宇宙直径的六十分之一。

片状结构叫作“壁”

空洞不包含星系，或者只包含几个，它的物质密度不到宇宙平均物质密度的10%

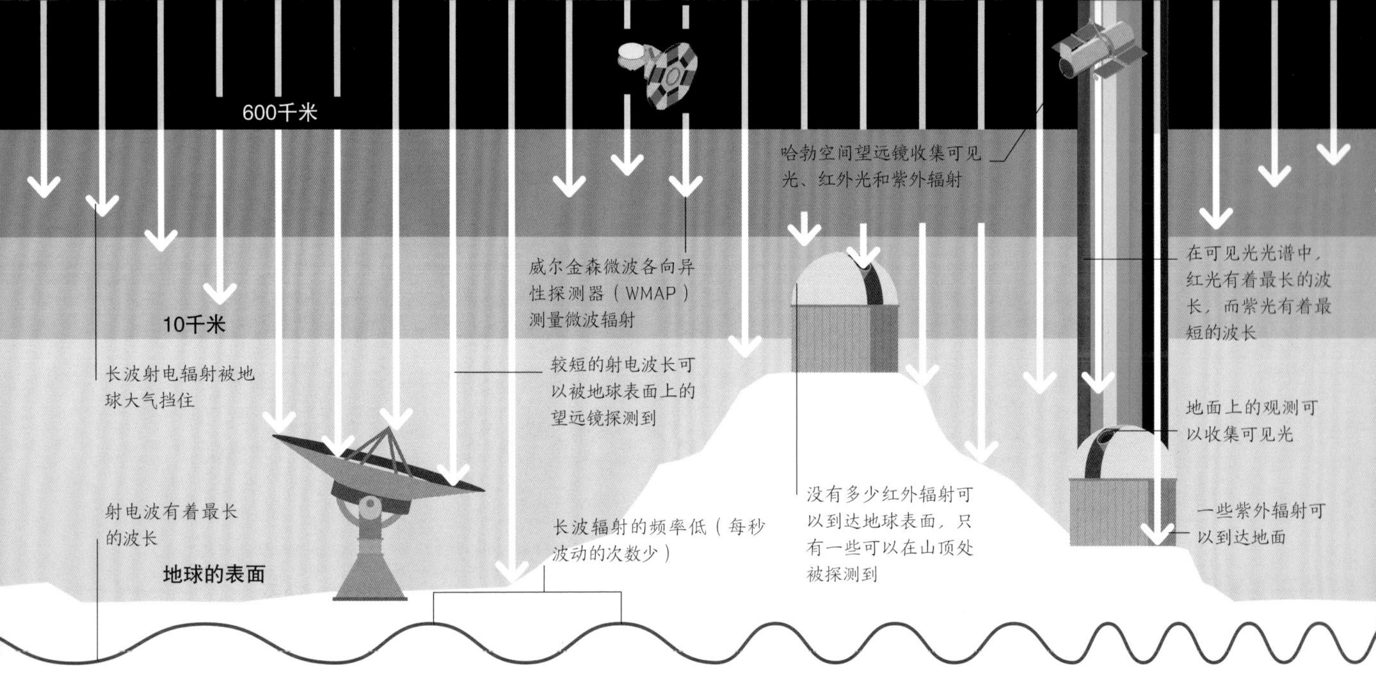

600千米

10千米

地球的表面

威尔金森微波各向异性探测器（WMAP）测量微波辐射

哈勃空间望远镜收集可见光、红外光和紫外辐射

在可见光光谱中，红光有着最长的波长，而紫光有着最短的波长

长波射电辐射被地球大气挡住

较短的射电波长可以被地球表面上的望远镜探测到

地面上的观测可以收集可见光

射电波有着最长的波长

长波辐射的频率低（每秒波动的次数少）

没有多少红外辐射可以到达地球表面，只有一些可以在山顶处被探测到

一些紫外辐射可以到达地面

射电波

恒星和星系，以及射电星系、类星体、脉冲星和脉泽，都是射电源。

微波

大爆炸残留下来的背景辐射以微波形式被探测到。

红外光

红外光具有热效应。它可以使暗弱的星系、褐矮星、星云和星际分子显现出来。

可见光

可见光是一个丰富的数据源，大多数恒星和一些星云都会发射出可见光，行星和云也会反射可见光。

光

光是我们用眼睛就可以探测到的电磁辐射。所有形式的物质都会释放出电磁辐射，我们通过研究来自恒星等遥远天体的辐射来了解宇宙。

太空中的光

所有类型的辐射，包括光，都以每秒299 792千米的极端速度在太空中沿直线穿梭，尽管它们由于能量不同而波长不同。光没有质量，但当它遇到某个物质时，它仍然可以被吸收、反射或折射，而且它的路径可以因由强引力场产生的扭曲空间（见154～155页）而弯曲。当光从一个源辐射出来时，它向外传播，并且它的能量会损失，这就是为什么遥远星系看起来很暗弱。

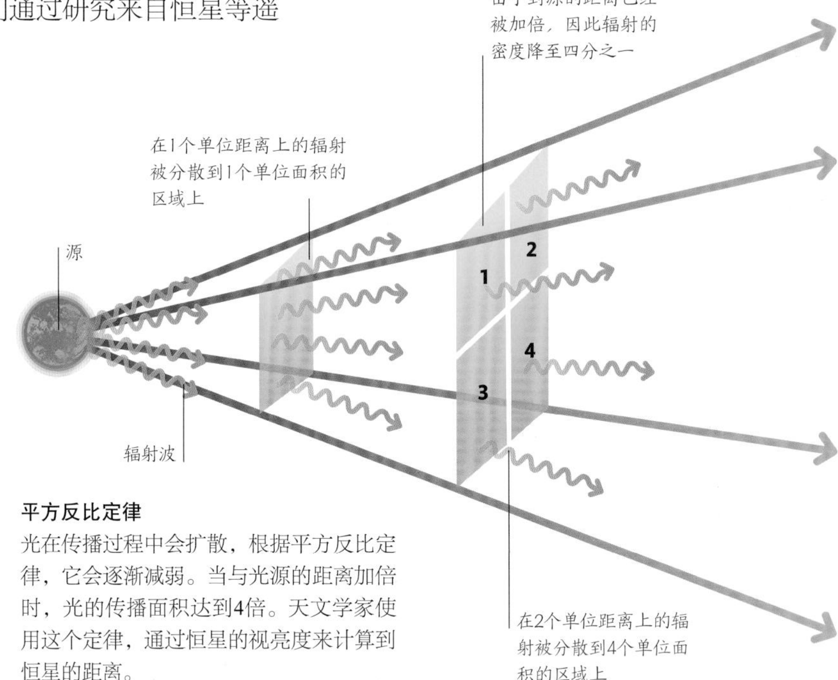
由于到源的距离已经被加倍，因此辐射的密度降至四分之一
在1个单位距离上的辐射被分散到1个单位面积的区域上
源
1
2
3
4
辐射波
在2个单位距离上的辐射被分散到4个单位面积的区域上

平方反比定律

光在传播过程中会扩散，根据平方反比定律，它会逐渐减弱。当与光源的距离加倍时，光的传播面积达到4倍。天文学家使用这个定律，通过恒星的视亮度来计算到恒星的距离。

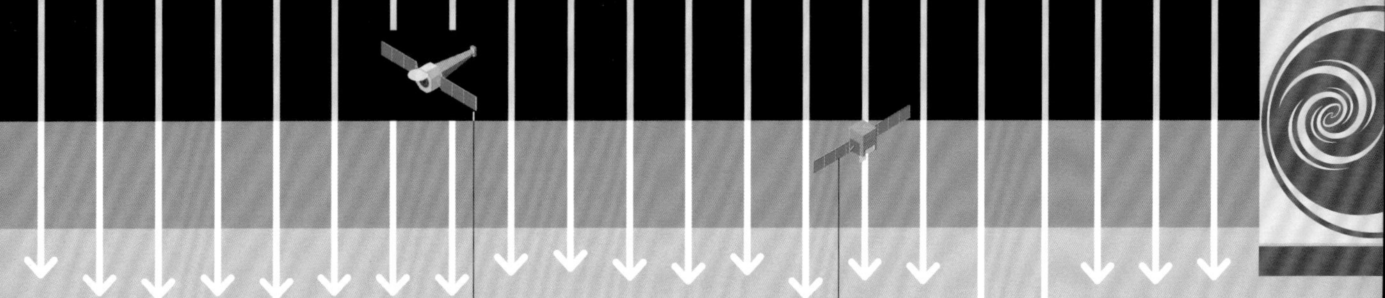

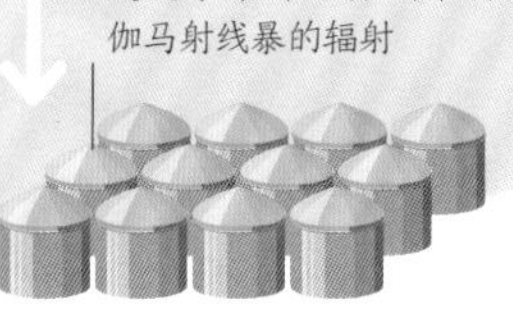

辐射和地球的大气
某些类型的辐射恰好可以穿过地球的大气到达地平面。其他辐射则会在不同程度上被大气吸收，只能从太空中或者在高海拔处被探测到。

钱德拉X射线天文台使用反光镜来汇聚X射线，然后生成图像

费米望远镜探测伽马射线暴

超纯水罐可以探测来自伽马射线暴的辐射

波长是一个波峰与下一个波峰之间的距离

短波辐射的频率高（每秒波动的次数多）

伽马射线拥有最短的波长

紫外光（UV）
紫外光是被热源（包括白矮星、中子星和赛弗特星系等）发射出来的，但是它不能穿透地球大气。

X射线
X射线有助于探测双星系统、黑洞、中子星、星系碰撞、热气体和更多未知宇宙。

伽马射线
伽马射线显示出来自太阳耀斑、中子星、黑洞、爆发星和超新星遗迹的高能活动。

电磁光谱

可见光只是电磁光谱的巨大波长范围中一个波段内的辐射。电磁光谱的一端是低频率的长波——射电波、微波和红外光，另一端则是高频率的短波——紫外光、X射线和伽马射线。恒星和星系会发射出各种不同类型的波，这些波的数量不同。尽管人类的眼睛只能看到可见光，但是望远镜可以探测到其他波长的波，它可以告诉我们更多的信息。

伽马射线辐射具有的能量是可见光的10万倍以上。

会有某种东西传播的速度比光速还快吗

不会。根据阿尔伯特·爱因斯坦（Albert Einstein）的狭义相对论，光速是普通物质和辐射的速度上限。

是粒子还是波

光和其他类型的电磁辐射是以光子这种能量元的形式释放出来的。光子可能是辐射的最小独立单元。光子可以被理解为粒子或波，这取决于它们相遇的方式。光的这种双重本质被叫作“波粒二象性”。

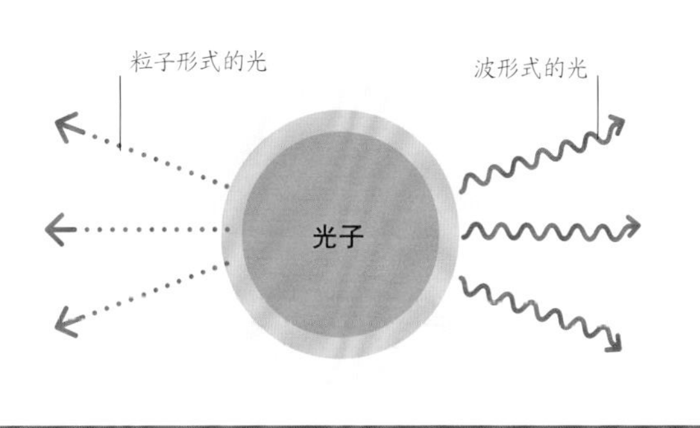
粒子形式的光
波形式的光
光子

时空

在时空中，三维的空间加入时间，形成了一个4D网格。这种理念揭示了天体是如何穿过时间和空间移动的。它也改变了我们对引力的理解。

什么是时空

在时空中，时间和空间是不可分割的，它们相结合形成一个网格，天文学家常将这个网格比作橡胶薄片。这个薄片有两个维度，但代表着四维时空，而且显示出时间和空间的扭曲。阿尔伯特·爱因斯坦在他的广义相对论中展示了具有质量的天体周围的时空是如何扭曲的。天体的质量越大，扭曲程度越高。这种扭曲控制着宇宙中所有物体的运动情况，甚至包括光。爱因斯坦意识到，引力就是这些扭曲作用到物质运动方式上的效果。

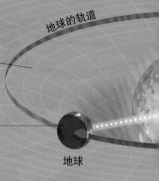

天体沿着叫作“测地线”的假想线移动，测地线代表时空中两点之间最短的距离

易弯曲的薄片代表时空

正在靠近的彗星

在被质量扭曲的空间中，测地线弯曲，沿着一条测地线移动的天体，如一颗绕太阳运行的行星，将会因引力而改变方向

地球的轨道

空间的扭曲意味着地球正在落向太阳，不过惯性会阻止其落入太阳中，这说明地球在一条弯曲的路径上围绕太阳运行

地球

扭曲的时空

太阳巨大的质量使其周围的时空扭曲，就像在一片橡胶薄片上放置了一个重球一样。穿过它的引力场移动的天体，如地球、彗星，甚至光，都会转向它移动。

引力波

1916年，爱因斯坦预测，加速运动的大质量天体可能会发出时空涟漪。科学家现在认为，这些叫作“引力波”的涟漪是由空间中灾难性的事件引起的，例如超新星爆发，以及中子星和黑洞的碰撞，而且它们以光速从它们的源传播出来。虽然它们很难被探测到，但是在未来，引力波可能会提供另一种探测空间中物质的方式。

来自黑洞的涟漪

2015年，人们确认了引力波的存在，当时来自13亿年前两个黑洞碰撞产生的涟漪被地球接收到了。探测引力波使用一种叫作“激光干涉”的技术。

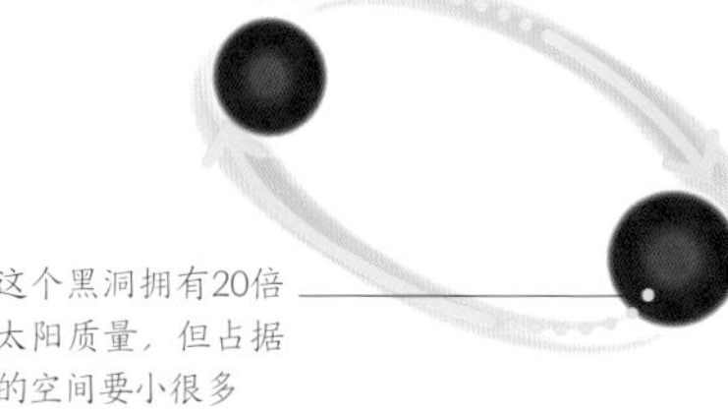
这个黑洞拥有20倍太阳质量，但占据的空间要小很多

1 正在碰撞的黑洞

这两个黑洞是已坍缩的巨星的残骸。当它们靠近时，它们可能会绕彼此运行数百年，之后引起显著的涟漪。

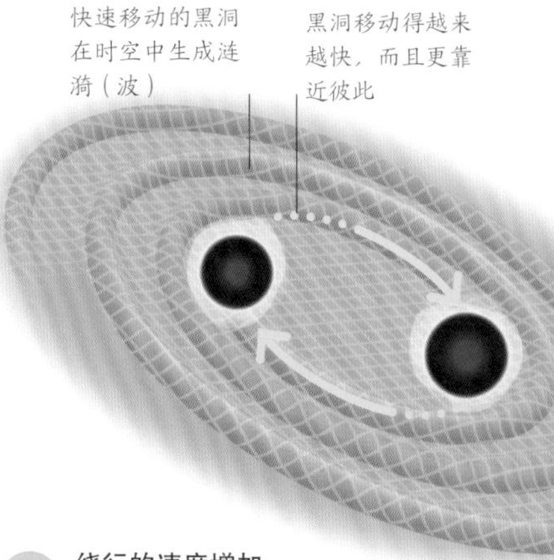
快速移动的黑洞在时空中生成涟漪（波）
黑洞移动得越来越快，而且更靠近彼此

2 绕行的速度增加

随着黑洞靠近彼此，它们开始向周围的时空发出引力波。这个过程释放出能量，使它们绕行得更快，也更靠近彼此。

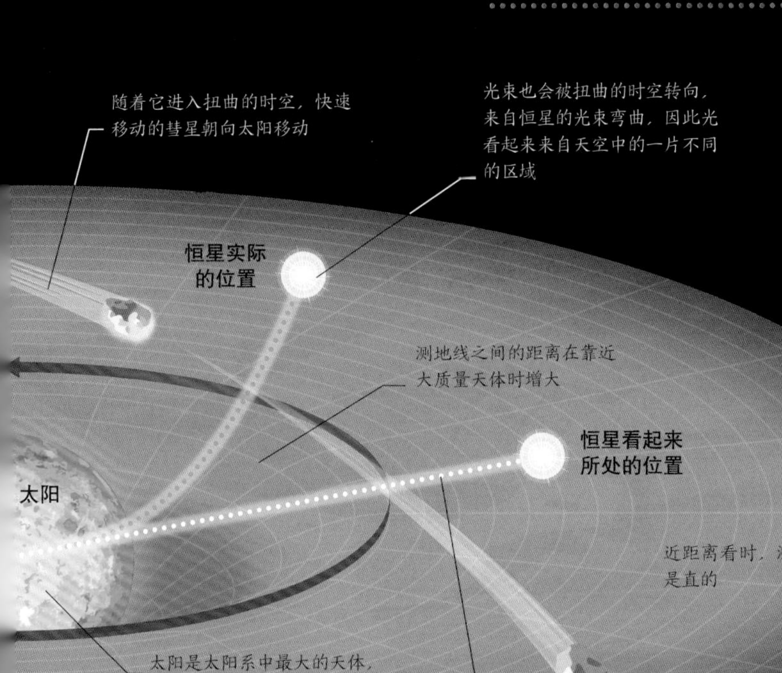
随着它进入扭曲的时空，快速移动的彗星朝向太阳移动
光束也会被扭曲的时空转向，来自恒星的光束弯曲，因此光看起来来自天空中的一片不同的区域
恒星实际的位置
测地线之间的距离在靠近大质量天体时增大
恒星看起来所处的位置
太阳
近距离看时，测地线是直的
太阳是太阳系中最大的天体，因此这片区域中的所有其他天体的运动都受到太阳扭曲空间的方式的影响
在地球上探测到的光看似来自从观测者沿光线反向延长线上的点

时间会一直以相同的速率流逝吗

不会。一个快速移动的时钟比一个静止的时钟走得更慢。一艘速度为87%光速的宇宙飞船上的时钟走的速度，将会是地球上时钟走的速度的一半。

阿波罗任务是基于关于运动和引力的牛顿定律而非爱因斯坦的理论设计的。

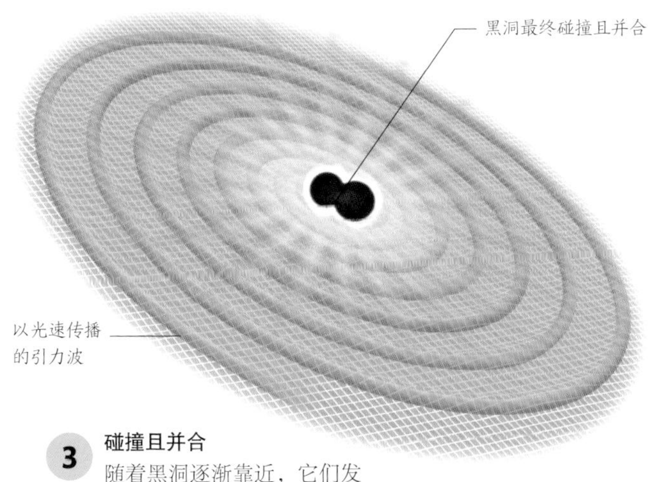
黑洞最终碰撞且并合
以光速传播的引力波

3 碰撞且并合

随着黑洞逐渐靠近，它们发射出更多波，损失更多能量，最终陷入失控的碰撞中。最后的碰撞向时空发出巨大的冲击波。

牛顿的引力

牛顿以所有物质之间相互的吸引力来解释引力。他表明，地球被束缚在它的轨道中，保持着引力和自身动量之间的平衡。

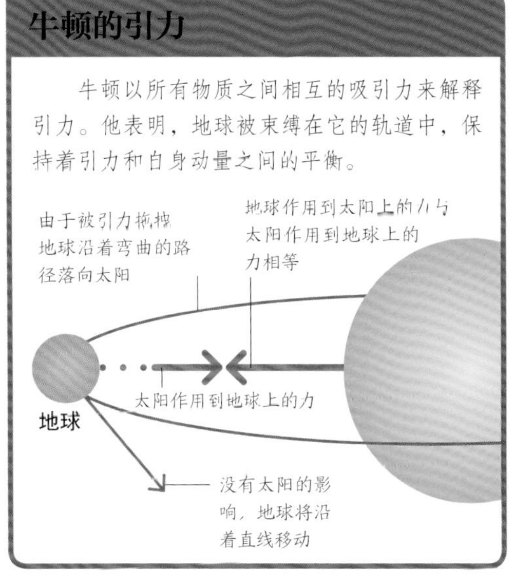
由于被引力拖拽地球沿着弯曲的路径落向太阳
地球作用到太阳上的力与太阳作用到地球上的力相等
太阳作用到地球上的力
地球
没有太阳的影响，地球将沿着直线移动

回溯过去

当我们望向太空时，我们看到的恒星和星系是非常遥远的。看着它们意味着我们也在回溯过去，我们所看到的它们是光离开它们时它们的样子。

回溯时间

尽管光移动得比宇宙中其他任何东西都快——大约每秒30万千米——但它并不会立刻到达我们这里。一颗天体越遥远，它的光到达我们这里所需的时间就越长，因此，我们回看的过去也就越久。一颗天体的回溯距离，或时空穿梭距离（见160～161页），也是它回溯时间的一个度量，即它发出的光传播到我们这里所需的时间。

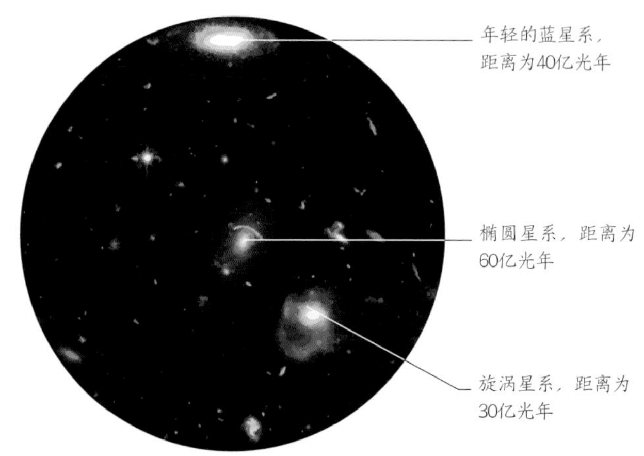

年轻的蓝星系，距离为40亿光年
椭圆星系，距离为60亿光年
旋涡星系，距离为30亿光年

望向宇宙深处
距离我们数十亿光年远的星系的哈勃深场图像，显示出数十亿年前这些星系是什么样子的。

穿越时间

仙女星系是我们肉眼可见最遥远的天体之一。它的距离大约为250万光年，这意味着我们看到的是250万年前的仙女星系。通过哈勃空间望远镜，我们可以看到数十亿光年远处的天体，而且是它们在数十亿年前的样子。如此遥远的天体发出的光已经发生了红移（见159页），因此我们可能只能在光谱的红外部分观测它们。

时间和空间有多远
即使来自邻近天体的光，如那些在太阳系中的天体的光，传播到我们这里也需要一定的时间。太阳发出的光到达地球的时间超过了8分钟，而来自月球的光到达地球需要1.3秒。

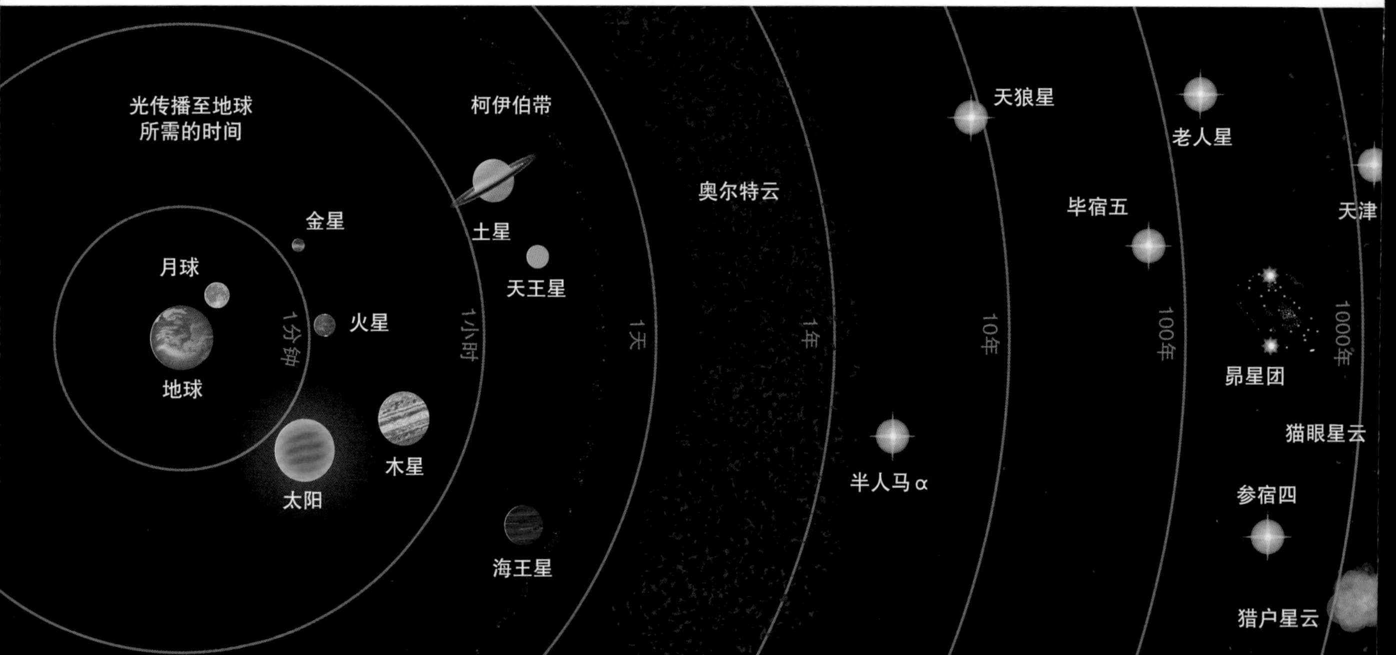

光传播至地球所需的时间
月球
地球
金星
火星
太阳
木星
1分钟
柯伊伯带
土星
天王星
海王星
1小时
奥尔特云
1天
1年
半人马α
天狼星
10年
毕宿五
老人星
100年
昴星团
猫眼星云
参宿四
猎户星云
1000年
天津

宇宙的极早期时刻

尽管我们不能直接观测宇宙的极早期时刻，但是我们可以通过使用粒子加速器（如大型强子对撞机）使亚原子粒子对撞，并重现大爆炸之后人们认为存在的情况来研究它们可能的样子。

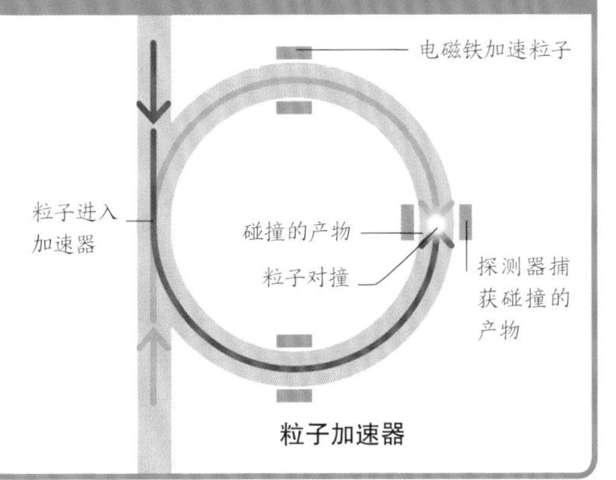
电磁铁加速粒子
粒子进入加速器
碰撞的产物
粒子对撞
探测器捕获碰撞的产物
粒子加速器

GN-Z11星系是目前探测到的最遥远的星系之一，我们看到的大约是其134亿年前的样子。

深空观测的极限

轻粒子（光子）在早期宇宙中不能自由移动，因此我们不能直接观测到它。大约在大爆炸后的38万年，在一段被称为“复合时期”（见164～165页）的时期，光子变得能够自由移动。这些光子形成了宇宙微波背景，而且它们是可以探测到的最古老的光子。

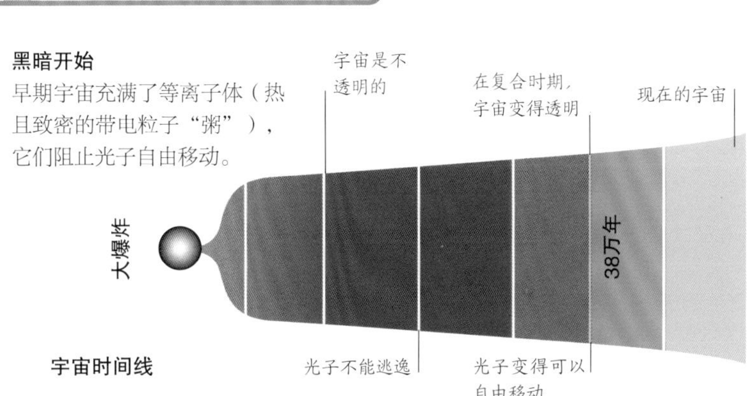
黑暗开始
早期宇宙充满了等离子体（热且致密的带电粒子“粥”），它们阻止光子自由移动。
宇宙是不透明的
在复合时期，宇宙变得透明
现在的宇宙
大爆炸
38万年
光子不能逃逸
光子变得可以自由移动
宇宙时间线

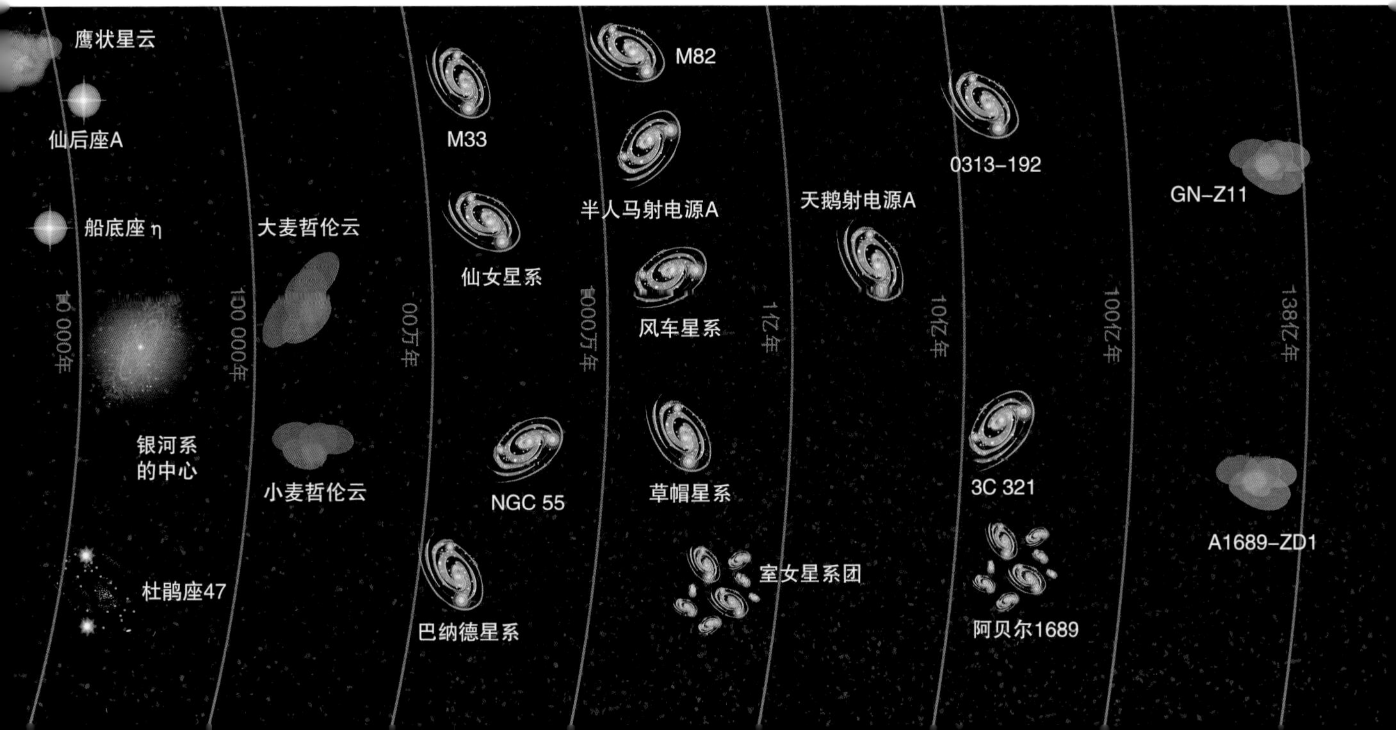

鹰状星云
仙后座A
船底座η
银河系的中心
杜鹃座47
10 000年
大麦哲伦云
小麦哲伦云
100 000年
M33
仙女星系
NGC 55
巴纳德星系
100万年
M82
半人马射电源A
风车星系
草帽星系
室女星系团
1000万年
1亿年
天鹅射电源A
10亿年
0313–192
3C 321
阿贝尔1689
100亿年
GN–Z11
A1689–ZD1
138亿年

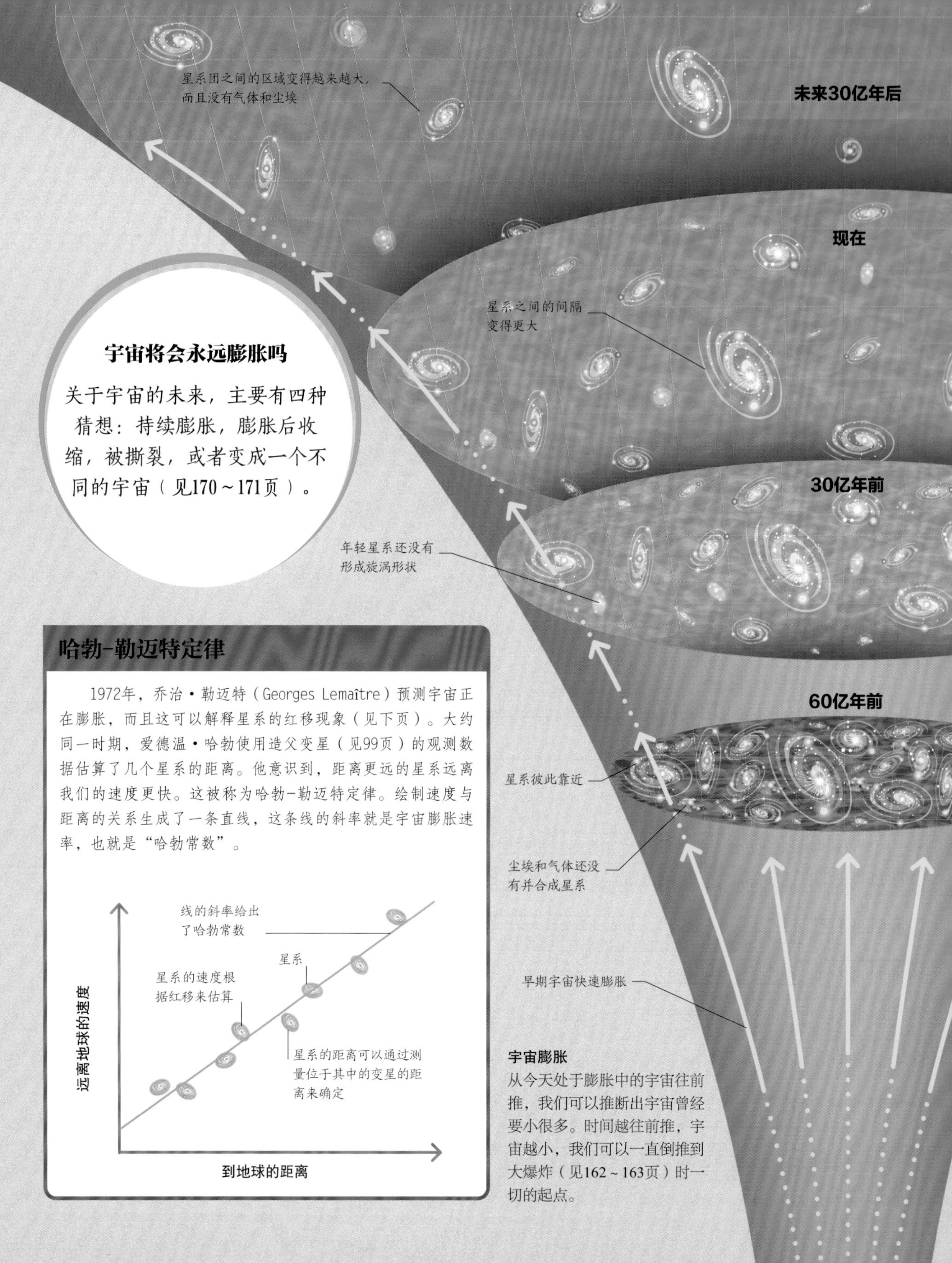

星系团之间的区域变得越来越大，
而且没有气体和尘埃
未来30亿年后
现在
星系之间的间隔
变得更大
30亿年前
年轻星系还没有
形成旋涡形状
60亿年前
星系彼此靠近
尘埃和气体还没
有并合成星系
早期宇宙快速膨胀

宇宙将会永远膨胀吗

关于宇宙的未来，主要有四种猜想：持续膨胀，膨胀后收缩，被撕裂，或者变成一个不同的宇宙（见170～171页）。

哈勃-勒迈特定律

1972年，乔治·勒迈特（Georges Lemaître）预测宇宙正在膨胀，而且这可以解释星系的红移现象（见下页）。大约同一时期，爱德温·哈勃使用造父变星（见99页）的观测数据估算了几个星系的距离。他意识到，距离更远的星系远离我们的速度更快。这被称为哈勃-勒迈特定律。绘制速度与距离的关系生成了一条直线，这条线的斜率就是宇宙膨胀速率，也就是“哈勃常数”。

线的斜率给出
了哈勃常数
星系
星系的速度根
据红移来估算
星系的距离可以通过测
量位于其中的变星的距
离来确定
远离地球的速度
到地球的距离

宇宙膨胀

从今天处于膨胀中的宇宙往前推，我们可以推断出宇宙曾经要小很多。时间越往前推，宇宙越小，我们可以一直倒推到大爆炸（见162～163页）时一切的起点。

一些星系演化成旋涡状

宇宙加速膨胀

虽然空间在膨胀，但是空间内的天体保持大小不变。

膨胀的宇宙

宇宙中天体之间的距离每一秒都在变大，就像一个正在被吹大的气球表面上的点一样。这是因为宇宙自身的结构正在膨胀。我们知道，宇宙膨胀正在加速，但是我们不知道为什么或者到底有多快。

膨胀的本质

星系和其他天体并没有穿过空间远离彼此，而是空间自身正在膨胀，并且携带着天体一同运动，不过在局部区域，如果天体之间的引力足够强，那么它们也可能会朝向彼此移动。有两种理论来计算宇宙膨胀的速度：使用宇宙微波背景辐射（见164～165页），以及测量特定恒星发出的光的红移。

运动和波长

当一个天体和一名观测者相对静止时，观测者看到天体发出的光是其真实的波长。但是，如果他们正在彼此远离，那么波长将会变长，这种效应叫作“红移”；如果他们正在彼此靠近，那么波长将会变短，这叫作“蓝移”。

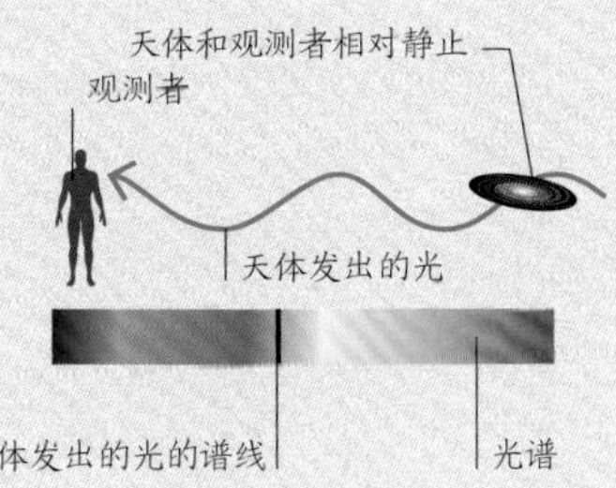
天体和观测者相对静止
观测者
天体发出的光
天体发出的光的谱线
光谱

观测者和天体相对静止

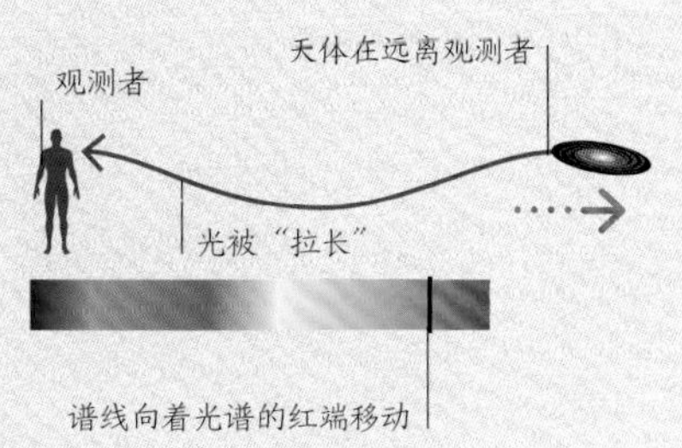
天体在远离观测者
观测者
光被“拉长”
谱线向着光谱的红端移动

观测者和天体彼此远离

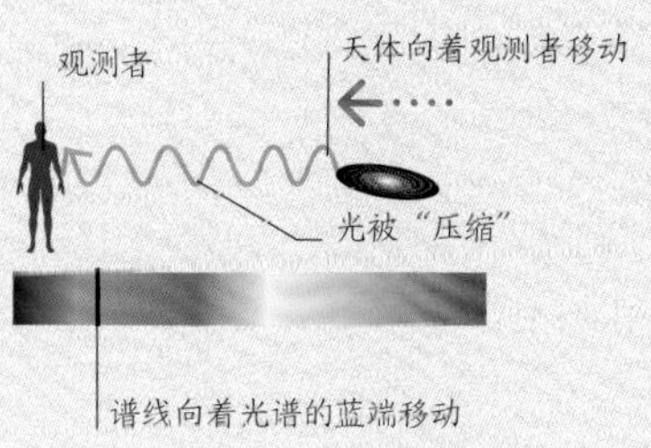
观测者
天体向着观测者移动
光被“压缩”
谱线向着光谱的蓝端移动

观测者和天体彼此靠近

测量距离

宇宙正在膨胀，因此宇宙中天体目前的距离（固有距离）比其发出的光传播至我们所经过的距离（回溯距离）要远。然而，当天文学家给出天体的距离时，他们描述的通常是回溯距离，这是因为精确的固有距离取决于宇宙膨胀率（见158～159页），而宇宙膨胀率是不确定的。

宇宙有多大

宇宙比我们可以观测到的部分更大。我们不知道究竟大多少，但是一些模型估计，它可能是一个直径至少为7万亿光年的球体。

回溯距离和固有距离

回溯距离是光由天体传播到我们这里所走过的距离。固有距离是天体到我们的真实距离。由于宇宙在膨胀，因此固有距离比回溯距离更大。

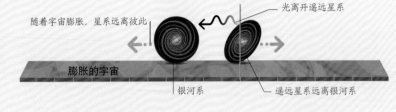

110亿年前

光离开遥远星系

随着宇宙膨胀，星系远离彼此

膨胀的宇宙

银河系

遥远星系远离银河系

50亿年前

光向着银河系传播

膨胀的宇宙

银河系继续移动

星系继续退行

今天

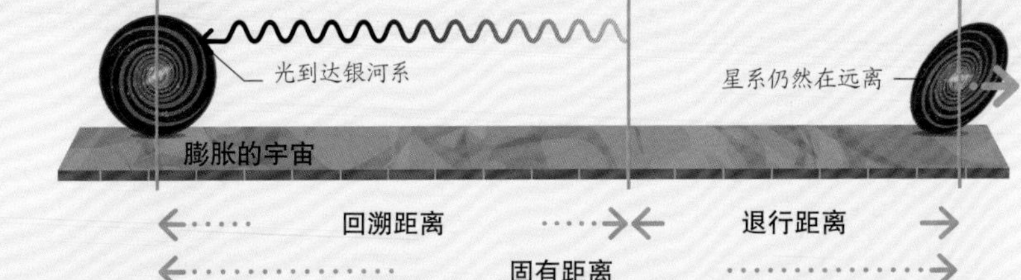
光到达银河系
星系仍然在远离
膨胀的宇宙

回溯距离

退行距离

固有距离

理论上可观测宇宙中最遥远的可见天体目前到地球的距离

可观测宇宙之外的区域

最遥远的可见星系

GN-z11是从地球上观测到的最遥远的星系之一，它是在2016年被哈勃空间望远镜探测到的。它大约形成于大爆炸后的4亿年，回溯距离约134亿光年。在它的光到达我们的过程中，宇宙已经膨胀了，现在，GN-z11到地球的固有距离估计有320亿光年。

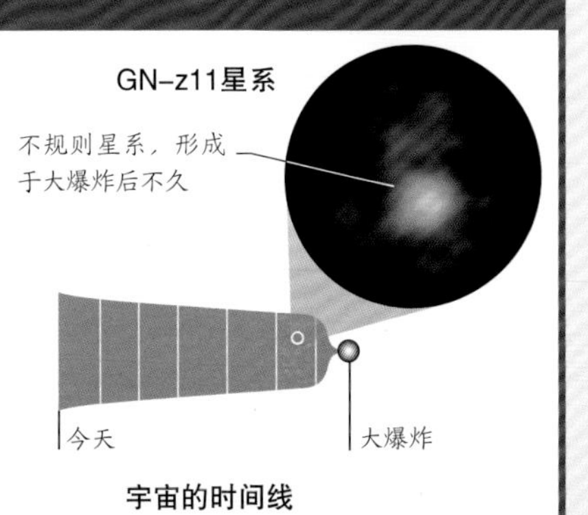
GN-z11星系
不规则星系，形成于大爆炸后不久
今天
大爆炸
宇宙的时间线

我们可以看到多远

宇宙正在膨胀，而且从大爆炸时就开始了。这意味着有一片巨大的区域，可能无限大，因为光没有足够的时间从那些遥远的区域传播到我们这里，所以我们无法看到。

可观测宇宙

从地球向各个方向延伸465亿光年组成的区域是一片叫作“可观测宇宙”的空间区域。这个区域构成了我们可能看到的宇宙的每个部分，因为从这个区域内发出的光拥有足够多的时间（宇宙年龄，或者138亿年）可以传播到我们这里。可观测宇宙的大小不取决于我们探测遥远天体的技术能力，而取决于宇宙年龄和有限的光速，这两个参数是不能被超越的基础物理量。

可观测球体
以地球为球心，可观测宇宙是一个直径约930亿光年的球形空间。因为在光传播的过程中，宇宙已经膨胀了，所以我们可以看到那些固有距离超过138亿光年的天体。

可观测宇宙的外边缘，叫作宇宙光子视界

GN-z11——已知最遥远的星系之一（估计固有距离：320亿光年）

SN 1000+0216——已知最遥远的超新星（估计固有距离：230亿光年）

465亿光年

ULASJ1342+0928——已知最遥远的类星体（估计固有距离：290亿光年）

伊卡洛斯（因MACSJ1149星系团的引力透镜效应而被看到的一颗恒星）——已知最遥远的恒星（估计固有距离：144亿光年）

138亿光年

地球

理论上可见的最遥远天体发出的光所走过的距离——可见天体最大的回溯距离

可观测宇宙的边缘

600亿光年之外的任何天体发出的光，将永远无法到达地球。

大爆炸

今天，宇宙中充满了恒星、行星和星系，但是它诞生于大约138亿年前，从一个无限小的点开始膨胀，而且至今仍然在膨胀。

开端

由膨胀的宇宙往回推，一切都被塞入一个极小的空间——奇点。这个极其热且超致密的开端叫作“大爆炸”。在最初远短于一秒钟的时间里，奇点增长的速度比光速还快，这个时期叫作“暴胀时期”，在暴胀结束时，宇宙由一片粒子和反粒子海洋构成。然后，宇宙继续膨胀，但膨胀速度比暴胀时期要慢，最终，它发展成我们今天熟悉的宇宙。

大爆炸之前是什么

大爆炸通常被认为是一切的开始，包括时间，因此讨论时间本身存在之前的时间是没有意义的。

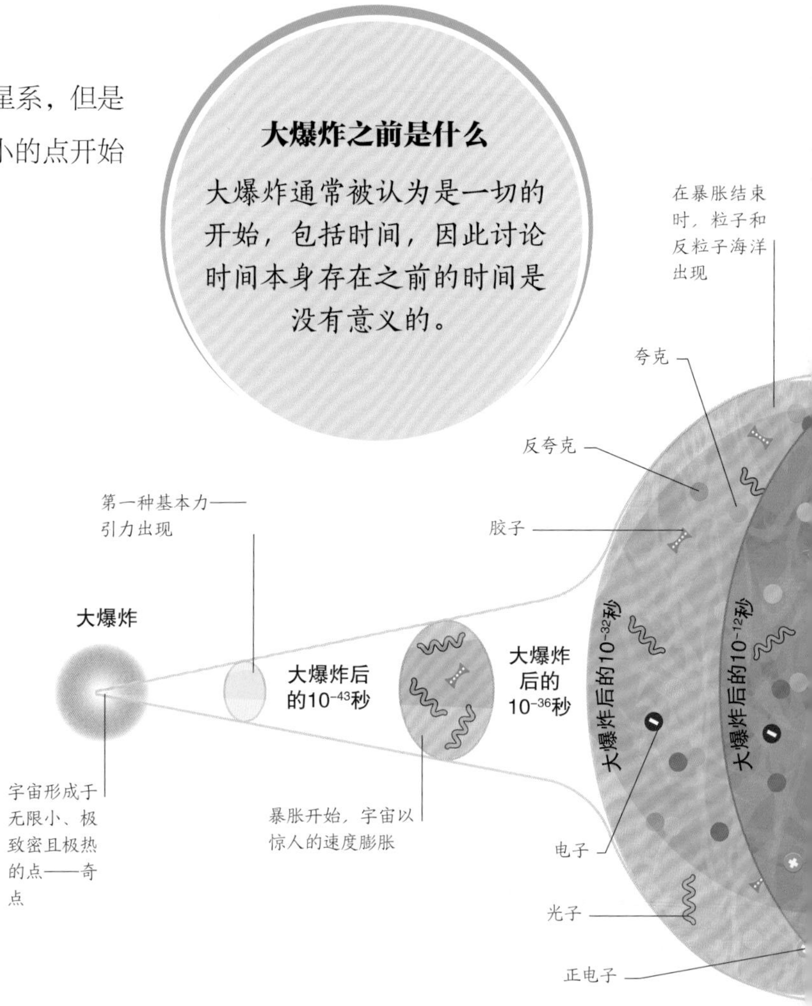

在暴胀结束时，粒子和反粒子海洋出现
夸克
反夸克
胶子
第一种基本力——引力出现
大爆炸
大爆炸后的10^{-43}秒
大爆炸后的10^{-36}秒
大爆炸后的10^{-32}秒
大爆炸后的10^{-12}秒
宇宙形成于无限小、极致密且极热的点——奇点
暴胀开始，宇宙以惊人的速度膨胀
电子
光子
正电子

宇宙诞生

大爆炸不是空间中的一次巨大的爆炸事件，而是一个单一点的极快速膨胀。现代宇宙中的一切都曾在那个点中，这就是天文学家所说的大爆炸在同一瞬间发生在每个地方的原因。

基本力

在大爆炸后的第一个瞬间，只有能量，不存在物质。如今，四种基本力在起作用，但是这些力最初被统一成一种单独的超力。这四种力迅速从超力中分离出来，到大爆炸后的万亿分之一秒（10^{-12}秒），它们完全分离了。

如果暴胀在今天重复出现，那么一个宇宙单元将会比可观测宇宙增长得更大。

超力
大统一力
弱电力
强核力
弱核力
电磁力
引力

大爆炸后的时间（以秒为单位） 10^{-43}　10^{-36}　10^{-12}

力分离

物理学家相信，四种支配粒子相互作用（强核力、电磁力和引力）和放射性衰变发生（弱核力）的基本力原本是一种单独的力，但这四种力在大爆炸后很快就分离了，尽管我们还不知道分离过程是如何发生的。

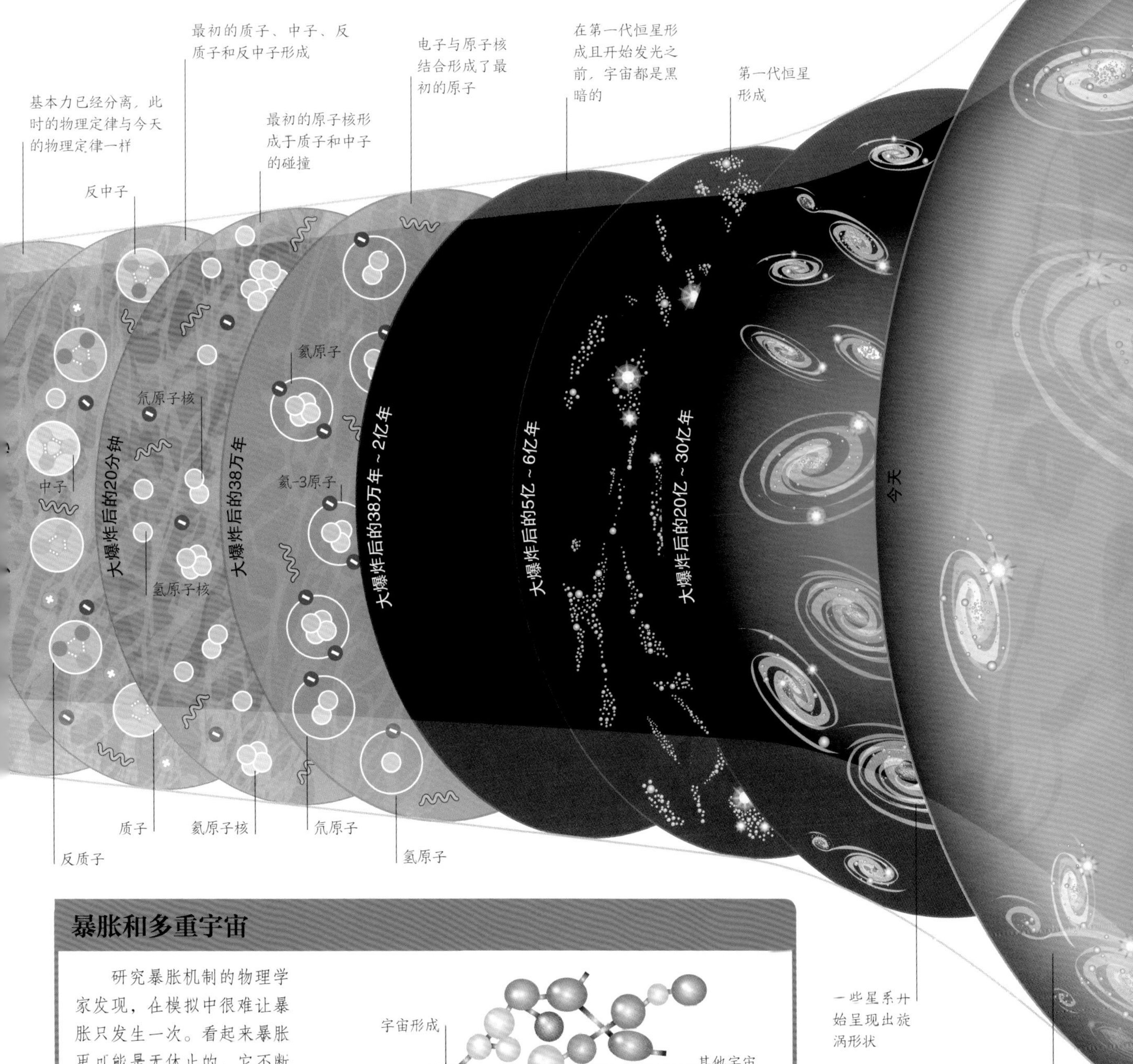

基本力已经分离，此时的物理定律与今天的物理定律一样
最初的质子、中子、反质子和反中子形成
最初的原子核形成于质子和中子的碰撞
电子与原子核结合形成了最初的原子
在第一代恒星形成且开始发光之前，宇宙都是黑暗的
第一代恒星形成
反中子
中子
氘原子核
氢原子核
氦原子
氦-3原子
大爆炸后的20分钟
大爆炸后的38万年
大爆炸后的38万年～2亿年
大爆炸后的5亿～6亿年
大爆炸后的20亿～30亿年
今天
反质子
质子
氦原子核
氘原子
氢原子
一些星系开始呈现出旋涡形状
宇宙继续膨胀

暴胀和多重宇宙

研究暴胀机制的物理学家发现，在模拟中很难让暴胀只发生一次。看起来暴胀更可能是无休止的，它不断地生成新宇宙——多重宇宙。然而，这种观点仍有争议，而且没有明确的方式用实验来测试它。

宇宙形成

其他宇宙反复“发芽”，形成多重宇宙

多重宇宙

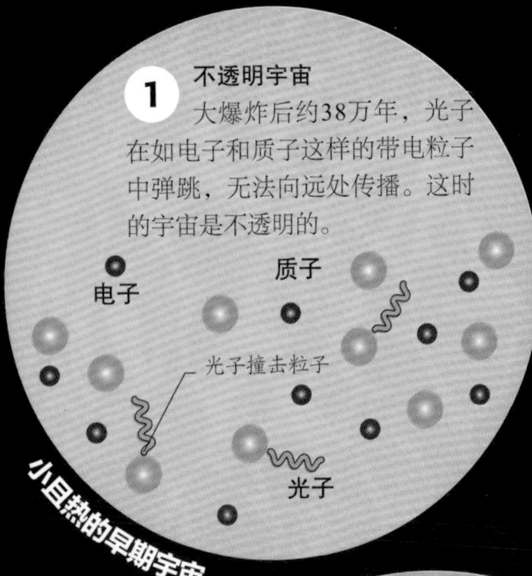
1
不透明宇宙
大爆炸后约38万年，光子在如电子和质子这样的带电粒子中弹跳，无法向远处传播。这时的宇宙是不透明的。
电子
质子
光子撞击粒子
光子
小且热的早期宇宙

复合

早期宇宙太热了，以至于质子和电子无法以结合形成原子的形式存在，同时它也太致密了，使得光子无法自由移动。随着宇宙膨胀，它冷却，且变得没那么致密。从大爆炸后约38万年开始，在一段叫作“复合时期”的时期，宇宙冷却且膨胀得足以使质子和电子结合形成氢原子，并且光子可以自由传播。

宇宙微波背景的起源

复合时期后，宇宙中充满了小原子（主要由氢原子构成，还有少量氦原子和锂原子）。原子不会像致密的等离子体那样阻碍光子（光粒子）传播，而且它们可以自由移动。这些光子可以以宇宙微波背景辐射的形式被今天的我们探测到。

宇宙中各处宇宙微波背景的平均温度为-270.425℃。

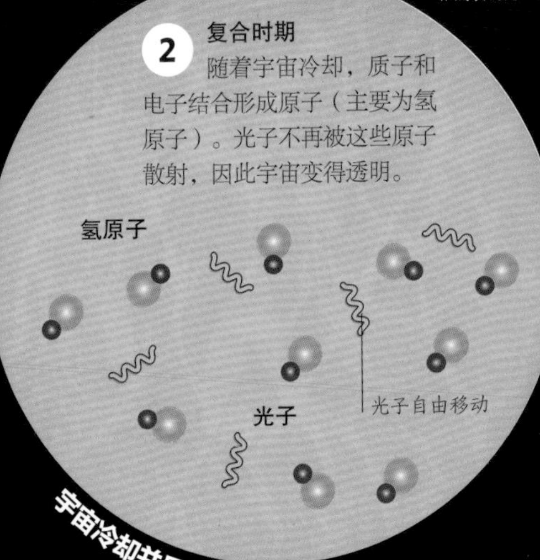
2
复合时期
随着宇宙冷却，质子和电子结合形成原子（主要为氢原子）。光子不再被这些原子散射，因此宇宙变得透明。
氢原子
光子
光子自由移动
宇宙冷却并且膨胀

3
宇宙微波背景生成
光子能够在宇宙中自由穿梭，但由于宇宙的膨胀，它们的能量随时间的流逝而降低。这些光子构成了宇宙微波背景。
氢原子
随着宇宙膨胀，光子丢失能量
光子
宇宙进一步膨胀

早期辐射

极早期的宇宙是不透明的。第一代原子形成后，光子才可以自由移动。来自这个时期的辐射遗迹形成了宇宙微波背景，这是我们可以探测到的最早的辐射。

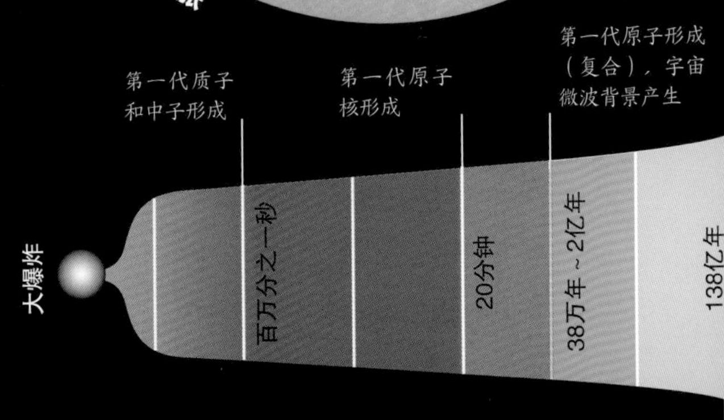
第一代质子和中子形成
第一代原子核形成
第一代原子形成（复合），宇宙微波背景产生
大爆炸
百万分之一秒
20分钟
38万年～2亿年
138亿年
今天的宇宙
宇宙的时间线

测量宇宙微波背景

从1964年发现宇宙微波背景开始，人们已经进行了数百次实验来测量和研究这种辐射。天文学家使用欧洲普朗克空间天文台在2009—2013年收集的数据组合出了最完整的图像。看起来宇宙微波背景在各个方向上几乎是相同的，除了有微小的起伏，温度上的差异远小于1℃。这些起伏代表着宇宙刚形成后在密度上存在的差异。起初，它们只是微小的变化，但随着宇宙膨胀，这些起伏也开始增长，早期宇宙中密度更高的区域演化成类似星系团这样的巨大的结构。

极早期辐射
这幅由普朗克空间天文台获得的图像将整个天空投影到一个平面上。温度变化与早期宇宙中物质密度差异有关。温度高于平均温度的区域代表密度更高的区域，反之亦然。

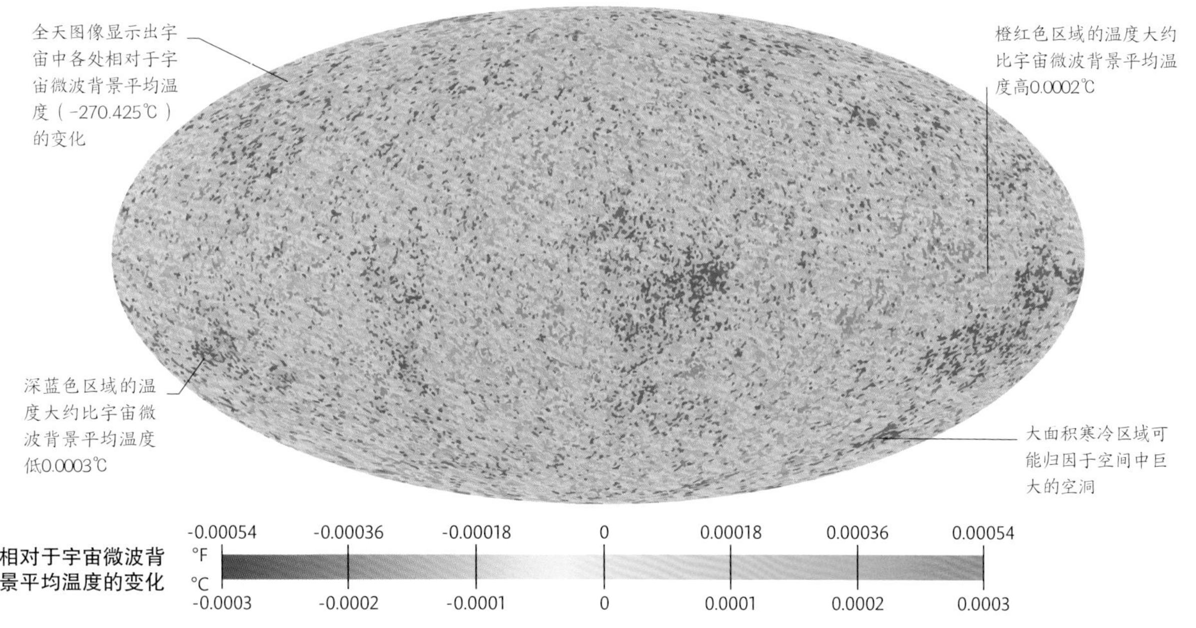
全天图像显示出宇宙中各处相对于宇宙微波背景平均温度（-270.425℃）的变化
橙红色区域的温度大约比宇宙微波背景平均温度高0.0002℃
深蓝色区域的温度大约比宇宙微波背景平均温度低0.0003℃
大面积寒冷区域可能归因于空间中巨大的空洞
相对于宇宙微波背景平均温度的变化
°F
-0.00054 -0.00036 -0.00018 0 0.00018 0.00036 0.00054
°C
-0.0003 -0.0002 -0.0001 0 0.0001 0.0002 0.0003

其他支持大爆炸理论的证据

宇宙微波背景辐射的存在为关于宇宙起源的大爆炸理论提供了强有力的证据。其他观测事实也支持这个理论。

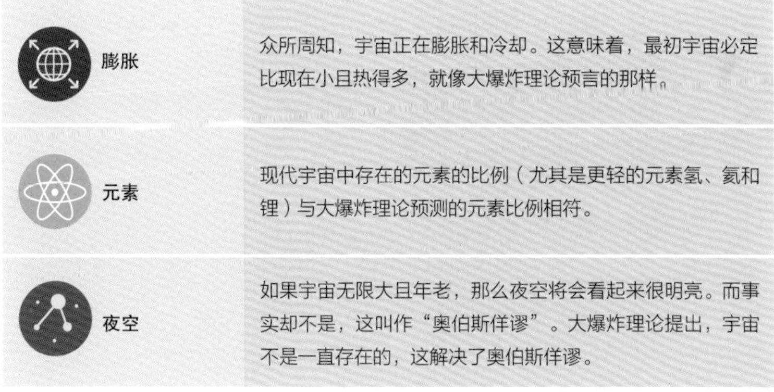

膨胀	众所周知，宇宙正在膨胀和冷却。这意味着，最初宇宙必定比现在小且热得多，就像大爆炸理论预言的那样。
元素	现代宇宙中存在的元素的比例（尤其是更轻的元素氢、氦和锂）与大爆炸理论预测的元素比例相符。
夜空	如果宇宙无限大且年老，那么夜空将会看起来很明亮。而事实却不是，这叫作“奥伯斯佯谬”。大爆炸理论提出，宇宙不是一直存在的，这解决了奥伯斯佯谬。

为什么宇宙微波背景这么冷

最初，宇宙微波背景具有更短的波长和更高的能量，相当于3 000℃左右。随着宇宙膨胀，这种辐射被拉长到更长的波长，能量也随之丢失了，因此它变得更冷了。

早期粒子

大爆炸后不久，第一代粒子就从能量海洋中生成了。它们将继续形成构成现代宇宙的基石。

粒子和反粒子形成，然后互相湮灭，生成能量，留下小的物质粒子残余
第一代质子和中子形成
第一代原子形成（复合）
大爆炸
10^{-32}~10^{-9}秒
10^{-6}秒
20分钟
38万年~2亿年
138亿年
宇宙的时间线
第一代原子核形成
今天的宇宙

第一代原子核

最初，宇宙极其热，物质和能量以质能这种可互相转化的形成存在。随着宇宙冷却，包括夸克（见下页）在内的基础粒子出现了。强核力（见162页）将夸克束缚在一起形成质子和中子，而质子和中子组成了所有原子的原子核。

一杯水中的氢原子核在宇宙生命的最初几分钟就生成了。

物质起源

到宇宙诞生仅20分钟时，第一代原子核形成了。物质和反物质（见下面）分别以粒子和反粒子的形式存在。

胶子
电子
上夸克
下夸克
下反夸克
正电子
上反夸克
10^{-32}~10^{-9}秒
质子由两个上夸克和一个下夸克组成
电子
质子（氢原子核）
反中子
胶子将夸克束缚在一起
正电子
反夸克形成类似反质子这样的反粒子
反质子
中子由两个下夸克和一个上夸克组成
中子
10^{-6}秒
氦-3原子核

1 粒子和反粒子形成

在一段叫作“夸克时期”的短暂时期内，第一代夸克和反夸克从质能海洋中自发形成。第一代电子和正电子在一个叫作“轻子创生”的过程中产生。

2 复合粒子形成

胶子携带着强核力，夸克被胶子束缚在一起形成质子和中子，它们都属于复合粒子。一个质子带一个正电荷，而中子不带电。

反物质发生了什么

最初生成的物质和反物质数量几乎相同，但我们今天看到的一切全都由物质组成。一种未知的原因必定使平衡向着物质倾斜了。

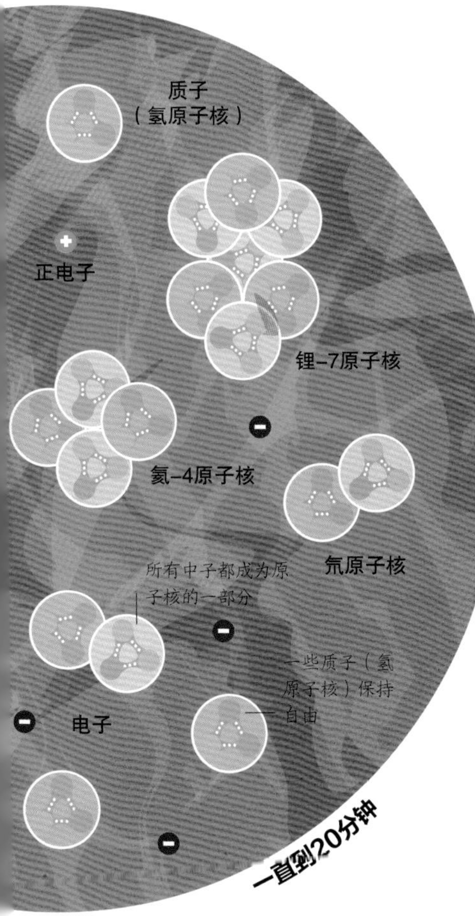
质子
（氢原子核）
正电子
锂-7原子核
氦-4原子核
氘原子核
所有中子都成为原子核的一部分
一些质子（氢原子核）保持自由
电子
一直到20分钟

3 原子核形成

氢原子核以单个质子的形式存在。质子和中子之间的碰撞形成了氦-4原子核和少量氦-3原子核，以及氘原子核和锂-7原子核。

第一代原子

原子由带正电的原子核和其周围的一个或多个带负电的电子组成，它们被电磁力束缚在一起。第一代原子核在大爆炸后的几分钟内形成，但在38万年后宇宙足够冷时，它们才在复合（见164页）过程中与电子结合形成最初3种元素的原子。

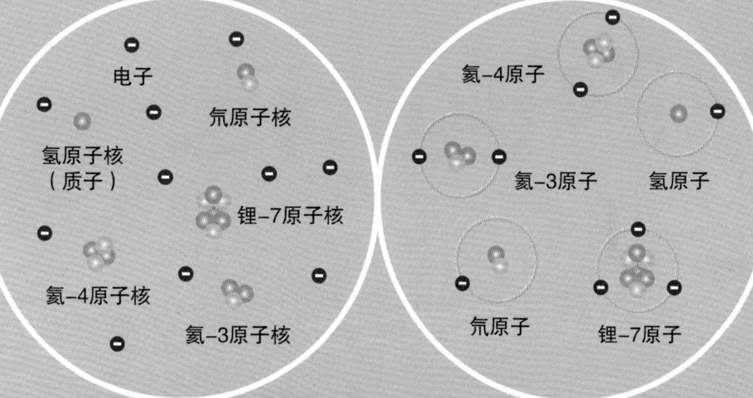
电子
氘原子核
氢原子核
（质子）
锂-7原子核
氦-4原子核
氦-3原子核
氦-4原子
氦-3原子
氢原子
氘原子
锂-7原子

1 单独的原子核和电子

在数十万年间，原子核和电子单独存在于由快速移动的粒子组成的热等离子体中。

2 原子形成

最终，电子被原子核捕获形成氦原子、氢原子、氘原子（一种重氢）和锂原子。

亚原子粒子

原子由更小的亚原子粒子——质子、中子和电子组成。电子是基本粒子，这意味着它们是构成粒子的最小单元。不过，质子和中子都由夸克和胶子等基本粒子组成。每个粒子都有一个相对应的反粒子。

上夸克
下夸克
电子
胶子
光子
希格斯玻色子

基本粒子

它们中的一些，如夸克，是构成物质的基本单元。其他的，如胶子和光子，是载体粒子。

质子
中子

复合粒子

这些粒子由夸克和胶子等更小的基本粒子组成。

上反夸克
下反夸克
正电子

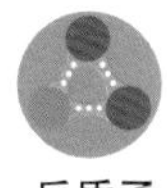
反质子

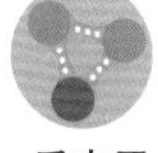
反中子

反粒子

反粒子与它们相对应的粒子具有相同的质量，但其他性质却完全相反，包括电荷。

第一代恒星和星系

大爆炸后仅2亿年，第一代恒星就开始形成了。没过多久，由于暗物质将成群的恒星束缚在一起，最早的星系开始形成。这些暗弱的星系并合时，还引起了更多的恒星形成。

EDGES实验

EDGES实验使用一种桌子形状的特殊类型射电望远镜来探测来自再电离时期（大爆炸后约3.5亿—10亿年）的辐射遗迹。最初的结果表明恒星形成于宇宙早期，而且宇宙比之前认为的更冷，这可能是由于受到了暗物质的影响。

天线收集射电信号
接收器放大信号，并将它们传送至分析器

第一代恒星

在宇宙生命的早期，可用于恒星形成的原材料只有大爆炸后不久形成的氢和氦，第一代恒星不包含重元素，它们的质量很大，比太阳重数十倍。它们发射出来的强烈紫外光将氢原子的电子剥离，使第一代矮星系之间的气体被电离。第一代恒星寿命很短，在几百万年内以剧烈的超新星形式爆发，生成最初的重元素。

第一代恒星拥有行星吗

第一代恒星可能曾拥有行星，但是由于早期宇宙只包含气体和热等离子体（带电粒子“粥”），因此这些行星应该不是岩质的。

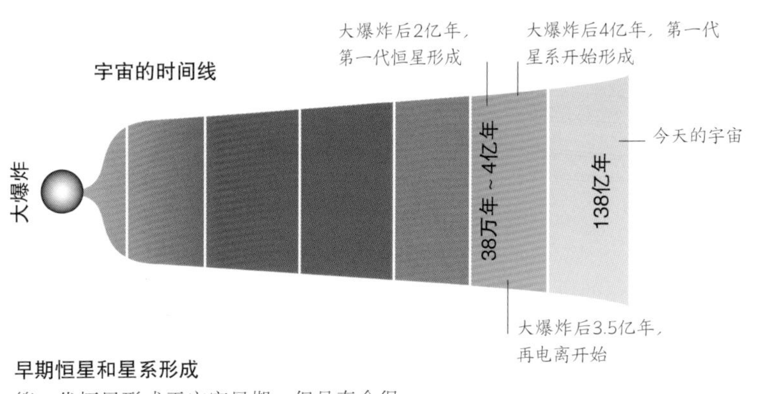

宇宙的时间线
大爆炸
大爆炸后2亿年，第一代恒星形成
大爆炸后4亿年，第一代星系开始形成
38万年～4亿年
138亿年
今天的宇宙
大爆炸后3.5亿年，再电离开始

早期恒星和星系形成

第一代恒星形成于宇宙早期，但是寿命很短。第一代星系很小，最终演化成了我们今天看到的星系。

大爆炸

早期宇宙中充满了带电的氢原子核和氦原子核

大爆炸后38万年，第一代原子开始形成

宇宙中充满了中性氢原子和氦原子

氢气和氦气开始聚集在一起形成云

大爆炸后大约2亿年，在气体云的内部，早期恒星形成

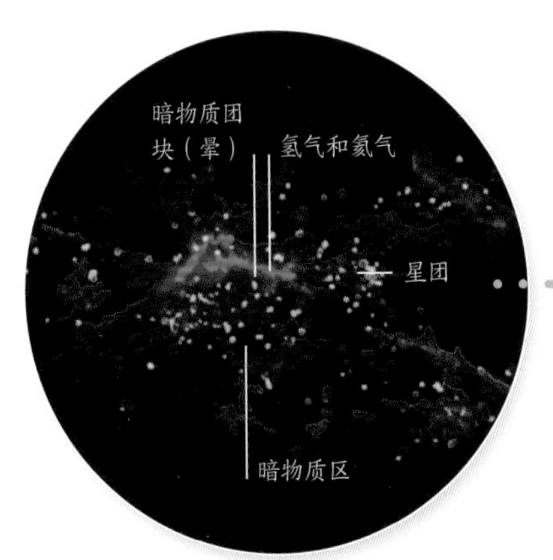
暗物质团块（晕）
氢气和氦气
星团
暗物质区

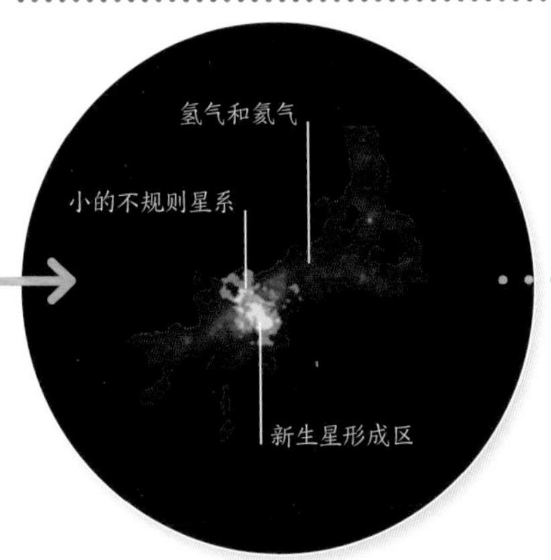
氢气和氦气
小的不规则星系
新生星形成区

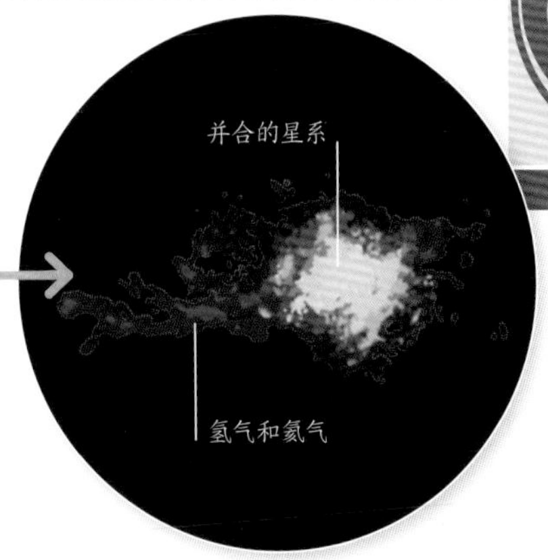
并合的星系
氢气和氦气

1 暗物质聚集在一起
引力将暗物质束缚在一起形成叫作“晕”的团块。这些晕吸引类似氢气和氦气这样的正常物质，这些物质被进一步压缩。

2 小星系形成
物质继续聚在一起，最终形成小的不规则星系。在这些星系内部，更致密的物质“结”出现，生成了新生星形成区。

3 星系并合
内部大部分区域为真空区的星系穿过彼此，形成更大的星系，以及更多的恒星形成区。今天宇宙中的每一个大星系都经历过至少一次并合事件。

星系诞生

第一代星系形成所经历的过程仍然是不确定的。不过人们认为，在早期宇宙中，一些区域比其他区域稍微致密一点。这些更致密的区域吸引暗物质，暗物质又反过来吸引气体和恒星。这个过程持续进行直到第一代原初星系形成。我们今天看到的星系，如旋涡星系，应该是通过更多原初星系的并合形成的。

银河系的质量大约是第一代星系质量的10万倍。

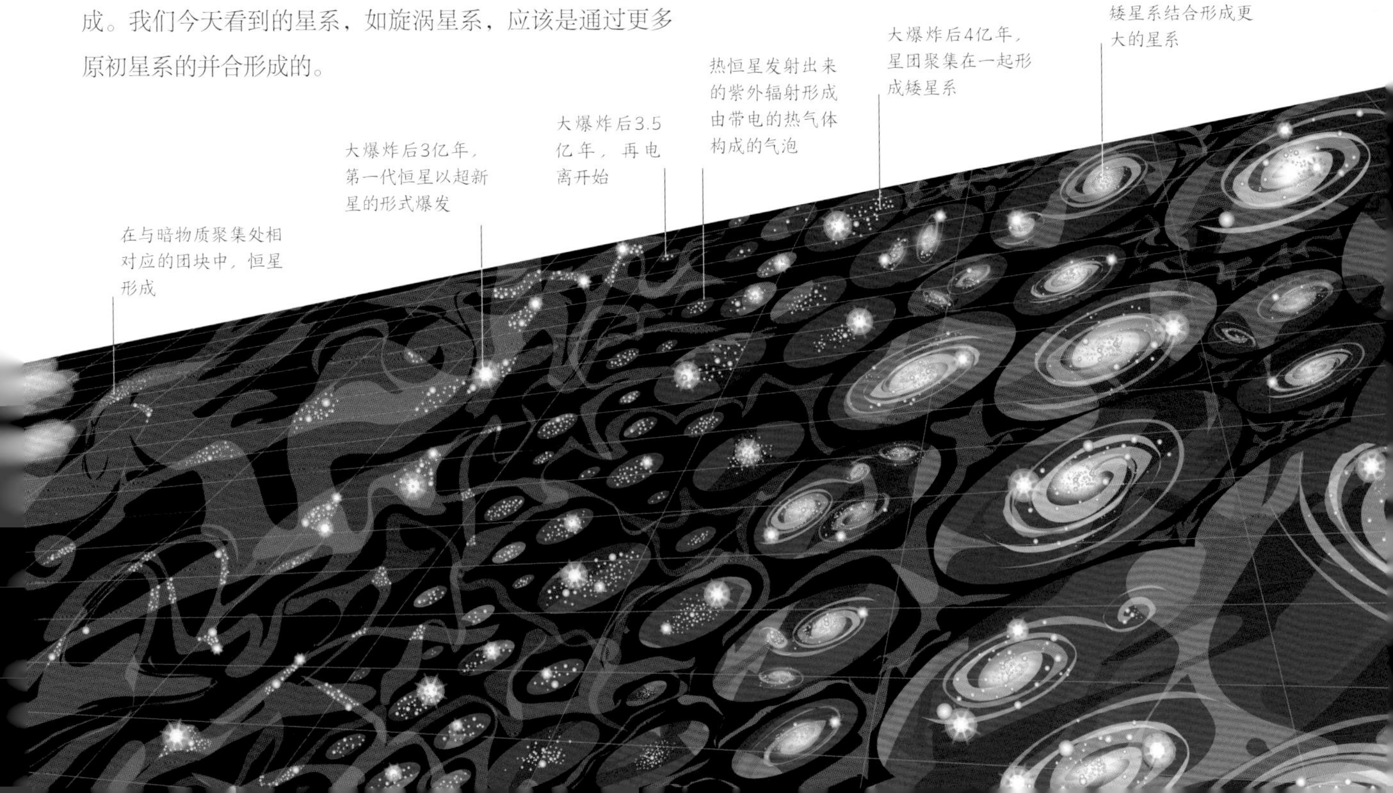

在与暗物质聚集处相对应的团块中，恒星形成

大爆炸后3亿年，第一代恒星以超新星的形式爆发

大爆炸后3.5亿年，再电离开始

热恒星发射出来的紫外辐射形成由带电的热气体构成的气泡

大爆炸后4亿年，星团聚集在一起形成矮星系

矮星系结合形成更大的星系

宇宙的未来

我们的宇宙将会发生什么取决于引力与一种我们尚未理解的能量之间从大爆炸时就开始的斗争。天文学家仍然不确定结果是什么。

暗能量

天文学家猜想，真空中充满了一种神秘的物质或力，即“暗能量”，它与引力的作用相反。在任何规定体积的空间中，通常存在相同数量的暗能量，因此随着宇宙膨胀及空间暴增至更大的体积，它的作用也增大了。这可能可以解释为什么宇宙在加速膨胀。

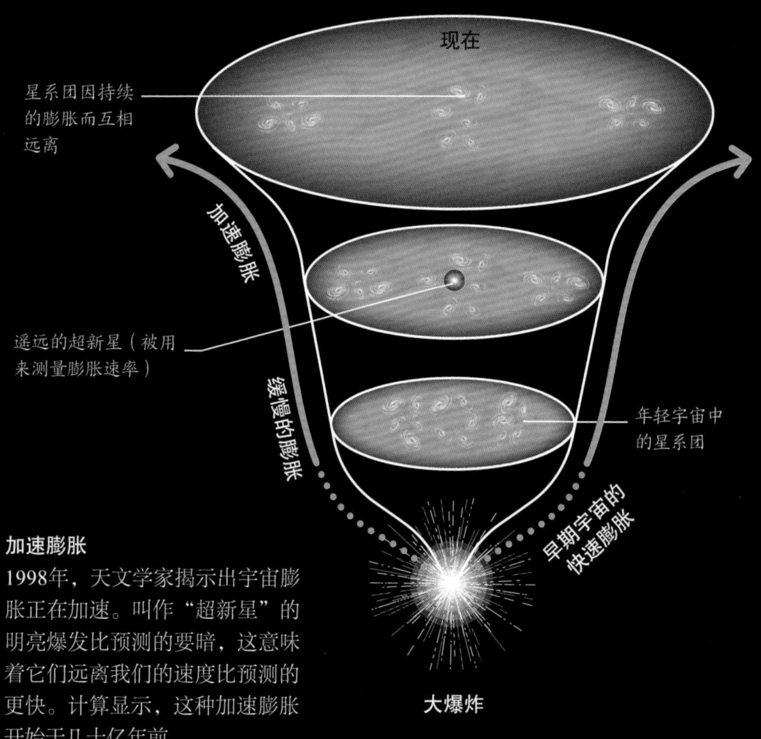

现在
星系团因持续的膨胀而互相远离
加速膨胀
遥远的超新星（被用来测量膨胀速率）
缓慢的膨胀
年轻宇宙中的星系团
早期宇宙的快速膨胀
大爆炸

加速膨胀

1998年，天文学家揭示出宇宙膨胀正在加速。叫作“超新星”的明亮爆发比预测的要暗，这意味着它们远离我们的速度比预测的更快。计算显示，这种加速膨胀开始于几十亿年前。

在遥远的未来，宇宙可能是寒冷且死寂的，甚至可能会被撕裂。

可能的未来

宇宙将会发生什么取决于恒星、星系和星系团之间的引力能否被暗能量战胜。如果不能，那么宇宙将会以与大爆炸相逆的方式坍缩。如果引力被战胜，那么宇宙可能会以灾难性的速度持续膨胀。或者，可能会有一种新的物理理论改变我们所有关于未来的观点。

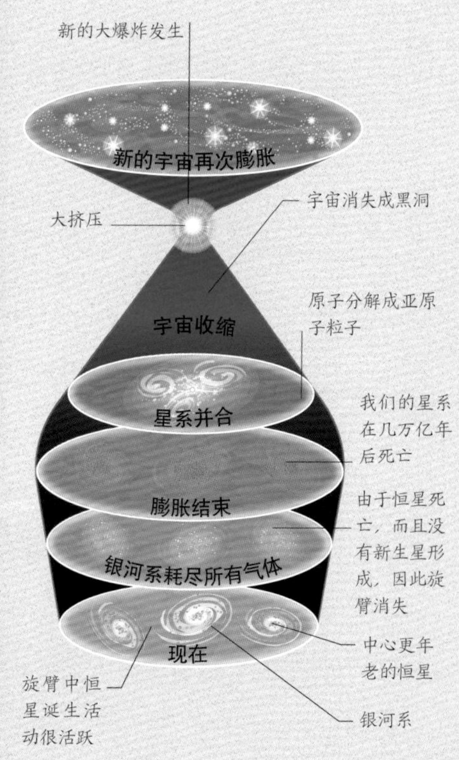

新的大爆炸发生
新的宇宙再次膨胀
宇宙消失成黑洞
大挤压
原子分解成亚原子粒子
宇宙收缩
星系并合
我们的星系在几万亿年后死亡
膨胀结束
由于恒星死亡，而且没有新生星形成，因此旋臂消失
银河系耗尽所有气体
现在
中心更年老的恒星
旋臂中恒星诞生活动很活跃
银河系

大挤压

引力占据上风时，这种情况将会发生。宇宙将会变得更小、更热，最终收缩成一个极小的点，可能随后还会发生一次新的大爆炸。这曾是一个流行的观点，但在暗能量被发现后，它失宠了。

宇宙将会存在多长时间

根据最可能的情况，宇宙将会存在数十亿年，甚至会永远存在。然而，如果大变动模型是正确的，那么理论上，宇宙可能会在任意时间终结。

宇宙学常数

宇宙学常数由阿尔伯特·爱因斯坦以一种用来抵消引力的“反引力”力提出。关于宇宙膨胀正在加速的发现看起来暗示着宇宙学常数与导致加速膨胀的暗能量相似。

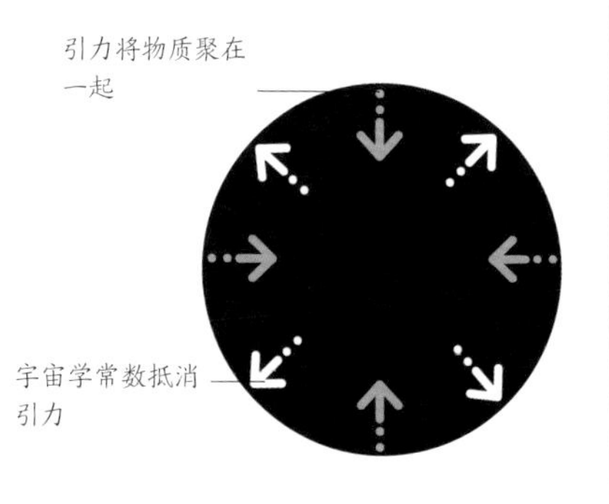
引力将物质聚在一起
宇宙学常数抵消引力

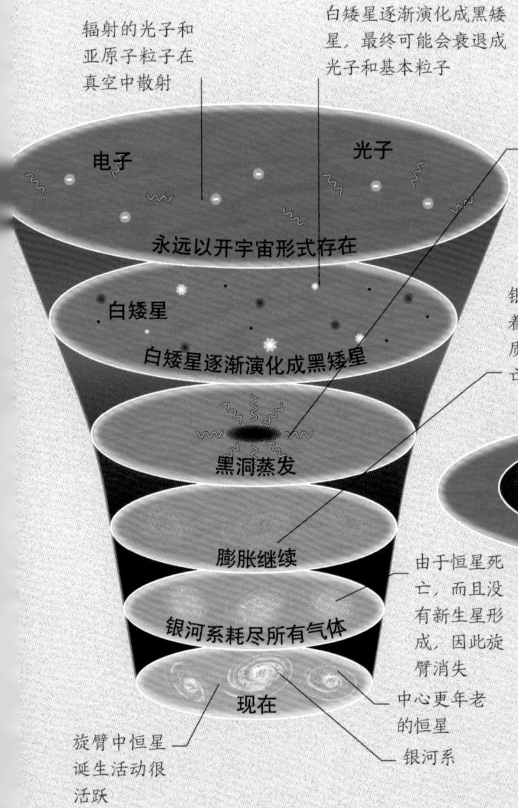

辐射的光子和亚原子粒子在真空中散射

白矮星逐渐演化成黑矮星，最终可能会衰退成光子和基本粒子

超大质量黑洞会以辐射爆的形式消失

电子

光子

永远以开宇宙形式存在

白矮星

白矮星逐渐演化成黑矮星

银河系中充满着演化为超大质量黑洞的死亡恒星

黑洞蒸发

膨胀继续

由于恒星死亡，而且没有新生星形成，因此旋臂消失

银河系耗尽所有气体

现在

中心更年老的恒星

旋臂中恒星诞生活动很活跃

银河系

当膨胀速度达到光速时，星系被撕裂

从原子到行星和恒星，所有的结构都被撕裂

宇宙被撕裂

银河系被撕裂

现在

暗能量使宇宙膨胀加速

银河系

真空气泡膨胀

希格斯场达到它的真空状态，将我们的宇宙置换成另一个

真空气泡出现

真空

现在

银河系

大冷寂

如果宇宙继续稳定膨胀，那么能量和物质会变得太稀薄，最终将不会留下任何行星、恒星或星系。温度将会降至绝对零度，而且剩下的只有一片原子碎片海洋。

大撕裂

如果暗能量持续加速宇宙膨胀，那么在大约220亿年后，包括黑洞在内的所有结构都将被撕裂。即使是原子和亚原子粒子之间的空间也将会被拉开得非常远以至于它们也会被撕裂。

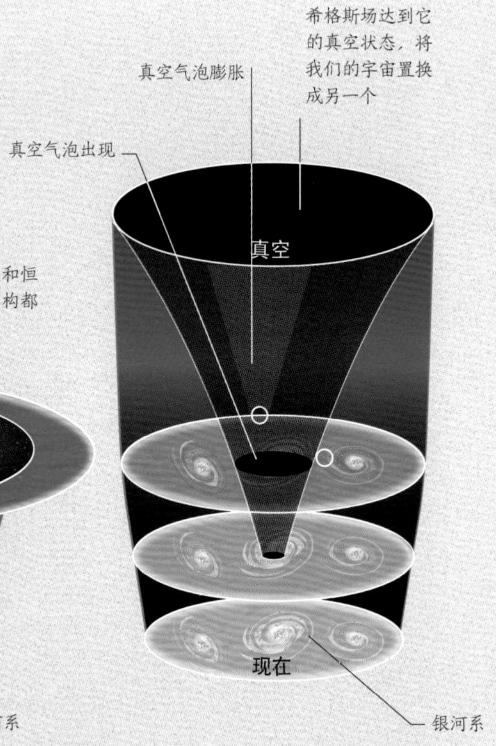

大变动

这种理论涉及希格斯玻色子粒子和一个叫作“希格斯场”的能量场。如果希格斯场达到它的最低能量或真空状态，那么一个真空能量气泡可能会出现，而且以接近光速的速度膨胀，摧毁在它路径上的一切。

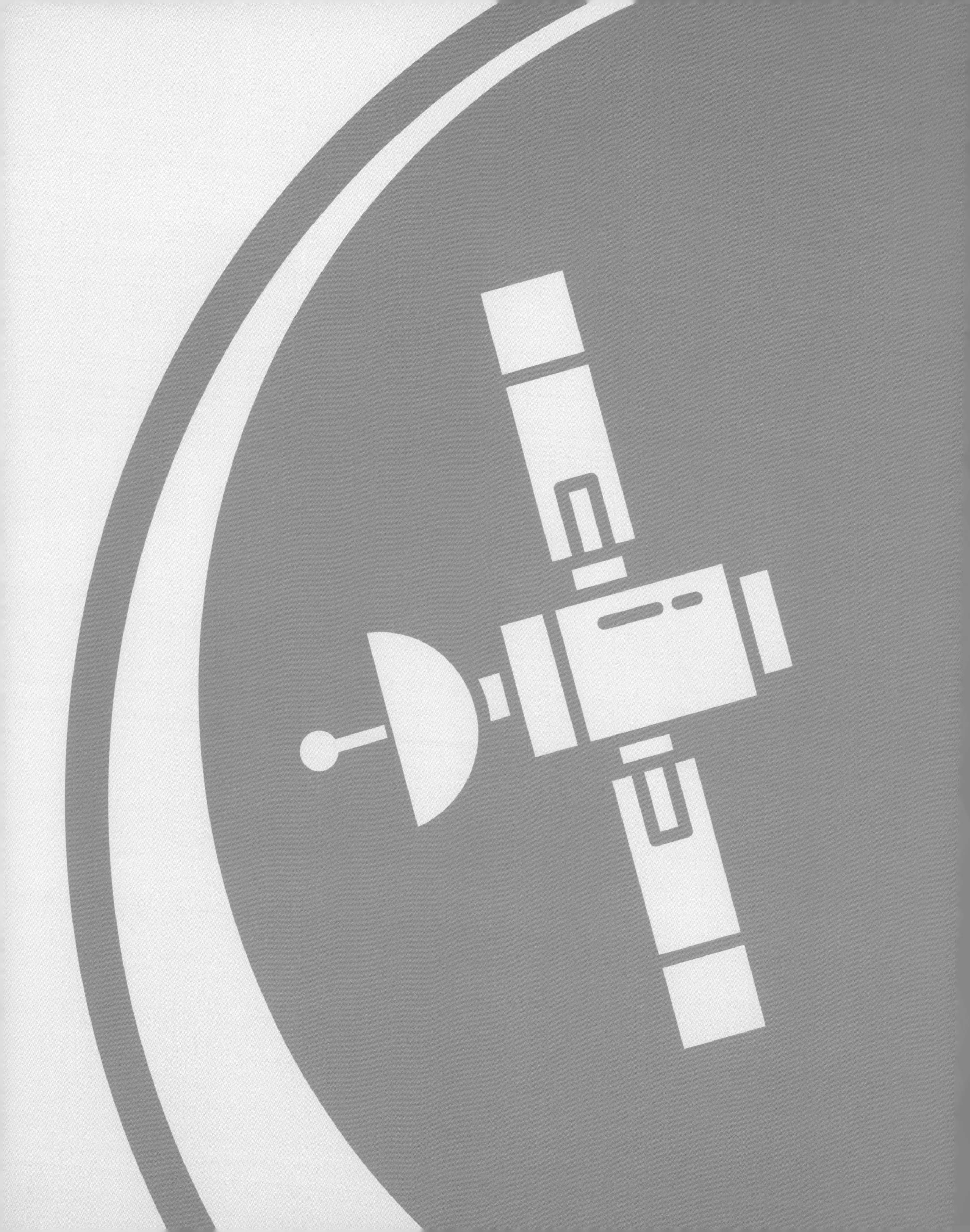

5 空间探测

进入空间

地球的大气层之外是广袤的外部空间。探索空间需要克服的首个障碍就是进入空间。最初的挑战是克服地球的引力和达到足够的速度以进入地球周围一条稳定的路径，即轨道。为了探索地球轨道之外的行星际空间，进一步提高速度和助力是必须的。

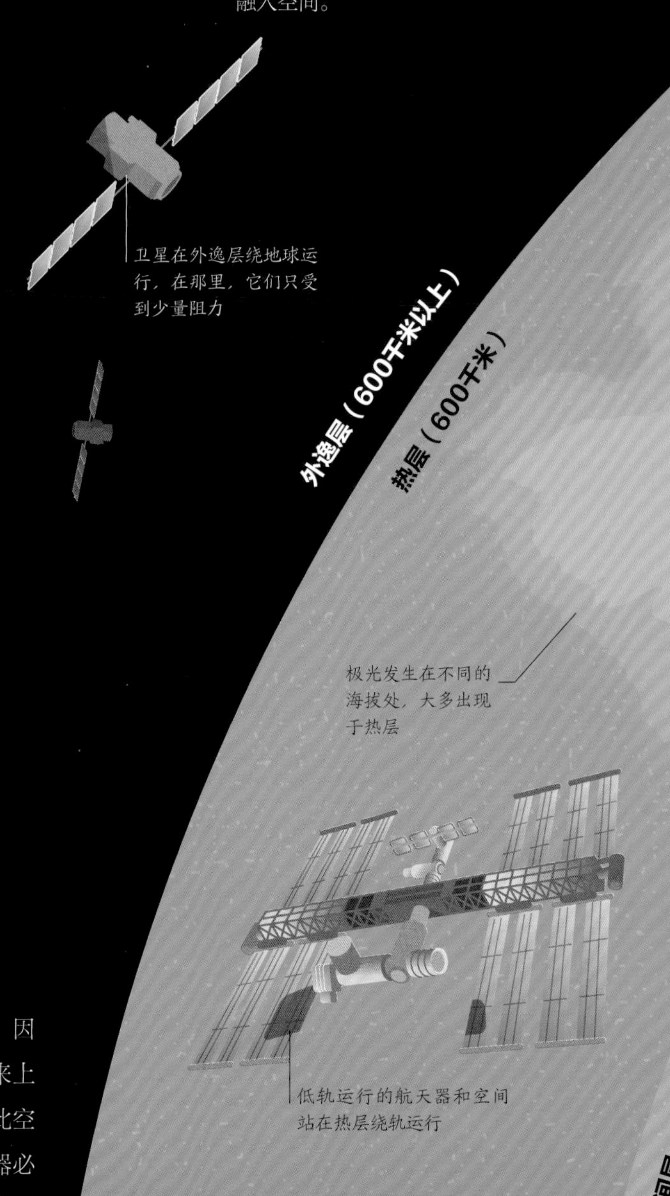

外逸层
在大气层的最外层，开始于地面之上约600千米处，气压不再随着海拔的增加而下降。外逸层的气体逐渐融入空间。
卫星在外逸层绕地球运行，在那里，它们只受到少量阻力
外逸层（600千米以上）
热层（600千米）
极光发生在不同的海拔处，大多出现于热层
低轨运行的航天器和空间站在热层绕轨运行
中间层
热层
在高约85千米处，紫外辐射将气体分子分解为带电离子，生成热且稀薄的气体层，叫作热层。极光主要在热层形成。

1942年，一架德国V-2火箭成为首个进入空间的人造天体。

空间在哪里

由于地球的大气在更高的海拔处变得更稀薄，因此飞机很难利用机翼下方的空气流动产生的压力来上升。由于缺乏大气中的分子来反射或散射光，因此空间看起来是黑的。人们普遍以为外部空间是飞行器必须进入地球周围的轨道以保持在地球表面之上的区域，但是对于“空间的边缘”没有官方认定的定义。NASA将空间的起始定为海平面之上80千米，而国际航空联合会（FAI）则将其定为100千米。

曾经有人乘坐飞机到达过空间吗

有的。20世纪60年代，8名美国飞行员乘坐一架由火箭助推的X-15高超声速飞机到达过空间的边缘，之后他们通过一架大型运载飞机降落。

中间层
在中间层，大气的温度再次下降。中间层对于飞机来说太高了，但对于航天器来说却太低了。

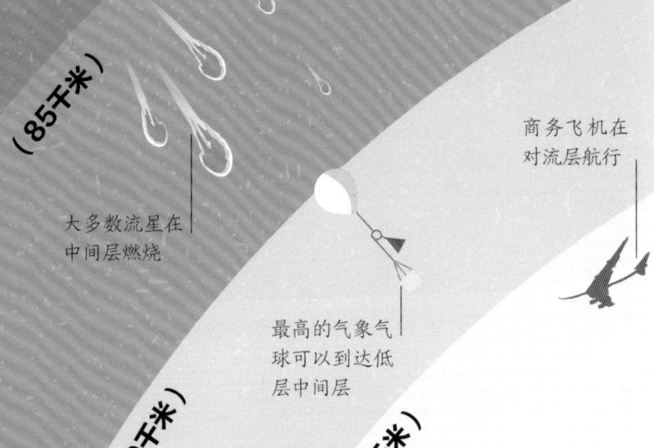
（85千米）
大多数流星在中间层燃烧
最高的气象气球可以到达低层中间层
商务飞机在对流层航行
平流层（50千米）
对流层（6~20千米）

平流层
在对流层，温度会随着海拔的增加而下降，但在平流层，温度反而会随着海拔的增加而升高。在那里，包含臭氧的气体会吸收太阳光中的紫外线。

对流层
地球大气的最低层包含了其75%的质量和99%的水蒸气。在赤道地区，它延伸至高约20千米处，但在两极只延伸至高6千米处。

逃脱地球的引力

为了完全逃脱地球的引力，飞行器必须达到逃逸速度——飞行的速度足够快以至于地球的引力不能完全使其减慢。地球表面的逃逸速度大约为每秒11.2千米，这远远超过了到达轨道所需的速度。

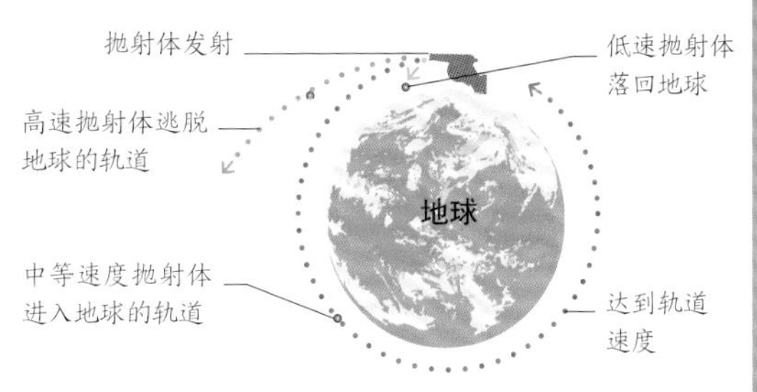
抛射体发射
低速抛射体落回地球
高速抛射体逃脱地球的轨道
地球
中等速度抛射体进入地球的轨道
达到轨道速度

到达轨道

为了停留在空间中而不落回地球，任何飞行器都必须到达一条稳定的轨道——地球周围的一个圆形或椭圆形的环，轨道需足够高以使飞行器避免被上层大气的阻力减速太多。轨道是这样的一条路径，在那里，天体的动力（使其倾向于持续在一条直线上运动的力）刚好与朝向地球的引力相抗衡。对于离地面200千米的圆形近地轨道（LEO）来说，航天器或空间站需要达到每小时2.8万千米的速度。

无限降落
一次强有力的抛射或发射将意味着在下落体可以与地面接触前，地球的表面开始弯曲并远离下落体。这个人造天体将会朝向地球无限降落，使其反复环绕这颗行星运行，或绕轨运行。这种运动叫作“自由落体”。

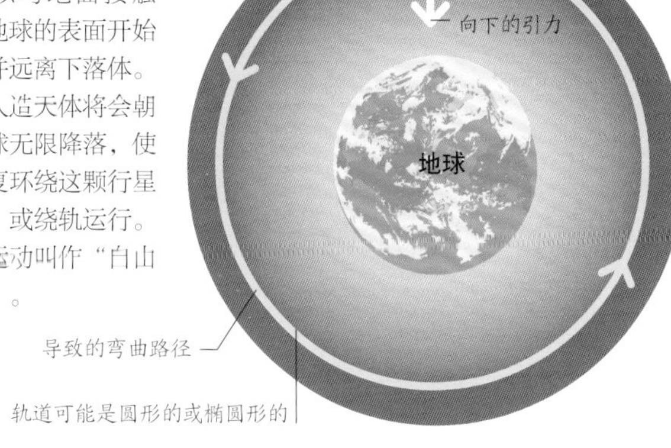
沿切线方向的动力
轨道中的飞行器
向下的引力
地球
导致的弯曲路径
轨道可能是圆形的或椭圆形的

火箭

火箭是唯一可以通过现代技术将大型人造天体送入空间的实用手段。尽管一架火箭仅仅是利用作用力与反作用力原理实现飞行的任意抛射体，但是空间发射需要一架可以产生足够推力以克服引力的火箭。

火箭是如何工作的

火箭基于作用力与反作用力的原理来工作。对于任意独立的物体来说，在一个方向上产生的力必然与一个相反方向上相等的力平衡。为了产生大量的推力，火箭会燃烧叫作“推进剂”的化学物质。排放出来的气体以很高的速度通过特殊形状的喷嘴喷出，生成一个反作用力，向着相反的方向推动火箭。

火箭推进剂

火箭通过燃烧推进剂来生成爆炸式的推力。大多数推进剂将两种液体化学物结合，即将一种燃料和一种氧化剂结合，以进行一种化学反应。固体火箭更容易制造。

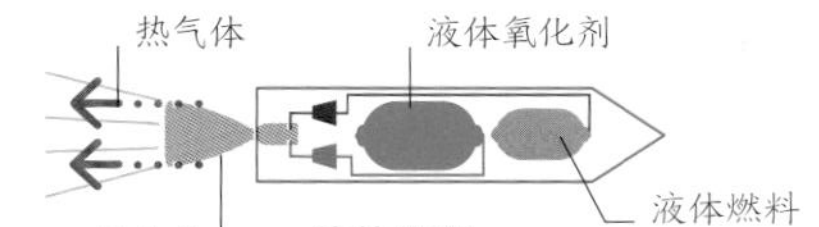

热气体
液体氧化剂
液体燃料 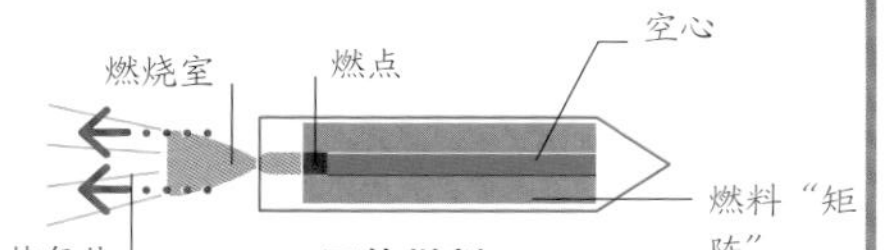
燃烧室
液体燃料
燃烧室
燃点
空心
燃料“矩阵”
热气体
固体燃料

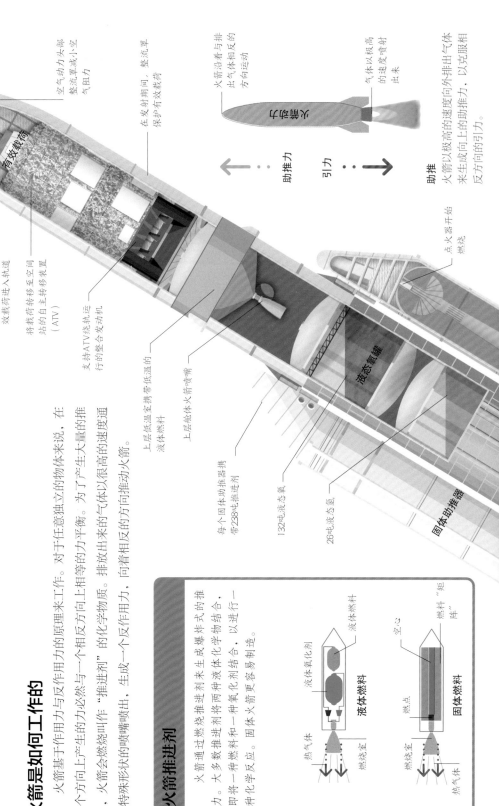

一架液体火箭的内部

在发射时，一架火箭（如这架欧洲空间局的阿丽亚娜5号运载火箭）的大部分体积被发动机和燃料罐占据。将要进入轨道中的有效载荷被固定在最高舱体的顶端。

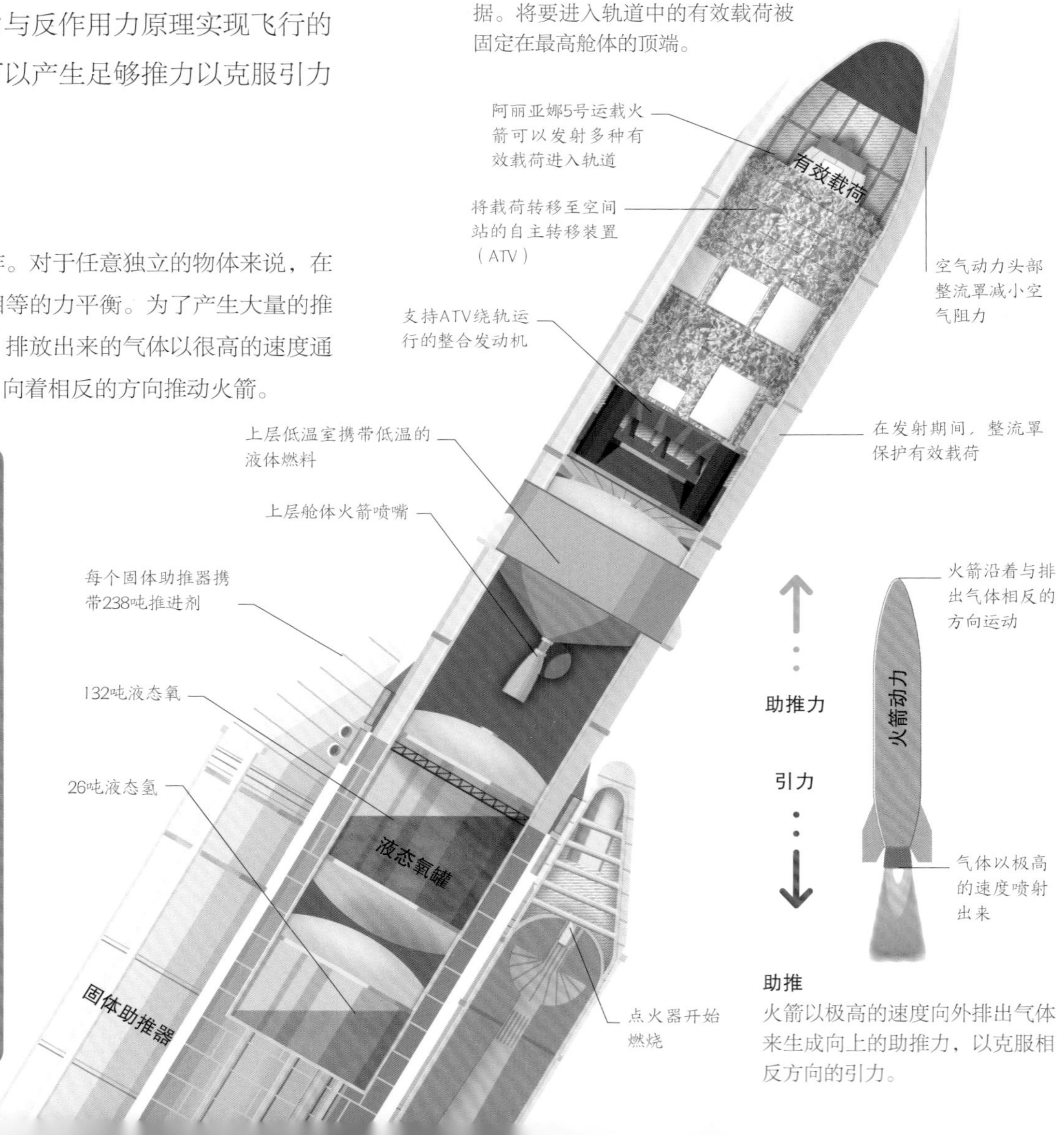

阿丽亚娜5号运载火箭可以发射多种有效载荷进入轨道
有效载荷
将载荷转移至空间站的自主转移装置（ATV）
空气动力头部整流罩减小空气阻力
支持ATV绕轨运行的整合发动机
在发射期间，整流罩保护有效载荷
上层低温室携带低温的液体燃料
上层舱体火箭喷嘴
每个固体助推器携带238吨推进剂
132吨液态氧
26吨液态氢
液态氧罐
固体助推器
点火器开始燃烧
助推力
引力
火箭动力
火箭沿着与排出气体相反的方向运动
气体以极高的速度喷射出来

助推

火箭以极高的速度向外排出气体来生成向上的助推力，以克服相反方向的引力。

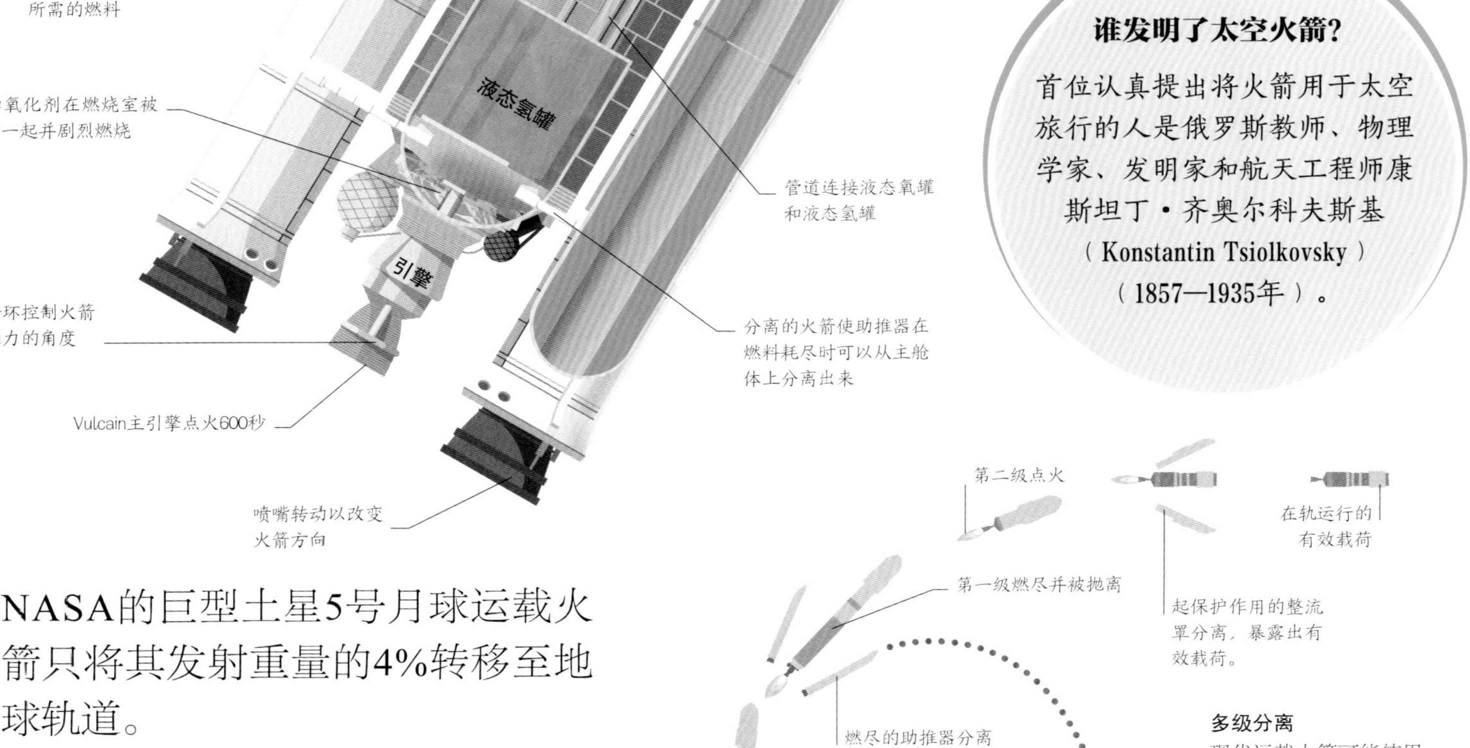
低温的主舱体包含发射所需的燃料
液态氢罐
燃料和氧化剂在燃烧室被混合在一起并剧烈燃烧
管道连接液态氧罐和液态氢罐
引擎
平衡环控制火箭助推力的角度
分离的火箭使助推器在燃料耗尽时可以从主舱体上分离出来
Vulcain主引擎点火600秒
喷嘴转动以改变火箭方向

谁发明了太空火箭？

首位认真提出将火箭用于太空旅行的人是俄罗斯教师、物理学家、发明家和航天工程师康斯坦丁·齐奥尔科夫斯基（Konstantin Tsiolkovsky）（1857—1935年）。

NASA的巨型土星5号月球运载火箭只将其发射重量的4%转移至地球轨道。

多级火箭

尽管一架火箭生成的作用力与反作用力是相等的，但是这两种力作用在排出来的质量较轻的气体上产生的加速度要远远大于其作用在火箭自身质量上产生的加速度。因为火箭必须从一开始就借助足够的助推力以克服引力来移动，所以在发射后的初始瞬间，它必须燃烧大量燃料。为了避免运载多余质量进入轨道，很多火箭由分离的燃料罐和发动机等几级构成，它们或者依次燃烧，或者并行燃烧，然后随着火箭增加速度及它们的燃料被耗尽，它们便被抛离以减轻重量。

第二级点火
在轨运行的有效载荷
第一级燃尽并被抛离
起保护作用的整流罩分离，暴露出有效载荷。
燃尽的助推器分离
完成起飞
在发射时，第一级和助推器点火
燃尽的多级舱体落回地球

多级分离

现代运载火箭可能使用一组小火箭，它们包围着第一级基底，以及其上的一级或多级。被释放进入轨道的有效载荷可能也被装配着一个火箭发动机，以保证机动性及产生进一步的助推力。

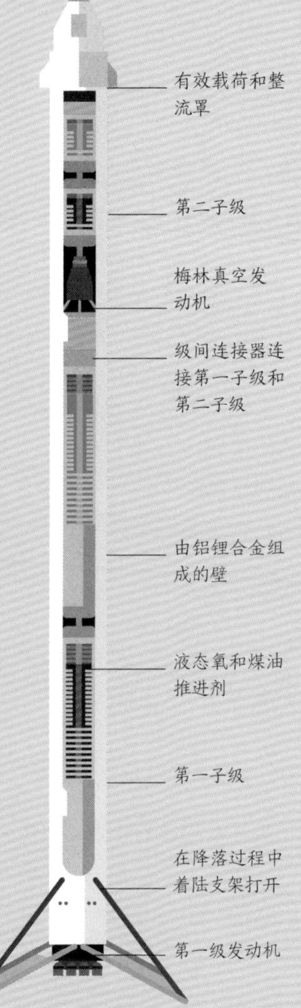
有效载荷和整流罩
第二子级
梅林真空发动机
级间连接器连接第一子级和第二子级
由铝锂合金组成的壁
液态氧和煤油推进剂
第一子级
在降落过程中着陆支架打开
第一级发动机

可重复使用火箭

传统的火箭昂贵且会造成浪费，它们不仅会燃烧大量燃料，而且燃料罐和发动机只能用于一次飞行，之后便会被丢弃、不可回收。发展可完全重复使用的火箭对于减少进入空间的成本来说是必要的。

返回和重复使用

自2015年起，美国太空探索技术公司已经率先完成了成功着陆和重复使用其猎鹰运载火箭上的多级火箭。底部子级（或者是单独的火箭，或者是三组火箭）配有转向推进器，可以引导它们回到一个预先计划好的着陆点（陆地或者海洋中的一个浮式平台）。它们从上层子级脱落，携带着仍留存在燃料罐内的剩余燃料，以减缓它们在最终着陆时的下降速度。

首个部分重复使用的空间载具是什么

1981年首架成功发射的航天飞机对设计重复使用的环绕器和可以被翻新的固体火箭助推器起了重要作用。

使火箭着陆

猎鹰9号以85%的成功率完成了极其困难的任务——将一级火箭带回并实现看似简单的垂直着陆。然而，使一架火箭在发动机操纵下按照目标着陆，而且保持状态良好、可以重复利用，涉及一些有独创性的新技术。

1 起飞

猎鹰9号像任何传统火箭那样垂直地发射。这架“完全助推”版本的火箭位于70米高的发射台上，由两个子级、一个级间连接器和顶部的有效载荷及其整流罩组成。

2 第一子级燃烧

在发射阶段，火箭的第一子级中的9台梅林发动机点火。梅林发动机被排列成一种叫作“八面体网”的结构，它们燃烧RP-1（一种主要成分为煤油的火箭燃料）和液态氧的混合物。

3 发动机中断

第一子级火箭发动机在大约180秒后中断，此时它们已经将载具带到大约70千米海拔处，而且速度达到了每小时大约7 000千米。

主发动机中断先于子级分离

从发射台垂直发射

为猎鹰9号的第一子级供能的梅林发动机生成的助推力相当于77万千克的物体的重力。

单级入轨飞行器

到达轨道的一种理想方法是使用单级入轨（SSTO）飞行器，它可以整体进入空间，而且可以突然快速转向返回地球。单级入轨概念包括传统的垂直发射火箭，以及配备高效的混合发动机来将有效载荷转移至近地轨道的航天飞机上。

单级入轨飞行器内部
云霄塔空天飞机的设计包括一个叫作SABRE的试验性混合发动机，以推动其到达轨道。

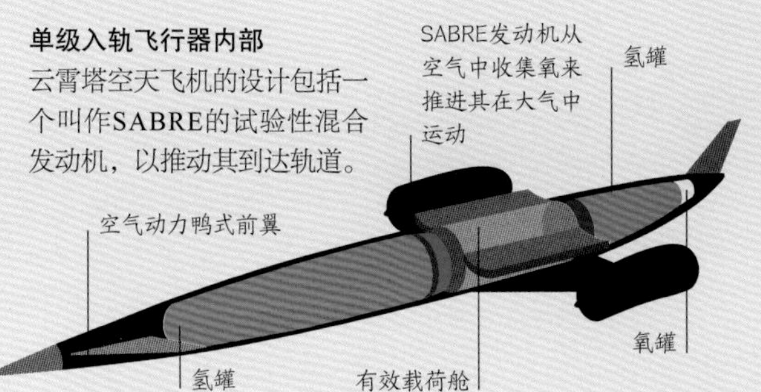
SABRE发动机从空气中收集氧来推进其在大气中运动
氢罐
空气动力鸭式前翼
氢罐
有效载荷舱
氧罐

亚轨道飞行

蓝色起源公司的新谢泼德火箭是一种垂直起飞的单级入轨飞行器，计划发射一个乘员舱完成到达太空的短期飞行，但不进入轨道。2015年11月，一艘无人驾驶的新谢泼德火箭成为第一架进入空间且成功返回地球的垂直火箭。

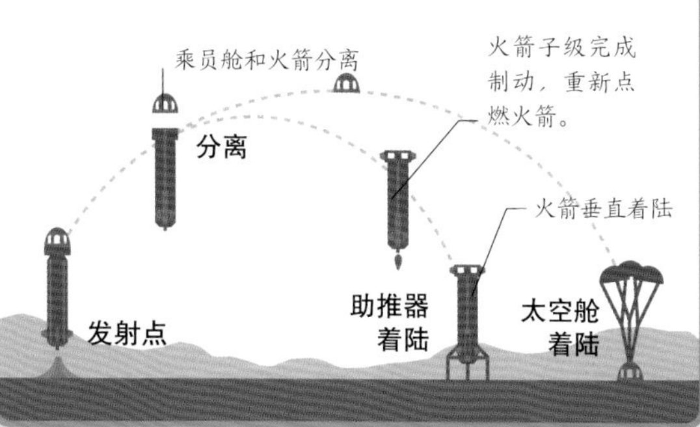
乘员舱和火箭分离
火箭子级完成制动，重新点燃火箭。
分离
火箭垂直着陆
发射点
助推器着陆
太空舱着陆

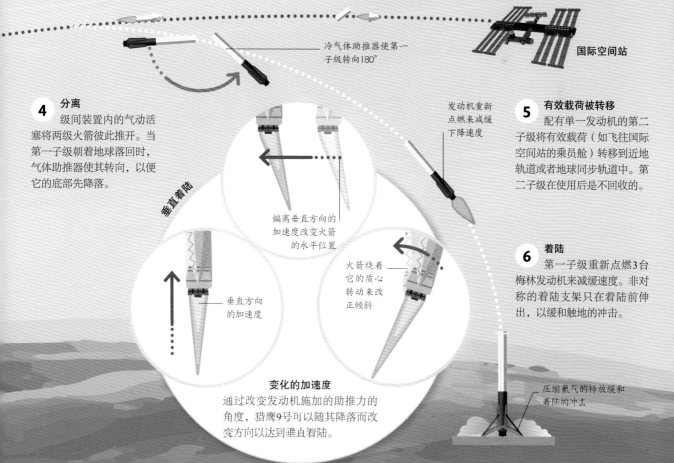

冷气体助推器使第一子级转向180°

国际空间站

4 分离
级间装置内的气动活塞将两级火箭彼此推开。当第一子级朝着地球落回时，气体助推器使其转向，以便它的底部先降落。

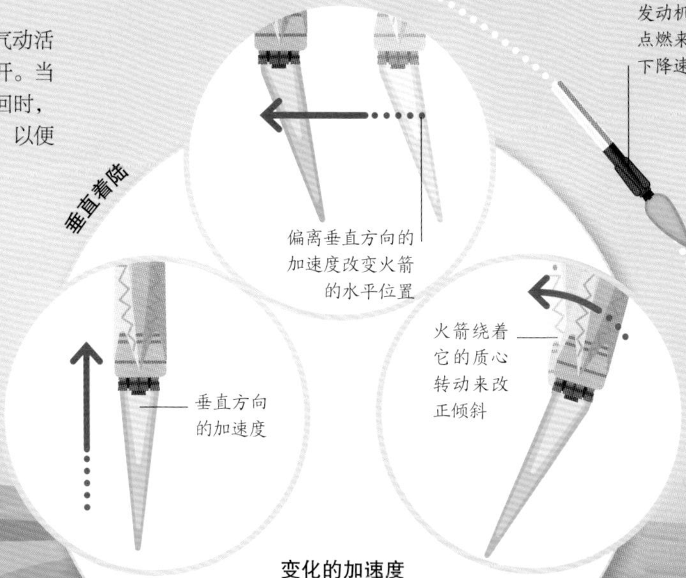

发动机重新点燃来减缓下降速度

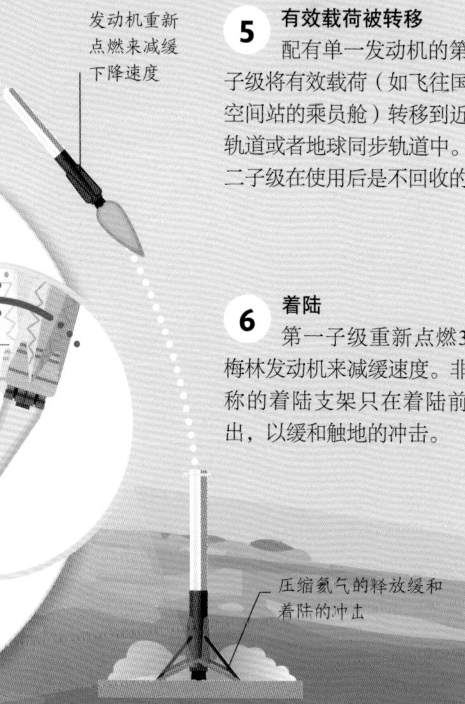

5 有效载荷被转移
配有单一发动机的第二子级将有效载荷（如飞往国际空间站的乘员舱）转移到近地轨道或者地球同步轨道中。第二子级在使用后是不回收的。

垂直着陆

偏离垂直方向的加速度改变火箭的水平位置

火箭绕着它的质心转动来改正倾斜

垂直方向的加速度

6 着陆
第一子级重新点燃3台梅林发动机来减缓速度。非对称的着陆支架只在着陆前伸出，以缓和触地的冲击。

变化的加速度
通过改变发动机施加的助推力的角度，猎鹰9号可以随其降落而改变方向以达到垂直着陆。

压缩氦气的释放缓和着陆的冲击

卫星轨道

一个卫星的轨道是指围绕着一个天体且在其引力作用下所走过的一条稳定的圆形或椭圆形路径。不同用途的卫星会在地球周围沿着各种各样的轨道运行。

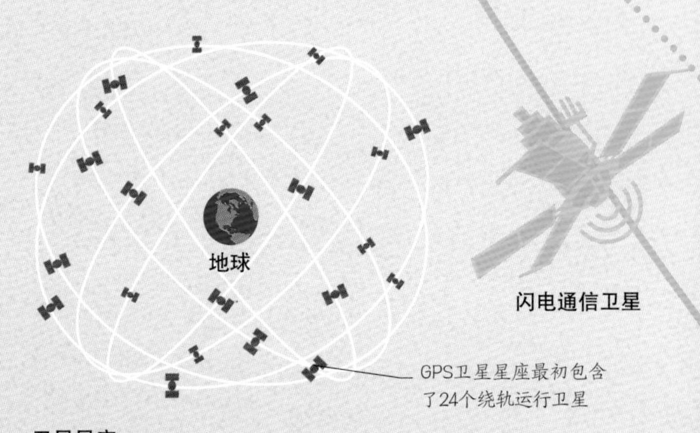

地球
闪电通信卫星
GPS卫星星座最初包含了24个绕轨运行卫星

卫星星座

类似卫星通信和卫星导航这样的应用需要多个卫星作为一组来共同工作，这种卫星组叫作“卫星星座”。卫星在精确安排好的近地轨道或距离地球中等高度的轨道中飞行，提供对地球表面的连续覆盖。

轨道的类型

卫星相对于地球表面的速度随着它的高度而变化。那些位于圆形轨道中的卫星保持匀速，其中，近地轨道中的卫星比远地轨道中的卫星移动得更快。椭圆轨道使卫星在近地点（距离地球最近）时移动得相对迅速，在远地点（距离地球最远）时移动得更缓慢。一些卫星的轨道位于赤道的正上方，而大多数卫星的轨道是倾斜的（以某一角度倾斜），因此随着地球在它们下方自转，它们会经过地球表面上方的不同点。

地球同步轨道
卫星沿着地球自转的方向运行
沿地球同步轨道运行一圈需要花费23小时56分钟
通信卫星

轨道分类

近地轨道是热层中的近圆形路径，它们最容易抵达。位于极轨道中的地球监测卫星在各自轨道上飞过地球表面上空的不同带。太阳同步轨道使卫星可以在同一照度下对比地球表面上的不同区域。椭圆轨道和远地轨道将卫星带到距离地球更远的地方，使它们可以看到更多的地球表面。

太空垃圾

自1957年开启了太空时代起，地球周围的空间已经变得越来越拥挤，不仅有正在运行的卫星，还有多余的航天器、使用过的火箭子级和其他残骸。对于正在运行的卫星、载人飞船，甚至是国际空间站和搭载的人员来说，碰撞都是经常会遇到的危险。

残骸的密度威胁着绕轨运行的航天器的安全

第一条卫星轨道是哪个

斯普特尼克人造卫星的轨道在地球表面上方215～939千米的范围内变化，且以65°的倾角相对于赤道倾斜。

轨道机动

大多数卫星最初被发射至近地轨道（LEO）。在那里，它们使用搭载的发动机和火箭助推器或者一个最终的上级火箭发动机来抵达它们的最终预期轨道。一旦进入空间，改变轨道的形状和大小比变化它们的倾角要容易很多。

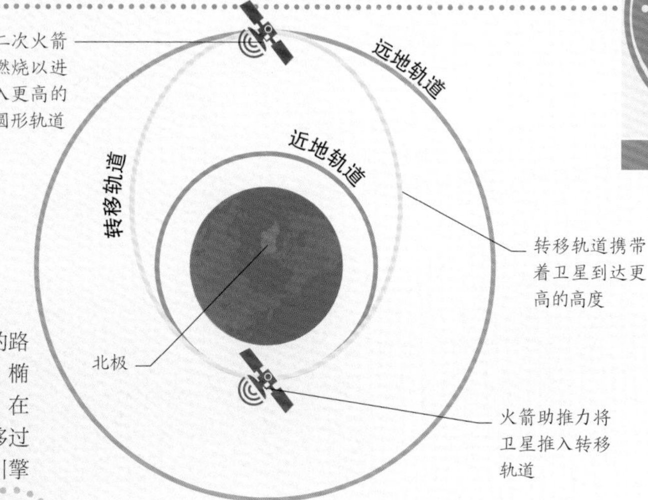

二次火箭燃烧以进入更高的圆形轨道
远地轨道
近地轨道
转移轨道
转移轨道携带着卫星到达更高的高度
北极
火箭助推力将卫星推入转移轨道

转移轨道

卫星可以在圆形轨道之间沿着叫作“转移轨道”的路径移动。转移轨道是一条椭圆轨道的一部分，椭圆轨道在近地点时与较低的圆形轨道相接，在远地点时与更高的圆形轨道相接。在转移过程中的每一个阶段都需要一次精确的引擎发动。

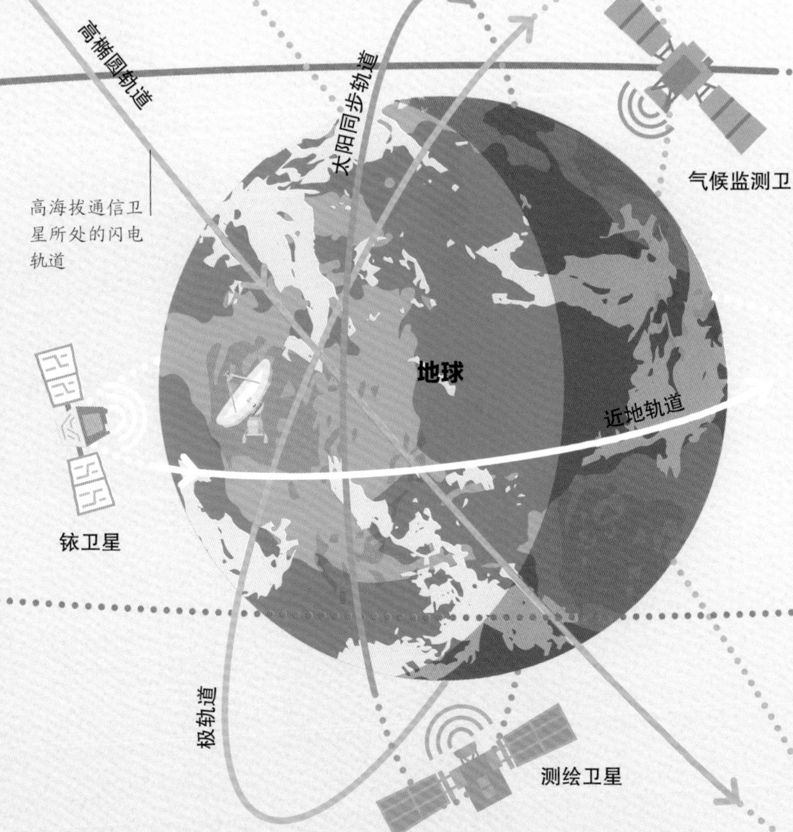

高椭圆轨道
太阳同步轨道
气候监测卫星
高海拔通信卫星所处的闪电轨道
地球
近地轨道
铱卫星
极轨道
测绘卫星

卫星用途

大多数卫星被设计用来执行与地球相关的特定任务。沿着正确类型的轨道运行是完成工作的重要因素。

卫星电话

卫星电话服务由近地轨道中的卫星星座提供。在同一瞬间，几个卫星分布在地球上任意点的范围内。

地球测绘

太阳同步轨道确保地球表面的空基照片都是从同一个方向上被照亮的。

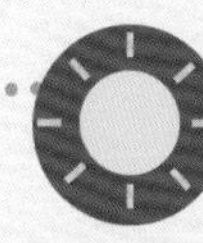

地球监测

被设计用来追踪地球气候变化的卫星沿着极轨道运行。它们可以建立一幅关于地球上天气情况的完整图像。

广播

很多广播卫星沿着赤道上方的地球同步轨道运行，在那里，它们运行的周期与地球自转周期一致。

高纬度

对于高纬度地区来说，在那里，赤道通信卫星可能脱离了视野，卫星需要沿着高倾斜、高椭圆的轨道，即闪电轨道运行。

近期的统计显示，有1.29亿个直径大于1毫米的天体在地球周围的轨道中。

通信卫星

很多卫星充当着射电信号中继设备的角色，被用于各种不同类型的通信。地球上空的卫星可以与下方地面上的接收器和传送器保持直线连接，使电话通信、网络服务，甚至是地基射电传送器范围之外边远地区的卫星电视，都可以进行通信。在地球上方35 786千米处的地球同步轨道中的卫星可以在赤道上一个固定点的上方保持静止，在天空中充当信号的广播平台，使分布在地球表面上一片广阔区域内的接收器都可以接收到广播信号。

一个通信卫星的解剖图

通信卫星由极其精密的设备组成，这些设备被设计用来在空间的极端环境中度过很长一段时间，因为在空间中对卫星进行维护几乎是不可能的。卫星的电力是由太阳能板生成的。

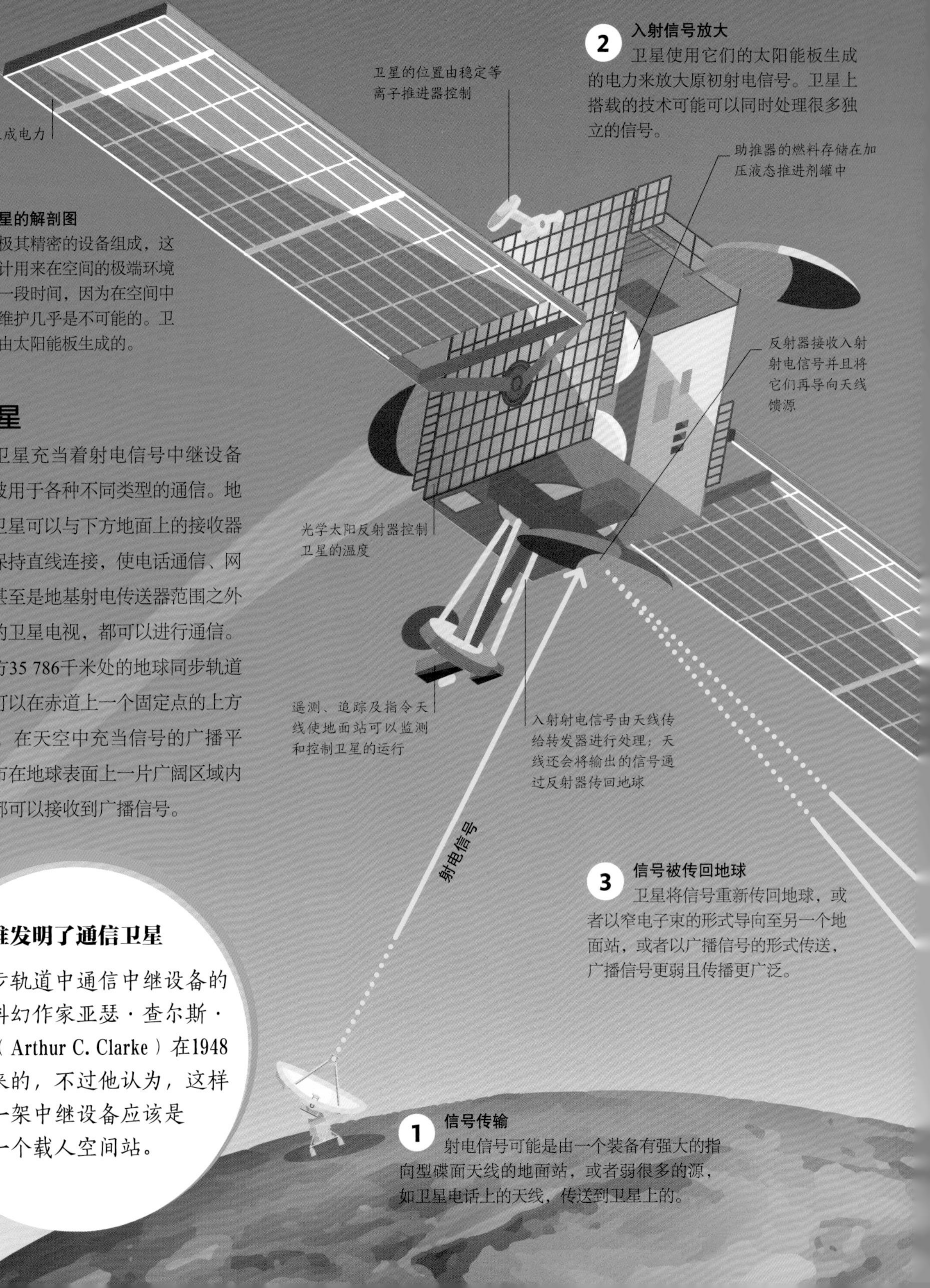

太阳能板生成电力为卫星供能

卫星的位置由稳定等离子推进器控制

2 入射信号放大

卫星使用它们的太阳能板生成的电力来放大原初射电信号。卫星上搭载的技术可能可以同时处理很多独立的信号。

助推器的燃料存储在加压液态推进剂罐中

反射器接收入射射电信号并且将它们再导向天线馈源

光学太阳反射器控制卫星的温度

遥测、追踪及指令天线使地面站可以监测和控制卫星的运行

入射射电信号由天线传给转发器进行处理；天线还会将输出的信号通过反射器传回地球

射电信号

3 信号被传回地球

卫星将信号重新传回地球，或者以窄电子束的形式导向至另一个地面站，或者以广播信号的形式传送，广播信号更弱且传播更广泛。

1 信号传输

射电信号可能是由一个装备有强大的指向型碟面天线的地面站，或者弱很多的源，如卫星电话上的天线，传送到卫星上的。

谁发明了通信卫星

地球同步轨道中通信中继设备的理念是科幻作家亚瑟·查尔斯·克拉克（Arthur C. Clarke）在1948年提出来的，不过他认为，这样的一架中继设备应该是一个载人空间站。

立方体卫星

地球同步轨道通信卫星必须很大，以生成足够多的电力用于将信号在很长的距离上进行中继转发和广播，而将信号传送至近地轨道，以及从近地轨道回传信号，需要的能量要少很多。现在，有一群小型通信卫星在近地轨道中围绕地球运行，它们通常被设计成高效且成模块化的轻型模板，叫作“立方体卫星”。

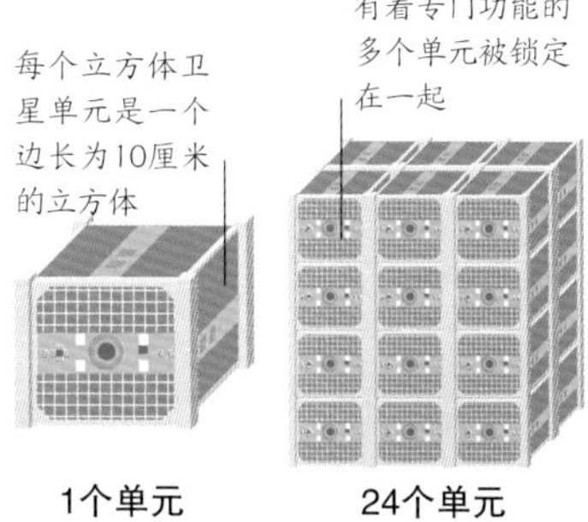
有着专门功能的多个单元被锁定在一起
每个立方体卫星单元是一个边长为10厘米的立方体
1个单元
24个单元

4 信号被接收

接收器可以破译射电信号，并将其传送至地基通信网络，或者将射电信号重新传送至另一个通信卫星来进一步转发到世界各地。

地面站

卫星的类型

卫星有着各种不同类型的用途，但是大多数会涉及通信和导航，应用领域从为超级油轮导航到广播电视。

全球定位系统和导航卫星

因为射电信号以已知速度（光速）传播，所以可以使用从处于确定轨道中的卫星接收到信号的时间来确定地球上一个接收器的位置。这是全球定位系统等卫星导航系统的基础，全球定位系统已经成为现代技术不可或缺的一部分，从智能手机和汽车到农作物监控，都离不开定位系统。

卫星1

来自一个单独卫星的定时信号确定了已知距离上接收者的位置，即地球上一个球形表面上的各点。

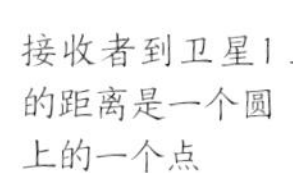
接收者到卫星1的距离是一个圆上的一个点

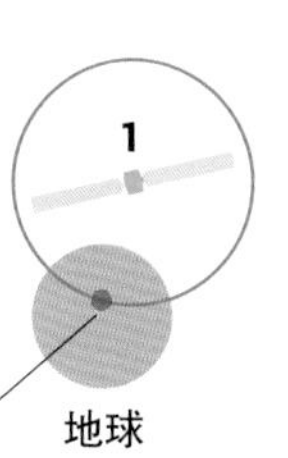
1
地球

卫星2

结合来自第二个卫星的信号，便可以将可能位置缩小到两个交点上。

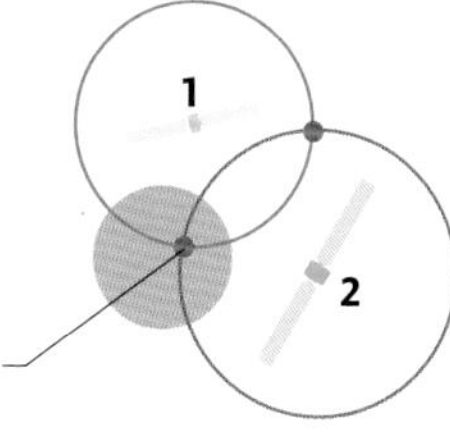
1
2
位置范围被缩小到两个点。

卫星3

第三个卫星信号将会将位置确定为地球表面海平面上的一个单独交点。

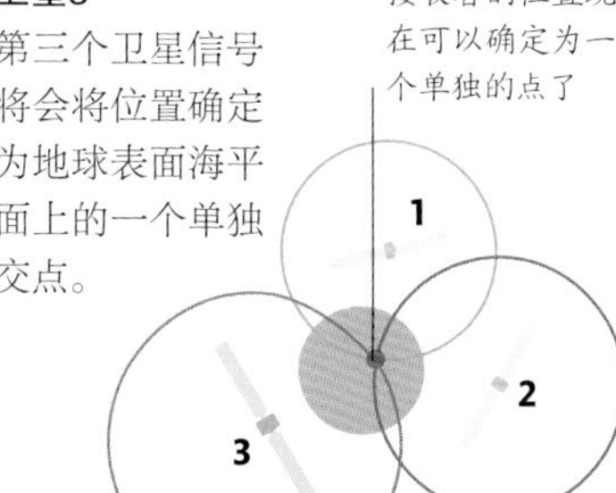
接收者的位置现在可以确定为一个单独的点了
1
2
3

卫星4

第四个卫星信号会考虑变化的海拔，提供三维位置。

1
4
2
3
确定的位置误差在1米以内

欧洲的伽利略卫星导航系统可以精确确定地球上的位置，误差在20厘米以内，或者更佳。

回看地球

现在，大量的卫星采用遥感技术从空间中监测地球的地表、大气和海洋。

在多个波长下的地球

这种遥感理念开始于20世纪60年代，当时，宇航员报告称，通过绕轨运行看到了惊人的细节层次。从空间研究地球的首次尝试包括简单的照相，有时通过望远镜来提高精度。从那之后，更为先进的工具被引进，例如通过滤光片来拍摄地表，以确定它对于特定波长的光的响应，这种技术叫作“多光谱成像”。

多光谱成像
少量蓝光和红光返回，大多数被吸收用来参与光合作用
被健康的叶子反射的大量红外光
被衰弱的叶子反射的少量红外光
被枯萎的叶子反射的少量红外光和绿光
健康的叶子
衰弱的叶子
枯萎的叶子

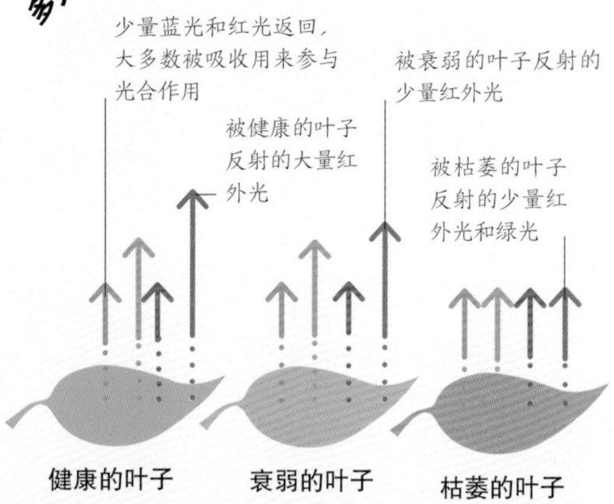

农作物的多光谱成像能够起作用是因为树叶和其他植被含有可以吸收特定波长的光而反射其他光的色素。植物的健康程度体现在植物吸收和反射光时产生的微妙变化上，而这些变化可以通过测量特定波长的输出被探测到。

分析农作物健康状况

在各种可见光波长和不可见的热辐射下拍摄的地面图像可以揭示不同的特性，而且可以建立一幅关于农作物健康状况的图像，以便农民使用。

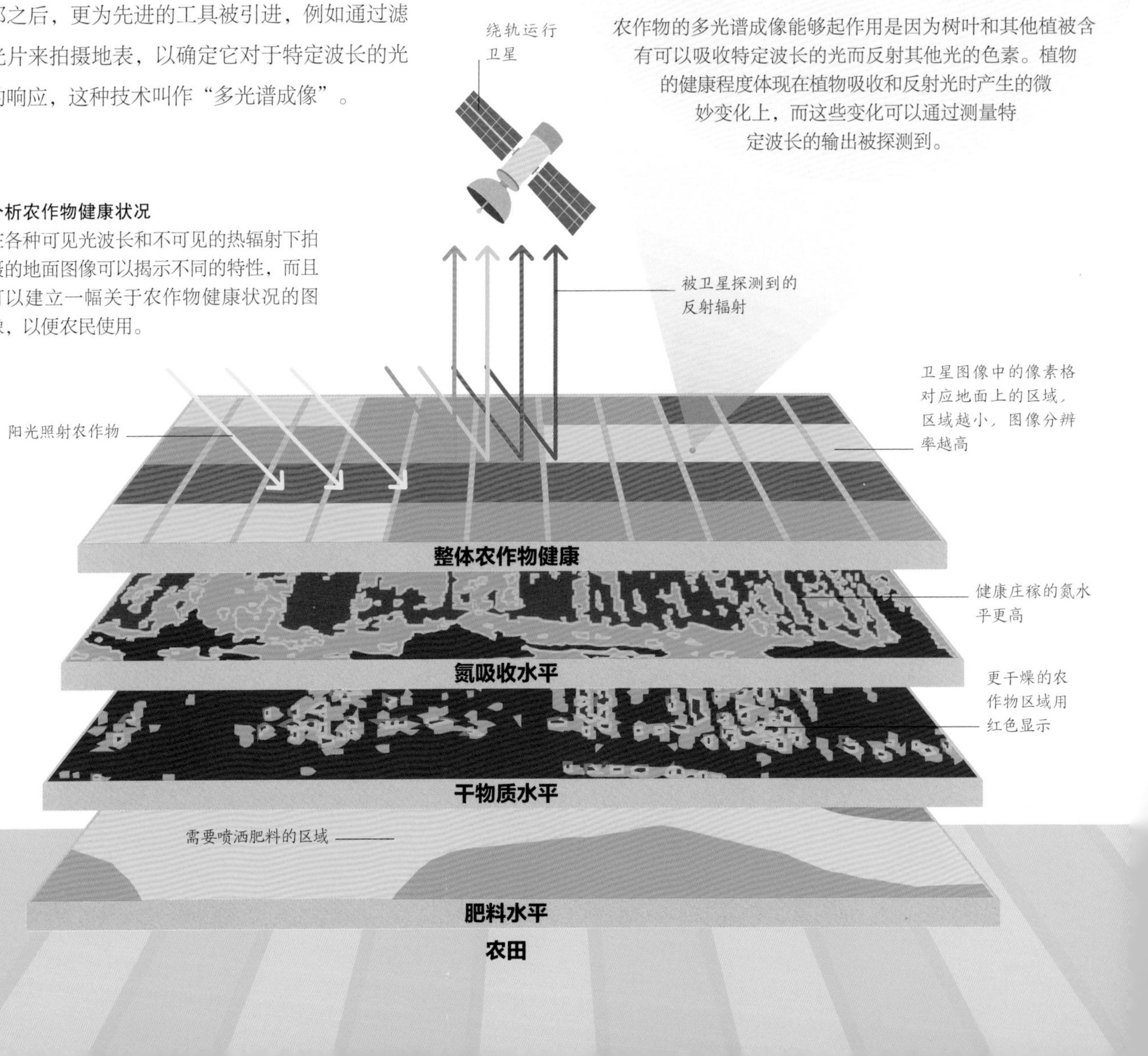

绕轨运行卫星
被卫星探测到的反射辐射
阳光照射农作物
卫星图像中的像素格对应地面上的区域，区域越小，图像分辨率越高
整体农作物健康
健康庄稼的氮水平更高
氮吸收水平
更干燥的农作物区域用红色显示
干物质水平
需要喷洒肥料的区域
肥料水平
农田

气象卫星

气象监测是卫星最初的应用之一。从高轨道上拍摄大气使得对于大尺度上的气象模式的更细致理解成为可能，而雷达系统通过反射的射电波束来研究地球的大气和海平面的效应，以便测量风速、降雨和浪高。卫星还可以探测地球大气中污染物的水平，以及测量温度来记录温度变化。

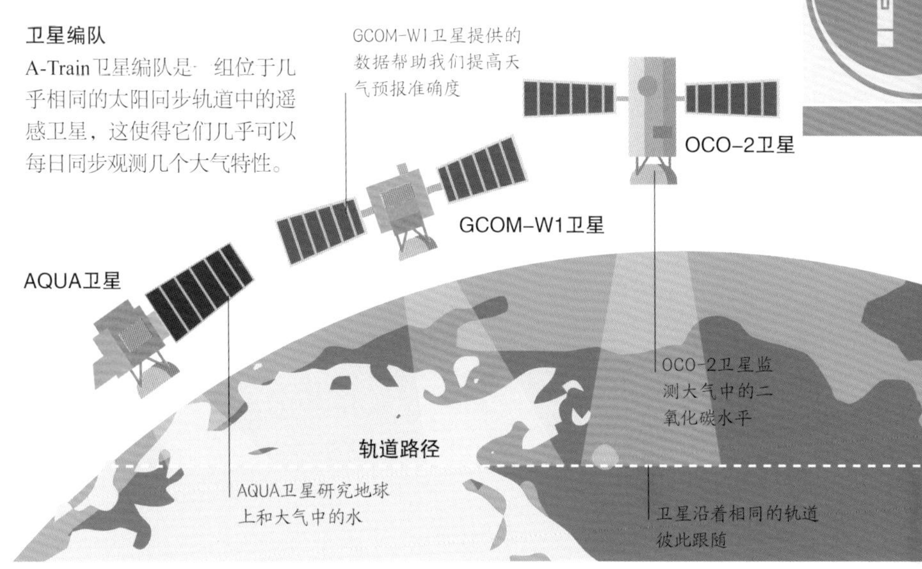
卫星编队
A-Train卫星编队是一组位于几乎相同的太阳同步轨道中的遥感卫星，这使得它们几乎可以每日同步观测几个大气特性。
GCOM-W1卫星提供的数据帮助我们提高天气预报准确度
OCO-2卫星
GCOM-W1卫星
AQUA卫星
OCO-2卫星监测大气中的二氧化碳水平
轨道路径
AQUA卫星研究地球上和大气中的水
卫星沿着相同的轨道彼此跟随

遥感技术

卫星装载着各种各样不同的工具和传感器，包括用于在不同的波长下分析光的吸收和反射的分光仪，以及用于绘制地球的地形和海洋的雷达。

气象学
通过对风速和降雨的雷达测量，以及测量表面温度的红外照相机来补充云图摄影。

海洋学
雷达装置测量海浪的速度和高度，显示出海洋中的环流模式和风速。红外探测器可以追踪海洋温度。

地质学
高光谱成像测量地球表面反射出来的光的完整光谱。这可以帮助我们确认特定的岩石和矿物质。

测绘
星载雷达可以生成地球上大面积区域的地形图，而针对小面积区域的立体摄影可以被用来生成3D模型。

土地利用
多光谱成像可以帮助我们区分天然森林区、农耕区、城市开发区和水域，显示出土地的利用模式。

考古学
卫星成像和探地雷达可以揭示已经被埋葬几个世纪的古代遗址和结构的外形及残骸。

2011年，通过卫星图像，17个之前未知的埃及金字塔被揭开了面纱。

主动遥感和被动遥感

测量自然辐射源的遥感系统叫作“被动传感器”。被动遥感设备只能用于探测自然可获得的能源。主动遥感设备可以使用它们自身的能源发射出信号并分析结果。

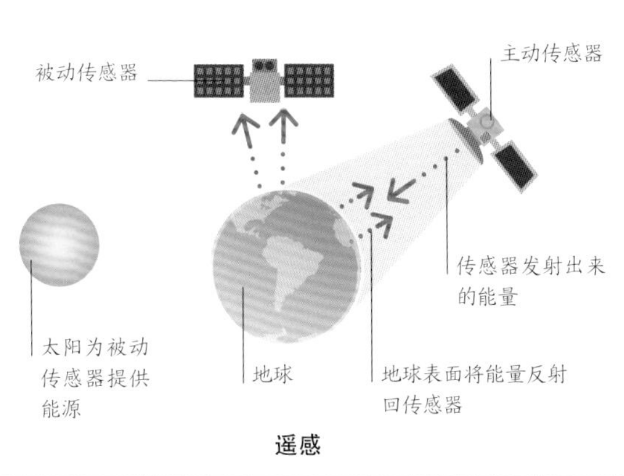
被动传感器
主动传感器
传感器发射出来的能量
太阳为被动传感器提供能源
地球
地球表面将能量反射回传感器

遥感

望向宇宙深处

星基天文台可以使用新方法来研究宇宙，摆脱大气湍流的影响，获取完美的图像，并且探测那些被地球大气阻挡的辐射。

空间望远镜轨道

尽管标准近地轨道对于很多空间望远镜来说是足够的，但是一些任务需要更复杂的轨道。更遥远的轨道会减小地球的视直径，而且在任意一个时刻，都可以见到更广阔的天空，还有一些卫星会尾随地球沿着围绕太阳的轨道运行，以避免它们的设备被地球的辐射覆盖。将卫星放置在叫作“拉格朗日点”的特殊位置上，可以确保地球和太阳相对于卫星保持在固定的方向上。

最大的空间望远镜是哪个

NASA于2021年发射的韦布空间望远镜拥有一个6.4米的镜子。它将在地球-太阳L1点运行，这里到地球的距离比月球要远4倍。

开普勒卫星同时监测着**15**万颗遥远的恒星。

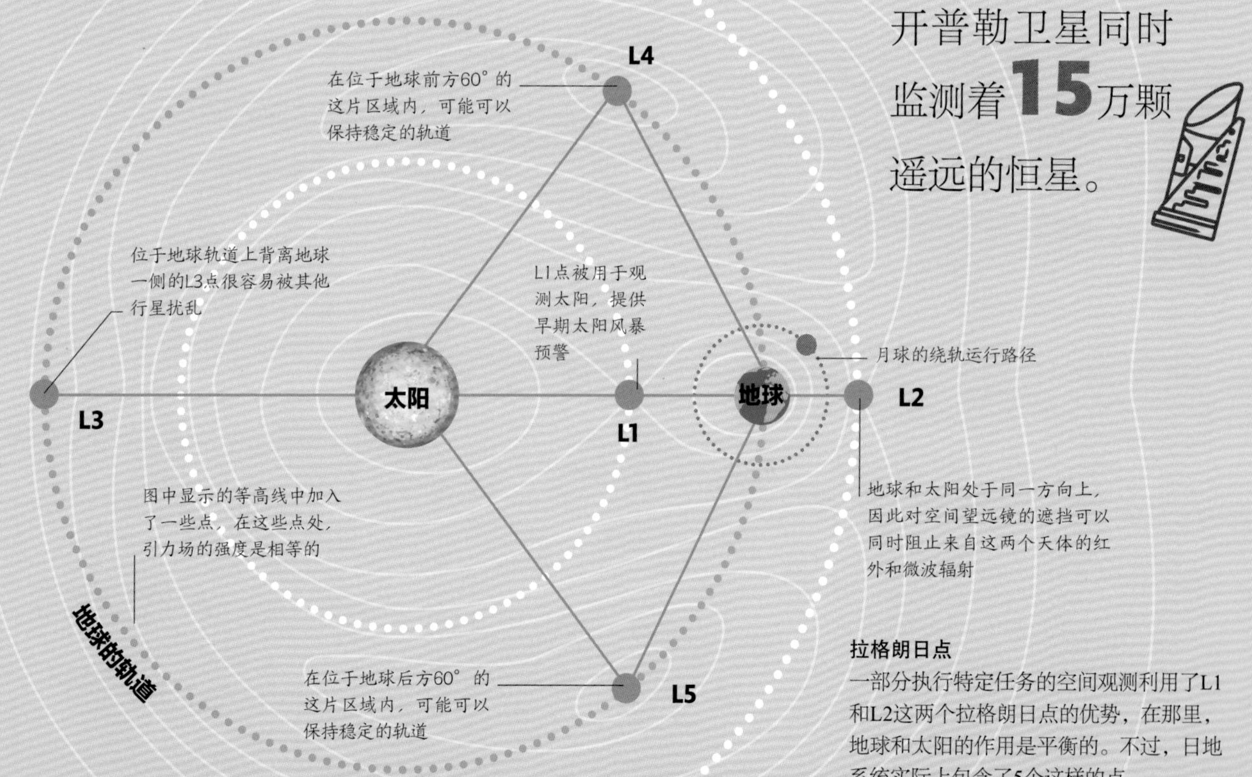
L4
在位于地球前方60°的这片区域内，可能可以保持稳定的轨道
位于地球轨道上背离地球一侧的L3点很容易被其他行星扰乱
L1点被用于观测太阳，提供早期太阳风暴预警
月球的绕轨运行路径
L3
太阳
L1
地球
L2
图中显示的等高线中加入了一些点，在这些点处，引力场的强度是相等的
地球和太阳处于同一方向上，因此对空间望远镜的遮挡可以同时阻止来自这两个天体的红外和微波辐射
地球的轨道
在位于地球后方60°的这片区域内，可能可以保持稳定的轨道
L5

拉格朗日点

一部分执行特定任务的空间观测利用了L1和L2这两个拉格朗日点的优势，在那里，地球和太阳的作用是平衡的。不过，日地系统实际上包含了5个这样的点。

探测被阻挡住的辐射

空基天文学的一个主要优势是具有探测被地球大气阻挡的辐射的能力。近紫外之外的高能电磁辐射会完全被大气吸收（对于生命来说是幸运的），而在光谱的另一端，大部分红外辐射和很多长射电波同样也会被全部吸收。而且，低层大气中温热的水蒸气也会释放出红外辐射，这会淹没来自空间的微弱的红外辐射。

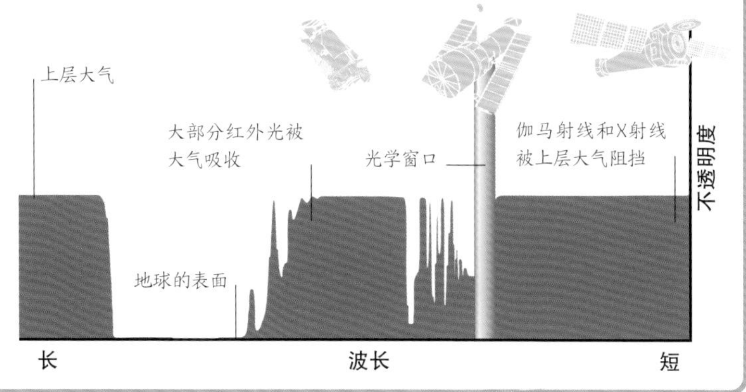
上层大气
大部分红外光被
大气吸收
光学窗口
伽马射线和X射线
被上层大气阻挡
不透明度
地球的表面
长
波长
短

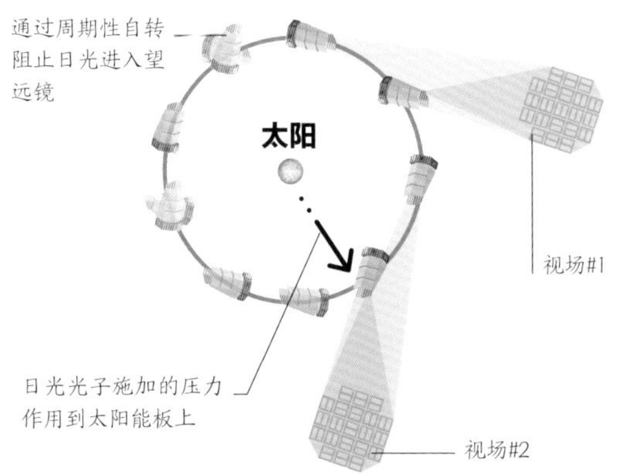
通过周期性自转
阻止日光进入望
远镜
太阳
视场#1
日光光子施加的压力
作用到太阳能板上
视场#2

搜寻行星

NASA的开普勒空间望远镜是2009年发射的一颗卫星，它通过测量系外行星在经过其宿主星前方时宿主星短暂变暗程度来探测系外行星。开普勒望远镜位于一条跟随地球运行的轨道中，它的原始任务包括持续监测天鹅座方向上密布的繁星，从2009年开始，它持续观测了三年多的时间。

开普勒任务

2013年，由于开普勒指向技术失灵，工程师找到了一种巧妙的方法，通过日光的压力来使其稳定，这允许它继续短期观测天空中的不同区域。

高能天文学

高能天文卫星通过紫外辐射、X射线和伽马射线来描绘宇宙，这些辐射是由空间中最热、活动最剧烈的天体生成的，但是我们在地球表面上无法探测这些辐射。紫外辐射可以通过传统的望远镜来会聚，而X射线和伽马射线的能量则会使它们穿透正常的反射镜，因此必须采用其他设计。

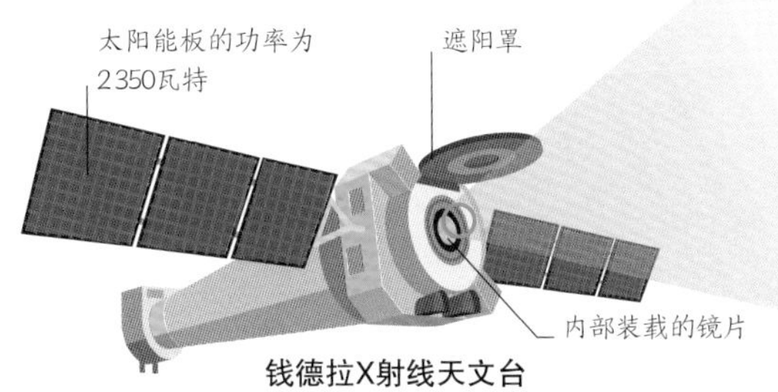
太阳能板的功率为
2350瓦特
遮阳罩
内部装载的镜片
钱德拉X射线天文台

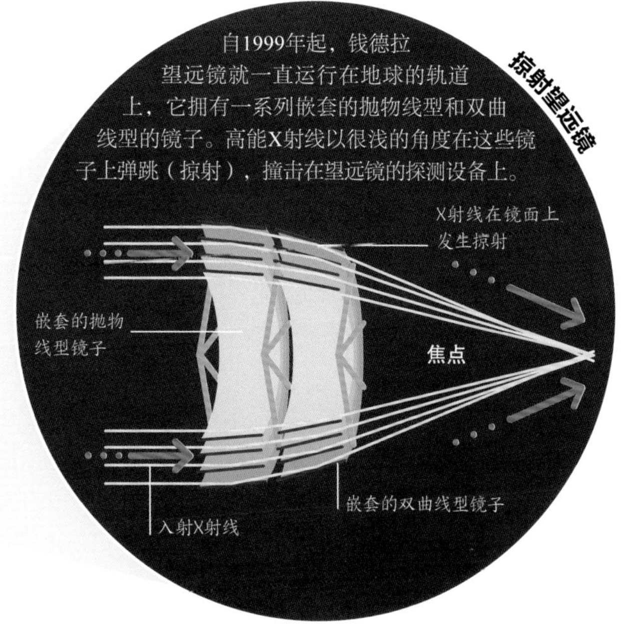
掠射望远镜
自1999年起，钱德拉望远镜就一直运行在地球的轨道上，它拥有一系列嵌套的抛物线型和双曲线型的镜子。高能X射线以很浅的角度在这些镜子上弹跳（掠射），撞击在望远镜的探测设备上。
X射线在镜面上
发生掠射
嵌套的抛物
线型镜子
焦点
嵌套的双曲线型镜子
入射X射线

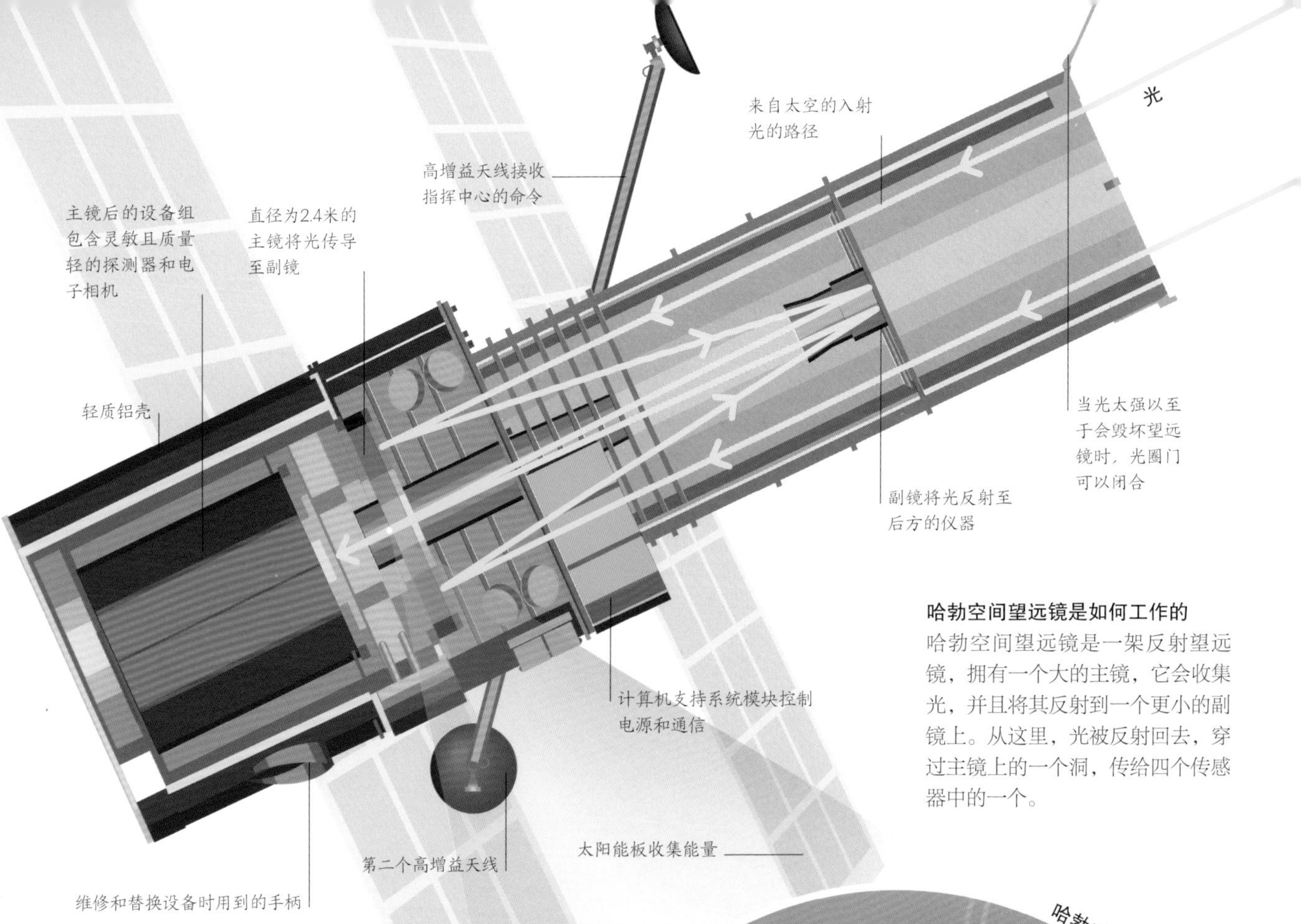

光

来自太空的入射光的路径

高增益天线接收指挥中心的命令

主镜后的设备组包含灵敏且质量轻的探测器和电子相机

直径为2.4米的主镜将光传导至副镜

轻质铝壳

当光太强以至于会毁坏望远镜时，光圈门可以闭合

副镜将光反射至后方的仪器

计算机支持系统模块控制电源和通信

太阳能板收集能量

第二个高增益天线

维修和替换设备时用到的手柄

哈勃空间望远镜是如何工作的

哈勃空间望远镜是一架反射望远镜，拥有一个大的主镜，它会收集光，并且将其反射到一个更小的副镜上。从这里，光被反射回去，穿过主镜上的一个洞，传给四个传感器中的一个。

哈勃空间望远镜以每小时2.8万千米的平均速度绕地球运行。

望远镜定向

在空间中操控和精确定向一架望远镜有着巨大的困难。最初，在指挥中心工作的科学家以无线电信号的形式向哈勃空间望远镜发送指令。哈勃空间望远镜通过三个可以测量已知恒星精确位置的精细导星传感器，以及探测望远镜自身运动或自转的陀螺仪来追踪它的位置。它使用加重的反作用轮来调整自身方向（或校正移动），反作用轮可以通过电动机向一个方向旋转，从而使望远镜向相反方向旋转。

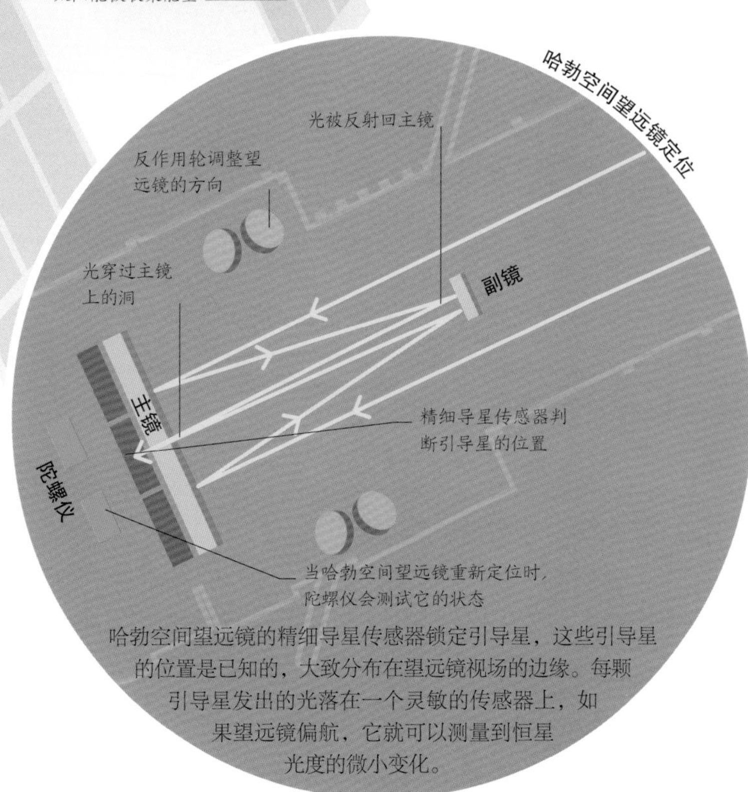
哈勃空间望远镜定位
光被反射回主镜
反作用轮调整望远镜的方向
光穿过主镜上的洞
副镜
主镜
精细导星传感器判断引导星的位置
陀螺仪
当哈勃空间望远镜重新定位时，陀螺仪会测试它的状态
哈勃空间望远镜的精细导星传感器锁定引导星，这些引导星的位置是已知的，大致分布在望远镜视场的边缘。每颗引导星发出的光落在一个灵敏的传感器上，如果望远镜偏航，它就可以测量到恒星光度的微小变化。

哈勃空间望远镜

哈勃空间望远镜（HST）是最大且最成功的空间望远镜（见22～23页），它在地球的轨道上运行了30多年，而且有无数新发现，已经彻底改变了我们对宇宙的理解。

哈勃空间望远镜已经被维修了几次

自1990年发射起，哈勃空间望远镜在空间中已经被单独维修和升级了5次，最近一次是在2009年，之后不久航天飞机就退役了。

哈勃空间望远镜观测什么

在它位于近地轨道中的位置上，哈勃空间望远镜可以拍摄到天体图像，图像的细节只受限于其镜子的维度和其设备的灵敏度。实际上，这意味着，尽管根据目前的标准来看，这架望远镜相对适中，但是它的图像可以比得上更大得多的地基天文台（见24～25页）拍摄的图像。而且，缺少大气吸收意味着哈勃空间望远镜的一些设备可以探测从近红外到近紫外光谱中的不可见辐射，显示出那些因太冷或太热而无法在可见光波段观测的物质。

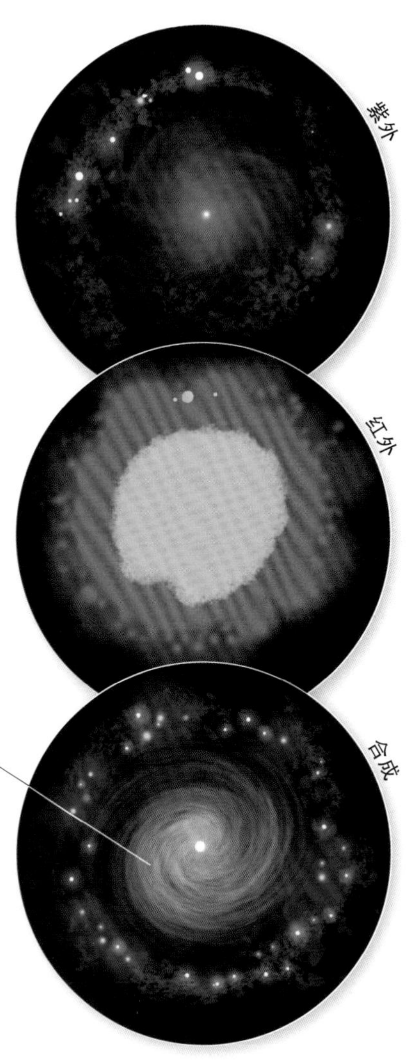
紫外
红外
合成

旋涡星系NGC 1512的合成图像，它到地球的距离为3 800万光年

波长

结合星系中相对较冷的宇宙尘埃的近红外图像和其热恒星的紫外图像，哈勃空间望远镜可以建立一幅关于遥远星系结构的完整图像。

管理数据

哈勃空间望远镜的各种设备收集到的数据首先被储存在望远镜上。大约每12个小时，数据会被上传至在地球同步轨道中运行的NASA跟踪和数据传输卫星系统，从那里，数据被转发至美国新墨西哥州的一个地面站。之后，数据又被传送到位于马里兰的哈勃空间望远镜控制中心，以及位于巴尔的摩的空间望远镜研究所。

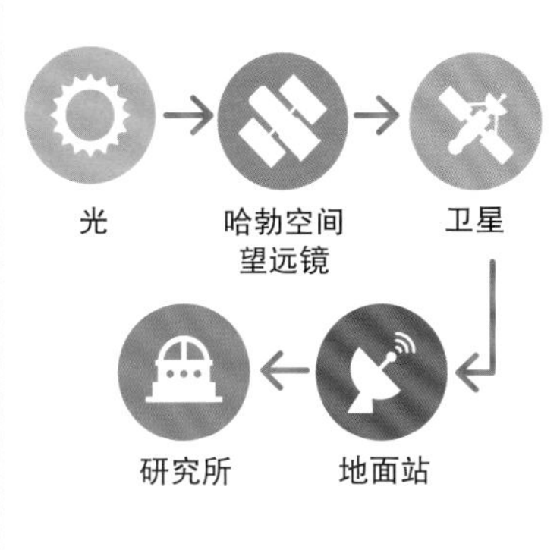
光
哈勃空间望远镜
卫星
地面站
研究所

空间探测器解剖图

探测器是一个携带着科学设备的小型无人航天器，这些设备可以收集关于空间环境和探测器所造访的遥远天体的数据，可以探测粒子、测量电场和磁场，以及生成天体图像。探测器还携带着子系统，使其可以在空间中运作，并且完成它的任务。这些子系统包括用于改变探测器朝向和轨道的发动机、用来接收地球指令和传回科学数据的射电设备、控制其操作过程的计算机，以及用于保持所有系统运转的电力系统和环境控制装置。

太阳

热气体从太阳中喷射出来

强电场和强磁场

来自太阳耀斑的高能粒子

来自太阳上层大气的太阳风粒子

1 收集数据

探测器被强烈的辐射和高能粒子持续"轰炸"，它的设计保护其免受破坏性危害的影响，同时使其可以测量环境情况和探测粒子。

防热罩的温度高达1 370℃

探测器来到距离太阳1 900万千米的区域内

探索太阳

帕克太阳探测器是一个用来在恶劣环境中穿梭以靠近太阳飞行的航天器，它测量太阳的磁场，并且收集太阳喷射出来的高能粒子。

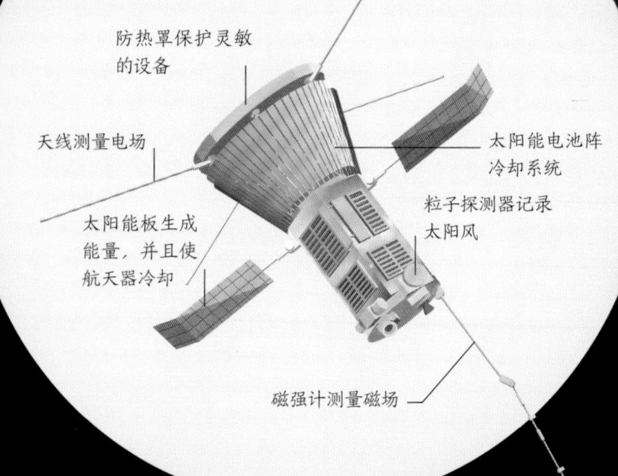

防热罩保护灵敏的设备
天线测量电场
太阳能电池阵冷却系统
粒子探测器记录太阳风
太阳能板生成能量，并且使航天器冷却
磁强计测量磁场

2 与地球通讯

五个不同的科学设备收集的数据经过探测器上搭载的计算机处理后转化成电信号。一个小型碟状天线通过高频射电波将数据传回地球。

抛物线型的碟面收集并聚焦射电波

射电望远镜

天线生成电流

3 接收信号

地球上的大型碟面接收探测器的信号。碟面将在大面积区域上收集到的射电波聚焦至一个小型接收器上，接收器会生成一个微弱的电流。

空间探测器和轨道器

空间探测器是航天器自动操作装置，它们进入另一颗行星的大气或者着陆在另一个天体的表面来收集科学数据。但是，轨道器不会穿过其他天体的大气。

将一个航天器送往恒星需要花费多长时间

旅行者1号是正在离开太阳系的最快的天体，飞行速度达到了每小时6.1万千米，但是，它需要花费7万年的时间才能到达最近的恒星。

帕克太阳探测器是曾发射过的最快的空间探测器，它的速度高达每小时39.3万千米。

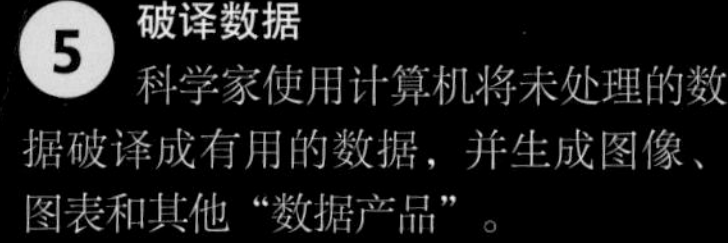

5 破译数据
科学家使用计算机将未处理的数据破译成有用的数据，并生成图像、图表和其他“数据产品”。

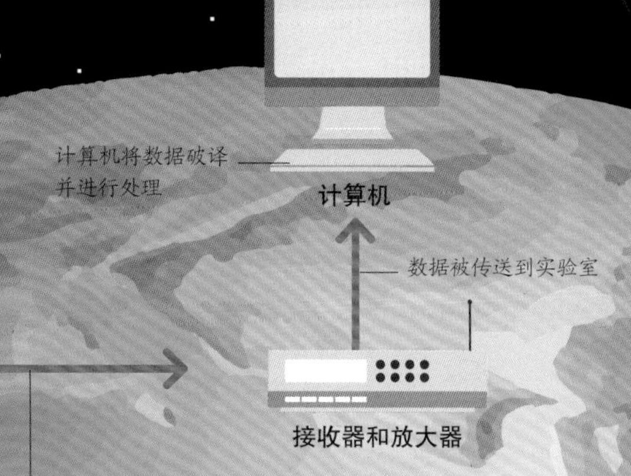
计算机将数据破译并进行处理
计算机
数据被传送到实验室
接收器和放大器
电流流向接收器

4 放大
之后，一个放大器接收到信号，放大其强度，并且将其破译为数字信号（表征探测器收集到的信号强度的脉冲）。

到达其他星球

为了到达遥远的行星或其他天体，首先，探测器必须达到逃逸速度，以摆脱地球引力的束缚，之后进入一条太阳周围的转移轨道（见181页）。这条轨道的形状（或者这条轨道的一部分）缩小了其与目标位置的差距，目标位置即目标星球将会在未来合适的时间到达的一个点，在那里，航天器可以减慢速度，从而可以被目标星球的引力捕获。位于距离太阳不同远处的星球的不同轨道速度增加了复杂性。

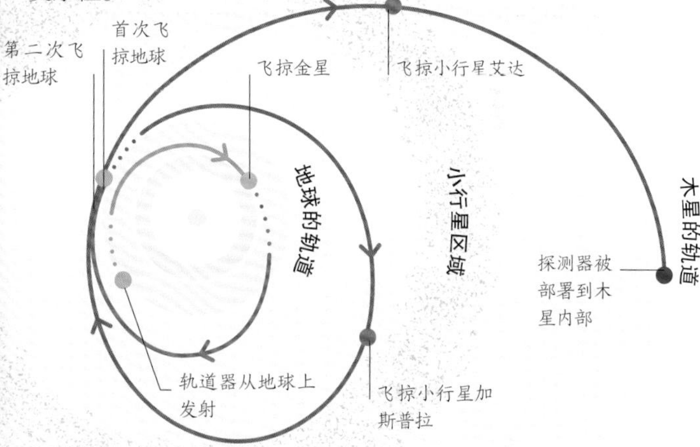
第二次飞掠地球
首次飞掠地球
飞掠金星
飞掠小行星艾达
地球的轨道
小行星区域
木星的轨道
探测器被部署到木星内部
轨道器从地球上发射
飞掠小行星加斯普拉

伽利略探测器的飞行轨线
伽利略轨道器飞往木星的五年旅程包括两次地球飞掠和一次金星飞掠。轨道器在每次飞掠过程中都改变了它的轨线，而且提高了速度。

防热罩

探测器探测内太阳系时需要厚重的防热罩来保护设备免受阳光照射面上热量的炙烤。同时，这个设计还必须能散热，以避免航天器上热区和冷区之间产生过大的压力。

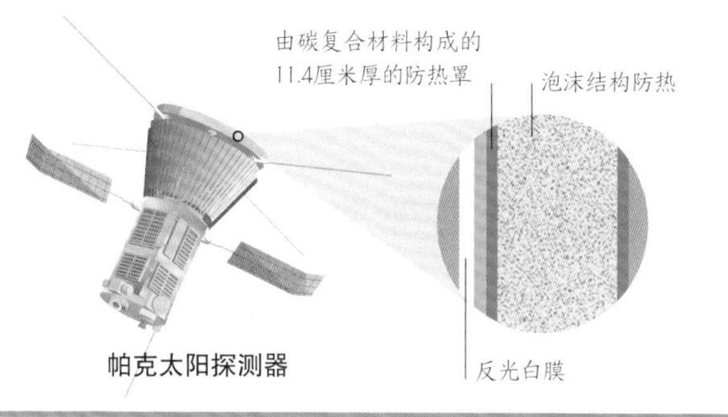
由碳复合材料构成的11.4厘米厚的防热罩
泡沫结构防热
帕克太阳探测器
反光白膜

空间助推

火箭对于从地面上发射航天器来说是必要的，而几种更有效的助推形式可以在轨道及之外被用到。

离子发动机是如何工作的

离子发动机将一种气体（通常是氙气）的中性原子转化成带电粒子（离子），然后在高压电场中将离子加速至很高的速度，通过将其释放到空间中来生成助推力。

电子和氙原子碰撞

电离室

带正电的栅极

带负电的栅极

大小相等但方向相反的力

氙离子逃离助推器

图例

氙

氙离子

电子

栅极之间的高压使氙离子加速

3 加速

氙原子被由两个带相反电荷的栅极之间的高压生成的强电场加速到很高的速度。

4 排出离子

离子从发动机的后方逃脱出去，生成一个微弱但高效的助推力。航天器被一个大小相等但方向相反的力向前推进。

离子发动机

离子发动机通过以极高的速度排出离子来产生少量助推力。这使得发动机只消耗少量燃料就可以运行数月，有潜力达到很高的速度，并且覆盖很远的距离。离子发动机已经被应用于几架航天器上，其中包括飞往谷神星和灶神星（见62～63页）的黎明号小行星探测器。

黎明号小行星探测器的离子发动机生成的助推力与放在你手上的两张A4纸的重力相当。

离子发动机可以运行多久

在11年任务期间，NASA的黎明号小行星探测器上的离子发动机共运行了5.9年，使其速度的总变化量达每小时4.14万千米。

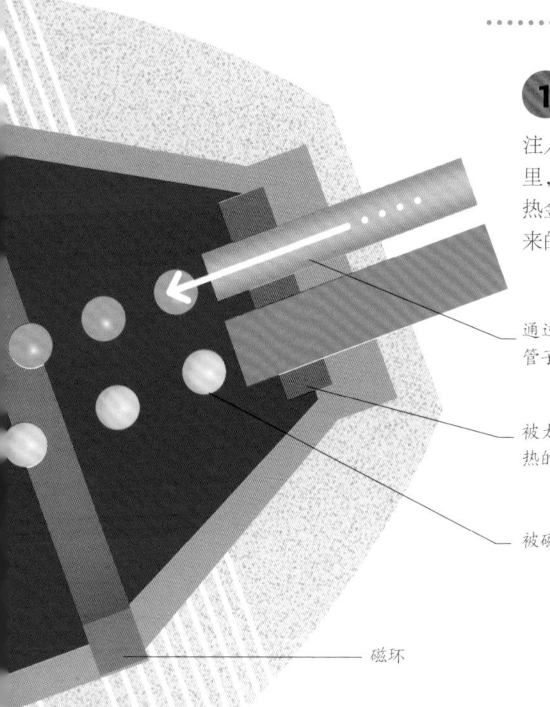
通过连接推进剂罐的管子注入氙气
被太阳能电池提供的电加热的阴极
被磁场限制住的带电粒子
磁环

1 推进剂释放

储存罐中的氙气被注入一个电离室中，在这里，它会遇到带负电荷的热金属板（阴极）发射出来的快速移动电子。

2 生成离子

电子与氙原子碰撞，将推进剂较外层的电子剥离，使其转化成带正电的离子。

空间部署

很多航天器和卫星都装有助推器，可以通过燃烧少量气体来推动它们前进及改变它们的方向。在空间中，燃料是珍贵的必需品，因此必须细致地设计策略。在精密准直过程中，一些航天器使用反作用轮——可以绕轴自转的机械盘来使航天器机身向相反方向转动。

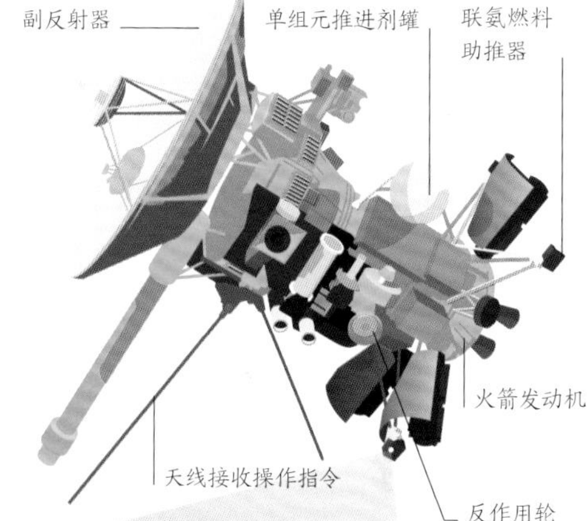
副反射器
单组元推进剂罐
联氨燃料助推器
火箭发动机
天线接收操作指令
反作用轮

空间定向

航天器使用反作用轮组合、联氨燃料助推器和传统化学燃料火箭发动机来调整它的方向，如NASA的卡西尼号土星探测器。

太阳帆

太阳帆控制并利用太阳发射出来的光施加的压力。尽管质量不足，但光子携带着动量，可以传递到一个大的反射表面。太阳帆类似于离子发动机，可以在极长周期内生成少量助推力。2010年，这种技术在日本的太阳光帆行星际飞船上首次被成功测试。

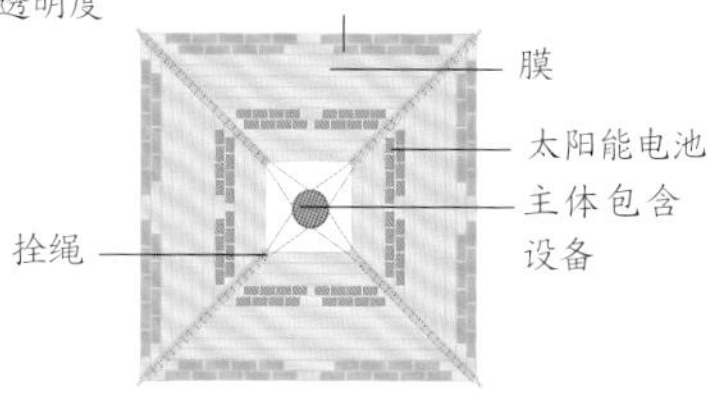
液态催化剂装置调整透明度
膜
太阳能电池
主体包含设备
拴绳

太阳光帆行星际飞船上的太阳帆

单组元助推器

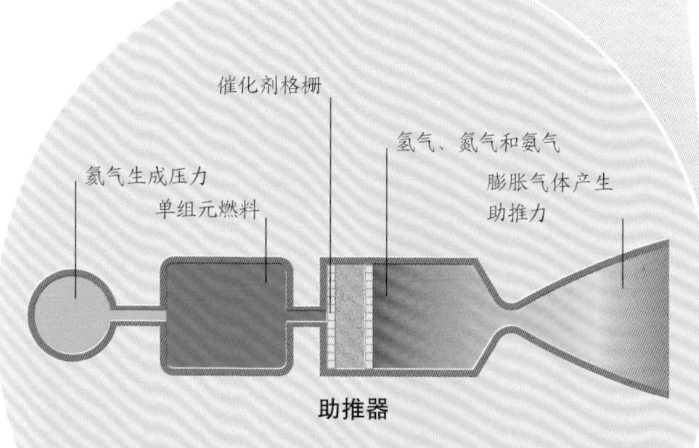
催化剂格栅
氢气、氮气和氨气
氦气生成压力
单组元燃料
膨胀气体产生助推力

助推器

小型火箭助推器使用单组元燃料——一种液态化学物质。这种化学物质接触到一种被称为“催化剂”的物质时，会自主分解成膨胀气体，从而产生助推力。

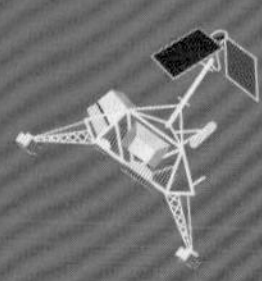

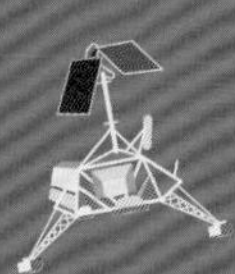

月球勘探者号降落

1966—1968年，NASA将一系列月球勘探者号探测器降落在月球表面，用来测试随后将会在阿波罗载人任务中用到的技术。

月球着陆

为了在一个如月球这样空气稀薄的星球上实现软着陆，首先，航天器必须向着它行进方向的相反方向执行发动机点火，以使其减速并脱离轨道。表面着陆使用多普勒雷达来进行测量，它不仅会测量高度，还会测量航天器的降落速度。随后，带有旋转喷嘴的可操纵微调火箭可以执行最终着陆，在一个预设高度处或者当延展的探测器接触到表面时中断。

航天器以每小时9 400千米的速度靠近

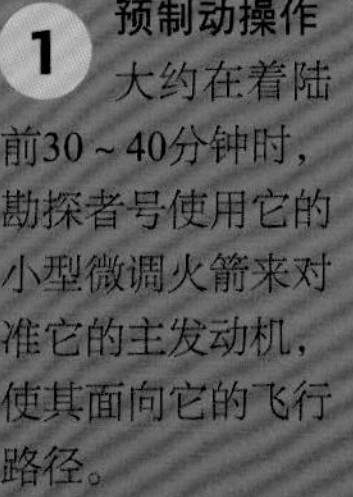

1 预制动操作

大约在着陆前30~40分钟时，勘探者号使用它的小型微调火箭来对准它的主发动机，使其面向它的飞行路径。

2 主制动点火

一个记录高度的雷达部件在地面上方75千米处触发勘探者号的主发动机点火约40秒。

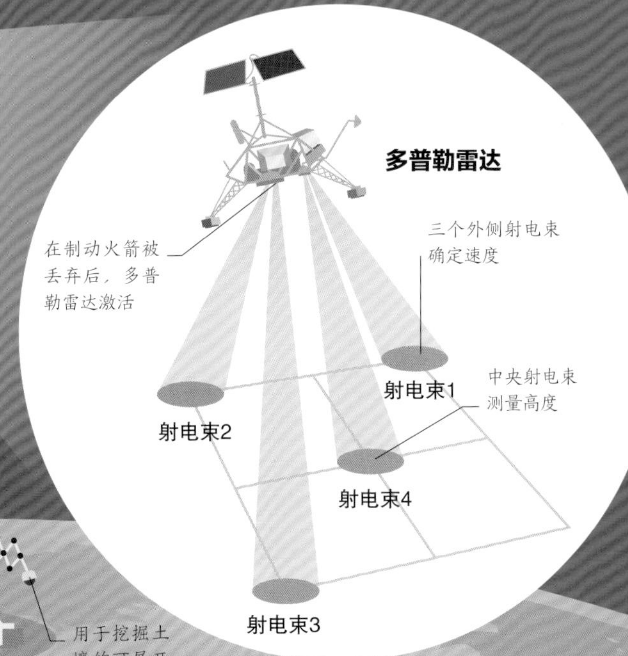
多普勒雷达
在制动火箭被丢弃后，多普勒雷达激活
三个外侧射电束确定速度
中央射电束测量高度
射电束1
射电束2
射电束3
射电束4

多普勒雷达分析月球表面

3 月球联络

微调发动机引导勘探者号在多普勒雷达和测高雷达的控制下着陆。在高3.4米时，发动机被关闭，探测器降落到月球表面。

带铰链的减震腿

用于挖掘土壤的可展开机械臂

软着陆

在空气稀薄的星球着陆是一项相对简单但精巧的任务。由于没有空气阻力来使其减速，因此航天器必须使用火箭来减缓它到达表面的降落速度。

罗塞塔号探测器以每秒不到1米的速度降落在彗星67P上。

首次软着陆在另一个星球上是哪次

首个完成软着陆的空间探测器是苏联的月球9号。1965年，它以每小时22千米的速度撞击在月球上，通过使用安全气囊来保证安全。

漂移着着陆

围绕彗星和小行星之类的低重力天体运行的航天器可以通过它们的助推器完成一系列短程发动机点火来简单调整它们的轨道。这些航天器逐渐螺旋向内移动，以对目标天体进行更细致的观测，并最终平缓地降落在这颗天体表面。

罗塞塔号探测器的轨线
2016年9月，欧洲空间局的罗塞塔号探测器在彗星67P任务结束时，被引导着平缓地降落在彗星表面。

1 最终轨道
罗塞塔号探测器环绕彗星67P运行的最终完整轨道距离彗星表面不到5千米。

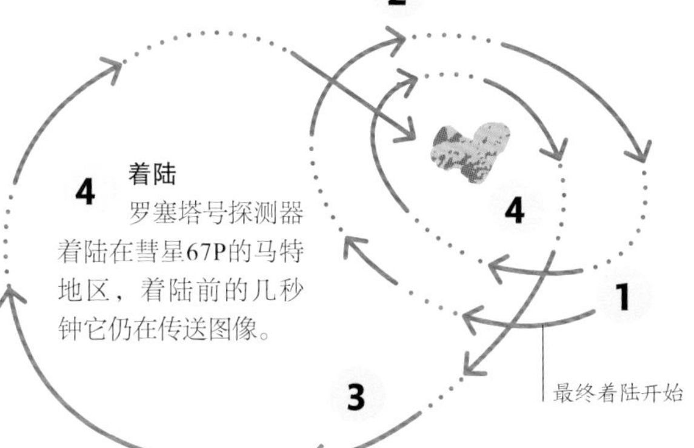
2
4
1
3
最终着陆开始

4 着陆
罗塞塔号探测器着陆在彗星67P的马特地区，着陆前的几秒钟它仍在传送图像。

3 最后一次点火
最后在19千米高处采取的208秒发动机点火将探测器带到一条朝向它的着陆点直线降落的路径上。

2 向外飞行
在绕彗星环行两周后，罗塞塔号探测器的运行路线被修正，准备减速和着陆。

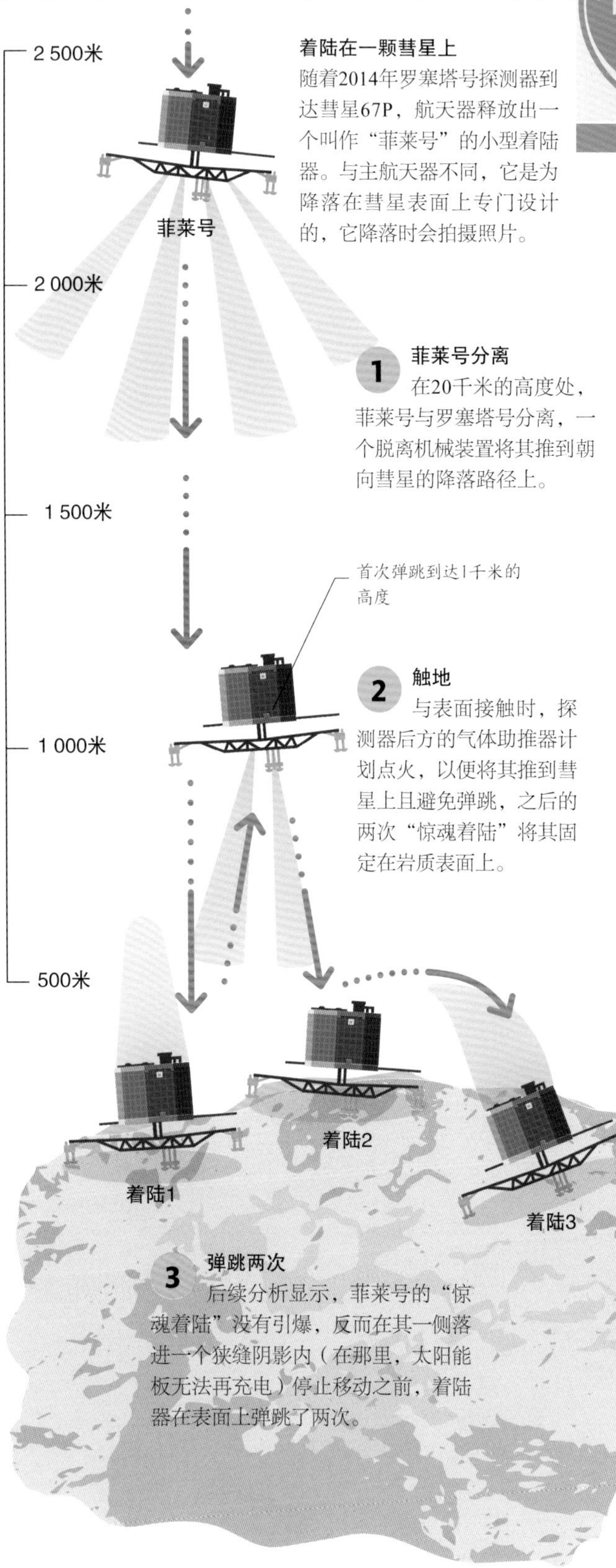

硬着陆

有时，航天器会故意以极高的速度撞击行星表面。2005年，NASA的深度撞击探测器携带着一个筒状的抛射体，抛射体猛撞在坦普尔1号彗星的表面，进而使主航天器可以研究抛射出来的碎片。

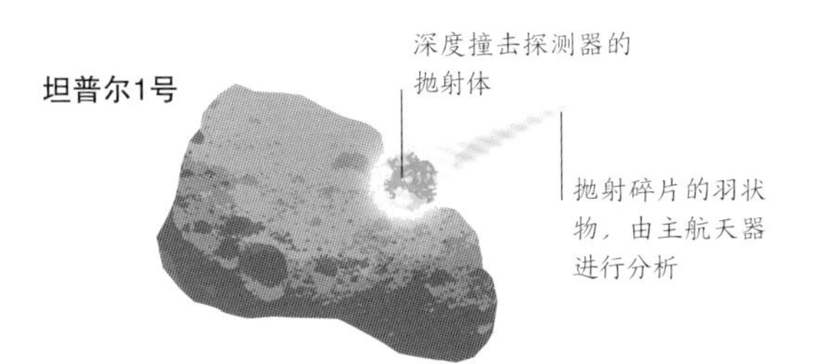
坦普尔1号
深度撞击探测器的抛射体
抛射碎片的羽状物，由主航天器进行分析

2 500米
2 000米
1 500米
1 000米
500米

着陆在一颗彗星上
随着2014年罗塞塔号探测器到达彗星67P，航天器释放出一个叫作“菲莱号”的小型着陆器。与主航天器不同，它是为降落在彗星表面上专门设计的，它降落时会拍摄照片。

菲莱号

1 菲莱号分离
在20千米的高度处，菲莱号与罗塞塔号分离，一个脱离机械装置将其推到朝向彗星的降落路径上。

首次弹跳到达1千米的高度

2 触地
与表面接触时，探测器后方的气体助推器计划点火，以便将其推到彗星上且避免弹跳，之后的两次“惊魂着陆”将其固定在岩质表面上。

着陆1
着陆2
着陆3

3 弹跳两次
后续分析显示，菲莱号的“惊魂着陆”没有引爆，反而在其一侧落进一个狭缝阴影内（在那里，太阳能板无法再充电）停止移动之前，着陆器在表面上弹跳了两次。

载人飞船

搭载宇航员的航天器无疑比无人探测器更大且更复杂，这是因为它们必须携带专业的装备来维持宇航员的生命，并且在返回期间保护宇航员。

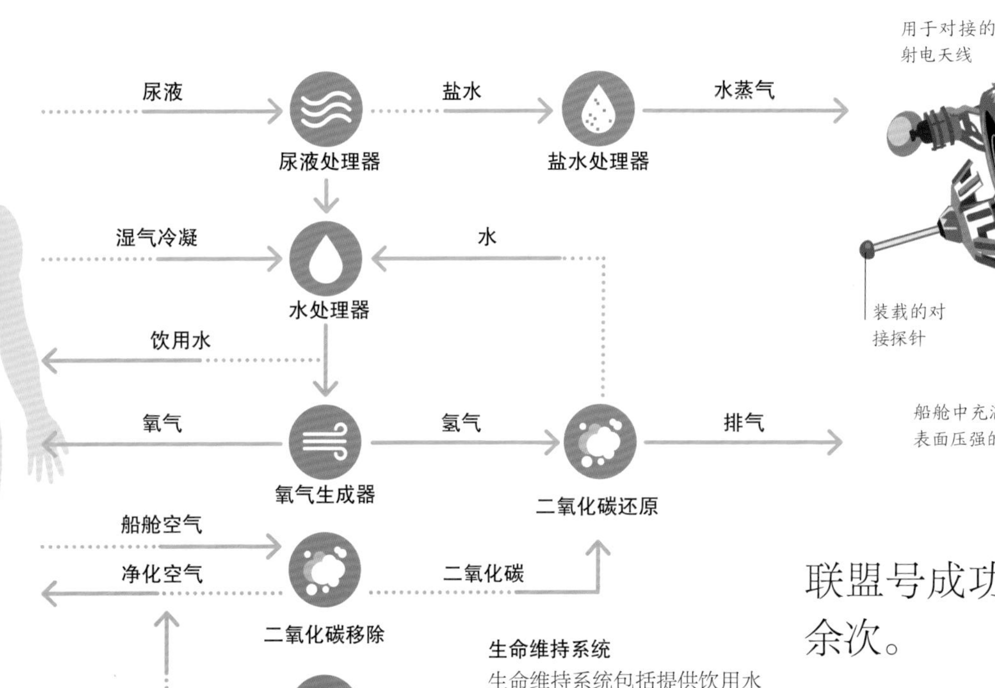

尿液
盐水
水蒸气
尿液处理器
盐水处理器
湿气冷凝
水
水处理器
饮用水
氧气
氢气
排气
氧气生成器
二氧化碳还原
船舱空气
净化空气
二氧化碳
二氧化碳移除
船舱空气
微量污染物控制

生命维持系统

生命维持系统包括提供饮用水和可供呼吸的氧气（通常从水中提取）、移除二氧化碳，以及处理废料。

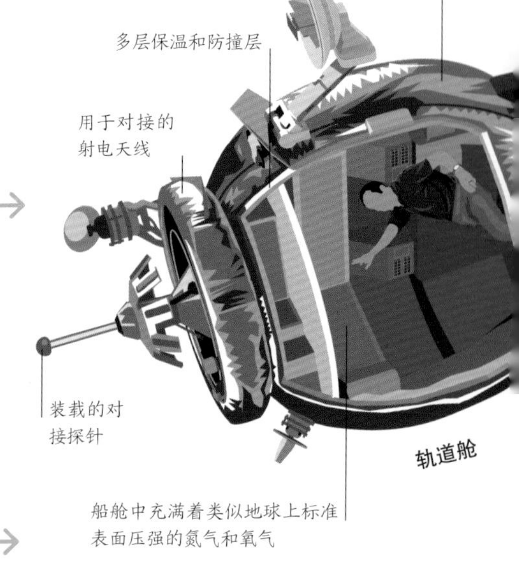

铝合金外壳
多层保温和防撞层
用于对接的射电天线
装载的对接探针
轨道舱
船舱中充满着类似地球上标准表面压强的氮气和氧气

联盟号成功发射了140余次。

溅落

对于计划降落在海洋中的宇宙飞船来说，一次迅速的回收是关键。2020年，太空探索技术公司的载人龙飞船第二次演示任务完成了45年间的首次溅落，它降落在等待回收的船只的视野内。

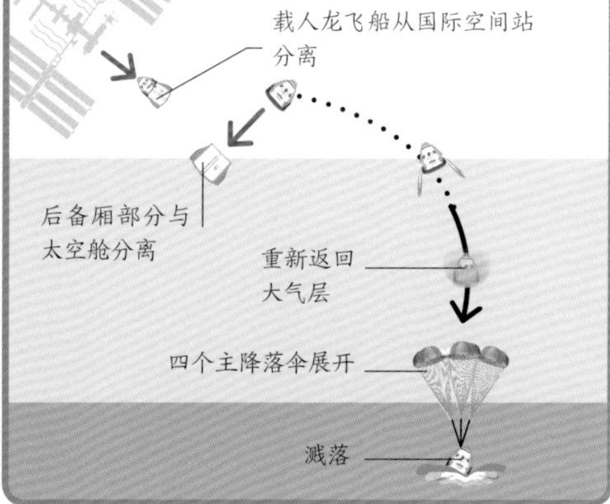

载人龙飞船从国际空间站分离
后备厢部分与太空舱分离
重新返回大气层
四个主降落伞展开
溅落

载人飞船

自1961年苏联和美国宇航员首次进入空间起，已经有超过300次成功的载人航天了。尽管现在很多国家的男士和女士已经成为宇航员，但是只有三个国家——美国、苏联（现在的俄罗斯）和中国——发展并发射了他们自己的载人飞船。

	联盟号	阿波罗	神舟	猎户座
国家	俄罗斯	美国	中国	美国
机组人员	3	3	3	4~6
运行	1967年至今	1968—1975	2003年至今	预计2023年
长度	7.5米	11米	9米	8米

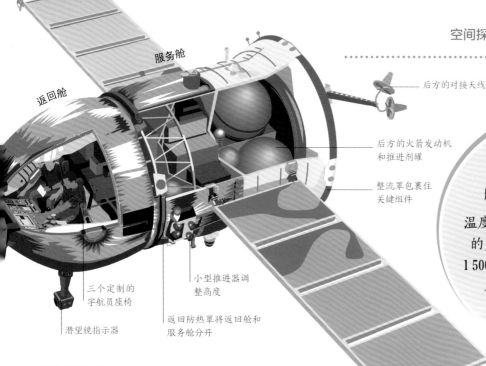

服务舱

返回舱

后方的对接天线

后方的火箭发动机和推进剂罐

整流罩包裹住关键组件

小型推进器调整高度

三个定制的宇航员座椅

潜望镜指示器

返回防热罩将返回舱和服务舱分开

用于远程控制航天器的射电天线

太阳能板生成能量

在返回期间，航天器可以达到多热

温度变化取决于速度和前进的角度。航天飞机达到过1 500℃，而阿波罗飞船则被加热到超过2 800℃。

维持生命

就像所有的载人飞船那样，俄罗斯的联盟号拥有各种元素来维持它的机组人员在空间中的生活，并且将他们送回地球。飞船包括三个舱：轨道舱和流线型的返回舱都是加压的，以保证“衬衫袖”工作环境，即不需要再穿其他特殊衣物；一个非加压的服务舱提供能源、推进力和生命维持系统的供给。

联盟号内部

自20世纪60年代起，以各种不同形式运行的联盟号可以支持多达三名机组人员，而且能够与其他航天器对接。

返回地球

大多数返回宇宙飞船在重返期间依赖空气的摩擦力来减缓它们的降落速度以达到降落伞可以打开的点。返回或降落舱装备着一个用于脱落（携带着热量脱离）的防热罩，而且它通常是圆锥形的，以确保飞船可以通过调整自身来承受作用于其宽基底上的热冲击。美国的宇宙飞船通常会溅落在海洋中，用于重新回收的船等候在一旁，而俄罗斯和中国的太空舱则使用制动火箭来减缓它们的最终降落速度，并返回陆地上。

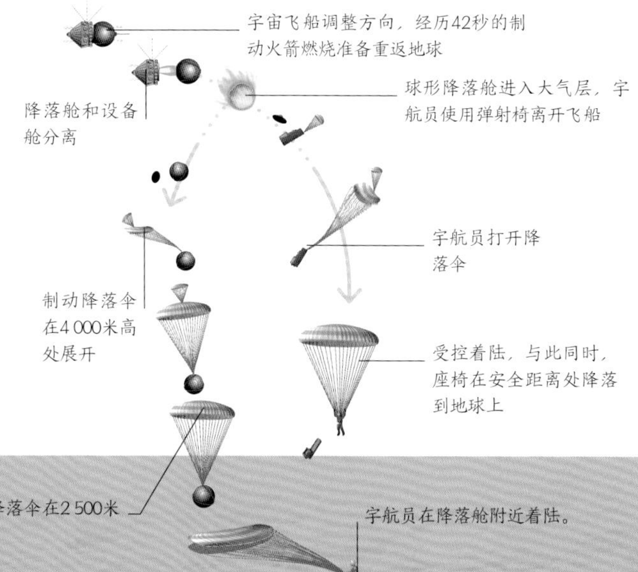
宇宙飞船调整方向，经历42秒的制动火箭燃烧准备重返地球
球形降落舱进入大气层，宇航员使用弹射椅离开飞船
降落舱和设备舱分离
宇航员打开降落伞
制动降落伞在4 000米高处展开
受控着陆，与此同时，座椅在安全距离处降落到地球上
降落舱主降落伞在2 500米高处展开
宇航员在降落舱附近着陆。

安全着陆

苏联早期的宇航员在返回后会从他们的飞船中弹射出来，单独用降落伞安全返回地球。从1964年起，上升号任务见证了宇航员随返回舱一同着陆。

太空服组成部件

一件太空服包括三个关键要素：压力服、头盔和便携式生命维持系统（PLSS）。压力服保护宇航员的身体远离外部的危险，并且施加压力到皮肤上（替代大气压力），以及控制温度。头盔提供可视性和通信，并且为宇航员传递空气和水，而PLSS则提供能源和耗材。

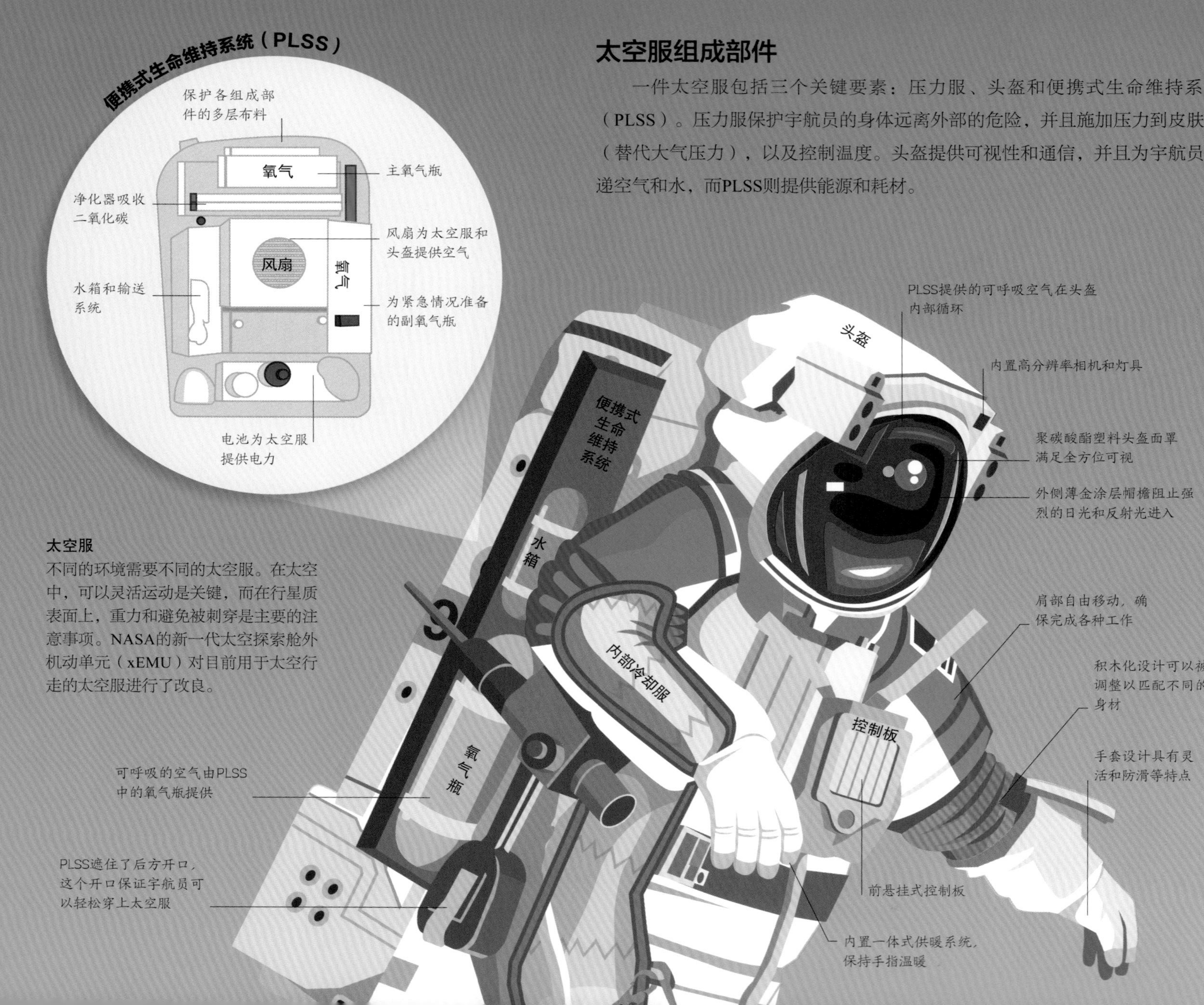
便携式生命维持系统（PLSS）
保护各组成部件的多层布料
氧气
主氧气瓶
净化器吸收二氧化碳
风扇为太空服和头盔提供空气
风扇
氧气
水箱和输送系统
为紧急情况准备的副氧气瓶
电池为太空服提供电力
PLSS提供的可呼吸空气在头盔内部循环
头盔
内置高分辨率相机和灯具
便携式生命维持系统
聚碳酸酯塑料头盔面罩满足全方位可视
外侧薄金涂层帽檐阻止强烈的日光和反射光进入
水箱
肩部自由移动，确保完成各种工作
内部冷却服
积木化设计可以被调整以匹配不同的身材
控制板
氧气瓶
手套设计具有灵活和防滑等特点
可呼吸的空气由PLSS中的氧气瓶提供
PLSS遮住了后方开口，这个开口保证宇航员可以轻松穿上太空服
前悬挂式控制板
内置一体式供暖系统，保持手指温暖

太空服

不同的环境需要不同的太空服。在太空中，可以灵活运动是关键，而在行星质表面上，重力和避免被刺穿是主要的注意事项。NASA的新一代太空探索舱外机动单元（xEMU）对目前用于太空行走的太空服进行了改良。

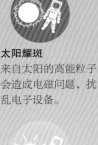

太空服

太空服是完整且设备齐全的环境系统，不仅可以保护宇航员免受恶劣环境的危害，而且可以为宇航员在航天器外部近似真空的空间中或者在另一个世界操作提供所需的供给。

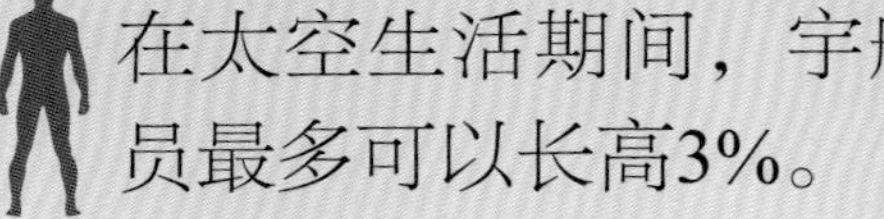

安全绳

在臀部和膝盖处加强机动性，保证宇航员在低重力环境中可以轻松移动

外层设计用来抵抗月尘碎片和微流星体的危害

三层弹性纤维材料维持皮肤表面上的压力

徒步款式的靴子配有柔软的鞋底，适于步行

脚控制装置

旋转挂载

旋转挂载、脚控制装置和安全绳用于在宇宙飞船外工作

辐射的危害

由于需要在地球大气之外和航天器外部操作，因此太空服必须能够提供一定程度的保护，使宇航员免受各种类型的有害辐射和粒子的危害。

宇宙射线
来自太阳系之外的快速移动的粒子和高能辐射穿过材料。

太阳耀斑
来自太阳的高能粒子会造成电磁问题，扰乱电子设备。

捕获的辐射
在地球周围范艾伦带中的粒子可以破坏宇航员体内的细胞。

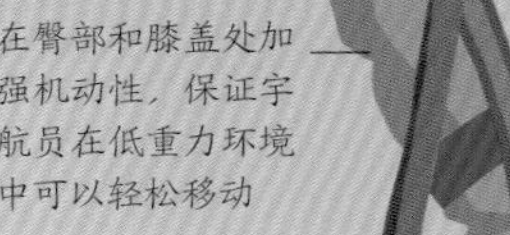

紫外辐射
强烈的可见光和紫外辐射会损害宇航员的视力。

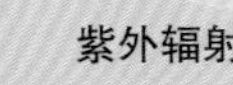

在太空生活期间，宇航员最多可以长高3%。

机器人宇航员

为了减少宇航员执行舱外活动（EVA）的次数，NASA发明了像人一样的机器宇航员来执行在国际空间站内及周围的常规任务。

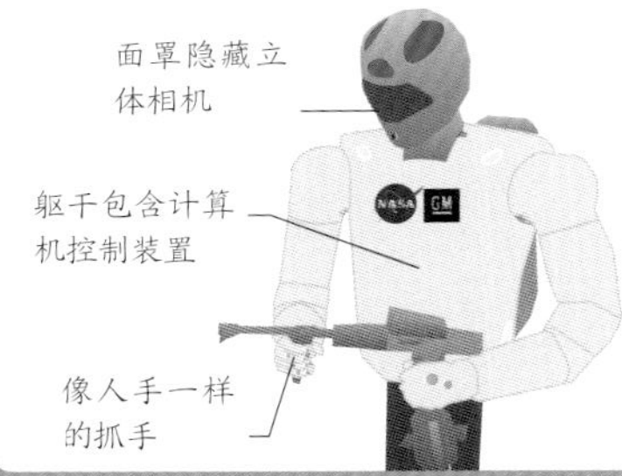
面罩隐藏立体相机
躯干包含计算机控制装置
像人手一样的抓手

谁完成了首次太空行走

苏联宇航员阿列克谢·列昂诺夫（Alexei Leonov）成为在太空中行走的第一人，他在1965年3月18日离开他的上升2号航天器达12分钟9秒。

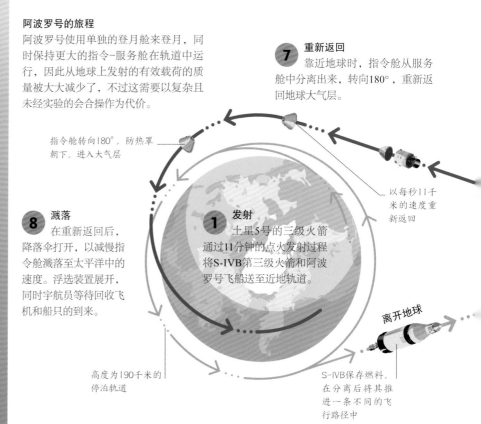

登月任务

1969—1972年，6次美国阿波罗任务成功将宇航员带到了月球上。每次任务都涉及使用巨大的土星5号运载火箭将包含3部分复杂结构的航天器发射出去。

阿波罗号的旅程

阿波罗号使用单独的登月舱来登月，同时保持更大的指令-服务舱在轨道中运行，因此从地球上发射的有效载荷的质量被大大减少了，不过这需要以复杂且未经实验的会合操作为代价。

7 重新返回

靠近地球时，指令舱从服务舱中分离出来，转向180°，重新返回地球大气层。

指令舱转向180°，防热罩朝下，进入大气层

以每秒11千米的速度重新返回

8 溅落

在重新返回后，降落伞打开，以减慢指令舱溅落至太平洋中的速度。浮选装置展开，同时宇航员等待回收飞机和船只的到来。

1 发射

土星5号的三级火箭通过11分钟的点火发射过程将S-IVB第三级火箭和阿波罗号飞船送至近地轨道。

离开地球

高度为190千米的停泊轨道

S-IVB保存燃料，在分离后将其推进一条不同的飞行路径中

登月和返回

每一次阿波罗任务都涉及将3名宇航员送到大约距离40万千米远处的月球上。一名宇航员登上指令-服务舱，停留在环月轨道中，同时，另外两名宇航员在登月舱中降落到月球表面。在月表探测任务结束后，登月舱的上半部分发射升空，与环月轨道中的指令-服务舱对接，准备返回地球。最终，指令舱从航天器的剩余部分中分离，返回地球。

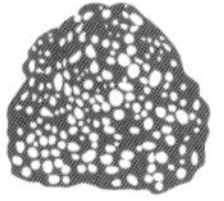

6次阿波罗任务将总重量达382千克的月岩带回了地球。

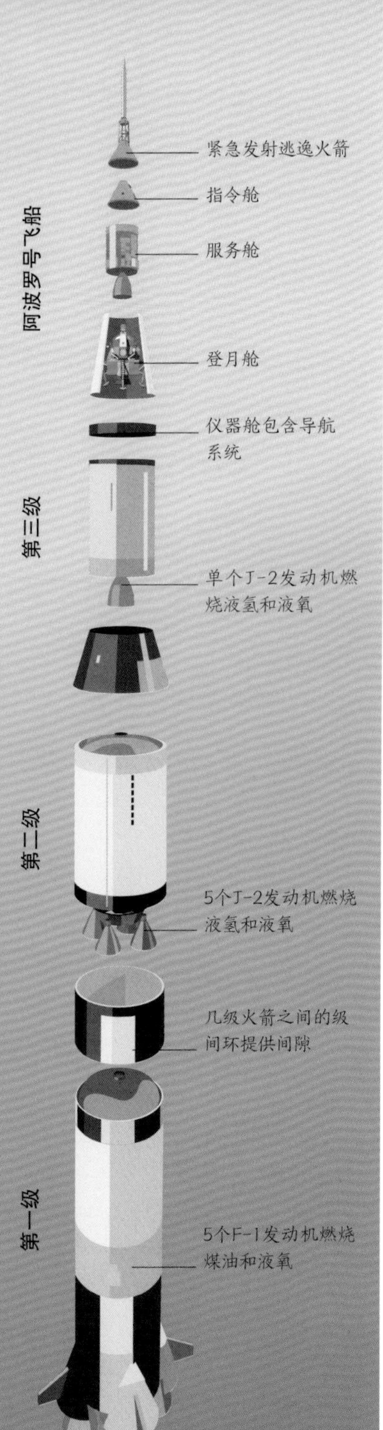
阿波罗号飞船
紧急发射逃逸火箭
指令舱
服务舱
登月舱
仪器舱包含导航系统
第三级
单个J-2发动机燃烧液氢和液氧
第二级
5个J-2发动机燃烧液氢和液氧
几级火箭之间的级间环提供间隙
第一级
5个F-1发动机燃烧煤油和液氧

发射阿波罗号

将阿波罗号发射至月球需要一架具有超强动力的火箭。土星5号的三级火箭将其升至地球轨道，而且一旦它从地球的引力中逃逸出去，第三级火箭便会再次点火，将它带到月外飞行路径上。

月球着陆器

阿波罗登月舱被设计用于只在近似真空的环境中飞行，笨重的它包含一个蜘蛛状的下降级和一个用于携带两名宇航员的密闭升空级。每一级都有属于自己的发动机，在月表探测任务结束后，升空级可以利用发动机返回环月轨道。

登陆月球表面

降落到月球表面的最后阶段涉及使用降落主发动机和4个反作用控制助推器（放置在升空级周围的小型多向火箭）来精确飞行。

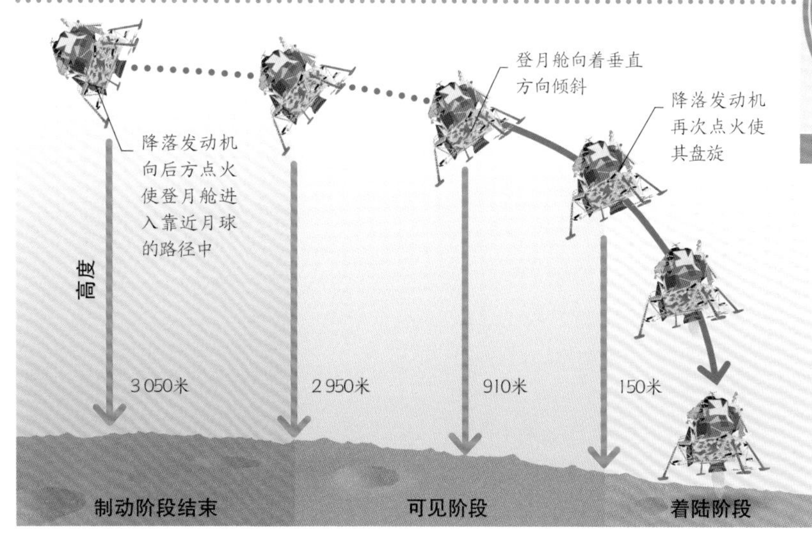

降落发动机向后方点火使登月舱进入靠近月球的路径中
登月舱向着垂直方向倾斜
降落发动机再次点火使其盘旋
高度
3 050米
2 950米
910米
150米
制动阶段结束
可见阶段
着陆阶段

3 着陆器附着

指令–服务舱转向180°，之后与登月–升空舱对接并将其推离。

指令–服务舱与登月–升空舱对接

4 绕轨运行并着陆

指令–服务舱发动机燃烧使航天器减速，进入环月轨道。两名宇航员登上登月舱，降落到月球表面。

月球

登月舱已经被丢弃

返回地球

土星5号的最后一级火箭已经被丢弃

5 绕月会合

在完成月表探测任务后，登月舱升空发动机燃烧，登月舱发射升空，与环月轨道中的指令–服务舱对接。宇航员和样本被转移后，登月舱被丢弃。

2 射入月外轨道

在最初的安全检查后，S-IVB火箭再次点火，推动航天器进入月外轨道中，随后火箭分离并坠落。

6 返回地球

指令–服务舱点燃发动机，将航天器推至返回地球的路径中。地球和月球之间的穿越路程需要两到三天的时间。

登月舱从轨道中下降

在登月前，进行过多少次测试

在登月前，只有编号为7～10的4次载人阿波罗任务曾在地球和月球轨道中飞行以测试航天器。

月球车

最后3次阿波罗任务携带了月球车，它扩大了在着陆点附近的探测范围。质量轻但结实的电池供能月球车可以携带大约两倍于自身重量的物质，而且最高速度可以达到每小时18千米。

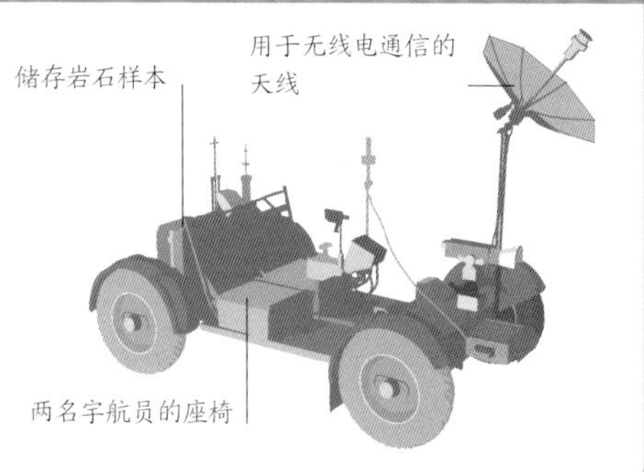

储存岩石样本
用于无线电通信的天线
两名宇航员的座椅

工作中的航天飞机

航天飞机轨道飞行器通常搭载大约7名宇航员和有效载荷专家，进入空间后，它有能力进行各种不同种类的任务。一个大型加压舱提供了生活住所，以及进行一些实验的空间，一个巨大的减压货舱可以被用于做实验、调度卫星并将它们从提供服务的轨道中收回，以及为国际空间站传递货物。货舱还可以携带一个叫作“空间实验室”的大型加压舱来为实验和服务任务提供延展的实验室空间。

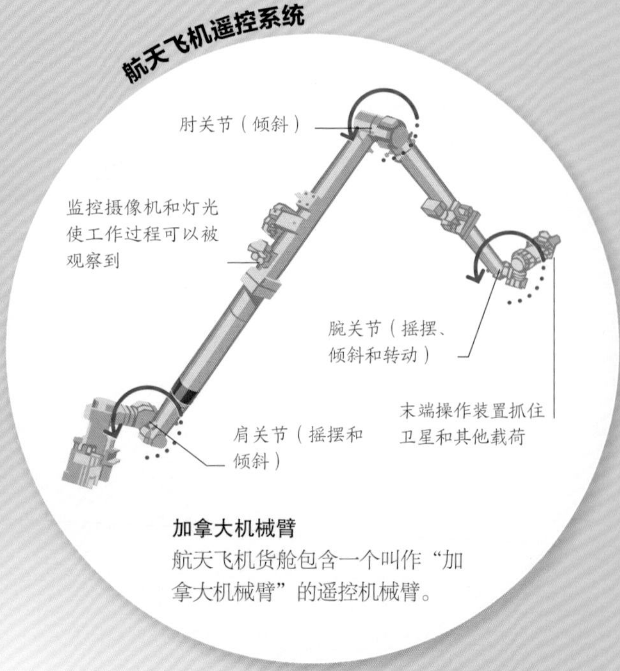

航天飞机遥控系统

肘关节（倾斜）

监控摄像机和灯光使工作过程可以被观察到

腕关节（摇摆、倾斜和转动）

末端操作装置抓住卫星和其他载荷

肩关节（摇摆和倾斜）

加拿大机械臂

航天飞机货舱包含一个叫作“加拿大机械臂”的遥控机械臂。

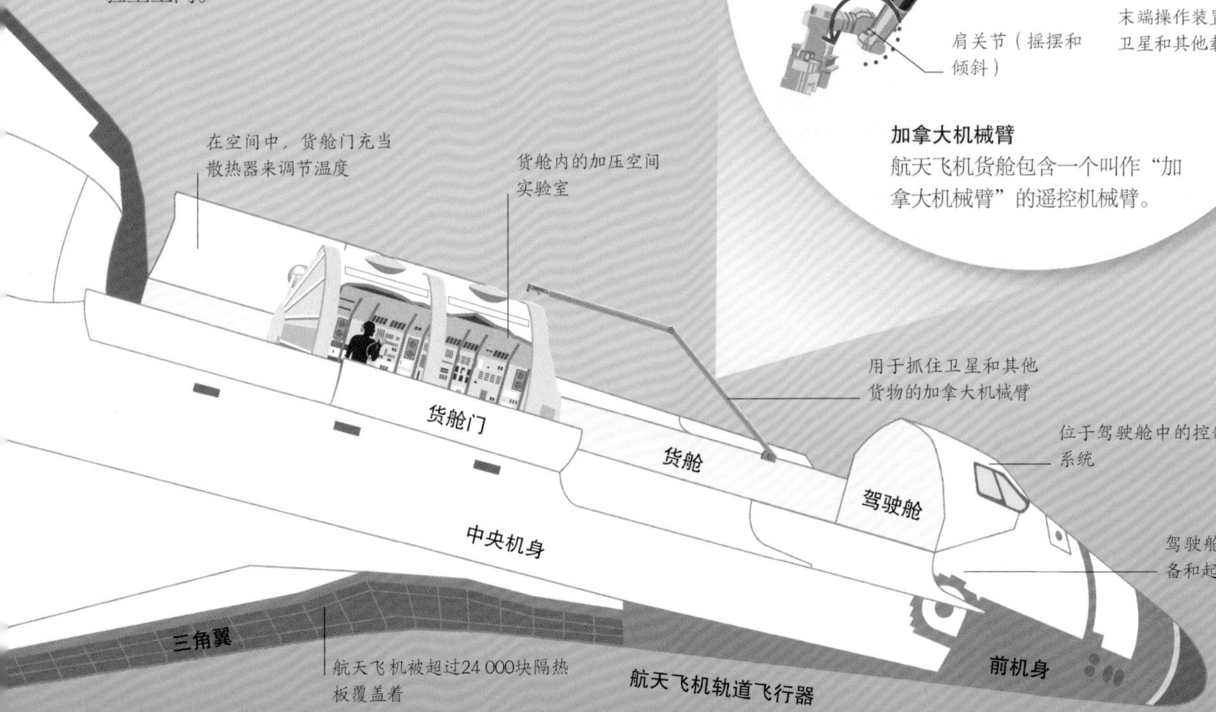

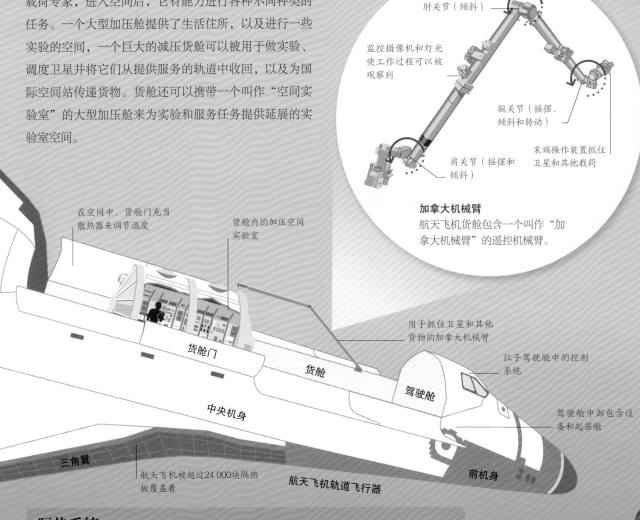

在空间中，货舱门充当散热器来调节温度

货舱内的加压空间实验室

用于抓住卫星和其他货物的加拿大机械臂

位于驾驶舱中的控制系统

货舱门

货舱

驾驶舱

中央机身

驾驶舱中部包含设备和起居舱

三角翼

航天飞机被超过24 000块隔热板覆盖着

航天飞机轨道飞行器

前机身

隔热系统

其他航天器使用防热罩，在重新返回期间，防热罩会携带着热量脱落，而轨道飞行器的外壳则被几种不同类型的永久隔热材料保护着。用于最热区域的陶瓷板被证明很容易被毁坏，而且导致过一次灾难性的事故。

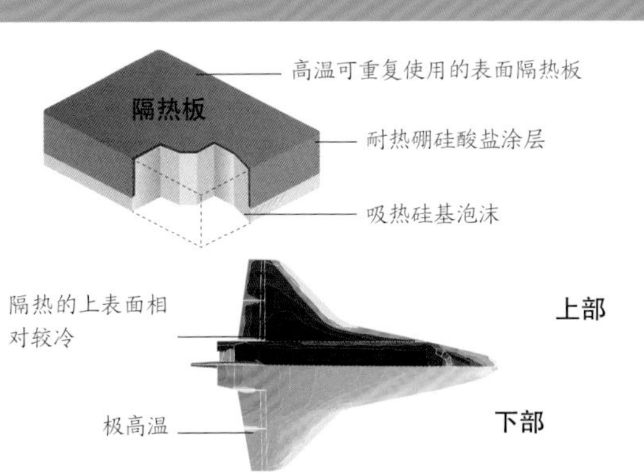
高温可重复使用的表面隔热板
隔热板
耐热硼硅酸盐涂层
吸热硅基泡沫
隔热的上表面相对较冷
上部
极高温
下部

航天飞机上下颠倒以减小空气动力学压力

主发动机和固体火箭助推器点燃，提供发射推进力

航天飞机

NASA的航天飞机是一个突破性的发射系统，它将传统的火箭和一个小型客机大小的可回收航天飞机结合起来。从1981年到2011年，航天飞机为美国提供了进入空间的手段。

有多少架航天飞机

NASA的舰队包括4架可安全飞行的航天飞机——最初的哥伦比亚号、挑战者号、发现号和亚特兰蒂斯号（再加上原型企业号）。两架航天飞机曾在事故中失事。1992年，奋进号建造完成。

任务剖析

航天飞机垂直发射，它的轨道飞行器与一个巨大的外部燃料箱（ET）捆绑在一起，燃料箱向轨道飞行器的三个主发动机传递燃料。附着在燃料箱两侧的固体火箭助推器（SRB）为发射提供了帮助。一旦进入空间，航天飞机便使用它的轨道控制系统（OMS）来完成操作。在空间中度过一周或更长时间后，轨道飞行器转向并点燃它的主发动机来重新进入地球的大气层，像无动力滑翔机那样以水平着陆方式返回。

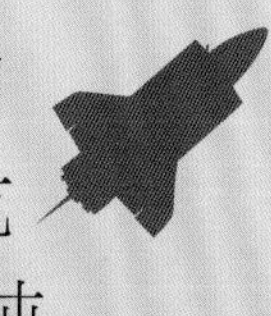

航天飞机轨道飞行器是目前进入过轨道的最重的航天器，它发射时重达110吨。

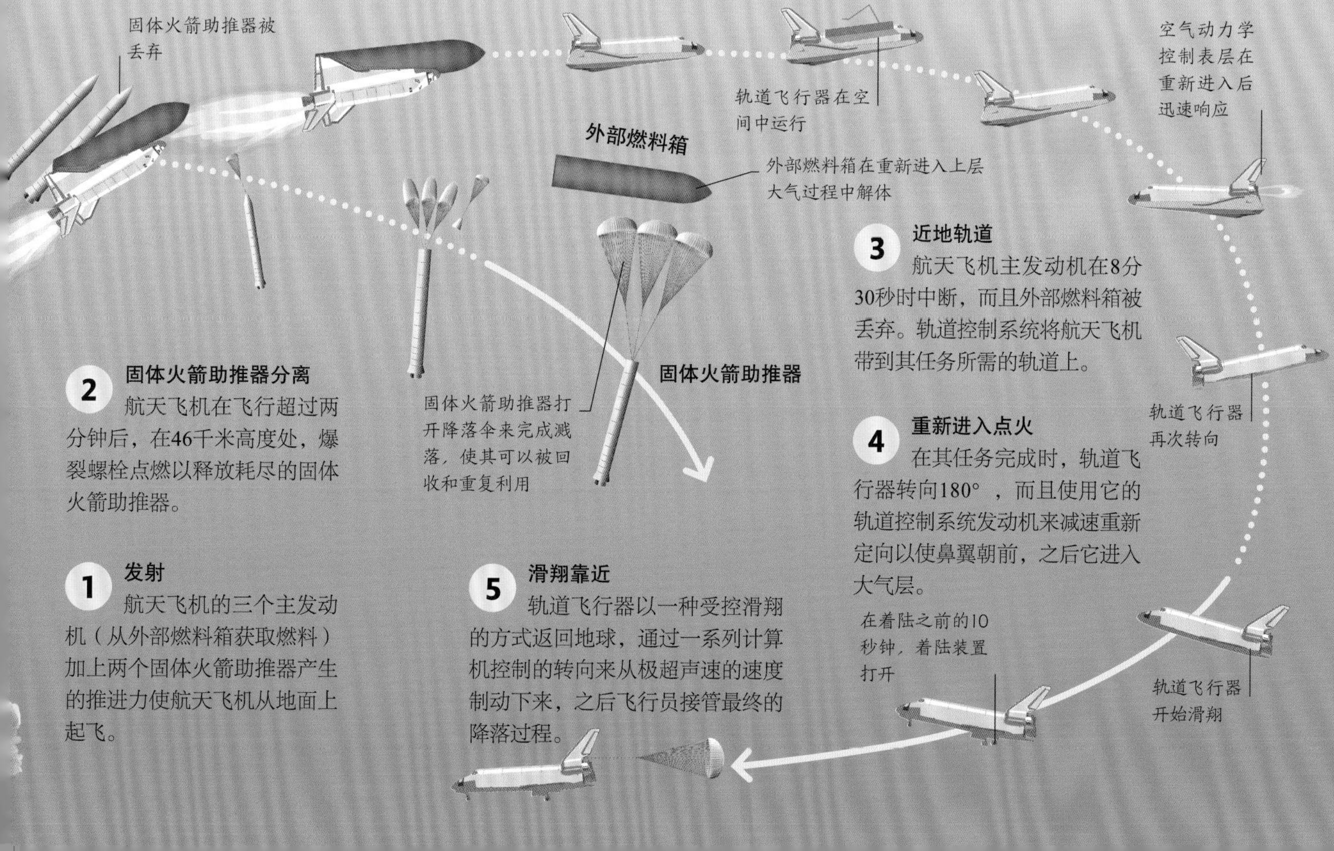

固体火箭助推器被丢弃

轨道飞行器在空间中运行

空气动力学控制表层在重新进入后迅速响应

外部燃料箱

外部燃料箱在重新进入上层大气过程中解体

固体火箭助推器

固体火箭助推器打开降落伞来完成减落，使其可以被回收和重复利用

轨道飞行器再次转向

在着陆之前的10秒钟，着陆装置打开

轨道飞行器开始滑翔

1 发射

航天飞机的三个主发动机（从外部燃料箱获取燃料）加上两个固体火箭助推器产生的推进力使航天飞机从地面上起飞。

2 固体火箭助推器分离

航天飞机在飞行超过两分钟后，在46千米高度处，爆裂螺栓点燃以释放耗尽的固体火箭助推器。

3 近地轨道

航天飞机主发动机在8分30秒时中断，而且外部燃料箱被丢弃。轨道控制系统将航天飞机带到其任务所需的轨道上。

4 重新进入点火

在其任务完成时，轨道飞行器转向180°，而且使用它的轨道控制系统发动机来减速重新定向以使鼻翼朝前，之后它进入大气层。

5 滑翔靠近

轨道飞行器以一种受控滑翔的方式返回地球，通过一系列计算机控制的转向来从极超声速的速度制动下来，之后飞行员接管最终的降落过程。

空间站

空间中半永久的前哨战平台增加了宇航员可以在轨停留的时间，使得他们可以在零重力且接近真空的空间中进行持续时间长的实验。

国际空间站

国际空间站是目前已建造的最大的空间站，它在近地轨道中环绕地球运行。15个加压舱为平均6名宇航员提供了生活和工作空间，包括欧洲各国、美国、俄罗斯和日本的实验室。它们与一个叫作“桁架”的主梁相接。在桁架的外部，空间站拥有多条可用于各种任务的机械臂，以及将实验暴露在空间中的区域。空间站通过倾斜连接在桁架上的太阳能板来获得能量，太阳能板比一个足球场还要大。

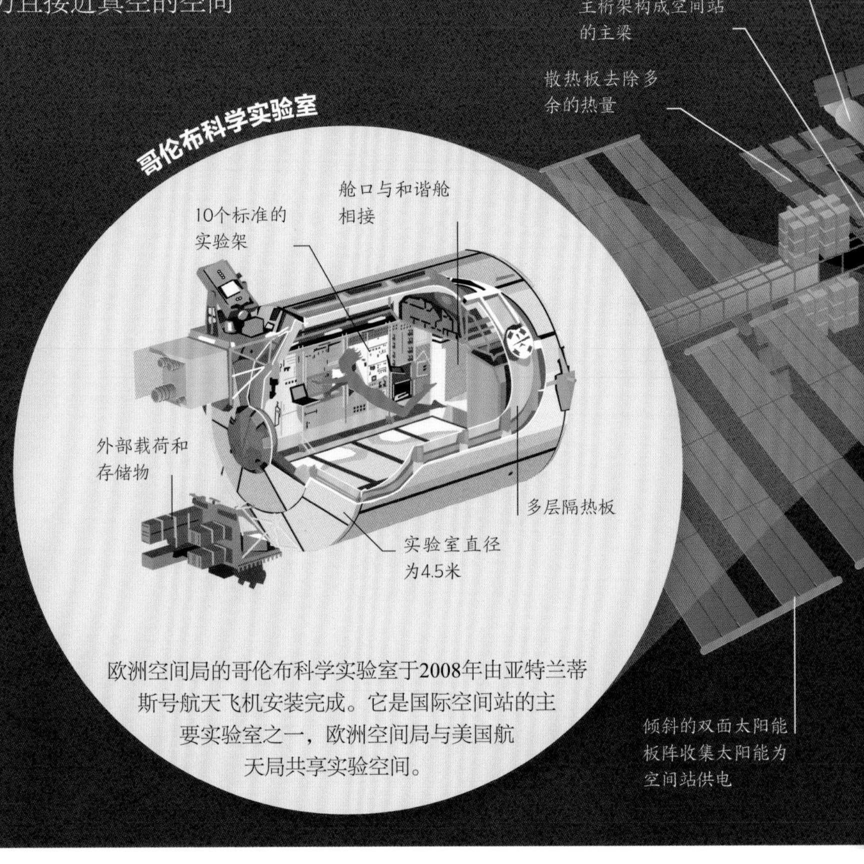
俄罗斯的星辰舱包括两名宇航员的睡眠区
主桁架构成空间站的主梁
散热板去除多余的热量
哥伦布科学实验室
10个标准的实验架
舱口与和谐舱相接
外部载荷和存储物
多层隔热板
实验室直径为4.5米
倾斜的双面太阳能板阵收集太阳能为空间站供电

欧洲空间局的哥伦布科学实验室于2008年由亚特兰蒂斯号航天飞机安装完成。它是国际空间站的主要实验室之一，欧洲空间局与美国航天局共享实验空间。

进入轨道中

建造国际空间站是目前在空间中进行过的最复杂的工程任务。主要的建造阶段从1998年一直持续到2011年，其间，美国的航天飞机扮演了关键角色，主要负责传递组成部件，以及使用机械臂将它们连接在一起。宇航员（通常三人为一组，每组互相接替，进行为期六个月的探测任务）最初通过航天飞机或者俄罗斯联盟号航天器到达空间站。2011年，联盟号成为进入空间站的唯一途径，不过现在，商业上的空间载具承担了一些工作。

从2000年10月31日起，国际空间站上一直搭载着宇航员。

绕地球运行

国际空间站在地球上方平均高度409千米处绕轨运行，轨道相对于地球赤道的倾斜角度为51.6°。这意味着每92.7分钟，它会绕地球运行一圈，或者每天绕地球运行15.5圈。空间站的平均运行速度为每小时27 724千米。

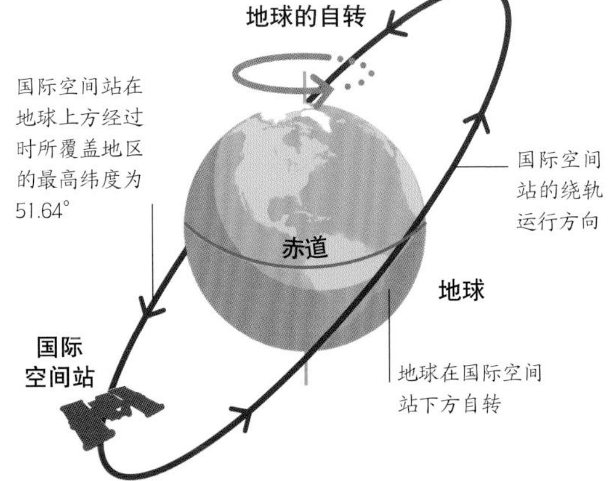
地球的自转
国际空间站在地球上方经过时所覆盖地区的最高纬度为51.64°
国际空间站的绕轨运行方向
赤道
地球
国际空间站
地球在国际空间站下方自转

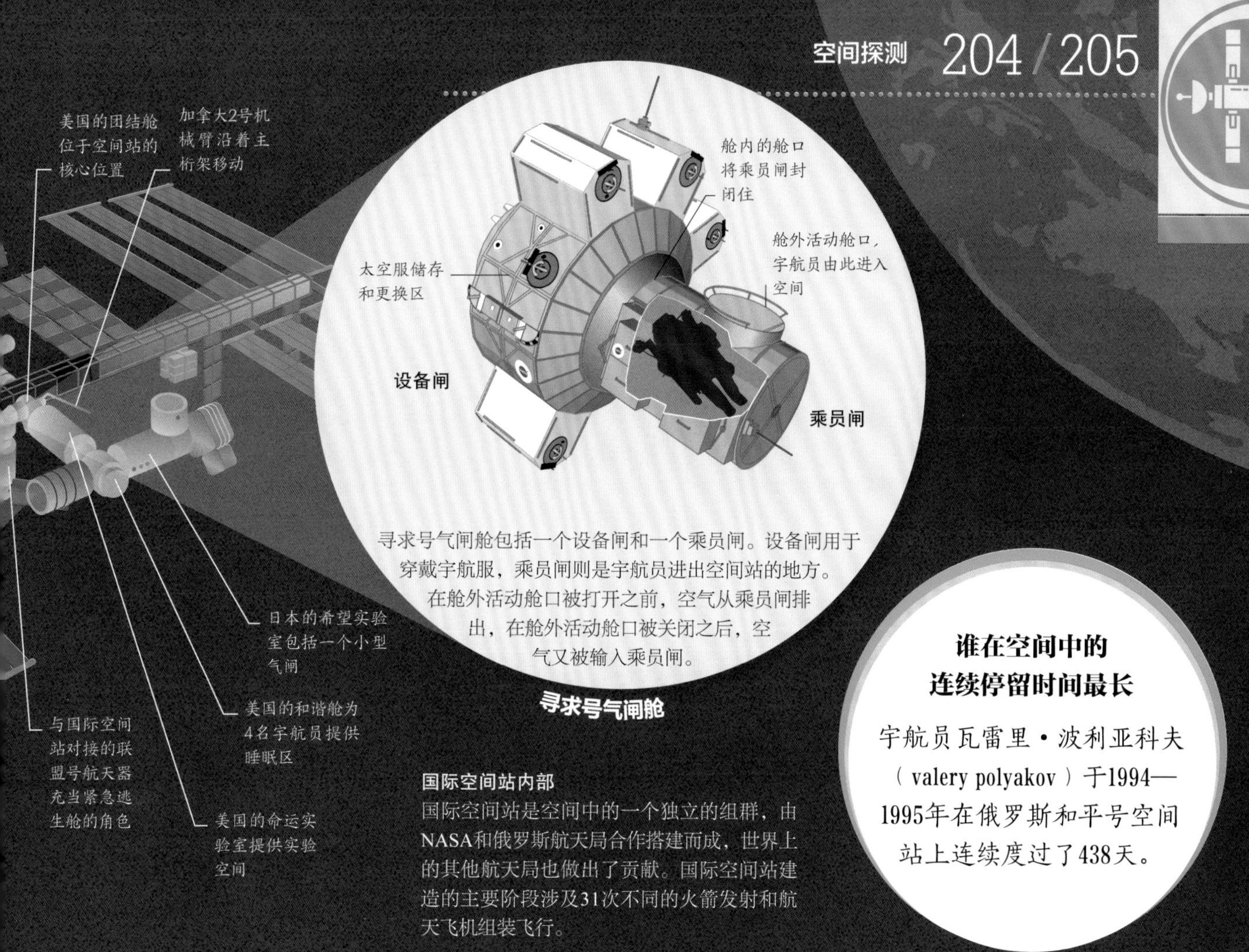

美国的团结舱位于空间站的核心位置
加拿大2号机械臂沿着主桁架移动
舱内的舱口将乘员闸封闭住
舱外活动舱口，宇航员由此进入空间
太空服储存和更换区
设备闸
乘员闸
日本的希望实验室包括一个小型气闸
美国的和谐舱为4名宇航员提供睡眠区
与国际空间站对接的联盟号航天器充当紧急逃生舱的角色
美国的命运实验室提供实验空间

寻求号气闸舱包括一个设备闸和一个乘员闸。设备闸用于穿戴宇航服，乘员闸则是宇航员进出空间站的地方。在舱外活动舱口被打开之前，空气从乘员闸排出，在舱外活动舱口被关闭之后，空气又被输入乘员闸。

寻求号气闸舱

国际空间站内部
国际空间站是空间中的一个独立的组群，由NASA和俄罗斯航天局合作搭建而成，世界上的其他航天局也做出了贡献。国际空间站建造的主要阶段涉及31次不同的火箭发射和航天飞机组装飞行。

谁在空间中的连续停留时间最长

宇航员瓦雷里·波利亚科夫（valery polyakov）于1994—1995年在俄罗斯和平号空间站上连续度过了438天。

绕地球运行的空间站

20世纪70年代的礼炮1号空间站具有一个单独的气闸。1973年，NASA发射了竞争者天空实验室，它是基于阿波罗号设备剩余的材料建造的。礼炮6号（1997年）是第一个具有两个气闸的空间站，这使得宇航员可以在空间站中有人在的情况下造访或者交接。和平号（1988—2001年）是国际空间站的先驱，它具有多个模块化布局的加压单元。

其他绕地球运行的空间站

名称	国家	发射日期	信息
礼炮1号	苏联	1971年4月	礼炮1号是基于叫作“阿尔马兹”的设计建造的一系列空间站中的第一个，在它的首位乘员于返回地球期间死亡后，它就被遗弃了
天空实验室	美国	1973年5月	NASA的天空实验室改建于一个备用的土星火箭级，它在发射期间被损坏了。1973—1974年，它的首位乘员修复了它，之后它被造访过两次以上
和平号	苏联	1986年2月	经过10年的建造，和平号成为包含7个加压舱的空间站。20世纪90年代，美国的航天飞机与其对接
天宫1号	中国	2011年9月	在两年的运行期间，中国空间站天宫1号被一架无人航天器和两次载人神舟飞船造访过

登陆其他星球

成功着陆在另一个星球的表面通常需要比制动火箭复杂得多的系统，特别是当另一个星球上的大气比地球大气更浓厚或更稀薄时。

火星上的好奇号

到达火星表面需要经历的挑战随着所涉及的航天器的大小而变化。火星大气会生成大量摩擦力，因此，一个穿过火星大气的探测器必须是耐热的。如果想单独使用降落伞来减慢很重的着陆器的速度，那么火星大气相对来说就太稀薄了，而如果想依靠制动火箭，那么它又会因太致密而容易产生不稳定性。好奇号火星车将各种技术结合起来，以确保可以安全着陆。

降落在火星上

好奇号的降落结合了空气动力制动、降落伞和一个叫作“空中吊机”的复杂设备，一旦启动，它就不再受地球的直接控制。

轨道中的巡航级

着陆前1016秒

1 最终靠近火星

好奇号火星车被两部分减速伞包住，从轨道中的巡航级分离出来，朝着火星表面下降。

着陆前896秒

进入大气层

着陆前416秒

高度：125千米

2 空气动力制动

与上层大气的摩擦力在4分钟内将好奇号的速度从每秒钟5.8千米减到每秒钟大约470米。

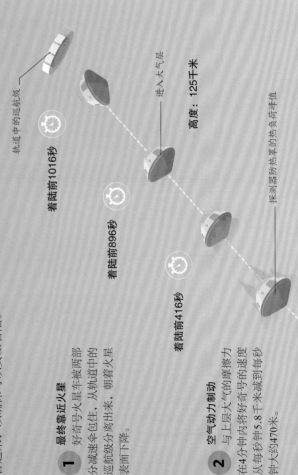

探测器防热罩的热负荷峰值

首个降落在金星表面上的探测器是哪个

苏联发射的金星7号探测器是首个成功在金星表面实现软着陆的探测器，它只传回了20分钟的数据。

降落在金星上

在金星上降落比在火星上还要危险。金星的大气更浓厚，可以更好地支持降落伞，但是，金星的大气也具有剧毒性和腐蚀性。不过，在20世纪70年代和80年代，一系列高度防护的金星航天器完成了安全降落。

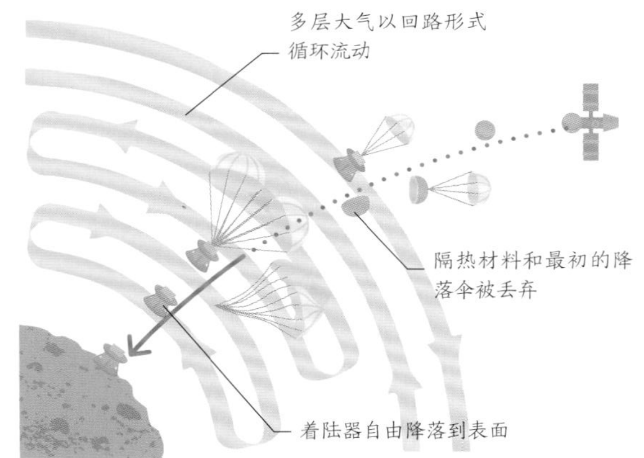
多层大气以回路形式循环流动
隔热材料和最初的降落伞被丢弃
着陆器自由降落到表面

危险的降落

金星着陆器将空气动力制动和降落伞结合起来使用，以到达金星表面。浓厚的大气对最后的50千米降落过程起到了缓冲作用。

高度：11千米
降落伞的直径为16米
着陆前162秒
隔热罩分离，雷达开始收集数据
高度：10千米

3 **降落伞**

降落伞以超声速打开，使探测器的下降速度减慢到每秒钟大约100米。

着陆前138秒
动力下降
高度：1.8千米

4 **空中吊机**

在最后降落阶段，火星车在一个叫作“空中吊机”的移动平台下方，被运送到它的着陆点。

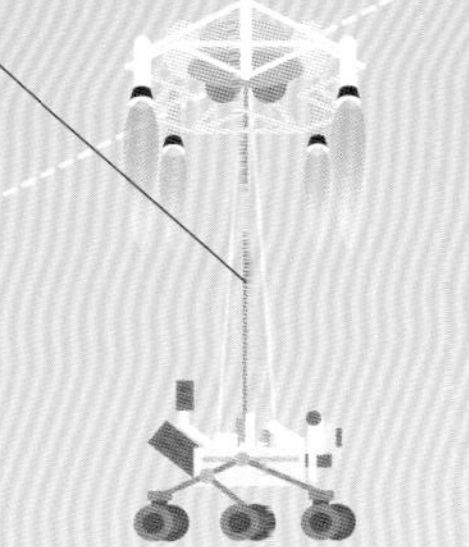

火星车在空中吊机下方从20米高度处下降

好奇号火星车以每秒钟5.8千米的速度进入火星大气。

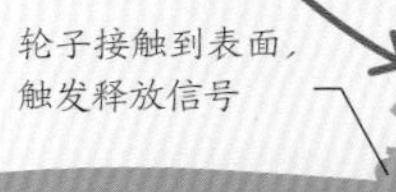

弹跳着落在火星上

2004年，一对火星车使用空气动力制动、降落伞和制动火箭相结合的方式到达火星，它们最终被包裹在安全气囊中掉落到火星表面。

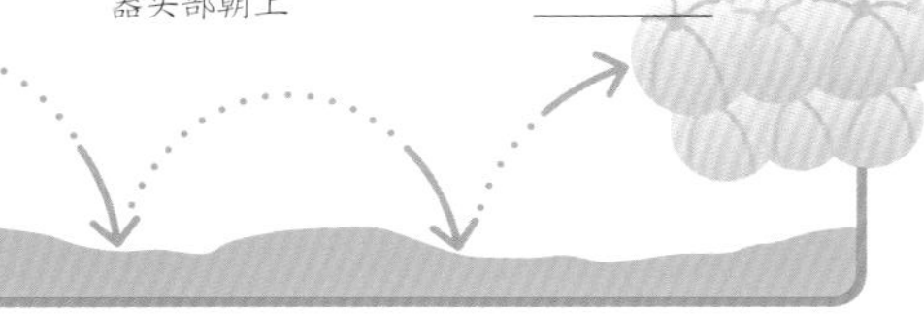

气囊依次膨胀来确保着陆器头部朝上

空中吊机降落过程

空中吊机使好奇号以一种平缓的软着陆方式降落在火星表面，之后它飞离而去。

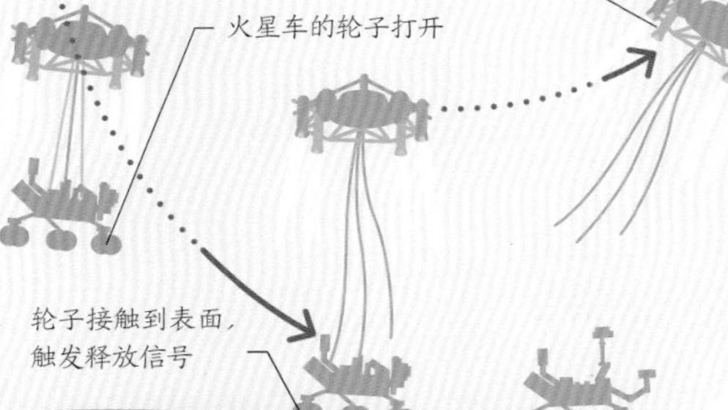

8个助推器引领并提升着空中吊机
飞离到安全距离后坠毁
火星车的轮子打开
轮子接触到表面，触发释放信号

火星车

旅居者号火星车
长度：65厘米

勇气号和机遇号火星车
长度：1.6米

好奇号火星车
长度：3米

毅力号火星车
长度：2米

火星车的大小
火星车的大小和复杂程度会根据它们在火星上不同的任务目标而变化。

在人类可以安全探索其他行星之前，带轮子的可移动机器人，即探测车，就是第二个最佳选项。目前，人类已经将5个探测车送至火星，每一个都比之前的更复杂，而且有能力解决更复杂的科学问题。

首个降落在另一个星球上的探测车是哪个

苏联的月球车1号是以太阳能为动力的探测车，于1970年10月降落在月球上。它运行了差不多10个月。

好奇号火星车

2012年，汽车大小的好奇号火星车降落在火星上的一个古老河床中，科学家希望在那里找到过去火星上环境适宜居住的证据。它是目前降落在火星上的最先进的火星车，随车携带着实验室、先进的照相机、气象仪器，以及一个用于挖掘岩石并收集样本的多功能机械臂。

分析火星表面
好奇号火星车装备着很多科学仪器，包括一个可以在一定距离上确认岩石样本的激光光谱仪。

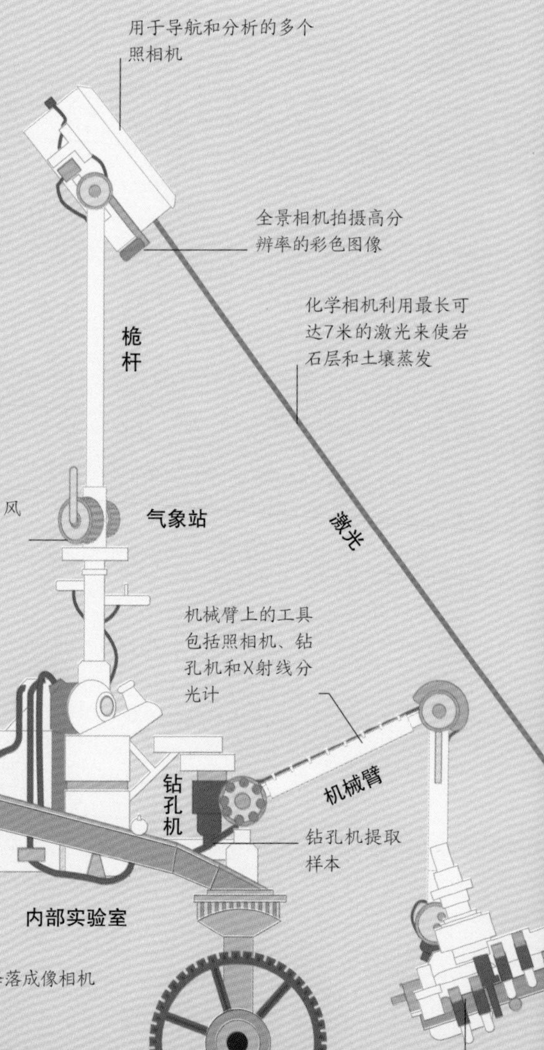

用于导航和分析的多个照相机
全景相机拍摄高分辨率的彩色图像
化学相机利用最长可达7米的激光来使岩石层和土壤蒸发
桅杆
激光
储存在动力设备内部的放射性元素钚的衰变产生的热量生成电
超高频天线
用于与绕轨运行的卫星进行通信的超高频天线
传感器监控风速、风向和空气温度
气象站
动力设备储存室
高增益天线
辐射探测器
机械臂上的工具包括照相机、钻孔机和X射线分光计
中子光谱仪
钻孔机
机械臂
钻孔机提取样本
轮子可以越过高达65厘米的障碍物
内部实验室
火星降落成像相机
机械臂有2米长

行驶在火星上

为了在火星崎岖的表面上进行导航，火星车装备了一个摇杆-转向架悬挂系统来保持水平。在火星和地球之间反复传递无线电信号时产生的延迟意味着工程师不能实时引导火星车，作为替代方案，火星车需自行收集数据和图像，之后规划出到达每一个新地点的路线。然后，火星车沿着路线行驶，在行驶过程中使用传感器和其上搭载的计算机来克服一路上的小障碍。

好奇号火星车的最高速度仅为每小时90米。

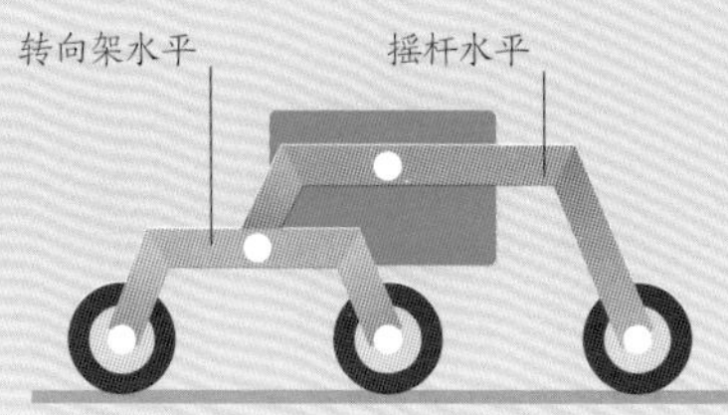
转向架水平
摇杆水平

转向架大幅倾斜
摇杆调整以保持主体平衡

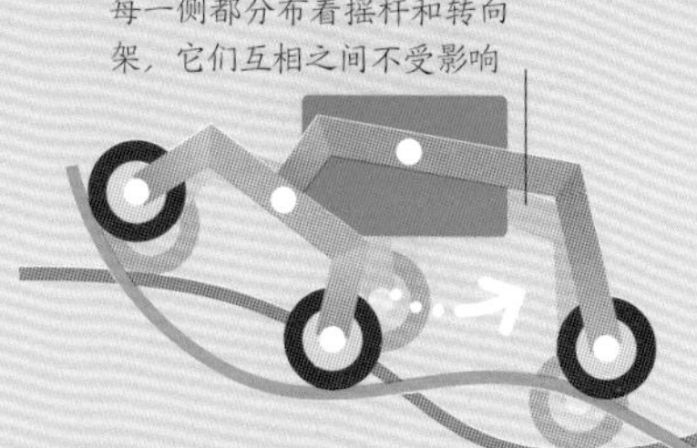
每一侧都分布着摇杆和转向架，它们互相之间不受影响

1 用于在火星上行走的轮子

好奇号由6个巨大的铝制轮子支撑着行驶，同时有踏板牢牢附着在岩质表面上。每个轮子都有一个独立的驱动马达，而且前方和后方的轮子还有转向马达。

2 后方的转向架

在火星车的每一侧，它中部和后方的轮子都被连接到一个叫作“转向架”的结构上，转向架可以通过倾斜来使两侧的轮子与火星地表的接触大致保持平衡。

3 主体摇杆

每一侧的转向架和前方轮子通过一个可绕轴旋转的更大结构附着于火星车主体上，这个结构就是摇杆。这意味着这6个轮子可以处于不同的水平上，而不会使火星车失去平衡。

俯视图

由于好奇号是六轮驱动的，而且两侧轮子之间没有连接轴，因此，即使在一些轮子被陷进沙子或者损坏，以及因锋利的岩石而无法行进时，火星车仍然可以运转。

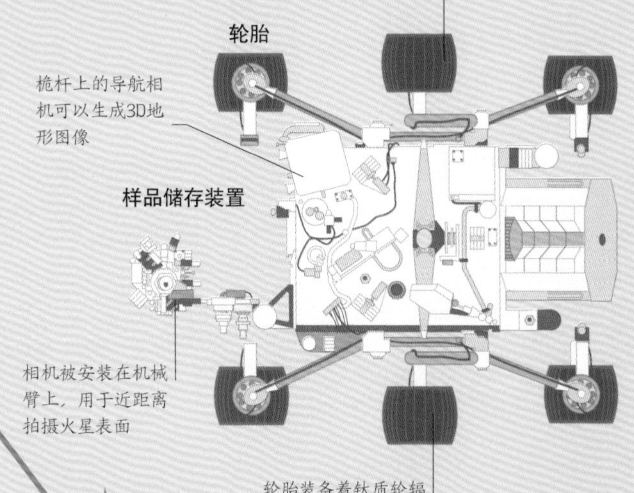
轮胎的胎面上有24条V形线条
轮胎
桅杆上的导航相机可以生成3D地形图像
样品储存装置
相机被安装在机械臂上，用于近距离拍摄火星表面
轮胎装备着钛质轮辐

火星上的其他探测车

1997年，首个降落在火星上的探测车是以太阳能为动力的旅居者号火星车，它体型较小，属于火星探路者任务的一部分。2004年，更大的火星探险漫游者勇气号和机遇号火星车在火星上着陆，再之后是2012年的好奇号火星车（火星科学实验室），以及2020年发射的毅力号火星车。

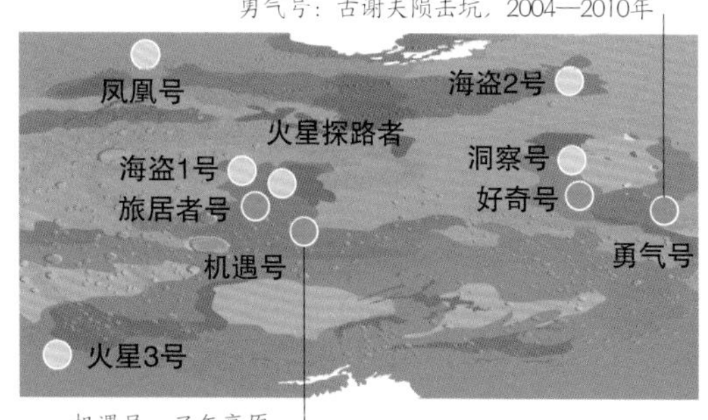
勇气号：古谢夫陨击坑，2004—2010年
凤凰号
海盗2号
火星探路者
海盗1号
洞察号
旅居者号
好奇号
勇气号
机遇号
火星3号
机遇号：子午高原，2004—2018年
其他着陆器
火星车

引力弹弓

旅行者号借助了一种叫作“引力助推”或者“引力弹弓”的技术。这使得探测器可以在不借助发动机点火，而通过以合适的角度落入一颗移动行星的引力场中的方式，改变它的方向和速度。从这颗行星的视角来看，探测器以相同的速度靠近和离开，但相对于太阳和更广阔的太阳系来说，它的速度改变了。

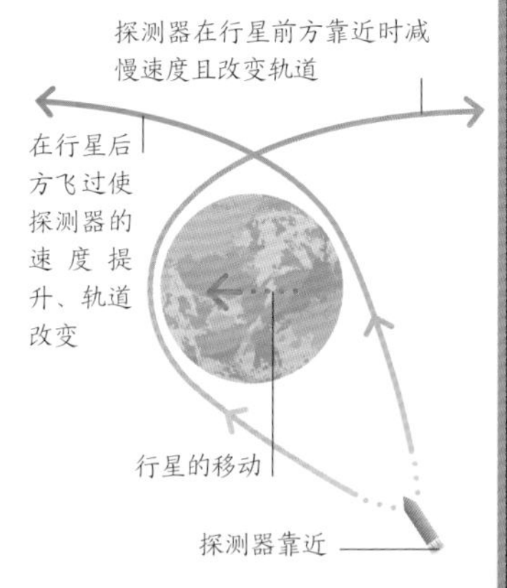
探测器在行星前方靠近时减慢速度且改变轨道
在行星后方飞过使探测器的速度提升、轨道改变
行星的移动
探测器靠近

为什么旅行者1号没有前往天王星和海王星

NASA的科学家希望至少有一个旅行者号探测器可以探测土星巨大的卫星土卫六。这需要它在土星南极下方经过，经过时，行星的引力会使探测器偏离太阳系的轨道平面。

行星联珠

20世纪70年代末，一次壮观的四颗地外行星联珠现象，即木星、土星、天王星和海王星沿着一条螺旋轨迹排列，使得旅行者号任务得以实现。行星联珠现象，每175年才发生一次，可以使每个探测器在不使用大量燃料来改变它们的飞行路径的情况下依次飞过每颗行星。

海王星的轨道

天王星的轨道

伟大的旅程

两个旅行者号探测器发射于1977年，为人类提供了首次细致观察外太阳系巨行星的机会。甚至到今天，它们依然在持续传回有价值的科学数据。

星际任务

尽管旅行者号探测器现在已经顺利到达行星的轨道之外，但是，它们仍然在传回关于太阳系边缘情况的有价值的数据。那里是日球层并入星际空间的地方，日球层即充满来自太阳的高速太阳风粒子的区域。两个探测器都将持续传回数据，直到21世纪20年代中期它们的电力供应耗尽为止。

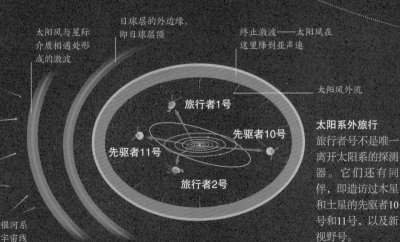

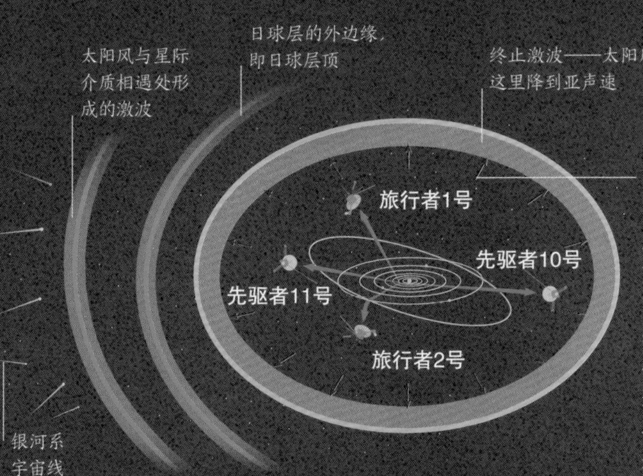
太阳风与星际介质相遇处形成的激波
日球层的外边缘，即日球层顶
终止激波——太阳风在这里降到亚声速
太阳风外流
旅行者1号
先驱者10号
先驱者11号
旅行者2号
银河系宇宙线

太阳系外旅行

旅行者号不是唯一离开太阳系的探测器。它们还有同伴，即造访过木星和土星的先驱者10号和11号，以及新视野号。

旅行者号探测器

每一架旅行者号探测器都被大致建造成一个十面体，其上搭载着探测器的主系统和大多数科学设备。从主结构伸出的长天线可以测量磁场和射电波，同时，一个碟形天线可以与地球进行通信。吊杆尾部的可转向平台使照相机和其他一些设备可以使行星和卫星保持在视野内。

分光仪测量目标的结构、组成和热特性
旅行者2号
金唱片包含关于地球的数据，而且它被放置在每一架探测器上
用于去除多余热量的散热器
3.7米的高增益天线
天线
联氨助推器
吊杆上的放射性同位素热发生器（电源）用来避免干扰设备
低场磁强计吊杆
旅行者1号完成土星飞掠，于1980年11月12日来到土卫六附近
1979年3月5日，飞掠木星
1977年9月5日，旅行者1号从地球上发射升空
1977年8月20日，旅行者2号从地球上发射升空
地球
1979年7月9日，飞掠木星
土星
1981年8月26日，旅行者2号完成土星飞掠
天王星
1986年1月24日，旅行者2号飞掠天王星
1989年8月25日，飞掠海王星
天王星
由于要造访土卫六，因此旅行者1号不能完成之后的飞掠
旅行者1号

旅行者号的工具

旅行者号的主要设备包括成像相机和用于分析行星大气中元素的分光仪，以及用于探测行星际空间中粒子的设备，主结构旁边还有一个磁强计和射电天线。

行星弹球

从地球上发射后，两个旅行者号探测器首先飞过木星，然后飞过土星。旅行者2号继续飞往天王星和海王星，而旅行者1号则被偏转到离开太阳系平面的路径上。

2012年8月25日，旅行者1号正式成为首个进入星际空间的人造天体。

飞行到土星

将探测器放置到一颗行星周围的轨道中需要一条非常不同的轨道，而非只经历一次简单的飞掠过程。为了以正确的角度靠近土星，卡西尼号沿着一条路线飞行了7年，其间经历了几次引力助推过程。

1 金星助推

1998年和1999年，卡西尼号完成了两次金星飞掠。首次飞掠将它的速度提高了每秒钟7千米，但是它必须通过发动机点火减速来将其带到第二次飞掠和加速的路线上。

绕土星运行

在卡西尼号绕土星飞行的13年期间，通过使用引力助推（主要来自土卫六）和偶尔的发动机点火，它的轨道反复变化，以确保可以与土星的很多卫星近距离交会。

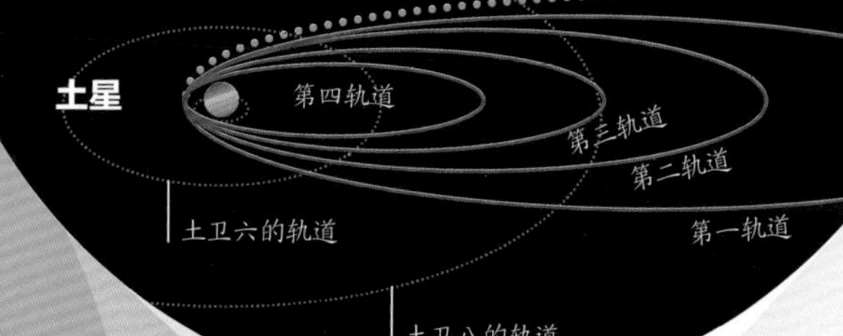

从地球到土星的路径
惠更斯号–土卫六交会
土星
第四轨道
第三轨道
第二轨道
第一轨道
土卫六的轨道
土卫八的轨道

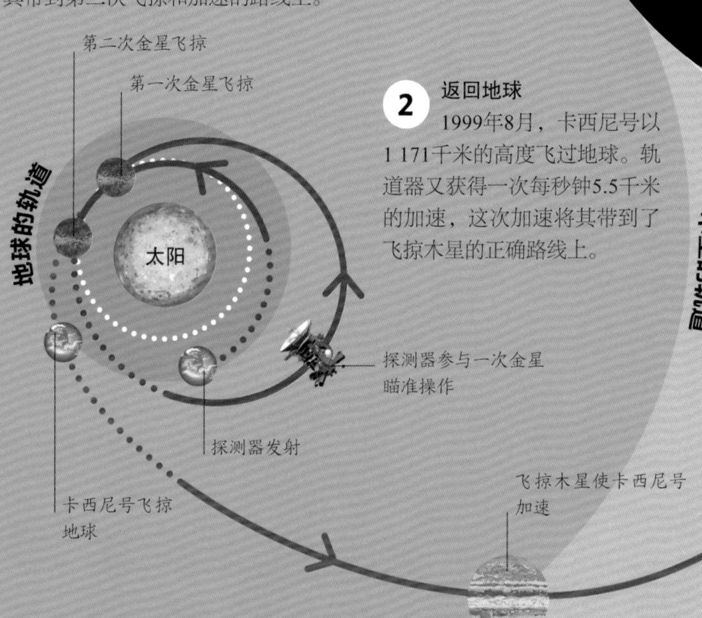

第二次金星飞掠
第一次金星飞掠
地球的轨道
太阳
木星的轨道
探测器参与一次金星瞄准操作
探测器发射
卡西尼号飞掠地球
飞掠木星使卡西尼号加速
探测器到达土星的轨道

2 返回地球

1999年8月，卡西尼号以1 171千米的高度飞过地球。轨道器又获得一次每秒钟5.5千米的加速，这次加速将其带到了飞掠木星的正确路线上。

4 到达土星

2004年年中，卡西尼号成功进入土星系统，并且在两次操作中使用它的主发动机来减慢速度，使其落入一条最初绕土星运行的椭圆轨道中。

3 木星变轨

2000年12月，卡西尼号以970万千米的距离飞过木星。它对太阳系中最大的行星进行了观测，而且它的速度得到了进一步提高。

低增益天线

高增益天线

测绘相机和分光仪

用于分析捕获粒子的质谱仪

飞往土卫六之前的惠更斯号探测器

两个主火箭发动机

卡西尼号的设备

卡西尼号携带着各种设备。雷达使其可以穿透土卫六的大气，同时，可见光、红外和紫外相机可以获取各种信息。

卡西尼号轨道器

公交车大小的卡西尼号轨道器依然是NASA送入空间的最复杂的无人探测器。它于1997年发射，2004—2017年围绕土星运行，传回关于这颗行星、它的环和其庞大的卫星家族的大量信息。它还携带着惠更斯号，惠更斯号是由欧洲空间局建造的土卫六着陆器，在卡西尼号进入轨道5个月后，惠更斯号被释放。在任务的最后，卡西尼号坠入土星的大气中，以避免对土星卫星造成可能的污染。

在土卫六上的惠更斯号

惠更斯号着陆器携带着各种科学设备，以研究土卫六的环境。特别的是，由于科学家预测土卫六的表面有广阔的液态碳氢化合物湖泊，因此这个探测器被设计成可以漂浮的形状。

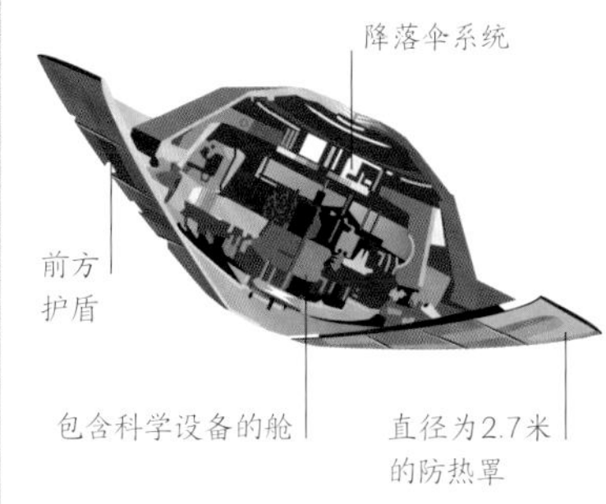
降落伞系统
前方护盾
包含科学设备的舱
直径为2.7米的防热罩

惠更斯号探测器

伽利略探测器周围气体的温度达到了15 500℃，如此高的温度烧掉了它的防热罩。

卡西尼号有多大

卡西尼号探测器长6.8米，宽4米，质量为2 150千克，此外还要再加上3 132千克的火箭助推器。

绕巨行星运行

20世纪80年代进行的伟大旅程中的飞掠过程（见210～211页），还伴随着对巨行星木星和土星更细致的探测。多年来，复杂的探测器一直留在轨道中。

伽利略任务

从1995年到2003年，伽利略探测器围绕着木星运行，而且成功完成了多次对木星及其4颗大卫星的飞掠，4颗卫星分别是木卫一、木卫二、木卫三和木卫四（见68～71页）。伽利略探测器在不借助制动火箭点火的情况下，通过一次大胆的空气动力制动计划来减掉多余的速度。在空气动力制动过程中，它通过进入木星的上层大气来减慢速度。在到达后不久，探测器释放出一个大气探针，探针使用降落伞落入木星的云中，传回关于云组成成分的有价值的数据。

探测木星的大气

伽利略探测器的大气探针以大约每秒48千米的速度进入木星外层大气。在两分钟之内，探针减速到亚声速，之后打开它的降落伞。

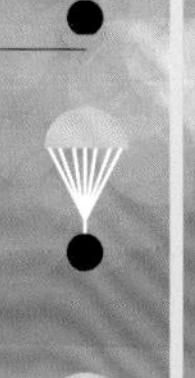
探针进入木星大气
主降落伞被打开，但被速度高达每小时610千米的风猛烈撞击
风
探针穿透由致密的小粒子组成的云层
在降落过程中，探针的防热罩被烧毁
云层
由于木星大气中极高的热量，78分钟后无线电通信终止
木星内部

新视野号到冥王星的距离有多近

新视野号探测器在冥王星表面上方12 500千米处飞行，它就像一支箭击中靶心一样，穿过这颗矮行星5颗卫星的轨道。

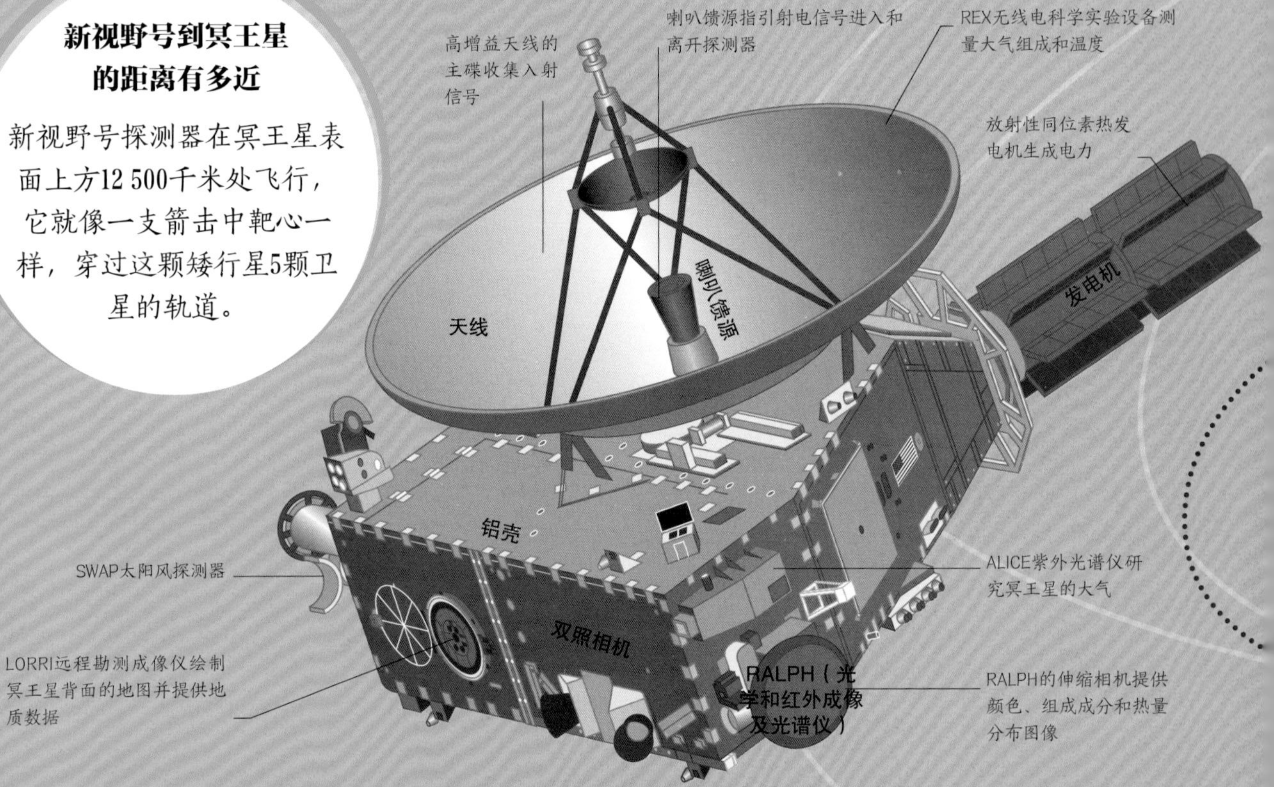

高增益天线的主碟收集入射信号

喇叭馈源指引射电信号进入和离开探测器

REX无线电科学实验设备测量大气组成和温度

放射性同位素热发电机生成电力

天线

喇叭馈源

发电机

铝壳

SWAP太阳风探测器

ALICE紫外光谱仪研究冥王星的大气

双照相机

LORRI远程勘测成像仪绘制冥王星背面的地图并提供地质数据

RALPH（光学和红外成像及光谱仪）

RALPH的伸缩相机提供颜色、组成成分和热量分布图像

新视野号的飞掠过程

在与冥王星交会后，NASA希望将新视野号送去探测另一颗柯伊伯带天体。正在减少的燃料限制了他们的选择，不过，通过稍微调整探测器的飞行路径，新视野号于2019年1月1日飞过一颗叫作“Arrokoth”的小天体，并且拍摄了它的图像。

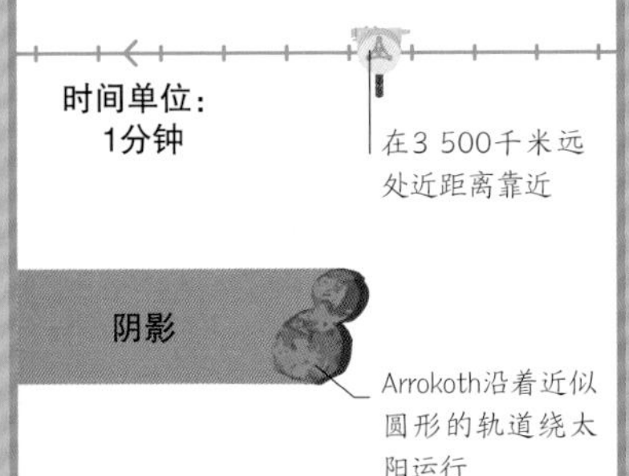

时间单位：
1分钟
在3 500千米远处近距离靠近
阴影
Arrokoth沿着近似圆形的轨道绕太阳运行

为探测冥王星打包行囊

新视野号的总质量限制在401千克，加上其助推器中的推进燃料，它只有30千克的质量空间可以用来携带仪器设备。由于携带用来发电的燃料量被限制，因此电力也成了一个问题。幸运的是，科学家和工程师受益于微电子学的发展，能够装备7个独立的设备，它们运行时的总功率低于28瓦特。

前往冥王星的路径

在离开地球一年后，新视野号飞过木星，得到一次引力助推，得以加速。然后，它进入冬眠模式，到2014年末，它才苏醒过来，为前往冥王星做准备。

传送数据

从太阳系的边缘往回传送射电信号是一次挑战。由于在交会期间关键指令和导航需要宽带，因此新视野号会将它的科学数据记录在固态记录器上，然后经历几个月的时间将其传回地球。

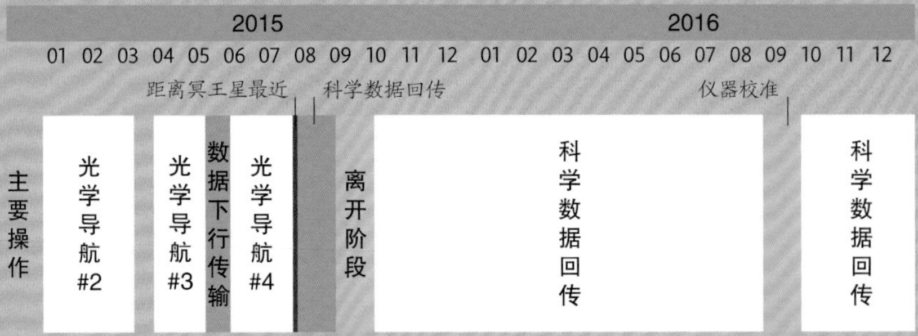

2015　2016

01 02 03 04 05 06 07 08 09 10 11 12　01 02 03 04 05 06 07 08 09 10 11 12

距离冥王星最近　科学数据回传　仪器校准

主要操作：光学导航#2　光学导航#3　数据下行传输　光学导航#4　离开阶段　科学数据回传　科学数据回传

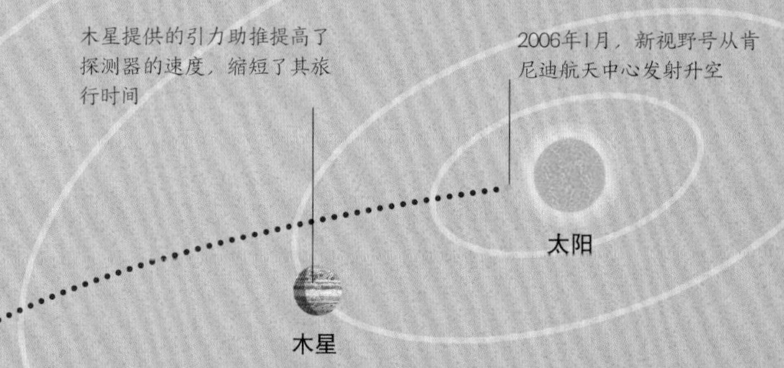
木星提供的引力助推提高了探测器的速度，缩短了其旅行时间
2006年1月，新视野号从肯尼迪航天中心发射升空
太阳
木星

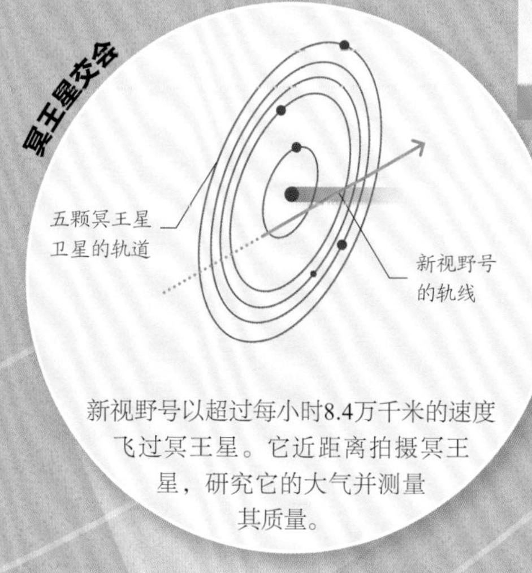
冥王星交会
五颗冥王星卫星的轨道
新视野号的轨线

新视野号以超过每小时8.4万千米的速度飞过冥王星。它近距离拍摄冥王星，研究它的大气并测量其质量。

飞往冥王星

尽管冥王星不再被归类为一颗行星，但是它仍然在太阳系边缘处柯伊伯带（见82~83页）中最大的天体之列。2006年，NASA发射了新视野号探测器，它的目标是在冥王星距离太阳相对较近时到达这颗矮行星。

冥王星

2015年7月飞掠冥王星

计划这项任务

冥王星被拉长的轨道意味着它到我们的距离（以及从地球到冥王星的难易程度）会显著变化。而且，这颗矮行星的表面环境预计会因到达其表面的日光数量而发生显著变化。由于1989年冥王星从其最靠近太阳处逐渐远去，因此时间紧迫，保持探测器轻且快是极为重要的。

新视野号是目前从地球上发射过的最快的探测器，它以每秒钟16千米的速度离开轨道。

发射助推

为了将新视野号以足够高的速度送到它的轨道上，探测器使用了一种独特的火箭配置，即一个强大的阿特拉斯5型两级火箭，其基底辅有一个由5个固体火箭助推器构成的空前组合，顶部配有一个星系列48B型三级火箭。这使得火箭可以在仅仅45分钟的发射过程中达到足以逃逸太阳系的速度。

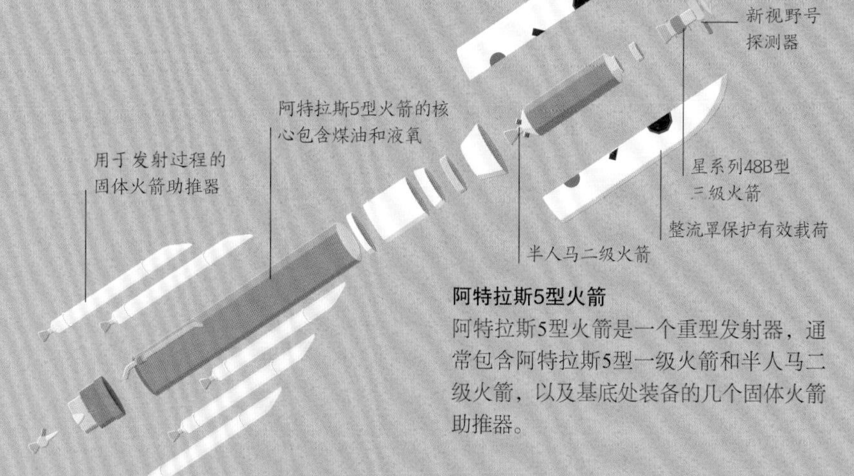
新视野号探测器
阿特拉斯5型火箭的核心包含煤油和液氧
用于发射过程的固体火箭助推器
星系列48B型三级火箭
整流罩保护有效载荷
半人马二级火箭

阿特拉斯5型火箭

阿特拉斯5型火箭是一个重型发射器，通常包含阿特拉斯5型一级火箭和半人马二级火箭，以及基底处装备的几个固体火箭助推器。

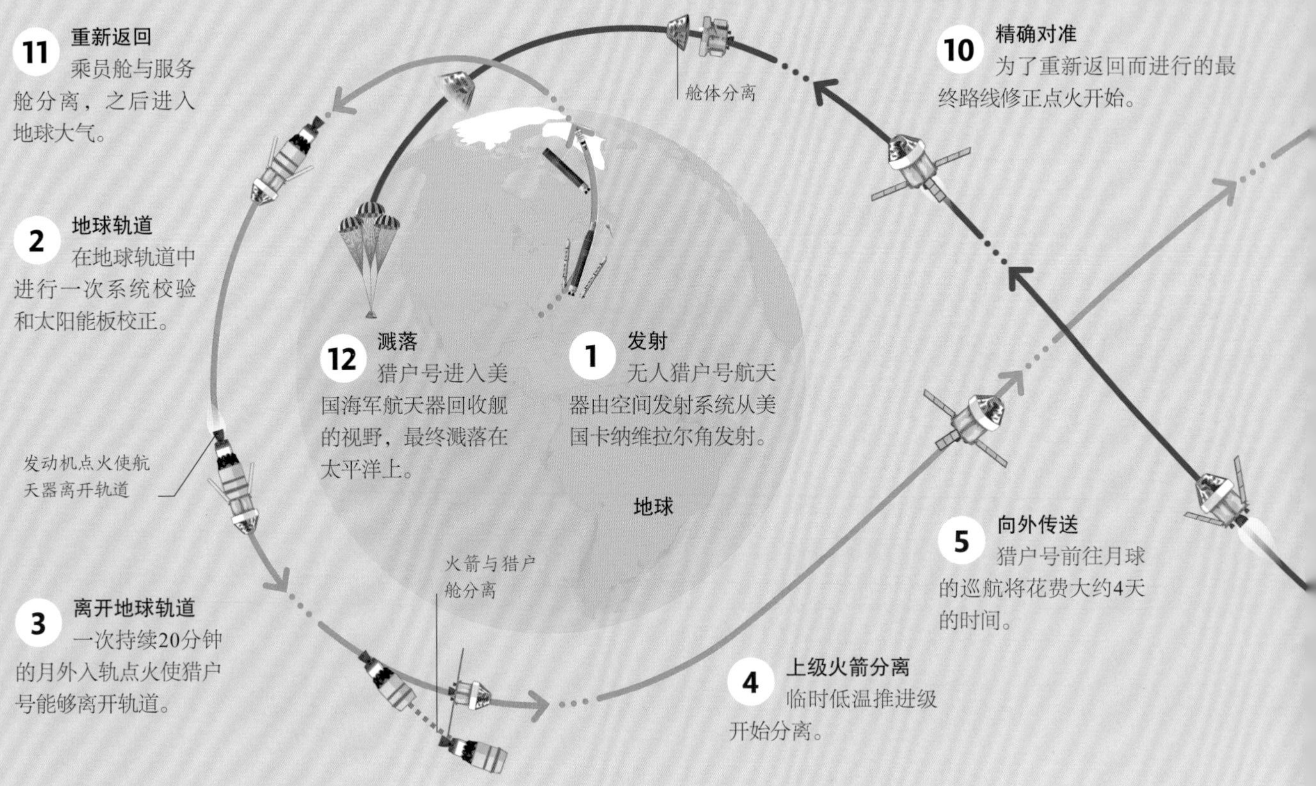

11 重新返回
乘员舱与服务舱分离，之后进入地球大气。

10 精确对准
为了重新返回而进行的最终路线修正点火开始。

舱体分离

2 地球轨道
在地球轨道中进行一次系统校验和太阳能板校正。

12 溅落
猎户号进入美国海军航天器回收舰的视野，最终溅落在太平洋上。

1 发射
无人猎户号航天器由空间发射系统从美国卡纳维拉尔角发射。

发动机点火使航天器离开轨道

地球

5 向外传送
猎户号前往月球的巡航将花费大约4天的时间。

火箭与猎户舱分离

3 离开地球轨道
一次持续20分钟的月外入轨点火使猎户号能够离开轨道。

4 上级火箭分离
临时低温推进级开始分离。

未来的航天器

在不久的将来，宇航员将会搭乘各种航天器进行旅行，从往返国际空间站的商业渡船到用于空间旅行的亚轨道舱，再到被设计用来探测更广阔的太阳系的先进设备。

猎户号多功能载人航天器

猎户号多功能载人航天器是NASA为了各种新探测任务设计的一个多用途航天器。它看起来有点像一个特大号的阿波罗号飞船，可以携带4～6名宇航员在没有援助的情况下执行长达21天的任务。它将会被放置于NASA的新型空间发射系统的顶端进行发射。这个空间发射系统是一个多功能火箭，还可以将用于长期行星际探测的更大航天器的部件放进轨道中。

空间发射系统模块2变形体将会发射130吨有效载荷进入地球轨道。

土星5号运载火箭
空间发射系统
猎户舱
固体火箭助推器在燃料耗尽时会被丢弃
4个发动机

土星运载火箭的继承者
空间发射系统最初源自NASA航天飞机计划中使用过和测试过的元件，它可以由不同的模块组成，能够传送的最大有效载荷比土星5号运载火箭多20%。

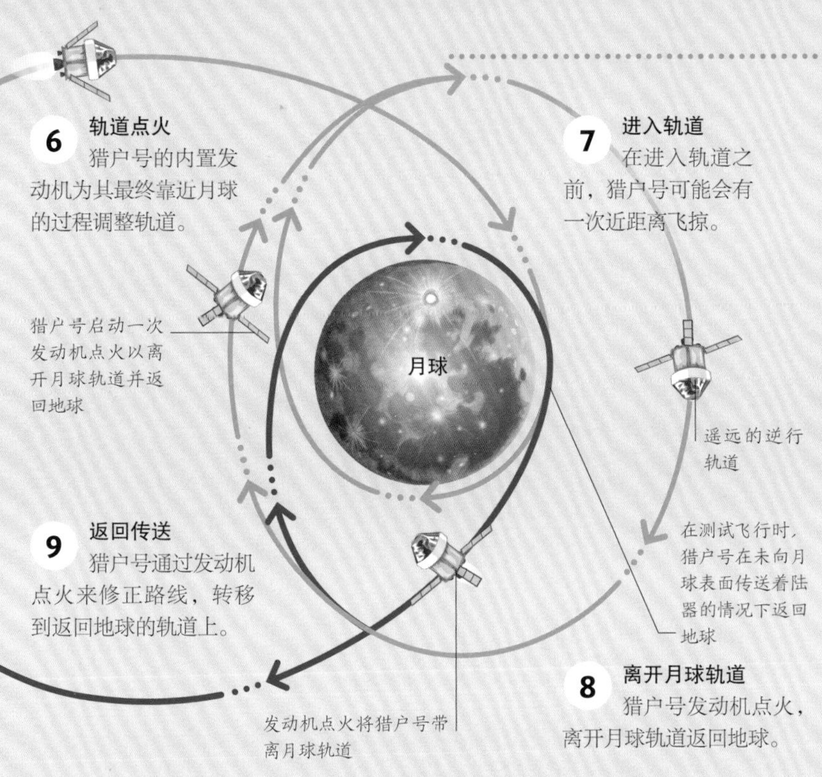
6 轨道点火
猎户号的内置发动机为其最终靠近月球的过程调整轨道。
7 进入轨道
在进入轨道之前，猎户号可能会有一次近距离飞掠。
猎户号启动一次发动机点火以离开月球轨道并返回地球
月球
遥远的逆行轨道
在测试飞行时，猎户号在未向月球表面传送着陆器的情况下返回地球
9 返回传送
猎户号通过发动机点火来修正路线，转移到返回地球的轨道上。
8 离开月球轨道
猎户号发动机点火，离开月球轨道返回地球。
发动机点火将猎户号带离月球轨道

未来月球探测

猎户号和空间发射系统组成了NASA阿尔忒弥斯计划的主体。阿尔忒弥斯计划是一项雄心勃勃的返回月球计划，大约在2024年执行。这次计划包括在月球周围的轨道中建立一个月球空间站和用于传递供给的新载货渡船，以及一个新的人类登陆系统探测器，以将宇航员放到月球南极表面，并且帮助他们在月球表面停留长达一周的时间。

前往月球的第一步

最初的阿尔忒弥斯1号任务是一次无人飞行，用来在地球和月球轨道中测试空间发射系统和猎户号的关键部件。

乘员舱和服务舱

猎户号多功能载人航天器本身包含两个主要元素——一个可重复使用的乘员舱和一个不可重复使用的服务舱，它由欧洲空间局建造。

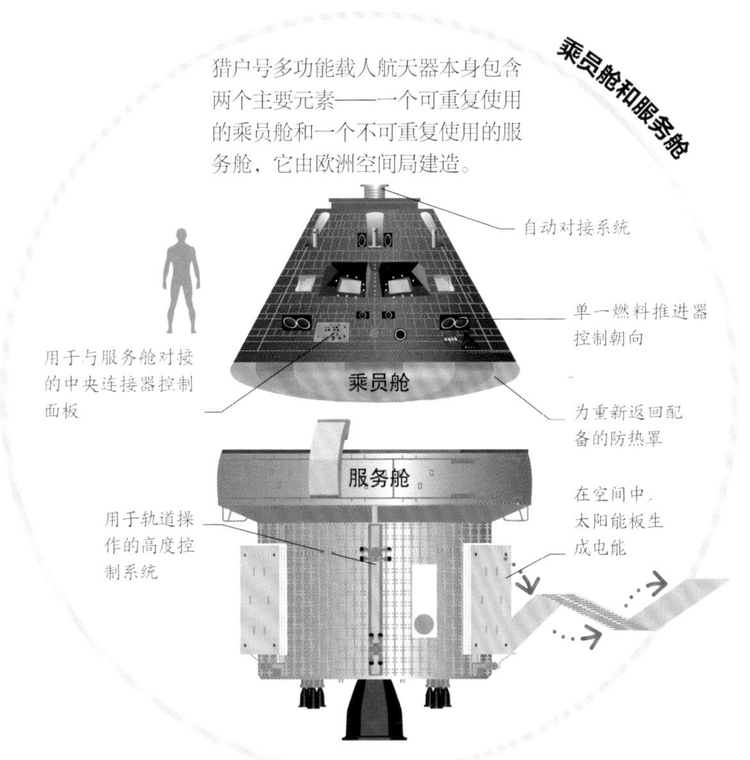
自动对接系统
单一燃料推进器控制朝向
用于与服务舱对接的中央连接器控制面板
乘员舱
为重新返回配备的防热罩
服务舱
在空间中，太阳能板生成电能
用于轨道操作的高度控制系统

空间旅行

下一个10年，我们将会看到各种可以提供空间旅行的公司。维珍银河公司革命性的太空船2号是一个类似航天飞机的、可重复使用的太空舱，它从高空运载飞机上发射，使用火箭提供电力到达空间边缘，之后滑翔返回地球。

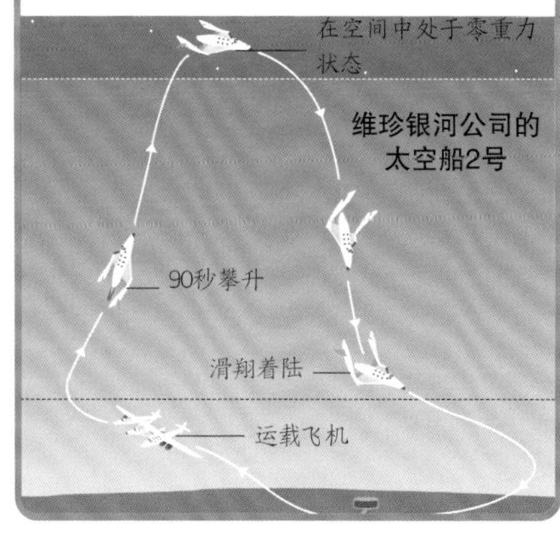
在空间中处于零重力状态
维珍银河公司的太空船2号
90秒攀升
滑翔着陆
运载飞机

原著索引

Page numbers in **bold** refer to main entries

M

N

O

P

Q

R

S

T

致谢

DK would like to thank the following people for help in preparing this book: Giles Sparrow for help with planning the contents list; Helen Peters for compiling the index; Katie John for proof-reading; Senior DTP Designer Harish Aggarwal; Jackets Editorial Coordinator Priyanka Sharma; and Managing Jackets Editor Saloni Singh.